U0224737

SICHUAN
HUASHENG

四川花生

张相琼　张小军◎主编

四川科学技术出版社

图书在版编目(CIP)数据

四川花生 / 张相琼，张小军主编．—成都：四川科学技术出版社，2021.7

ISBN 978-7-5727-0173-3

Ⅰ．①四…　Ⅱ．①张…　②张…　Ⅲ．①花生—高产栽培—四川　Ⅳ．①S565.2

中国版本图书馆CIP数据核字(2021)第134048号

四　川　花　生

主　　编　张相琼　张小军

出 品 人　程佳月
责任编辑　张　蓉
封面设计　墨创文化
责任出版　欧晓春
出版发行　四川科学技术出版社
成都市槐树街2号　邮政编码 610031
官方微博：http://e.weibo.com/sckjcbs
官方微信公众号：sckjcbs
传真：028-87734039
成　　品　170mm×240mm
印　　张　25.5　字数 520 千　插页 12
印　　刷　四川华龙印务有限公司
版　　次　2021年7月第1版
印　　次　2021年7月第1次印刷
印　　数　5 000册
定　　价　116.00元

ISBN 978-7-5727-0173-3

邮购：四川省成都市槐树街2号　邮政编码：610031
电话：028-87734035

本书编委会

主　编

张相琼　张小军

副主编

（以姓氏笔画为序）

叶霄　华丽霞　李爽　杨远明　张小红　岳福良　周小刚

周会　侯睿　徐永菊　徐应杰　曾宪堂　曾华兰

编写人员

（以姓氏笔画为序）

邓朝阳　叶霄　任云　华丽霞　刘行　刘胜男

李爽　李长虹　李文均　何大旭　陈涛　张相琼

张小军　张小红　周小刚　苟树忠　赵浩宇　侯睿

徐永菊　徐应杰　彭洪　曾宪堂　曾华兰　谢德华

审稿人员

（以姓氏笔画为序）

吴德芳　张相琼　张小军　周会

侯睿　崔富华　廖伯寿

序

XU

花生源于南美而兴于亚、非及北美。20世纪90年代初以来，中国花生总产一直雄踞世界首位，目前全国花生面积超过467万hm^2，总产超过1 700万t。在国内油料作物中，总产、单产、种植效益、产油效率以及出口量，均已跃居前列，对保障食物安全、促进农民增收和农业农村发展起到了不可替代的突出作用。四川是我国花生主产省之一，而且受自然地理、生态条件、社会经济、人文风俗等影响，四川的花生及其产业也颇具特殊性和重要性。

花生科技工作是产业发展的重要驱动力。过去几十年，四川花生科技创新的进步有力支撑了花生产业的发展，生产规模、加工利用不断发展，综合效益持续提高，“天府花生”更是享誉海内外。南充市农业科学院和四川省农业科学院经济作物育种栽培研究所等单位曾获得过多项省部级和国家级科技成果奖，在全国花生科技创新中占有重要地位。

张相琼研究员和张小军研究员组织相关专家编撰了《四川花生》一书，对四川花生产业发展及科技创新工作进行了概述。全书包含花生发展现状、产区特点、种质资源、品种选育、耕作制度、高产栽培、有害生物防控、加工利用及产业化等方面，内容丰富、资料翔实、特色鲜明、参考性强。他们从事花生研究的时间虽并不算长，但敬业担当、勤于创新、博采众长，方成此书。该书的编辑出版，对于深化花生科技创新和促进花生产业向绿色化、优质化、高效化、多样化方向发展具有重要意义。

应作者之邀，欣然作此序。

廖伯寿

目　录

MULU

第一章 概　述

第一节　花生的地位与作用

花生（*Arachis hypogaea* L），学名落花生，又名地豆、泥豆、番豆、唐人豆、长生果等，为豆科落花生属一年生草本植物，栽培种为异源四倍体（allotetraploid，AABB，2n=4x=40），花生是全世界广泛栽培的油料和经济作物。栽培种花生及其野生近缘种植物均原产于南美洲，花生早期从南美洲向其他地区的传播途径尚无明确定论，而哥伦布发现美洲大陆以后贸易和人员往来大大加速了花生向其他地区的传播和利用。花生在我国有较长的栽培历史，其中“龙生型”品种传入和种植的时间较早（具体年代尚需考证），其他品种类型（如珍珠豆型、多粒型、普通型）是在16世纪以后逐步传入的，并在19世纪末以来发展成为一种规模化种植的油料和经济作物。四川栽培花生，约在乾隆中后期。

世界上种植花生的国家超过100个。到2019年，全球花生种植总面积达到2 393万 hm^2，总产量超过4 500万 t。我国是世界上最大的花生生产国和消费国，均占全球的近40%。在我国，约52%花生用于榨油，40%用于食用，3%出口，5%作种。四川省近四年（2016—2019年）的花生种植面积平均为263 430 hm^2，占全国5.6%，居全国第5位；总产量为67.7万 t，占全国3.9%，居全国第9位。

花生全身都是宝。其果实是常见的坚果类食品，可直接生食或经炒熟、煮熟食，富含蛋白质、脂肪、糖类、维生素、矿物质等营养成分，也可加工成具有更多附加价值的花生糖、花生饮品、花生酱、花生豆腐、花生冰淇淋等产品。另外，近年来花生芽作为健康食品逐渐走上人们的餐桌，用花生芽为原料开发的诸如花生芽果冻、花生芽火腿肠一类的食品也越来越多。花生种子含油量约50%，是主要食用油及制皂和生发油等化妆品的原料。花生全株及其榨油后的糟粕可作优质饲料，地上部分是良好绿肥，茎可供造纸。

中医认为花生甘、温、无毒，入脾、肺经，具有润肺和胃的功效，可用于治燥咳、反胃、脚气、乳妇奶少等。现代医学研究发现，花生多肽具有重要的生理功能，被广泛运用于婴幼儿配方食品、减肥食品、医疗食品等。花生中提取的白藜芦醇等功能因子具有抑制血小板非正常凝聚、预防心肌梗塞等功效，临床用于治疗高血脂、慢性气管炎等疾病。花生种衣具有增加血小板数量、抗氧化、抑菌等作用，是宁血片、止血宁注射液和宁血糖浆的重要原料，临床可用于防治干扰素治疗慢性丙型肝炎所致的骨髓抑制。

花生是一种商品率很高的经济作物，既可食用、油用，又可医用，还能出口创汇，是促进农业可持续发展的主导因素之一。花生生产对维持全社会油脂和蛋白质的供需平衡、促进社会经济的健康发展具有重要意义。

一、花生是重要的食油两用作物及加工原料

花生籽仁中含有丰富的脂肪和蛋白质，具有很高的营养和经济价值，作为食用油和植物蛋白质来源的地位日益提高。在中国，花生在改善国人食物结构、促进加工业发展方面发挥着重要作用。现今，全球温暖地区都把花生作为食、油两用作物栽培。在世界蛋白质短缺日趋严重的情况下，由于花生富含易于消化的蛋白质，可以预计花生作为食用作物利用将得到长足的发展。

花生蛋白质的消化系数高达90%，易被人体吸收利用。花生蛋白质中含有人体所必需的8种氨基酸，除赖氨酸、色氨酸、蛋氨酸和苏氨酸的含量略低于联合国粮农组织规定的标准外，其他氨基酸含量均达到或超过规定标准。另外，花生蛋白质中富含硫氨基酸、核黄素、烟碱酸和维生素E等重要的营养成分。据研究测定，在热缩情况下，花生蛋白质的营养价值没有明显变化，这为花生产后深加工提供了非常好的条件。用脱脂或半脱脂的花生可加工花生蛋白粉、组织蛋白、分离蛋白、浓缩蛋白等，这些蛋白粉是食品工业的重要原料，既可直接用于制作焙烤食品，也可与其他动植物蛋白混合制作肉制品、乳制品和糖果等。近年来，我国花生蛋白开发利用取得了长足发展，各类花生蛋白粉的制造工艺为花生蛋白质的充分利用提供了保证。花生蛋白还可用以制作面包、面条、饼干及其他糕点的添加剂、强化剂，既能提高食品的营养价值，又能改善食品的功能特性。花生蛋白和牛奶生产的混合乳，其营养成分中总固体物为11.5 %，并含有多种维生素及叶酸、碳酸钙、烟酸胺等，各种氨基酸含量大部分高于联合国粮农组织规定的标准，仅低于鸡蛋蛋白质，非常适合学龄前儿童食用。另外，直接利用花生制作的食品种类多、品质优，市场占有率高。

花生油为世界五大食用油之一，也是人们喜爱食用的高级烹调植物油，无需精炼，即可食用。多年来，我国生产的花生约有50%以上用于榨油，是人们日常

的主要食用油源。花生油的主要成分为不饱和脂肪酸，约占80%（其中油酸53%—72%，亚油酸13%—26%）；饱和脂肪酸20%（其中棕榈酸6%—11%，硬脂酸2%—6%，花生酸5%—7%）。亚油酸对降低血浆中胆固醇含量、预防高血压和动脉粥样硬化、婴幼儿亚油酸缺乏症、老年性白内障等疾病均有显著功效。除含有对人体健康具有重要价值的脂肪酸外，花生油中还含有植物固醇和磷脂等营养物质。医学上已将花生油用作治疗气喘病、黄瘟型肝炎等多种疾病的药物载体。因此，长期食用花生油，对人类的健康非常有益。另外，用花生油作原料，可制造人造奶油、起酥油、色拉油和调和油等；还可制作肥皂、去垢剂、洗发液及化妆品等。榨油后的花生饼粕可作为畜牧业和水产养殖业的优质饲料，这些饼粕通过精加工也可提取优质蛋白粉。

另外，花生壳也是重要的工业原料。工业上将花生壳干馏、水解处理后，制取醋酸、糠醒、活性炭、丙酮、甲醇等十余种工业产品。国外已从花生壳中提取胶黏剂原料。国内利用花生壳已制成了降低血压、减少胆固醇的药物——脉通灵。花生壳还可制作酱油，粉碎后可作为栽培蘑菇的培养料。

二、中国花生出口优势和潜力

我国花生品质优良，在国际市场上享有盛名，具有较强的国际竞争力。20世纪50年代，我国花生的出口贸易量为1万—18万t；60—70年代出口很少；80年代以后逐年稳步趋升，达到10万—22万t，年均占世界花生出口总量的22.7%；90年代出口量增至30万t以上；2001年达到了49.36万t。但是，因国际竞争的加大和对花生进口产品要求的提高，出口量呈现下降趋势，到2011年降为17万t，2012年为15万t，2013年为13万t吨，2014为13.82万t，2015年为12.76万t。四川花生出口以“天府花生”烤果系列为主，但是，近年出口比例已经降低，应着力打破局限性，开拓新市场。

三、花生在农业结构调整及山区扶贫中优势明显

花生抗旱耐瘠，适应性强。在条件差的丘陵旱薄地，种植玉米等作物产量很低，而种植花生则能取得较好收成。相同生产条件下，种植花生与其他作物相比，投资小、用工省，还可以起到改良土壤的作用。花生是小麦、玉米、水稻等粮食作物的良好前茬作物。由于花生根瘤固氮肥田，单产花生荚果7 500 kg/hm^2 的田块，根瘤可固定氮素75—90 kg，一部分供当季花生自身需要，余者遗留于土壤中，相当于每 公顷施用300—375 kg标准氮肥，有利于培肥地力促进后茬作物的生长发育。在相同条件下花生后作种植小麦或玉米、水稻，较其他茬口种植可增产10%—15%，每公顷可增值100—450元。在新开垦的农田、新造田和新整的土

地上，可把花生作为先锋作物，不仅当季花生可获得较好产量，也为后作创造了增产条件。花生与粮食作物轮作，既可减轻病虫草害的发生，也能减少环境污染和土壤侵蚀，起到保护天敌和提高后作产量的作用。因此，花生在农作物轮作换茬中具有非常重要的地位，也是促进农业可持续发展的主导作物。近年来，随着花生科技的进步，生产水平的提高，花生单位面积产量不断增加，已多次培创出大面积花生单产6 000 kg/hm^{2}至7 500 kg/hm^{2}的高产田，种植花生的经济效益大幅度提高，成为农民致富的一条重要途径。

随着农业科技水平的提高和进步，花生在耕作改制中优势显著。花生植株矮小，在四川一般株高30—45 cm。中早熟品种的生育期较短，春播为120—145天，夏播为90—130天。花生的形态特征和生育特性非常适宜于与玉米、果树、瓜菜、中药材等作物实行间作套种。在扶贫工作中，许多山区贫困地区发展适宜当地生态条件的多年生经济林木，在林木幼龄期其遮阳较少的前1—3年，非常适宜林下种植花生，既可以增加收入，又可以改良土壤和减少杂草，是非常有效的搭配经济作物。

同时，花生茎叶含碳水化合物42%—17%、蛋白质约14%、脂肪约2%、纤维约20%。每千克干花生茎叶中含可消化蛋白70g，高于豌豆、大豆、玉米等作物的茎叶，是非常优质的粗饲料。用花生饼粕和茎叶喂养的牲畜，育肥快，肉质好。牲畜所排泄的粪便含氮、磷、钾高，是促进作物生长和培肥地力的优质有机肥料。据测定，每生产3 000 kg花生荚果，可提供2 250 kg茎叶，750—900 kg果壳，若花生榨了油还可以提供127—1 350 kg克饼粕，可饲育15头100 kg重的猪，实现了农业的有机生产和可持续化发展。在四川贫困山区，多地用花生藤直接喂养羊或牛取得较好效果。因此，发展花生产业，以土养畜，以畜养土，可有力地促进农业的良性循环。

第二节　四川花生栽培历史、科技发展与产业现状

一、四川花生种植规模变更

四川花生种植历史悠久，当地独有的天府系列中粒型花生蜚声中外。四川是我国西部最大的花生产区。1926年修四川《南川县志》卷六“植物莳草类：落花生条”云：……现有新种，俗呼洋花生，较旧种结实肥大，但米粒多不充实，味亦稍逊。向惟产于长江两岸及重庆以上各县，今吾邑亦多种者，然新种多而旧种少矣。民国四川《广元县志稿》（民国29年铅印）第三编（十一卷）“物产土、豆类”云：落花生……其粒有大小二种，粒大者称洋花生，唯小粒种现已罕见，殆有绝迹之势焉。由此看，四川早期种植的小花生口感更好，可能是产量太低而被

引进的中、大粒花生所淘汰。现在，四川的中粒天府类型花生正在被中大粒、产量高、口感好、综合抗性更好的引进或杂交后代所更换。

花生是四川省主要油料和经济作物之一，作为油料面积仅次于油菜居第二位。1949—1980年，全省面积在50 000—80 000 hm^2，总产60 000—90 000 t，单产1 100—1 400 kg/hm^2；1981—1990年，全省面积平均达到119 260 hm^2，总产达到205 800 t，单产1 725.6 kg/hm^2；1991—1995年（"八五"期间），全省面积平均为139 880 hm^2，总产为244 700 t，单产1 749.2 kg/hm^2；1996—2000年（"九五"期间），全省面积平均为181 120 hm^2，总产为371 400 t，单产2 050.6 kg/hm^2；2001—2005年（"十五"期间），全省面积平均为26 368 hm^2，总产为565 800 t，单产2 145.8 kg/hm^2；2006—2010年（"十一五"期间），全省面积平均为258 100 hm^2，总产为569 150 t，单产2 205.18 kg/hm^2；2011—2015年（"十二五"期间），全省面积平均为260 150 hm^2，总产为652 150 t，单产2 506.86 kg/hm^2；2016—2019年，全省面积平均为263 400 hm^2，总产为677 000 t，单产2 569.9 kg/hm^2。综上，四川花生种植规模从1949年到2000年50多年里一直处于上升阶段，从50 000 hm^2增加到240 000 hm^2，总产和单产都随之增加，但从2001年到2019年的19年里，面积基本处于250 000—270 000 hm^2之间波动，单产和总产有小幅度的增加。

二、四川花生生产及产业现状

1.面积较大、单产偏低、分布广而分散

四川省近四年（2016—2019年）的花生种植面积平均为263 430 hm^2，占全国5.6%，居全国第5位；总产量为67.7万t，占全国3.9%，居全国第9位。全国平均单位面积产量为3 657 kg/hm^2，四川平均单产为2 568.90 kg/hm^2，比全国平均水平低29.8%，居全国倒数第8位，十三个主产省（面积在95 000 hm^2以上）的末位。从西部水平来看，在西部12省（除去未查得统计数据的青海与宁夏）中，四川省的花生总面积达到西部总面积的37.62%，总产达到西部总产量的37.53%，位居西部12省第一（来源于2018年国家统计数据）。

四川花生分布很广，全省21个地市州，除阿坝藏族羌族自治州（简称阿坝州）以外20个地市州均种植有花生，182个县及县级市区有139个县区（市）种植花生，其山地、丘陵、平原和高原4种地貌均有分布。四川花生按山脉及河流流域分布的特点比较明显。

按照行政区划并结合山脉河流等特点，将四川花生种植区域划分为四大片区，即：

（1）川东北秦巴山区及嘉陵江流域花生种植区：该种植区包括南充、绵阳、广元、达州、遂宁、巴中、广安等7个市，48个区县。

（2）川中平原丘陵及沱江流域花生种植区：该种植区包括成都、德阳、资阳、内江、眉山等5个市，32个区县。

（3）川南乌蒙山区及岷江流域花生种植区：该种植区包括乐山、自贡、泸州、宜宾等4个市，34个区县。

（4）川西高原及金沙江流域花生分散种植区：该种植区包括攀枝花市、凉山彝族自治州、雅安市、甘孜藏族自治州等4个市州的25个县。

2. 四川花生种植方式与特点

（1）栽培制度多样化：春播花生比例约占50%、夏播花生约占45%、晚夏早秋播花生约占5%。主产区连作3—5年情况普遍，间套作总体比例约20%，其中林下套种约5%。

（2）低投入低产出现象普遍："满天星"栽培方式普遍，多为坡地瘠薄干旱土地，种植人员多为老年人，难以接受新品种、新技术。起垄盖膜比例只有10%—20%，平作盖膜有10%—20%，大多为平作不盖膜方式。

（3）分散种植，自留种子情况普遍：由于花生属于常规种，加之繁殖系数低，用种量大，油脂含量高，种子存放时间短，运输和储藏成本高，因此愿意经营花生种子的种业公司很少，全省26万hm^2多的花生面积，真正从事花生种子规模化生产与经营的种业企业不足5家，因此个体种植户多通过自己留种，或亲戚朋友传种，或政府采购发种，科研单位通过相关项目补助新品种种子等方式，其中80%以上为自留种子。

（4）规模种植正在兴起：近年发展起来的一些农业公司或农业专合组织、家庭农场等企业，开始发展适度规模化的花生种植，全省1.33 hm^2（20亩）[①]以上相对集中规模种植，并有登记的企业（合作社）有366家。这些企业大多与科研机构或加工企业有联系，生产特色品种，种子来源或产品销售有保障，促进了花生新品种、新技术的应用，提高了花生的种植效益，为四川花生产业的发展起到了很好的推动作用。

3. 四川花生消费及加工特点

由于四川花生种植比较分散，加之四川人喜欢鲜食或生食花生，因此四川花生的商品率较低，市场推动力较弱。四川花生用于鲜食或晒干后生食比例较大，特别在城市周边或旅游区周边农户生产的花生70%—80%被商贩收购用于城市鲜销。

四川花生加工起步较早，产品形态多。近年包括盐脆花生、咸干花生、花生糖果、花生饮品、花生芽、原料花生仁的深、粗加工总量（以原料花生果计）约占总产量的25%。全省有花生炒、煮、烘、烤、卤、油炸类的加工企业几百家，基本每个区县都有几家相关的企业或个体户生产这类产品供大家购买作休闲食品

①1亩≈667平方米。

或餐馆使用。作为品牌生产并进行小袋或精细包装的企业全省共有34家，其包装销售的产品也在百种以上。其中：以德阳的罗江区最多，其次是宜宾的叙州区，再次是成都，然后是南充、绵阳、遂宁和内江。

花生作为糖果类的主要原料在四川也是比较普遍的。很多区县及场镇都有散装零售的花生糖，全省登记可查的生产花生糖果类相关企业有30家，最多的是内江市；四川省生产花生相关的饮品企业有9家，主要集中在成都和德阳；四川生产花生酱类产品企业较少，目前已经生产出产品的企业只有3家，其品牌只有喜之郎和滴滴香两个；规模化生产花生芽的企业有两家，各地也有许多小商贩季节性生产花生芽与豆芽一起出售。

但是花生原料产品的流通分散，除少数厂家定区采购原料外，仅荣县、宜宾有少数成规模的集散市场，其余产地都以商贩“游击”式运销和农民赶集零售方式销售，厂家买难（许多加工厂只能从省外购买花生果）、农户卖难的情况普遍存在，既制约着产品加工转化的发展，也阻碍了农民生产积极性的提高。

三、四川花生品质特点与科技发展

1.品种独特，品质优良

四川花生品质好，享有盛誉，果形美观，荚果中粒型，不同于北方大花生和南方小花生，独具“鹰嘴瘦身”的外形，适口性与耐贮性好。主要作为食品和加工业原料，一般不榨油，主要制成各种加工制品和家庭制品直接食用。

受生态条件和不同类型的特性所致，四川花生生产上应用的品种主要是中间型中粒种花生，部分地区为珍珠豆型和龙生型花生。其籽仁内粗脂肪含量高，平均达到53.6%，高于我国花生脂肪含量平均值（50.62%），肪脂含量不同类型间差异不大。相比较而言，中间型花生含油率最高，依次为：中间型>珍珠豆型>普通型>龙生型。四川花生含油率空间分布上，呈现从东北向西南方向逐渐降低的趋势。蛋白质含量不同类型间差异较大，最高的是龙生型，蛋白质含量27.0%。蛋白质含量空间分布上呈现南高北低的趋势。按照《中华人民共和国农业行业标准食用花生（NY/T 1067-2006）》和《中华人民共和国农业行业标准油用花生（NY/T 1068-2006）》标准，该区属食用中蛋白花生区、油用高含油率花生区，即蛋白质和含油量均高。油酸、亚油酸的含量决定了油酸/亚油酸（O/L）比值的大小，O/L比值的大小，决定了花生及其制品的稳定性。比值越大，花生及其制品的稳定性越好，在国际市场上越受欢迎，市场竞争力越强，花生出口品质越优；反之，则相反。四川花生平均O/L比值为1.46，最高为1.94，最低的也达1.18，说明该区花生O/L比值普遍比较高。因此，四川花生有利于花生及其制品稳定性的提高，四川花生的O/L比值呈现出由西北向东南增加的趋势，即盆地东部丘陵区的花生O/L比值高于中西部成都平原的花生O/L比值，同时花生主产区的O/L比值低于非主产区。因川西高原特殊的气候条件，零星种植的花生品质更好（郭洪海等，2010年）。

2.四川花生科研现状

四川开展花生研究的单位主要包括南充市农业科学院（四川省农业科学院南充分院以下简称南充市农科院）、四川省农业科学院经济作物育种栽培研究所（以下简称四川省农科院经作所）、四川绵阳市农业科学院等。其中，南充市农科院是四川最早进行花生新品种选育的研究单位，从1954年至今长期进行花生相关研究，选育出天府系列花生优良品种30多个（通过审定、登记并应用于生产），其研究成果获得国家科技进步奖多项，其主攻方向为培育具有四川特色的中果型、适宜烘烤类加工的天府花生类型；四川省农科院经作所从2003年起进行花生研究，已培育通过审定、登记的蜀花系列花生新品种近10个，制定并颁布了四川省第一个富硒黑花生栽培技术规程，其主攻方向为培育适宜鲜食、高蛋白质、高糖、彩色花生、适宜作花生芽、花生饮品等的特色高品质品种；四川新丰种业有限公司及绵阳市农业科学院也正在或已经选育出一些丰产型花生品种；四川农业大学对花生根瘤菌相关方面进行了一定的研究。另外还有一些地方农业局、农牧局、农技站、农业服务中心、农业公司、农业专合组织等部门，也对四川花生的品种选（繁）育、栽培技术进行了一定的研究。从2021年，四川宜宾市农业科学院、西昌学院等科研院校也开始了花生育种及栽培技术起步研究，相信四川花生的科研队伍将会得到壮大，科研实力将会得到提升。

第三节　四川花生产业发展的主要问题及对策

一、影响四川花生发展的主要问题

1.品种混杂，种性退化，种植分散，商品性差

虽然科研单位选育了几十个优良品种，但是由于花生良种繁育和良种推广工作极少纳入相关部门工作内容，没有建立良种推广应用体系，其提纯复壮工作没有很好跟上，农户一个品种一种就是多年，甚至十几年，加之农户顾及经济负担，很少及时更换科研单位的提纯复壮种子，致使品种混杂现象较严重，种性退化。由于布局过于分散及自给性生产的限制，花生“一乡一品种”的种植区域很少，往往一个乡、一个村种植的花生就有几个品种，花生纯度不高，加之不少地方农户收获花生时没有淘洗泥土、去除杂质的习惯，从而导致批量花生果商品性差，除农民自产自销外，花生上市流通的商品量仅占总产量的45%左右。

2.因生态条件造成的产量不稳定

四川花生所处的生态条件，存在较多缺陷，主要有：

（1）土壤肥力低：90%以上的花生分布在二台以上的坡台地，有机质平均含量0.94%（低级）、碱解氮54.8 mg/kg（低级）、速效磷（P_2O_5）15.5 mg/kg（中下级），这3个指标分别有100%、97%、84%的地块属极低和中下水平，速效钾（K_2O）相对富足，平均93.8 mg/kg，有82%的地块属中等水平。

（2）伏旱秋涝频繁：四川花生产区伏旱频率50%—85%，高温干旱对花生荚果发育影响很大，秋涝频率55%—80%，阴雨寡照对花生荚果充实和安全收获极不利。

3.投入严重不足，平均单产低于全国平均水平较多

科研力量不足，科技成果开发应用滞后，栽培技术不规范情况明显。四川近270 000 hm^2的花生面积，分布于全省近140个区县，但是从事花生科研的专业团队不足3个，专职人员不足20人，全年科研经费不足300万元；各区县农业部门也没有专门的花生推广技术人员，各种业公司不愿意经营花生种子，因此许多科研成果无法第一时间推广应用到种植户。当前农户种植的多数品种为10—20年前选育的品种，新品种的推广速度很慢。在种植技术方面，普遍采用平地满天星种植，种植密度低，肥料施用不足或不合理，对蛴螬、叶斑病等病虫害防治不及时，地膜花生覆盖率低。

4.缺乏花生相关地方标准，机械化应用水平低

通过已有的资料查询，目前国内以DB开头与花生有关的地方标准有63项，部分标准由于技术困难与年代限制等原因已经无从考究。在63项地方标准中，花生主产大省如山东、广西、辽宁各有10余项，河南、安徽有7项。而同样作为花生主产大省的四川目前花生相关地方标准只有富硒黑花生栽培技术规程（DB51/T 2219-2016）1项。在新品种应用、机械化生产、储藏运输、病虫草害防治、产品加工等方面还有大量空白需要填充。

由于四川目前花生规模化种植程度低，主要分布在丘陵坡台土，由农户自主种植为主，从播种到采收主要还是靠人工来完成，效率低下且成本较高。而北方平原的大型花生播种收获等机械在四川不能直接应用，致使四川花生机械化应用程度严重滞后。在人工成本不断提高的大背景下，传统的花生产业在高劳动成本的挤压下，发展空间受到严重冲击。

5.花生加工企业品牌影响力不够，综合利用及深加工缺乏

四川省花生加工仍然以劳动密集型初加工产品比如花生米、烘烤花生果等为主，且许多企业的品牌影响力低，深加工率低。全省登记注册的花生烘烤类企业有130家以上，但是作为品牌生产并进行小袋或精细包装的企业全省只有34家，比较有名的只有罗江的“老灶煮”“天府花生”、成都的“酒鬼花生”等；花生糖全省有30多家，但是比较有名的只有内江的“黄老五”和资中的“赵老师”等；花生油生产全省登记企业虽然有80家左右，但是有影响力的品牌花生油还没有一家。花生芽、花生酱、花生奶等的品牌影响力都很低，尚处起步发展期。还没有充分利用花生副产物加工蛋白粉、医药原料、化工原料等产品，花生深加工产业发展速度明显落后于花生总体产业发展速度，严重影响了花生生产效益。

二、四川花生产业发展的建议与对策

1.调整布局,发展基地以规模求效益

发展基地生产，既便于技术推广提高单产，又利于产品转化实现效益。四川宜发展四大类花生基地：种子扩繁基地、原料生产和初加工基地、城郊“菜篮子”鲜食花生基地、川西金沙江和安宁河谷错季鲜食花生生产基地。发展基地生产，应以种植面积在3 333 hm^2以上的主产县（市）为重点，1 333 hm^2以上的县为辅，在粮经比例总体不变的基础上，调整布局，适当集中。鼓励农业公司、专合组织、家庭农场等建立规模基地片，要求每片面积不低于10 hm^2，对成片种植的业主给予新品种、新技术，以及新机械的支持，达到花生种植效益的整体提升。

2.良制良种良法配套推广，确保实现高产稳产

（1）建议大力推广“一选二拌三灵活”的种植技术

“一选”即：

①选种：选用合适的品种、推广优质的高油酸品种、选饱满的种子。

②选地： 选沙壤性或沙性的土壤。

③选肥：因花生为豆科作物，具有固氮的特性，所以选用复合肥料时，可以选N：P：K为15：15：15或12：15：18复合肥。

“二拌”主要指拌种子：

①杀虫杀菌剂包衣：花生地下虫害、病害严重，过去种植户大多播种时施用呋喃丹，但呋喃丹毒性很大，国家已经明文规定不能施用。现在生产上的许多种子包衣剂，通过我们多年试验，在四川选用地鹰牌拌种剂比较好。

②根瘤菌或木霉等生物菌剂包衣：生物菌剂的施用，可以减少化学肥料的施用40%—70%，同时还能够增产5%以上。

但是由于杀虫杀菌剂也会杀死生物菌剂，因此这两种包衣剂不能够混合使用。可以用杀虫杀菌剂包衣后的种子在播种的时候，可将根瘤菌等生物菌剂制作成液体或粉剂，用人工或机械喷施于窝内。

“三灵活”即：

根据当地具体情况和条件，灵活选择品种类型、肥料种类、包衣剂种类、播种方式（机械播种、人工播种）、播种时间、播种密度、是否盖膜等。

（2）普及精准配方施肥

花生是需肥量较高的作物，据分析测定，四川产区每生产100 kg花生果，平均需要吸收纯N 5.73 kg、P_2O_5 1.38 kg、K_2O 2.86 kg。从四川花生地养分状况、花生当季施肥有效率和花生根瘤菌固氮自给能力综合考虑，四川花生配方施肥量可按每生产100 kg花生施N2.5—3.0 kg、P_2O_5 2.0—2.5 kg、K_2O 1.2—2.0 kg计算。pH值在6以下的酸性土缺乏有效钼，影响根瘤发育和对硝态氮的利用，应增施钼肥；同时这类酸性土壤还会缺钙，容易造成空壳，需要补充钙肥；pH值在7.5以上的碱性土缺乏有效铁，影响叶绿素合成和根瘤菌活性，应补施铁素。

（3）增加种植密度

花生的百果重比较稳定，单产主要取决于有效窝（株）数和每窝有效果数，受伏旱秋涝的制约，四川花生有效果形成时段较短，单窝成果潜力不大，种足窝数是夺取高产的重要环节。当前四川大面积花生的密度仅为90 000—105 000窝/hm^2，应增加到127 500—142 500窝/hm^2，每窝播2粒，单粒栽培为195 000—210 000粒/hm^2。种植方式以垄距0.8 m的大垄双行栽培为好。

3.加强政府引导与科技投入

花生虽然是传统经济与油料作物，但是在人们越来越重视健康生活的今天，对于四川这样一个花生面积排名全国第五、西部第一的种植大省，无论是产量、效益、品质、加工、综合利用等方面都还有很大的提升空间，要想解决上述问题，达到四川花生应有的地位，应主要依赖于政府的重视与引导，以及加大科技的投入。

（1）加大科研经费的投入：在加大经费投入的同时，稳定并加强科技队伍建设与人才引进与培养。稳定现有省级与地市农科院的中下游科研队伍，鼓励大学科技人员参与四川花生上游基础研究。

（2）加强花生产业体系的建设，扩大新技术推广应用：目前四川省只有一个国家花生产业技术试验站，一个省级创新团队。根据四川花生面积及分布的广度及生态条件的复杂性，这样的人力与财力远远不能满足生产的需要，所以许多偏僻一点的花生产区，仍然使用几十年前的品种与技术在种植花生，因此四川花生的平均产量始终低于全国平均产量的20%以上。

（3）加大花生产业发展的支持力度：设立花生主产县、规模种植、新品种良种应用、花生机械等专项补贴；加大对花生良种繁育基地、花生产业园区建设以及花生种业、花生加工企业的政策支持力度。将提升四川花生的产业效益，缩小与其他主产省的差距。

（4）依托科技支撑，实施标准化生产：鼓励科研单位与企业合作建立四川花生种植的地方标准，让企业按照标准的技术规程执行，生产出绿色或有机的花生产品，提升四川花生的品质，积极将产品优势变为商品优势，提升农民进入市场的组织化程度和科学种植水平，实施因地因种的精准栽培管理技术，努力提高单位面积投入产出率，铸造国家“植物蛋白源、加工原料源、农田生物互补源”，提高产地环境质量，增强花生产品安全性；延伸产业链条，大力发展花生产品加工业，促进和实现农民增产增收和区域花生产业发展。

4.扩大加工及综合利用，拓宽市场，促进产品转化为商品

（1）稳定与加强现有优势花生加工企业：发展花生加工业，是产品转化增值、增大市场容量的最好途径。从四川省目前的花生加工制品看，较好的是咸味花生果，具有口感好、耐贮藏、便运输等优点，可采用“龙头厂家+产地作坊+生产农户”的模式大力发展。其他制品，应根据市场情况调整加工量。

（2）积极鼓励开拓花生的综合利用与加工：促进四川花生由分散种植向适度集中种植，一是便于花生机械收获，二是便于对花生副产物（花生藤、花生壳等）的收集，鼓励开拓对这些副产物的加工利用，可以进一步提升花生种植的总效益。

（3）鼓励花生精深加工企业发展。四川省应大力支持鼓励花生加工大型企业的发展，充分发挥大企业的品牌带动作用，更好形成产业标准，快速实现产业结构优化，建设花生产业优质品牌。利用四川花生脂肪和蛋白质含量均较高，且O/L比值普遍偏高的优良品质特性，发展其精深加工产品的生产。在大力选育和推广高油酸花生新品种的基础上，可以扩大或新建立花生酱、花生蛋白粉、花生油、花生饮料、花生芽等的品牌生产量，进一步提升花生的附加值。

第二章 四川花生分布区域及生产条件

第一节 四川花生种植面积、产量及分布

一、面积与产量

花生是四川省主要经济作物之一，作为油料作物面积仅次于油菜居第二位。“九五”以前面积在200 000 hm^2以下，从“十五”开始面积大幅度增加，“十五”到“十一五”基本稳定在250 000 hm^2以上，“十二五”至“十三五”基本在260 000 hm^2徘徊，单产逐年增加。2016—2019年4年平均总产及单产分别达到676 990 t和2569.9 kg/hm^2，详见表2-1。总体来看，四川花生生产从2000年以后的20年中，与全国花生生产的发展相比，面积、总产和单产提升都比较慢，提升空间较大。

表2-1 四川省历年花生种植面积、产量

年份	面积	总产	单产	年份	面积	总产	单产
	(hm^2)	(t)	(kg/hm^2)		(hm^2)	(t)	(kg/hm^2)
1949	57 040	64 600	1 132.5	2006	260 920	470 350	1 802.64
1950	57 040	64 600	1 132.5	2007	251 140	553 430	2 203.72
1951—1960	79 780	94 000	1 178.2	2008	258 200	595 880	2 307.82
1961—1970	74 710	82 700	1 106.9	2009	258 600	605 170	2 340.21
1971—1980	68 560	100 700	1 468.8	2010	261 640	620 940	2 373.27
1981—1990	119 260	205 800	1 725.6	“十一五”平均	258 100	569 150	2 205.18
1991	124 950	245 700	1 966.4	2011	258 510	627 800	2 428.55
1992	127 620	250 800	1 965.2	2012	258 260	634 890	2458.39
1993	139 040	263 800	1897.3	2013	259 860	653 570	2 515.04

续表2-1

年份	面积	总产	单产	年份	面积	总产	单产
	(hm²)	(t)	(kg/hm²)		(hm²)	(t)	(kg/hm²)
1994	153 470	207 300	1 350.7	2004	262 670	598 000	2 276.6
1995	154 340	255 800	1 657.4	2005	263 930	620 000	2 349.1
“八五”平均	139 880	244 700	1 749.2	“十五”平均	263 680	565 800	2 145.8
1996	152 400	281 000	1 843.8	2014	261 090	666 150	2 551.45
1997	154 100	288 000	1 868.9	2015	263 020	678 350	2 579.11
1998	166 300	333 000	2 002.4	“十二五”平均	260 150	652 150	2 506.86
1999	193 200	412 000	2 132.5	2016	264 420	687 670	2 600.65
2000	239 600	543 000	2 266.3	2017	261 120	659 930	2 527.26
“九五”平均	181 120	371 400	2 050.6	2018	263 440	676 720	2 568.79
2001	257 600	458 000	1 778	2019	264 720	683 620	2 582.43
2002	264 200	554 000	2 096.9	2016—2019年四年平均	263 440	676 990	2 569.90
2003	270 000	599 000	2 218.5				

从全国水平来看，表2-2统计了我国2018年花生面积在95 000 hm²以上的13个省，四川花生单产为倒数第一位，面积居第五位，总产居第九位。全国花生总面积为4 620 000 hm²，四川省为263 500 hm²，占5.7%；全国花生总产量为1 733 200 t，四川省为67 700 t，占3.9%；全国平均单位面积产量3 752 kg/hm²，四川平均为2 568 kg/hm²，比全国平均单产水平低31.6%。从西部水平来看，在西部12省（除去未查得统计数据的青海与宁夏外），四川花生总面积达到西部的37.62%，总产量达到西部的37.53%，位居西部12省第一。总之，四川花生生产的最大特点是面积大，单产低，单产提升空间大。

表2-2　2018年我国花生主要种植省（95 000 hm²以上）面积及产量情况

省市	面积		总产		单产	
	(hm²)	排序	(t)	排序	kg/hm²	排序
全国	4 620 000		1 733 200		3 752	
河南	1 203 200	1	572 400	1	4 758	2

续表2-2

省市	面积		总产		单产	
	（hm^2）	排序	（t）	排序	kg/hm^2	排序
山东	695 300	2	306 700	2	4 411	3
广东	332 500	3	104 400	3	3 140	8
辽宁	286 100	4	76 800	7	2 685	11
四川	263 500	5	67 700	9	2 568	13
河北	258 100	6	98 500	4	3 815	5
吉林	244 900	7	80 300	6	3 278	7
湖北	232 600	8	80 700	5	3 468	6
广西	211 500	9	62 700	10	2 964	9
江西	167 300	10	48 100	11	2 873	10
安徽	144 200	11	71 100	8	4 929	1
湖南	109 300	12	28 500	13	2 609	12
江苏	98 400	13	39 300	12	3 998	4

数据来源于2019年国家统计数据。

二、分布情况

四川花生分布广泛，全省除阿坝州以外的20个地市州都有种植，184个县及县级市区有145个县区（市）种植花生（至2019年），山地、丘陵、平原和高原4种地貌均有分布。四川花生按山脉及河流流域分布的特点比较明显。按照行政区划并结合山脉河流等特点，将四川花生种植区域划分为四大片区，如图2-1。

1.川东北秦巴山区及嘉陵江流域花生种植区

本区包括南充、绵阳、广元、达州、遂宁、巴中、广安7个市，51个区县。是四川最大的花生种植区域，2016—2019年年平均种植面积为148 000 hm^2（222万亩），占全省总面积的56.22%。

2.川中平原丘陵及沱江流域花生种植区

本区包括成都、德阳、资阳、内江、眉山等5个地市，34个区县。为四川省第二大花生种植区域，2016—2019年年平均种植面积为67 900 hm^2（约102万亩），占全省面积的25.73%。

3.川南乌蒙山区及岷江流域花生种植区

本区包括乐山、自贡、泸州、宜宾等4个市，34个区县。是四川省第三大花生种植区，2016—2019年年平均种植面积为44 470 hm²（约67万亩），占全省面积的16.88%。

4.川西南高原花生分散种植区

本区零星分布于川西南山地的河谷地带，包括攀枝花市、凉山彝族自治州、雅安市、甘孜藏族自治州等4个市州的26个县，2016—2019年年平均种植面积为3 080 hm²（4.62万亩），占全省面积的1.17%。

全省花生面积在6 670 hm²（10万亩）以上的县、区有9个，即：三台县、南部县、叙州区、渠县、雁江区、中江县、蓬安县、资中县、营山县（图2-1中标▲）。其中“川东北秦巴山区及嘉陵江流域花生种植区”内有5个区县，“川中平原丘陵及沱江流域花生种植区”内有3个区县，“川南乌蒙山区及岷江流域花生种植区”内有1个区县。

花生面积在3 330—6 670 hm²（5万—10万亩）的县、市、区有19个，即：安岳县、仪陇县、简阳市、剑阁县、嘉陵区、金堂县、阆中市、西充县、东兴区、苍溪县、盐亭县、射洪县、邻水县、蓬溪县、梓潼县、荣县、安居区、开江县、高县（图2-1中标✪）。

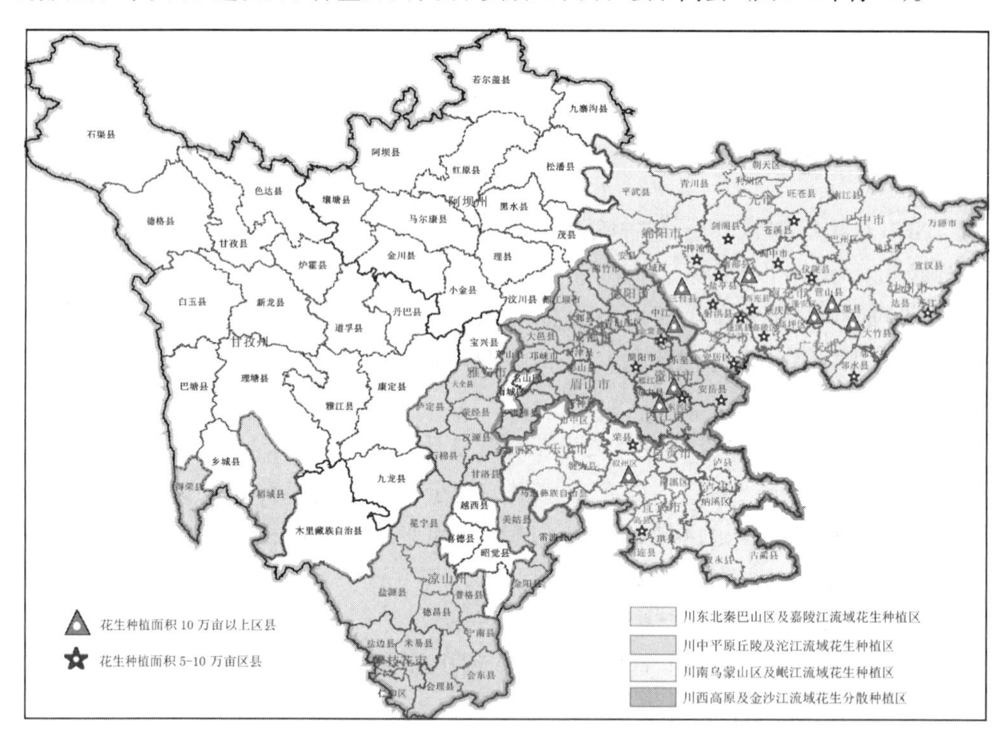

图2-1　四川省花生种植区域

各个片区近十多年面积、总产及单产详见表2-3。

表2-3　四川省四大片区近年花生面积和产量

片 区	年份	面积		单产	总产	
		(hm²)	占全省(%)	(kg/hm²)	(t)	占全省(%)
川东北秦巴山区及嘉陵江流域花生种植区	“十一五”平均	162 470	62.95	2 251.46	365 790	64.27
	“十二五”平均	163 230	62.75	2 604.18	425 080	65.18
	2016	166 490	62.96	2 692.91	448 330	65.20
	2017	138 700	53.12	2 607.29	361 630	53.44
	2018	142 340	54.03	2 648.41	376 980	55.87
	2019	144 860	54.72	2 654.44	384 520	56.25
	2016—2019四年平均	148 100	56.20	2 652.76	392 860	58.03
	2006—2019十四年平均	158 640	60.96	2 492.09	394 700	62.81
川中平原丘陵及沱江流域花生种植区	“十一五”平均	62 210	24.10	2 084.92	129 700	22.79
	“十二五”平均	63 530	24.42	2 383.05	151 400	23.21
	2016	63 760	24.11	2 481.75	158 240	23.01
	2017	70 060	26.83	2 492.54	174 640	26.46
	2018	69 210	26.27	2 542.52	175 960	26.00
	2019	68 130	25.74	2 548.74	173 660	25.40
	2016—2019四年平均	67 790	25.73	2 516.88	170 620	25.20
	2006—2019十四年平均	64 280	24.68	2 314.81	149 140	23.63
川南乌蒙山区、岷江流域花生种植区	“十一五”平均	30 850	11.95	2 231.42	68 840	12.10
	“十二五”平均	30 360	11.67	2 289.31	69 510	10.66
	2016	31 040	11.74	2 400.34	74 500	10.83
	2017	49 360	18.90	2 381.38	117 530	17.81
	2018	48 890	18.56	2 402.09	117 440	17.35
	2019	48 610	18.36	2 446.83	118 940	17.40
	2016—2019四年平均	44 470	16.88	2 408.26	107 100	15.82
	2006—2019十四年平均	34 570	13.26	2 302.62	80 010	12.65
川西南高原及金沙江流域花生分散种植区	“十一五”平均	2 570	1.00	1 875.90	4 820	0.84
	“十二五”平均	3 020	1.16	2 040.63	6 160	0.95
	2016	3 140	1.19	2 103.28	6 600	0.96
	2017	3 000	1.15	2 038.28	6 120	0.93
	2018	3 050	1.16	2 075.13	6 330	0.94
	2019	3 120	1.18	2 081.38	6 500	0.95
	2016—2019四年平均	3 080	1.17	2 075.12	6 390	0.94
	2006—2019十四年平均	2 880	1.11	1 991.65	5 750	0.91
总计平均	全省2006—2019年十四年平均	260 350		2 418.23	629 600	

第二节　四川省花生四大片区种植情况

一、川东北秦巴山区及嘉陵江流域花生种植区

该片区包括南充、绵阳、广元、达州、遂宁、巴中、广安7个市，51个区县，是四川省最大的花生种植片区，2016—2019年年平均种植面积为148 000 hm²，占全省总平均面积263 440 hm²的56.2%，总产量392 860 t，占全省平均总产量676 990 t的58.03%，单产为2 652.76 kg/hm²，比全省平均单产量2 569.9 kg/hm²高3.2 %。各个县的种植面积及产量见表2-4。

该区域位于四川盆地丘陵区的东北部，耕地负荷相对较小，小麦茬口夏播花生较少，有部分甘薯茬口休闲地春播花生，主栽品种以“天府”系列中间型为主，有少部分花11。该片区2016—2019年年平均种植面积在3 330—6 670 hm²（5万—10万亩）的区、县、市有13个。即绵阳市的盐亭县和梓潼县，南充市的嘉陵区、仪陇县、西充县、阆中市，广元市的剑阁县和苍溪县，遂宁市的安居区、蓬溪县、射洪县，广安市的邻水县，达州市的开江县。种植面积在6 670 hm²（10万亩）以上的区县有5个，即绵阳市的三台县，南充市的南部县、营山县、蓬安县，达州市的渠县。

近几年该片区面积总体有下降的趋势，特别是主产区县都有一定下降。

表2-4　川东北秦巴山区及嘉陵江流域各区县花生种植面积和产量

地区	区县市	“十一五”平均			“十二五”平均			2016—2019年年平均		
		面积（hm²）	总产（t）	单产（kg/hm²）	面积（hm²）	总产（t）	单产（kg/hm²）	面积（hm²）	总产（t）	单产（kg/hm²）
绵阳市	涪城区	1 369.8	3 895.4	2 843.8	1 016.6	3 086.2	3 035.8	1 014	3 358	3 313
	游仙区	1 900.4	6 820.0	3 588.7	1 871.0	7 105.8	3 797.9	1 668	6 483	3 887
	安州区	443.6	1 549.6	3 493.2	415.0	1 542.6	3 717.1	338	1 556	4 600
	三台县	12 354.0	32 628.0	2 641.1	12 901.6	39 847.2	3 088.5	11 008	35 038	3 183
	盐亭县	4 667.8	9 780.0	2 095.2	4 927.2	13 565.8	2 753.2	4 535	14 015	3 090
	梓潼县	4 643.2	14 028.4	3 021.3	5 016.8	17 135.4	3 415.6	3 681	13 411	3 643
	北川县	383.2	444.8	1 160.8	418.4	624.6	1 492.8	341	601	1 761
	平武县	321.7	452.4	1 406.1	316.2	417.0	1 318.8	326	429	1 314
	江油市	1 184.0	4 069.6	3 437.2	1 266.6	4 758.8	3 757.1	1 397	5 446	3 898

续表2-4

地区	区县市	“十一五”平均			“十二五”平均			2016—2019年年平均		
		面积（hm²）	总产（t）	单产（kg/hm²）	面积（hm²）	总产（t）	单产（kg/hm²）	面积（hm²）	总产（t）	单产（kg/hm²）
南充市	顺庆区	2 443.8	6 647.6	2 720.2	2 328.8	7 639.8	3 280.6	1 992	6 790	3 409
	高坪区	2 267.0	5 829.6	2 571.5	2 537.8	6 902.4	2 719.8	2253	6 243	2 771
	嘉陵区	7 056.4	12 970.8	1 838.2	7 221.6	15 188.6	2 103.2	6 110	13 023	2 132
	南部县	12 036.2	25 060.4	2 082.1	12 118.4	30 199.2	2 492.0	10 460	26 311	2 515
	营山县	8 042.4	16 999.0	2 113.7	8 171.2	17 378.6	2 126.8	6 916	15 369	2 222
	蓬安县	9 060.8	10 720.0	1 183.1	8 997.8	16 459.2	1 829.2	7 835	15 783	2 014
	仪陇县	9 053.6	19 368.0	2 139.3	7 337.0	18 169.4	2 476.4	6 413	16 483	2570
	西充县	5 297.2	8 014.0	1 512.9	5 606.8	9 499.4	1 694.3	4 919	8 880	1 805
	阆中市	5 448.0	10 602.2	1 946.1	5 645.0	11 748.2	2 081.2	5 072	10 936	2 156
广元市	利州区	366.9	677.8	1 847.2	470.7	914.6	1 943.0	622	1 258	2 022
	昭化区	590.2	1 506.0	2 551.5	667.6	2 046.6	3 065.6	540	1 775	3 290
	朝天区	1 192.6	2 234.4	1 873.6	1 360.5	3 008.6	2 211.3	1 414	3 312	2 342
	旺苍县	1 697.8	3 524.4	2 075.8	1 857.4	3 882.0	2 090.0	1 752	3715	2 121
	青川县	670.3	1 226.8	1 830.3	800.0	2 053.6	2 567.1	812	2 681	3 303
	剑阁县	10 236.7	38 053.8	3717.4	10 476.0	46 809.4	4 468.3	6 273	29 654	4 727
	苍溪县	6 454.6	18 390.4	2 849.2	4 631.6	18 500.8	3 994.5	4 592	19 344	4 213
遂宁市	船山区	1 812.3	3 417.6	1 885.7	1 490.0	3 215.2	2 157.9	1 336	3 300	2 471
	安居区	4 338.3	9 915.2	2 285.5	4349.2	11 426.4	2 627.2	3 624	9 328	2 574
	蓬溪县	5 157.4	11 112.8	2 154.7	5 231.0	13 813.8	2 640.8	3 886	10 159	2 614
	射洪县	3 122.8	7 519.2	2 407.8	3 119.4	7 657.6	2 454.8	4 008	10 266	2 561
	大英县	589.6	1 115.2	1 891.5	605.0	1 180.0	1 950.4	862	2 149	2 492
广安市	广安区	3 327.6	7 718.6	2 319.6	2 884.2	6 951.4	2 410.2	2 166	5 260	2 429
	前锋区				533.6	1 769.8	3 316.7	753	2 346	3 115
	岳池县	1 877.2	3 998.6	2 130.1	1 890.4	4 727.0	2 500.5	1 653	4 334	2 622
	武胜县	2 327.2	4 608.0	1 980.1	2 468.2	4 311.0	1 746.6	2 136	3 842	1 799
	邻水县	4 720.6	10 816.8	2 291.4	4 731.8	12 701.8	2 684.3	3 991	10 562	2 647
	华蓥市	303.0	618.8	2 042.2	310.2	728.4	2 348.2	262	570	2 177

续表2-4

地区	区县市	“十一五”平均			“十二五”平均			2016—2019年年平均		
		面积（hm^2）	总产（t）	单产（kg/hm^2）	面积（hm^2）	总产（t）	单产（kg/hm^2）	面积（hm^2）	总产（t）	单产（kg/hm^2）
达州市	通川区	526.9	1 439.0	2 730.9	665.3	1 680.2	2 525.3	912	2 246	2 462
	达川区	2 220.1	3 647.4	1 642.9	1 834.0	3 241.6	1 767.5	1 823	3 920	2 151
	宣汉县	2 492.2	4 626.6	1 856.4	2 518.4	4 728.4	1 877.5	2 964	5 594	1 887
	开江县	2 921.8	4 621.8	1 581.8	2 777.2	5 087.0	1 831.7	3 540	6 730	1 901
	大竹县	2 432.5	4 159.2	1 709.8	2 447.9	4 595.8	1 877.5	2 863	5 460	1 907
	渠县	7 170.2	13 546.6	1 889.3	8 504.0	18 836.8	2 215.1	9 709	22 025	2 269
	万源市	1 518.5	4 461.0	2 937.8	1 647.9	5 178.6	3 142.6	1 944	6 474	3 330
巴中市	巴州区	2 143.2	5 234.0	2 442.1	1 661.6	4 076.8	2 453.5	1 383	3 374	2 441
	恩阳区				653.8	1 636.8	2 503.5	1 214	3 136	2 582
	通江县	1 284.8	2 229.4	1 735.2	1 349.0	2 463.4	1 826.1	1 493	2 717	1 820
	南江县	792.6	1 689.4	2 131.5	844.2	1 968.4	2 331.7	899	2 167	2 411
	平昌县	2 205.2	3 797.0	1 721.8	2 337.4	4 624.2	1 978.4	2 397	5 014	2 092
合计平均		162 466.3	365 785.6	2 251.5	163 231.3	425 084.2	2 604.2	148 097	392 865	2 653

二、川中平原丘陵及沱江流域花生种植区

该片区包括成都、德阳、资阳、内江、眉山5个市，34个区县，是四川省第二大花生种植区，2016—2019年年平均种植面积为67 790 hm^2，占全省面积的25.73%，总产量170 620 t，占全省总产量的25.2%，单产为2 516.88 kg/hm^2，比全省平均产量低2.1%。各个县的种植面积及产量详见表2-5。

该区域位于四川盆地中部丘陵区，耕地负荷相对较大，油菜或小麦茬口夏播花生较多，有部分甘薯茬口休闲地春播花生，主栽品种以花11及部分“天府”系列中间型为主。该片区2016—2019年年平均种植面积在3 330 hm^2（5万亩）以上的区县有7个，即成都市的金堂县、简阳市，德阳市的中江县，资阳县的雁江区、安岳县，内江市的东兴区和资中县。其中，种植面积在6 670 hm^2（10万亩）以上的区县有中江县、雁江区、资中县3个区县。

表2-5　川中平原丘陵及沱江流域花生种植面积和产量

地区	区县市	“十一五”平均			“十二五”平均			2016—2019年年平均		
		面积（hm^2）	总产（t）	单产（kg/hm^2）	面积（hm^2）	总产（t）	单产（kg/hm^2）	面积（hm^2）	总产（t）	单产（kg/hm^2）
成都市	龙泉驿区	562	1 623	2 887	395	1 024	2 593	182	549	3 011
	青白江区	612	1 613	2 637	686	1 960	2 858	736	2 324	3 160
	新都区	204	794	3 888	145	561	3 881	112	461	4 109
	金堂县	5 113	12 704	2 485	4 988	15 225	3 052	5 429	18 160	3 345
	双流区	1 621	5 155	3 181	1 407	4 887	3 474	1 119	4 047	3 616
	大邑县	5	20	4 106	3	17	5 283	11	59	5 364
	蒲江县	146	334	2 290	115	256	2215	89	208	2 346
	新津区	173	562	3 255	172	563	3 279	167	588	3 523
	彭州市	362	1 217	3 359	325	1 128	3 468	379	1 300	3 429
	邛崃市	446	1 603	3 596	249	971	3 906	136	564	4 141
	崇州市	4	21	5 658	2	13	5 804	2	14	6 875
	简阳市	4 349	6 231	1 433	5 346	9 012	1 686	6 285	11 135	1 772
	高新区							227	482	2 120
	天府新区							126	466	3 694
德阳市	旌阳区	1 468	3 579	2 438	1 539	4 211	2 736	1 864	5 665	3 040
	罗江区	1 314	2 991	2 277	940	2 278	2 424	974	2 481	2 547
	中江县	5 592	18 729	3 349	6 883	20 274	2 945	7 849	24 131	3 075
	广汉市	603	1797	2 979	558	1 723	3 089	614	1 921	3 129
	什邡市	270	920	3 412	269	950	3 531	281	1 148	4 080
	绵竹市	427	1492	3 493	335	1 211	3 614	407	1 511	3 709
资阳县	雁江区	7 546	10 251	1 358	7 513	13 733	1 828	8 280	17 044	2 059
	安岳县	6 259	11 573	1 849	6 443	14 400	2 235	6 518	15 149	2 324
	乐至县	3 794	7 979	2 103	3 735	12 262	3 283	2 942	11 695	3 976
内江市	市中区	1 427	2 671	1 872	1 355	2 767	2 042	1 906	4 171	2 189
	东兴区	3 635	6 930	1 906	3 750	8 077	2 154	4 796	11 010	2 295
	威远县	2 264	3 382	1 494	2 230	4 226	1 895	3 039	6 058	1 993
	资中县	6 044	9 261	1 532	5 999	11 321	1 887	6 966	14 013	2 012
	隆昌县	1 704	2 407	1 413	1 722	2 384	1 385	2 133	3 408	1 597
眉山市	东坡区	1 374	3 491	2 540	1 404	3 686	2 625	877	2 211	2 523
	彭山区	381	967	2 538	367	981	2 671	237	652	2 748
	仁寿县	3 658	7 188	1 965	3 856	9 085	2 356	2 587	6 566	2 538
	洪雅县	45	135	3 025	35	126	3 600	26	93	3 657
	丹棱县	185	418	2 256	181	478	2 641	117	304	2 607
	青神县	625	1 669	2 669	586	1 604	2 738	381	1 037	2 721
合计平均		62 210	129 703	2 664	63 533	151 395	2 912	67 791	170 623	2 517

三、川南乌蒙山区、岷江流域花生种植区

该片区包括乐山、自贡、泸州、宜宾4个市，34个区县，是四川省第三大花生种植区，2016—2019年年平均种植面积为44 470 hm^2，占全省面积的16.88%，总产量107 100 t，占全省总产量的15.82%，单产为2 408.26 kg/hm^2，比全省平均产量低6.3 %。各个县的种植面积及产量见表2-6。

该区域分布于四川盆地丘陵区的南部，气候高温多雨，土壤中性到酸性，红（黄）砂土多、宜耕性好，小麦茬口和油菜茬口夏播花生比重大，中间型品种和珍珠豆型品种比例接近。该区域是四川花生青枯病的主要病区。该片区年种植面积在3 330 hm^2（5万亩）以上的区县有宜宾市叙州区、高县和自贡市的荣县，其中叙州区达到9 871 000 hm^2（14.8万亩）。

表2-6 川南乌蒙山区、岷江流域花生种植面积和产量

地区	区县市	"十一五"平均			"十二五"平均			2016—2019年年平均		
		面积（hm^2）	总产（t）	单产（kg/hm^2）	面积（hm^2）	总产（t）	单产（kg/hm^2）	面积（hm^2）	总产（t）	单产（kg/hm^2）
乐山市	市中区	665	1 712	2 326	665	1 712	2 575	775	2 076	2 678
	沙湾区	116	253	2 234	116	253	2 190	177	364	2 058
	五通桥区	386	830	2 402	386	830	2 147	331	644	1 947
	金口河区	74	113	1 563	74	113	1 540	89	129	1 455
	犍为县	1 074	2 427	2 318	1 074	2 427	2 260	1 282	3 029	2 362
	井研县	198	423	2 206	198	423	2 138	268	486	1 815
	夹江县	260	724	2 661	260	724	2 781	308	710	2 305
	沐川县	361	568	1 628	361	568	1 570	489	820	1 677
	峨边县	169	255	1 591	169	255	1 506	216	343	1 589
	马边县	361	455	1 296	361	455	1 261	450	606	1 347
	峨眉山市	95	230	2 757	95	230	2 425	105	241	2 301
自贡市	自流井区	130	330	2 231	130	330	2 545	197	553	2 813
	贡井区	1 135	2 728	1 996	1 135	2 728	2 403	1 820	4 804	2 639
	大安区	1 775	3 705	1 969	1 775	3 705	2 087	2 755	6 482	2 353
	沿滩区	837	2 605	3 245	837	2 605	3 111	1 420	4 744	3 342
	荣 县	2 662	5 313	1 912	2 662	5 313	1 996	3 634	8 019	2 206
	富顺县	1 566	3 582	2 357	1 566	3 582	2 287	2 415	5 793	2 399
泸州市	江阳区	252	836	3 197	252	836	3 316	343	1 078	3 144
	纳溪区	141	289	1 904	141	289	2 058	265	536	2 020
	龙马潭区	44	153	3 467	44	153	3 493	52	187	3 636

续表2－6

地区	区县市	“十一五”平均			“十二五”平均			2016—2019年年平均		
		面积（hm²）	总产（t）	单产（kg/hm²）	面积（hm²）	总产（t）	单产（kg/hm²）	面积（hm²）	总产（t）	单产（kg/hm²）
	泸县	894	2 771	2 840	894	2 771	3 100	1 448	3 900	2 693
	合江县	832	953	995	832	953	1 146	1 455	1 674	1 150
	叙永县	514	991	1 975	514	991	1 927	1 007	1 937	1 924
	古蔺县	212	428	1 969	212	428	2 019	524	1 056	2 018
宜宾市	翠屏区	1 480	5 050	3 156	1 480	5 050	3 411	2 498	9 068	3 631
	南溪区	709	1 831	2 519	709	1 831	2 583	1 020	2 808	2 752
	叙州区	7 161	16 540	2 349	7 161	16 540	2 310	9 871	23 810	2 412
	江安区	279	874	2 831	279	874	3 137	397	1 404	3 537
	长宁县	587	1 512	2 436	587	1 512	2 576	1 142	3 025	2 650
	高县	2 532	4 673	1 918	2 532	4 673	1 845	3 485	6 612	1 897
	珙县	1 327	3 325	2 300	1 327	3 325	2 505	1 908	5 576	2 922
	筠连县	467	880	1 876	467	880	1 883	668	1 261	1 886
	兴文县	634	1 258	1 918	634	1 258	1 983	1 133	2 296	2 026
	屏山县	436	899	2 060	436	899	2 063	533	1 040	1 953
合计平均		30 365	69 514	2 247	30 365	69 514	2 299	44 474	107 105	2 408

四、川西南高原及金沙江流域花生分散种植区

川西南高原及金沙江流域有少量花生种植，零星分布于川西南山地的河谷地带，包括攀枝花市、凉山州、雅安市、甘孜州4个市州的26个县，2016—2019年年平均种植面积为3 080 hm²，占全省面积的1.17%，总产量6 390 t，占全省总产量的0.94%，单产为2 075.12 kg/hm²，比全省平均产量低17.5 %。各个区县的种植面积及产量见表2-7 。

该区域内的花生种植非常分散，较多的区县是攀枝花市的仁和区和凉山州的会东县、会理县，每年有400—500 hm²，较少的县是凉山的普格县和美姑县、雅安的天全县，每年种植面积在10 hm²以下。种植的品种多为多粒型的小粒花生，以自己留种、当地内销为主的方式传承种植。近3年会理县和会东县因烟叶面积压缩，利用当地秋冬温度高，适宜种植晚夏和早秋花生的特点，发展了较大面积的鲜食花生，由于收获季节明显晚于四川主产区，具有错季生产的特点，效益比较明显。因此，该片区实际种植面积比统计面积大2—3倍，且还在继续扩大。适宜种植晚夏及秋花生的土地资源在100万亩以上，是一个具有较大潜力的特色花生产区。

表2-7　川西南高原及金沙江流域花生分散种植区面积和产量

地区	区县市	"十一五"平均			"十二五"平均			2016—2019年年平均		
		面积(hm²)	总产(t)	单产(kg/hm²)	面积(hm²)	总产(t)	单产(kg/hm²)	面积(hm²)	总产(t)	单产(kg/hm²)
攀枝花市	东区	19	22	1 120	29	37	1 267	32	44	1 367
	西区	20	31	1 607	19	29	1 482	21	29	1 427
	仁和区	306	453	1 463	399	667	1 669	461	791	1 716
	米易县	90	173	1 921	67	141	2 112	52	110	2 116
	盐边县	194	143	738	219	176	803	183	160	876
凉山州	西昌市	69	213	3 071	76	248	3 241	84	276	3 308
	盐源县	34	57	1 702	34	60	1 765	37	67	1 810
	德昌县	33	75	2 247	31	74	2 378	34	80	2 388
	会理县	330	388	1 169	398	558	1 405	426	636	1 495
	会东县	329	679	1 993	490	1 092	2 230	610	1 366	2 241
	宁南县	197	452	2 293	296	726	2 445	379	945	2 492
	普格县	8	15	1 925	7	15	2 143	8	16	2 000
	布拖县	37	106	2 948	33	104	3 126	27	107	3 981
	金阳县	110	191	1 738	109	189	1 742	86	197	2 287
	冕宁县	33	90	2 695	37	107	2 921	39	124	3 194
	甘洛县	29	52	1 800	22	44	1 982	22	46	2 045
	美姑县	4	5	1 284	4	7	1 750	8	9	1 097
	雷波县	174	297	1 705	181	318	1 760	182	319	1 753
雅安市	荥经县	59	190	3 223	62	205	3 287	35	118	3 333
	汉源县	193	429	2 249	179	446	2 485	113	298	2 639
	石棉县	164	499	3 027	216	619	2 867	125	362	2 910
	天全县	3	9	2 730	3	8	2 667	1	3	2 750
	芦山县	48	153	3 178	49	162	3 294	30	111	3 763
甘孜州	泸定县	78	62	804	39	34	873	61	56	922
	稻城县							2	5	3 167
	得荣县	8	34	4498	20	95	4 782	25	116	4 667
合计平均		2 570	4 821	2 125	3 018	6 158	2 259	3 078	6 388	2 075

第三节　四川花生主产县情况介绍

根据四川省统计数据，"十三五"以来的四年（2016—2019年）全省花生面积在6 670 hm²（10万亩）以上的区县有9个，面积在3 330—6 670 hm²（5万—10万亩）的区县有19个，详见表2-8。这28个县的总面积为169 680 hm²，占全省花生面积263 440 hm²的64.4%，总产量为436 400 t，占全省总产量676 970 t的64.5%（详见表2-8）。下面按照面积大小排序，对这28个花生种植相对集中区县的花生种植及分布情况作简要介绍。

表2-8　四川主产市县区(5万亩以上）花生面积及产量情况（2016—2019年年平均）

区县市	面积		总产		单产	
	hm²	排序	t	排序	kg/hm²	排序
三台县	11.01	1	35 400	1	3 183	5
南部县	10.46	2	26 310	3	2 515	13
叙州区	9.87	3	23 810	5	2 412	14
渠　县	9.71	4	22 030	6	2 269	17
雁江区	8.28	5	17 040	9	2 059	22
中江县	7.85	6	24 130	4	3 075	7
蓬安县	7.84	7	15 780	11	2 014	23
资中县	6.97	8	14 010	15	2 012	24
营山县	6.92	9	15 370	12	2 222	18
安岳县	6.52	10	15 150	13	2 324	15
仪陇县	6.41	11	16 480	10	2 570	11
简阳市	6.28	12	11 140	18	1 772	28
剑阁县	6.27	13	29 650	2	4 727	1
嘉陵区	6.11	14	13 020	17	2 132	21
金堂县	5.43	15	18 160	8	3 345	4
阆中市	5.07	16	10 940	20	2 156	20
西充县	4.92	17	8 880	25	1 805	27
东兴区	4.80	18	11 010	19	2 295	16
苍溪县	4.59	19	19 340	7	4 213	2
盐亭县	4.53	20	14 010	14	3 090	6
射洪县	4.01	21	10 270	22	2 561	12
邻水县	3.99	22	10 560	21	2 647	8
蓬溪县	3.89	23	10 160	23	2 614	9
梓潼县	3.68	24	13 410	16	3 643	3
荣　县	3.63	25	8 020	26	2 206	19
安居区	3.62	26	9 330	24	2 574	10
开江县	3.54	27	6 730	27	1 901	25
高　县	3.48	28	6 610	28	1 897	26
合计平均	169.68		436 400		2 572	

数据来源于《四川省统计年鉴》。

一、三台县

三台县是四川省花生种植面积最大的县，属绵阳市，位于绵阳东南部，距绵阳市57 km，距成都市153 km。花生主要分布于嘉陵江水系的涪江、凯江、梓江、郪江四江流域及境内的丘陵地区。全县63个乡镇都有花生种植，其中种植133.3 hm^2（2 000亩）以上的乡镇有39个（详见表2-9）。2016—2019年年平均种植面积为11 010 hm^2，居全省第一位，总产为35 040 t，居全省第一位，单产为3 183 kg/hm^2，居全省第五位，比全省平均单产2 569.73 kg/hm^2高23.9%。

该县目前种植的花生品种以天府系列（主要为天府18、天府19、天府21、天府22、天府23、天府24）和四粒红为主，同时有部分中花9号、蜀花1号、天府28等黑花生，以及四川农科院新育成的蜀花2号、3号等。该县种植的四粒红花生主要供给成都、绵阳及周边市县作鲜食，农户收益较高，亩收益在2 000元以上，主要集中在乐安和前锋两个镇。鲜食花生以早春（3月初至4月中旬）播种，地膜覆盖，6月初开始上市。其他多为油菜后夏播花生，亩收益在1 100—1 500元之间。该区域花生主要种植在丘陵紫色沙壤土和河谷潮土或冲积土上。

表2-9　三台县花生主要种植乡镇面积及产量情况（2016—2019年）

主要种植乡镇名称	面积（hm^2）	土壤类型	单产（kg/hm^2）
芦溪镇	632	紫色土、黄褐土、潮土	3 465
乐安镇	609	紫色土、黄褐土、潮土	3 195
观桥镇	466	紫色土、潮土	3 270
立新镇	456	紫色土、潮土	3 120
西平镇	450	紫色土、黄褐土、潮土	3 360
刘营镇	429	紫色土、黄褐土、潮土	2 955
鲁班镇	408	紫色土、潮土	2 760
新生镇	379	紫色土、潮土	2 850
中太镇	348	紫色土、潮土	3 195
新鲁镇	334	紫色土、潮土	3 345
景福镇	318	紫色土、潮土	2 910
建平镇	292	紫色土、潮土	3 525
古井镇	287	紫色土、黄褐土、潮土	3 390
光辉镇	281	紫色土、潮土	3 480
八洞镇	277	紫色土、潮土	3 030
金石镇	265	紫色土、潮土	3 285

续表2-9

主要种植乡镇名称	面积（hm²）	土壤类型	单产（kg/hm²）
前锋镇	258	紫色土、潮土	3 450
凯河镇	240	紫色土、黄褐土、潮土	3 090
石安镇	238	紫色土、潮土	3 315
潼川镇	236	紫色土、黄褐土、潮土	3 150
塔山镇	231	紫色土、潮土	3 240
灵兴镇	229	紫色土、黄褐土、潮土	3 015
三元镇	227	紫色土、潮土	3 465
秋林镇	208	紫色土、潮土	3 360
云同乡	196	紫色土、潮土	3 255
富顺镇	190	紫色土、潮土	3 075
建设镇	188	紫色土、黄褐土、潮土	3 675
乐加乡	188	紫色土、潮土	3 195
菊河乡	181	紫色土、潮土	3 180
建中乡	177	紫色土、潮土	3 165
龙树镇	167	紫色土、潮土	3 345
紫河镇	162	紫色土、潮土	3 450
花园镇	158	紫色土、黄褐土、潮土	3 525
东塔镇	148	紫色土、黄褐土、潮土	3 300
幸福乡	147	紫色土、潮土	3 135
百顷镇	144	紫色土、黄褐土、潮土	2 970
柳池镇	143	紫色土、潮土	3 900
双胜乡	139	紫色土、潮土	3 435
上新乡	134	紫色土、潮土	3 570
其余24个镇乡	448	紫色土、黄褐土、潮土	3 030
合计/平均	11 010		3 183

二、南部县

南部县为南充市市辖县，位于四川省东北部，南充市西北部，与成都、重庆均相距280 km，三地连线呈等边三角形，县境内丘陵起伏，西北高、东南低。嘉陵江由正北向东南贯穿境内，东岸属大巴山余脉，西岸属剑门山余脉，有西河蜿蜒流过。县内最高海拔826 m，最低298 m。县境西北部海拔高度一般在500—650 m之间，相对高差200—300 m；中部及东北部海拔高度一般在400—550 m，相对高差100—150 m。东南部海拔高度一般在300—400 m之间，相对高差50—100 m。嘉陵江和西河两岸多冲积小平原。

全县辖71个乡镇，有34个乡镇种植花生（详见表2-10），2016—2019年年平均总面积为10 046 hm^2，在全省排第二位，总产26 310 t，排全省第三位，单产为2 515 kg/hm^2，排全省第十三位。

该县种植品种主要为天府18、天府23、天府24、天府27、蜀花3号等，有少量其他老品种，如：花11、四粒红等。花生主要分布在坡台的砂质土、壤土上，由于地理位置及地形特点限制，机械化程度低。种植方式以夏播花生为主，主要耕作制度为油菜—花生一年两季净作，农户收益不高，花生主要依靠市场粮贩收购外销给加工企业，农户亩纯收益在300—350元。

表2-10　南部县花生主要种植乡镇面积及产量情况（2016—2019年）

主要种植乡镇名称	面积（hm^2）	单产（kg/hm^2）	土壤类型
富利镇	492	2　553	砂质土、壤土
王家镇	487	2 553	砂质土、壤土
大富乡	458	2 609	砂质土、壤土
大坪镇	447	2 553	砂质土、壤土
店垭乡	413	2 553	砂质土、壤土
桐坪乡	402	2 553	砂质土、壤土
光中乡	391	2 553	砂质土、壤土
升钟镇	379	2 442	砂质土、壤土
太霞乡	379	2 498	砂质土、壤土
盘龙镇	374	2 442	砂质土、壤土
西河乡	368	2 498	砂质土、壤土
丘垭乡	357	2 553	砂质土、壤土
五灵乡	351	2 553	砂质土、壤土
建兴镇	328	2 442	砂质土、壤土
河坝镇	317	2 553	砂质土、壤土
老鸦镇	317	2 442	砂质土、壤土
定水镇	311	2 553	砂质土、壤土
伏虎镇	311	2 553	砂质土、壤土
黄金镇	300	2 442	砂质土、壤土
楠木镇	283	2 498	砂质土、壤土
大河镇	266	2 609	砂质土

续表2-10

主要种植乡镇名称	面积（hm^2）	单产（kg/hm^2）	土壤类型
永红乡	255	2 498	砂质土
双佛镇	249	2 553	砂质土
石河镇	243	2 553	砂质土
永定镇	243	2 442	砂质土
大桥镇	221	2 609	砂质土
保城乡	215	2 609	砂质土
花罐镇	215	2 498	砂质土、壤土
千秋乡	209	2 553	砂质土
神坝镇	204	2 609	砂质土、壤土
碧龙乡	198	2 609	砂质土、壤土
碑院镇	178	2 442	砂质土、壤土
柳驿乡	160	2 442	砂质土、壤土
三清乡	137	2 442	砂质土
合计平均	10 460	2 515	

三、叙州区（原宜宾县）

叙州区于2018年9月由宜宾县撤县建区而来，是四川省宜宾市辖区，位于四川盆地南缘，长江上游，金沙江、岷江下游，川滇两省接合部；地形南北长、东西窄，地势西南高、东北低，西部为大小凉山余脉，南部为云贵高原北坡，东北属盆中方山丘陵区，地貌多样，以丘陵为主，约占幅员的3/4。

叙州区26个乡镇除商州镇无花生种植外，其他25个乡镇均有种植，但主要集中在观音等10个乡镇（详见表2-11）。2016—2019年年平均全区种植花生9 871 hm^2，排全省第三名，总产23 810 t，排全省第五名，单产2 412 kg/hm^2，排全省第十四名。

叙州区种植户积极性高，当地加工企业也较多，农户销售方便，亩收益在1 000—1 500元之间。由于这里长期种植花生，连作田的比例较高，花生青枯病较重，四川省过去选育的天府花生系列品种大多不抗青枯病，因此生产上主要种植矮花系列品种。矮花系列品种不清楚原名，只是当地群众的叫法，由老百姓于20世纪80年代从外地引入，目前产量较高，抗性较好，但口感和果形次于天府花生，故价格比天府18等品种低20%左右。同时还有一些地方老品种，如盘盘花生、金钩花生、小罗汉等。近年当地农技部门引进了河南农科院选育的远杂系列品种及四川农科院选育的蜀花系列抗青枯病的品种进行推广。

表2-11　叙州区花生主要种植乡镇面积及产量情况（2016—2019年）

乡镇名称	面积（hm²）	单产（kg/hm²）	土壤类型	主要种植品种	主要种植方式
观音镇	1 387	2 790	红砂及红砂壤	矮花1号、3号，天府18，蜀花3号等	平厢覆膜栽培
柳嘉镇	1 040	2 760	红砂及红砂壤	矮花1号、3号	平厢覆膜栽培
古罗镇	971	2 580	红砂及红砂壤	矮花1号、3号，天府18	平厢覆膜栽培
合什镇	849	2 805	红砂及红砂壤	矮花1号、3号，天府18	平厢覆膜栽培
古柏镇	624	2 430	冲击土及黄红壤	矮花1号、3号，天府18	垄作覆盖栽培
蕨溪镇	615	2 400	冲击土及黄红壤	矮花1号、3号，天府18	垄作覆盖栽培
泥溪镇	537	2 370	冲击土及黄红壤	矮花1号、3号，天府18	垄作覆盖栽培
白花镇	373	2 175	壤土及红砂壤	矮花1号、3号	平厢露地栽培
高场镇	295	2 130	黄红壤	矮花1号、3号	平厢露地栽培
隆兴乡	269	2 445	红砂及红砂壤	矮花1号、3号，天府18	平厢覆膜栽培
永兴、孔滩等15个乡镇	2 911	1 520	壤土及红砂壤	矮花1号、3号	平厢露地栽培
合计/平均	9 871	2 412			

四、渠县

渠县隶属于四川省达州市，位于达州市西南部，处于四川盆地川东平行岭谷区和川中红层丘陵区的过渡地带，地势总趋势是东西部高、中部低，县境内东西相距36 km，南北长55.6 km，东部与大竹县交界的牛乃尖-云雾山一线之华蓥山脊为渠县最高峰脊，海拔高程800—1 000 m，是渠县最高一级古夷平面，最高峰万里坪海拔1 198.2 m。

该县共60个乡镇，花生主要集中在20个乡镇（详见表2-12），2016—2019年年平均播种面积9 710 hm²，排全省第四名，总产22 030 t，排全省第六名，单产2 269 kg/hm²，排全省第十七名。

主要种植品种为天府系列，以天府23居多，还有部分地方品种或老品种，如天府3号、大果花生、高油花生、花育系列、红花生、花11、扯篼子、三鸡公等。种植土壤以冲击沙土为主，部分为山地紫色沙壤土。种植方式主要为低厢净作和间套作。

表2-12　渠县花生主要种植乡镇面积及产量情况（2016—2019年）

主要种植乡镇名称	面积（hm^2）	单产（kg/hm^2）	土壤类型
渠南乡	250.1	1 560	紫色沙壤土
渠北乡	343.6	1 995	紫色沙壤土
青龙镇	394.9	2 205	冲击沙壤土
板桥乡	209.0	2 070	冲击沙壤土
锡溪乡	221.3	2 880	冲击沙壤土
临巴镇	323.5	1 995	冲击沙壤土
龙潭镇	188.5	2 625	冲击沙壤土
李馥镇	533.9	2 025	冲击沙壤土
土溪镇	320.0	1 995	冲击沙壤土
东安乡	188.9	2 415	冲击沙壤土
三汇镇	236.4	2 325	冲击沙壤土
文崇镇	218.4	2 715	冲击沙壤土
涌兴镇	197.2	2 355	冲击沙壤土
岩峰镇	188.5	2 070	紫色沙壤土
清溪场镇	218.3	2 550	冲击沙壤土
射洪乡	280.8	2 565	冲击沙壤土
鲜渡镇	296.0	1 875	冲击沙壤土
李渡镇	188.0	2 310	冲击沙壤土
琅琊镇	262.6	2 115	冲击沙壤土
双土乡	337.5	2 340	冲击沙壤土
其余乡镇	4 312.6	2 250	紫色沙壤土
合　计	9 710.0	2 269	

五、雁江区

雁江区隶属四川省资阳县，位于四川盆地中部腹心地带，雁江区是国家和四川省粮食、花生、辣椒、柑橘及瘦肉型商品猪出口基地，也是发展蔬菜、经济林木、中药材、花卉等现代立体农业的理想基地。雁江区是典型的四川盆地红岩丘陵区，属盆周浅丘地貌。丘陵多为浑圆形或长条状、桌状的浅丘和中丘，岗丘杂陈，连绵起伏，山脊走向明显，沟冲纵横曲折，谷坡平缓，覆盖紫色砂页岩互层。境内沱江及其支流两岸，小平坝变化坐落其间，境内地势起伏不大，海拔在

390—460 m之间，相对高度在40—90 m。沱江及其部分支流均向东南流入资中境内。

全区22个乡镇均有花生种植（详见表2-13）。2016—2019年年种植面积8 280 hm^2，排全省第五名，总产17 040 t，排全省第九名，单产2 059 kg/hm^2，排全省第二十二名。

雁江区花生主要分布在坡台的沙壤土中，以净作起垄栽培为主，品种以老品种花11及天府系列为主。还有一些其他老品种，如四粒红等早熟品种分布在新场、回龙等乡镇，主要作鲜食花生用。当地主产乡镇的花生主要由收购商到当地收购再销售给外地加工企业，生产面积在250 hm^2以下的丰裕镇等，其生产的花生主要自己食用，基本不作商品。

表2-13　雁江区花生主要种植乡镇面积及产量情况（2016—2019年）

主要种植乡镇名称	面积（hm^2）	主要种植品种	干果单产（kg/hm^2）
丹山镇	792	花11、天府系列	1 290
中和镇	691	天府系列	2 055
伍隍镇	655	天府系列	2 580
南津镇	525	天府系列	1 185
迎接镇	468	天府系列	1 815
临江镇	461	天府系列	1 695
小院镇	439	天府系列	1 620
清水乡	396	花11、天府系列	2 385
回龙乡	374	红衣花生、天府系列	1 575
祥符镇	367	天府系列	1 665
东峰镇	360	天府系列	2 085
堪嘉镇	353	天府系列	2 550
老君镇	338	天府系列	2 490
新场乡	338	四粒红、中育1号、天府系列	3 090
保和镇	295	天府系列	2 705
忠义镇	281	天府系列	3 015
石岭镇	273	天府系列	2 400
丰裕镇	230	天府系列	1 830
宝台镇	223	天府系列	2 025
碑记镇	184	天府系列	1 590
雁江镇	122	天府系列	1 410

续表2-13

主要种植乡镇名称	面积（hm^2）	主要种植品种	干果单产（kg/hm^2）
松涛镇	115	天府系列	1 785
合 计	8 280		2 059

六、中江县

中江县隶属四川省德阳市，是位于川中丘陵地区西部的农业大县。中江县地处四川盆地西北部，境内地势西北高，东南低，绝大部分是丘陵，海拔一般在500—600 m，其余为平坝和低山。境内主要有涪江水系和沱江水系，龙泉山脉为涪江与沱江水系的分水岭，涉及河流98条，其中主要河流共15条 。

中江县45个乡镇，44个有花生种植，其中面积在150 hm^2以上的乡镇有19个（详见表2-14）。2016—2019年年全县平均种植花生7 850 hm^2，排全省第六名，总产24 130 t，排全省第四名，单产3 075 kg/hm^2，排全省第七名。

种植品种主要为天府18、天府19、天府23、天府24、天府26和云花1号等。多为起垄栽培，其中20%—30% 起垄覆膜栽培。农民有自己初加工销售的习惯，大多采用水煮、干炒和油炸花生米，于10下旬小麦播种后至来年3月份销售给中间商。亩纯收益在350—400元。

表2-14　中江县花生主要种植乡镇面积及产量情况（2016—2019年）

主要种植乡镇名称	面积（hm^2）	单产（kg/hm^2）	土壤类型
回龙镇	516	3 071	新积土
辑庆镇	465	3 008	黄褐土
通济镇	387	2 977	黄褐土
富兴镇	338	2 993	黄褐土
南华镇	274	3 071	黄褐土
黄鹿镇	272	3 056	黄褐土
永太镇	265	2 993	黄褐土
龙台镇	248	2 993	黄褐土
永兴镇	246	2 993	紫色土
双龙镇	241	3 071	紫色土
永安镇	241	2 977	紫色土
仓山镇	234	2 993	紫色土
冯店镇	232	2 898	紫色土

续表2-14

主要种植乡镇名称	面积（hm²）	单产（kg/hm²）	土壤类型
瓦店乡	225	3 024	黄褐土
柏树乡	214	3 040	紫色土
南山镇	213	3 024	黄褐土
东北镇	183	3 040	黄褐土
兴隆镇	181	3 071	黄褐土
悦来镇	173	3 040	紫色土
其余25个乡镇合计	2 703	2 975	
合计/平均	7 850	3 075	

七、蓬安县

位于四川省东北部，嘉陵江中游，隶属南充市，距成都230 km、重庆200 km，距南充主城区和高坪机场仅30分钟车程，紧密融入成渝“两小时经济圈”和南充“半小时经济圈”，辖39个乡镇。蓬安地貌以丘陵低山为主，浅丘带坝为辅，类型多样，平坝、台地、浅丘、深丘、低山、河谷兼而有之，一般海拔在500—800 m之间。嘉陵江自西北进入县境，东流西弯，转山绕坝，蜿蜒流经16个乡（镇），由西南流出县境，境内流程长达89 km。

全县39个乡镇均有花生种植（详见表2-15）。2016—2019年年种植面积为7 840 hm²，居全省第七位，总产15 780 t，排全省第十一 位，单产2 014 kg/hm²，排全省第二十三位。

该县主要种植天府系列品种（以天府18、天府21、天府22为主），近年引进蜀花系列品种。花生主要分布在坡台的砂土和壤土中，以麦后/油后夏播花生，大多采取不开厢的打窝点播，所以单产较低，产品多以自食或集市零售为主，产值不高，亩总收入在1 200元左右。

表2-15 蓬安县花生主要种植乡镇面积及产量情况（2016—2019年）

主要种植乡镇	面积（hm²）	单产（kg/hm²）	土壤类型
相如	389	2 004	壤土
龙蚕	333	2 024	砂土
金溪	278	2 004	砂土
利溪	278	2 004	壤土
杨家	278	2 004	壤土

续表2-15

主要种植乡镇	面积（hm²）	单产（kg/hm²）	土壤类型
徐家	250	2 014	砂土
金甲	222	2 004	壤土
碧溪	222	2 004	壤土
河舒	222	2 004	壤土
柳滩	222	2 004	壤土
南燕	222	2 004	壤土
天成	222	2 004	壤土
兴旺	222	2 004	壤土
福德	222	2 004	壤土
罗家	222	2 004	壤土
睦坝	222	2 004	壤土
银汉	211	2 004	壤土
诸家	200	2 004	砂土
石孔	200	2 004	壤土
新河	200	2 004	砂土
海田	194	2 004	壤土
锦屏	194	2 004	壤土
巨龙	194	2 024	砂土
长梁	194	2 004	壤土
鲜店	178	2 024	砂土
茶亭	167	2 024	砂土
骑龙	167	2 014	壤土
平头	167	2 014	砂土
石梁	167	2 004	壤土
三坝	167	2 004	壤土
高庙	167	2 024	砂土
济渡	161	2 004	壤土
正源	161	2 004	壤土
新园	155	2 004	壤土
凤石	155	2 004	壤土

续表2-15

主要种植乡镇	面积（hm²）	单产（kg/hm²）	土壤类型
群乐	155	2 004	壤土
龙云	111	2 014	砂土
两路	83	2 004	壤土
开元	70	2 004	壤土
合计(平均）	7 840	2 014	

八、资中县

资中县隶属四川省内江市，位于四川盆地中部，沱江中游，距成都143 km，离重庆197 km，是四川首批27个扩权强县之一。境内受岩层影响，地形西南高，东及东北部低。气候属亚热带湿润季风气候，四季分明，气候温和，雨量充沛，春早、夏长、秋冬季短，夏无酷热，冬无严寒，无霜期长。2018年12月13日，入选中国特色农产品优势区名单。地貌类型主要为丘陵（坪状深丘、浅丘中谷、缓丘宽谷），海拔300—550 m，占幅员的85%；低山窄谷，海拔500—700 m，占幅员的15%。资中县有水稻土、紫色土、黄壤土和新老冲积土4个土类。花生主要种植在沙溪庙组和遂宁组的紫色土中。

全县33个镇均有花生种植，其中种植面积在200 hm²以上的乡镇有8个（详见表2-16)。2016—2019年全县年平均种植花生6 970 hm²，排全省第八名，总产14 010 t，排全省第十五名，单产2 012 kg/hm²，排全省第二十四名。

该县除了种植天府系列与蜀花系列品种之外，地方特色品种种植较多，许多老品种至今已种植几十年，如矮大炮、小罗汉、狮选64等。这些品种品质特殊，虽然产量较低，但收益（18 000元/hm²左右）较普通花生（13 000元/hm²左右）高30%以上。其种植方式主要为露地开厢垄作。

表2-16　资中县花生主要种植乡镇面积情况（2016—2019年）

乡镇	面积（hm²）	产量（kg/hm²）	主要种植品种	主要用途及销售渠道
孟塘镇	567	2 100	天府9号、天府11、天府23、天府18等	本地销售、自食
苏家湾镇	344	1 935	花11、天府19、“矮大炮”	本地销售、自食
双龙镇	343	2 055	天府11、天府18、“矮大炮”	本地销售、自食
银山镇	335	2 055	天府23、狮选64、“矮大炮”	本地销售、自食
骝马镇	309	2 085	天府11、天府19、“矮大炮”	本地销售、自食

续表2-16

乡镇	面积（hm^2）	产量（kg/hm^2）	主要种植品种	主要用途及销售渠道
球溪镇	304	2 100	天府19、“矮大炮”	本地销售、自食
高楼镇	236	2 055	天府23、天府18	本地销售、自食
公民镇	231	1 860	小罗汉、狮选64、“矮大炮”	合作社外销、自食
其他25个镇合计	4 301	1 710	天府23、天府18、狮选64、花11等	本地销售、自食
合计/平均	6 970	2 012		

九、营山县

营山县隶属南充市，地处四川盆地东北部，界于巴河、嘉陵江之间，山、丘、坝兼而有之，地势北高南低，略向东南倾斜，以低山、丘陵为主。从北到南依次为低山丘陵、浅丘带坝地。带状平坝横贯东西，最高海拔889 m。主要河流有流江河及其支流仪陇河、消水河。

全县53个乡镇，花生种植分为8个片区，每个片区有4—6个乡镇，共37个乡镇（详见表2-17）。2016—2019年年平均种植面积6 920 hm^2，排全省第九名，总产15 370吨，排全省第十二名，单产2 222 kg/hm^2，排全省第十八名。

种植品种以天府系列品种为主，其自留种主要是一些地方品种和老品种，种植方式以窝播满土或低厢为主，油后花生的比例较大，产量较低，农户收益低，因此积极性不高，花生主要为自己生食和榨油自用，商品率低。

表2-17　营山县花生主要种植乡镇面积及产量情况（2016—2019年）

片区	主要种植乡镇名称	面积（hm^2）	主要种植品种
1	绿水-安固-高码-蓼叶	880	天府22、天府24、自留种
2	小桥-骆市-带河-灵鹫-四喜	900	天府22、天府25、自留种
3	老林-玲珑-清源-涌泉	880	天府22、天府26、自留种
4	消水-太蓬-三元-普岭	947	天府22、天府27、自留种
5	双流-柏林-合兴-孔雀-悦中-六合	778	天府22、天府28、自留种
6	新店-大庙-通天-安化	824	天府22、天府29、自留种
7	星火-西桥-柏坪-七涧-凉风	830	天府22、天府30、自留种
8	东升-济川-茶盘-朗池-渌井	881	天府22、天府31、自留种
	合　计	6 920	

十、安岳县

安岳县隶属四川省资阳县，位于四川盆地中部，资阳县东部、成渝经济区腹心和成都、重庆的直线中点，被誉“成渝之心”；海拔247.0—551.2 m，沱江、涪江分水岭从西北向东南贯穿全境；地貌类型以丘陵为主，丘坡多数为梯田、梯地，丘间沟谷发达。境内地貌主要受岩性、构造和表生作用的控制，广泛发育构造剥蚀地貌形态，根据沟谷切割深度，划分为深丘、中丘、浅丘三类，深丘占全区面积的16.6%，中丘占全区面积的30.5%，浅丘占全区面积的34.7%，山间洼地在深、中、浅丘地区均有分布，占全区面积的13.2%。花生在深、中、浅丘的紫色土和沙壤土中均有分布，在河谷阶地及平坝的冲击土中也有分布（5%）。

全县 32个镇、37个乡均有花生种植，其中面积在100 hm^2以上的乡镇有21个，如表2-18。2016—2019年全县年平均种植花生6 520 hm^2，排全省第十名，总产15 150 t，排全省第十三名，单产2 324 kg/hm^2，排全省第十五名。

种植品种以天府10号、天府23、天府25等为主。种植方式以油后夏播净作为主。

表2-18　安岳县花生主要种植乡镇面积情况（2016—2019年）

主要种植乡镇名称	面积（hm^2）	主要种植乡镇名称	面积（hm^2）
长河源乡	521	偏岩乡	161
通贤镇	477	八庙乡	154
姚市镇	411	白塔寺乡	147
龙台镇	323	鸳大镇	139
石羊镇	279	云峰乡	139
护建乡	271	城西乡	132
来凤乡	257	白水乡	132
天马乡	235	瑞云乡	132
林凤镇	213	石鼓乡	132
思贤乡	183	毛家镇	110
人和乡	183	其他48个乡镇	1 790
合计	6 520		

十一、仪陇县

仪陇县隶属四川省南充市，位于南充市东北部，四川盆地北部低山与川中丘陵过渡地带，以低山为主，地势由东北向西南倾斜。仪陇县境内山峦起伏，沟壑纵横，地势复杂。地貌以低山深丘为主，山体切割较深，海拔高差309—793 m。境内有嘉陵江、仪陇河、绿水河、消水河等“一江三河”，属于农业经济县，盛产小麦、油菜、水稻、花生、甘薯，特产酱瓜（主要外销）、黄酒、兔肉。仪陇县总土地面积169 170 hm^2，其中耕地43 275 hm^2，分布有6种成土母质，旱地多于水田，仪陇县境内土壤深受成土母岩影响，在特定的气候环境下，形成了以紫色土（石灰紫色土）、水稻土为主的土壤类型，紫色土约占全县耕地面积的50%，水稻土约占全县耕地面积的49.24%，潮土约占全县耕地面积的0.2%，黄壤约占全县耕地面积的0.56%。紫色土壤结构良好、疏松透气好、微生物多，花生主要分布在紫色土壤上。

全县58个乡镇均有花生种植，其中200 hm^2以上的乡镇只有6个，100—200 hm^2的乡镇有25个，100 hm^2以下的乡镇有27个（见表2-19），种植分散。2016—2019年全县四年平均种植面积6 410 hm^2，排全省第十一位，总产16 480 t，排全省第十位，单产为2 570 kg/hm^2，排全省第十一位 。

该县花生主要种植天府系列品种和地方品种，种植方式为油后夏花生，或林下套种，或与蔬菜轮作等方式，产品主要食用、榨油和本地市场销售。

表2-19　仪陇县花生主要种植乡镇面积情况（2016—2019年）

主要种植乡镇名称	面积（hm^2）	主要种植乡镇名称	面积（hm^2）
立山	339	中坝	102
新政	283	芭蕉	102
保平	226	凤仪	85
复兴	226	大仪	85
二道	226	大风	85
双胜	226	朱管会	85
金城	170	乐兴	85
观紫	170	义门	85
杨桥	170	板桥	85
石佛	170	九龙	85
柳垭	170	碧泉	73
赛金	170	周河	62
先锋	141	大寅	62
福临	141	永光	62
马鞍	141	五福	57

续表2-19

主要种植乡镇名称	面积（hm²）	主要种植乡镇名称	面积（hm²）
合作	141	张公	47
三河	141	日兴	47
文星	141	来仪	47
檬垭	119	大罗	47
度门	113	秋垭	47
柴井	113	炬光	47
光华	113	灯塔	47
双盘	113	永乐	47
老木	113	武棚	47
双庆	113	回春	47
义路	113	三蛟	25
龙桥	113	丁字桥	25
土门	113	思德	25
铜鼓	113	瓦子	25
合计	6 410		

十二、简阳市

简阳市为隶属成都市的县级市，位于龙泉山东麓、沱江中游，距成都市区48 km，距重庆市区约220 km。简阳地处四川盆地腹地，地貌以浅丘为主，其次为低山和河坝冲积平原，丘陵约占总面积的88.13%。沱江自北向南流经全境，将境内丘陵分割为东西两部分，沱江沿岸为分散河坝地，约占总面积的4.11%。沿江有较大的河坝16处，地势低平开阔。简阳市东部丘陵绝大部分为棕紫泥土壤，西部丘陵土壤多为棕紫泥和黄红紫泥，西北部红棕紫泥和黄红紫泥、灰棕紫泥和棕紫泥分别约占60%和40%，沱江沿岸土壤多为灰棕冲积土。

简阳市行政区域分为58个乡镇及街道（4个街道、25个镇、29个乡），其中45个乡镇有花生种植，150 hm²以上的乡镇只有10个（详见表2-20）。2016—2019年全市花生年平均种植面积6 280 hm²，排全省第十二名，总产11 140 t，排全省第十八名，单产1 712 kg/hm²，排全省第二十八名。

种植品种以地方老品种花生11为主，配合部分天府系列和蜀花系列花生品种。种植方式主要为满土小窝点播，分布非常散，单产低。花生产品以自食和市场零售为主。

表2-20　简阳市花生主要种植乡镇面积、产量及收益情况（2016—2019年）

乡镇名称	面积（hm²）	单产（kg/hm²）	收益（元/hm²）
禾丰镇	474	1 939	15 120
三星镇	521	1 616	12 600
云龙镇	344	1 723	13 440
宏缘乡	333	2 219	17 304
周家乡	322	1 939	15 120
新市镇	243	1 400	10 920
石桥镇	218	1 616	12 600
贾家镇	227	1 616	12 600
施家镇	226	1 400	10 920
江源镇	159	1 723	13 440
其余35个乡镇合计年平均	3 213	1 616	12 600
合计/平均	6 280	1 712	13 333

十三、剑阁县

剑阁县隶属四川省广元市，地处四川盆地北部边缘，广元市西南部，辖27个镇、30个乡，地势西北高、东南低，低山地貌特点显著。地貌类型以低山区为主，平均海拔540 m。地貌形态差异悬殊，海拔500—700 m的宽谷低山区占总面积的50.34%，海拔700—1 000 m的窄谷低山区占40.23%。发源于剑门山的河流西河、闻溪河、大小剑溪汇聚后再汇入嘉陵江。

全县57个乡镇均有花生种植（表2-21），2016—2019年种植面积为6 270 hm²，居全省第十三位，总产29 650 t，居全省第二位，单产4 727 kg/hm²，排全省第一位。以元山镇的面积最大，585 hm²，其他200—313 hm²的乡镇只有6个，100—200 hm²的乡镇有21个，100 hm²以下的乡镇有29个。

该县种植天府系列品种以及云花1号、蜀花2号、蜀花3号等花生品种。花生主要分布在坡台的石骨子土和夹砂土中，以春播、净作、垄作、地膜覆盖的方式种植，单产较高。以农户自用和本地市场销售为主，鲜食销售比例高，农户收益相对较高，亩收益在900—1 500元之间。

表2-21 剑阁县花生主要种植乡镇面积及产量情况（2016—2019年）

主要种植乡镇	面积（hm^2）	单产（kg/hm^2）	农户收益（元/hm^2）	主要种植品种
元山镇	566	4 770	18 540	云花1号、天府26
开封镇	303	4 740	18 330	云花1号、天府26
柘坝乡	219	4 740	14 415	云花1号、天府26
国光乡	211	4 740	14 415	云花1号、天府26
公店乡	211	4 740	14 415	云花1号、天府26
演圣镇	207	4 800	18 750	云花1号、天府26
武连镇	200	4 740	22 245	云花1号、天府26
迎水乡	190	4 740	14 415	云花1号、天府26
碗泉乡	174	4 740	14 415	云花1号、天府26
正兴乡	163	4 740	14 415	云花1号、天府26
涂山乡	160	4 785	14 685	天府24、天府26
马灯乡	153	4 740	14 415	云花1号、天府26
长岭乡	151	4 785	14 685	天府24、天府26
东宝镇	144	4 740	18 330	云花1号、天府26
吼狮乡	141	4 740	14 415	天府24、天府26
香沉镇	135	4 740	18 330	天府24、天府26
鹤龄镇	130	4 740	18 330	天府24、天府26
汉阳镇	128	4 695	21 885	天府24、天府26
凉山乡	125	4 740	14 415	天府22、天府24、天府26
碑垭乡	118	4 740	14 415	天府24、天府26
王河镇	117	4 785	18 645	云花1号、天府26
高池乡	117	4 740	14 415	云花1号、天府26
金仙镇	114	4 800	18 750	天府24、天府26
杨村镇	113	4 740	18 330	天府24、天府26
秀钟乡	113	4 740	14 415	云花1号、天府26
张王乡	111	4 740	14 415	天府24、天府26
普安镇	106	4 740	22 245	天府22、天府24
高观乡	97	4 680	14 055	天府24、天府26
店子乡	95	4 740	14 415	天府24、天府26

续表2-21

主要种植乡镇	面积（hm²）	单产（kg/hm²）	农户收益（元/hm²）	主要种植品种
城北镇	89	4 755	22 365	天府22、天府24
羊岭镇	88	4 740	18 330	天府24、天府26
广坪乡	86	4 740	14 415	天府24、天府26
田家乡	85	4 740	14 415	天府22、天府24
龙源镇	83	4 740	18 330	天府22、天府24
禾丰乡	81	4 740	14 415	天府24、天府26
北庙乡	79	4 740	22 245	天府24、天府26、芸花1号
摇铃乡	78	4 740	14 415	天府24、天府26
锦屏乡	78	4 740	14 415	天府24、天府26
白龙镇	75	4 740	22 245	天府24、天府26
剑门关镇	61	4 545	20 685	天府24、天府26
公兴镇	60	4 740	18 330	天府24、天府26
柏垭乡	57	4 740	14 415	天府24、天府26
柳沟镇	52	4 740	22 245	天府22、天府24、天府26
盐店镇	45	4 740	18 330	天府22、天府24
义兴乡	45	4 740	14 415	天府22、天府24、天府26
闻溪乡	40	4 740	14 415	天府22、天府24
圈龙乡	39	4 740	14 415	天府24、天府26
西庙乡	37	4 740	22 245	天府22、天府24
樵店乡	31	4 740	22 245	天府24、天府26
江石乡	29	4 740	22 245	天府22、天府24
姚家乡	28	4 740	22 245	天府22、天府24
垂泉乡	26	4 740	22 245	天府22、天府24、天府26
木马镇	25	4 740	22 245	天府24、天府26
江口镇	20	4 485	20 205	天府24、天府26
下寺镇	15	4 755	22 365	天府24、天府26
上寺乡	12	4 695	21 885	天府24、天府26
毛坝乡	12	4 770	14 595	天府22、天府24、天府26
合计平均	6 270	4 727	17 602	

十四、嘉陵区

嘉陵区隶属于四川省南充市，位于嘉陵江西岸；嘉陵区区内地形西北高、东南低，由东向西，自北而南依次为低山、丘陵、深丘带坝地貌，沿西南成带状分布；主要河流有嘉陵江、曲水河、吉安河、桓子河。嘉陵区土地类型主要有河谷平坝地、丘陵地和低山地三大类。

嘉陵区管辖6个街道、22个镇、18个乡。40个乡镇均有花生种植，面积在200 hm^2以上的乡镇有10个，如表2-22。2016—2019年全区年平均种植花生6 110 hm^2，排全省第十四名，总产13 020 t，排全省第十七名，单产2 132 kg/hm^2，排全省第二十一名。

主要种植品种为天府系列，净作、套种都有，产品大部分自食，零星市场销售，农户收益较低，种植积极性不高。

表2-22 嘉陵区花生主要种植乡镇面积及土壤情况（2016—2019年）

主要种植乡镇名称	面积（hm^2）	土壤类型	主要种植乡镇名称	面积（hm^2）	土壤类型
双桂	328	紫色土、水稻土、黄壤	大通	149	紫色土、水稻土
安平	308	紫色土、水稻土	新场	147	新积土、黄壤
桃园	307	紫色土、水稻土	一立	135	紫色土、水稻土
白家	302	紫色土、水稻土	临江	130	新积土、黄壤
世阳	272	紫色土、水稻土	盐溪	128	紫色土、水稻土
安福	267	紫色土、水稻土	桥龙	112	紫色土、水稻土
双店	249	紫色土、水稻土	礼乐	110	紫色土、水稻土
金宝	242	紫色土、水稻土	龙岭	106	紫色土、水稻土
里坝	214	紫色土、水稻土	天星	106	紫色土、水稻土
大兴	201	紫色土、黄壤	西兴	84	紫色土
大观	175	紫色土、水稻土	移山	83	紫色土
李渡	171	新积土、紫色土	七宝寺	83	紫色土、水稻土
华兴	168	紫色土、水稻土	三会	80	紫色土、水稻土
大同	168	紫色土、水稻土	河西	78	新积土、紫色土
集凤	161	紫色土、水稻土	龙泉	74	紫色土、水稻土
花园	160	紫色土、黄壤	积善	63	紫色土、水稻土
龙蟠	159	紫色土、水稻土	新庙	46	紫色土

续表2-22

主要种植乡镇名称	面积（hm^2）	土壤类型	主要种植乡镇名称	面积（hm^2）	土壤类型
吉安	157	紫色土、新积土、黄壤	曲水	34	新积土、紫色土
石楼	154	紫色土、水稻土	太和	29	紫色土、水稻土
土门	151	新积土、黄壤	金凤	17	紫色土、水稻土
合计	6 110				

十五、金堂县

金堂县是成都市郊县，地处四川盆地西部、成都平原东北部，跨盆中和盆西两大褶皱带，成都平原东沿，川中丘陵西缘，龙泉山脉中段由东北转向西南横卧县域中部，形成西北高逐渐向东南降低的地势。县域位于成都平原与川中丘陵接壤地带。地域由平坝、丘陵、低山组成，西北部属川西南平原，冲积平坝与浅丘占幅员的14.7%；东南部属川中丘陵区，丘陵占74%；中部低山11.3%。地势最高峰海拔1 048.7 m，最低处海拔386 m。金堂是“成都平原经济圈”内的重点发展县和成都市“特色产业发展区”。中河、毗河、北河穿城而过，有“天府花园水城”之美誉，县境河流分属于沱江、岷江水系，县内有沱江、清白江、毗河、北河、海螺河、爪龙溪、溪木溪河、万家河、黄水河、杨溪河、资水河等大、小江河13条。

金堂县辖21个乡镇和2个省级工业开发区。花生种植主要集中在东南部的14个乡镇，如表2-23。2016—2019年全县年平均花生种植面积5 430 hm^2，排全省第十五名，总产18 160 t，排全省第八名，单产3 345 kg/hm^2，排全省第四名。

种植花生品种以老品种花11、天府系列（以天府11、天府18为主）、特色黑花生（蜀花1号）、彩色花生等为主，春播夏播的净作、果树套作均有，春播以地膜栽培为主，夏播露地较多。由于距成都较近的优势，鲜食花生及特色花生比例高，农户种植效益和种植的积极性均较高。但因集中在几个乡镇长期种植，连作比例较高，青枯病较重，故需推广抗病品种。

表2-23 金堂县花生主要种植乡镇面积及单产情况（2016—2019年）

种植乡镇	面积（hm^2）	单产（kg/hm^2）
竹篙	534	3 138
土桥	420	3 107
三溪	404	3 595
白果	402	3 251

续表2-23

种植乡镇	面积（hm^2）	单产（kg/hm^2）
又新	354	3 595
福兴	344	3 376
隆盛	342	3 470
平桥	311	3 173
高板	309	3 068
转龙	288	3 110
广兴	276	3 095
云合	242	3 423
淮口	234	2 907
赵家	233	3 704
其他乡镇	737	3 277
合计/平均	5 430	3 345

十六、阆中市

阆中市是四川省南充市辖的县级市，地处四川盆地东北部，位于嘉陵江中游，秦巴山南麓，山围四面，水绕三方，是中国生态建设示范市、中国优秀旅游城市、世界千年古县、中国春节文化之乡。阆中境内有两大山系：嘉陵江以东属巴山山脉，以西属剑门山脉，两大山脉分支余脉在阆中市分别呈西北至中南，东北至西南走向，形成东西北部高，中部低的堰尾槽状地势和多层次梯级地形，处在川北低山区向川中丘陵区的过渡地带。最高点为龙泉镇的马鞍山，海拔888.8 m，最低点为最南端的朱镇乡猫儿井嘉陵江段，海拔328 m。境内平坝、低丘陵、高丘陵、低山、台地、山原兼而有之，属低山地貌为主和少数丘陵带坝地形。境内主要河流有嘉陵江，从北向南流经13个乡镇，过境全长59.45 km，还有白溪、东河、构溪、西河等4条嘉陵江支流贯穿境内。

阆中市辖21个乡、25个镇、4个街道办事处，其中44个乡镇有花生种植，面积在130 hm^2以上的乡镇有16个，见表2-24。2016—2019年全县年平均种植花生5 070 hm^2，排全省第十六名，总产10 940 t，排全省第二十名，单产2 156 kg/hm^2，排全省第二十名。

该市种植品种以天府系列和蜀花系列为主，有部分地方老品种或外引品种，如海花1号等。以净作和幼林果树中套作为主。产品自食、市场零售和小商贩收购销售，每公顷收入在12 000—18 000元之间。

表2-24　阆中市花生主要种植乡镇面积及单产情况（2016—2019年）

乡镇名称	面积（hm^2）	单产（kg/hm^2）
望垭	214	2 195
河溪	214	2 324
柏垭	208	1 937
文成	208	2 324
老观	208	2 970
博树	203	2 647
东兴	203	2 260
金子	203	1 549
龙泉	191	1 937
二龙	168	2 260
宝马	162	1 808
五马	156	1 937
沙溪	150	2 647
垭口	146	1 937
思依	145	1 872
洪山	133	1 846
其余28个乡镇合计/平均	2 158	1 992
合计/平均	5 070	2 156

十七、西充县

西充县隶属四川省南充市，地处四川盆地东偏北部，南充市西南部，嘉陵江、涪江的脊背地带，属浅丘地貌，沟谷纵横，丘陵密布，地势西北高、东南低，由西北向东南缓缓倾斜，山脉呈南北走向，北面略高，平均海拔361.2 m，是首批国家生态保护与建设示范县、国家有机产品认证示范县、国家农业改革与建设试点示范区、全国绿化模范县、全国休闲农业与乡村旅游示范县、国家电子商务进农村综合示范县等。

西充县辖44个乡镇（其中15个镇，29个乡），其中年平均花生种植面积在120 hm^2以上的乡镇有16个，见表2-25。2016—2019年全县年平均花生种植面积4 920 hm^2，排全省第十七名，总产8 880 t，排全省第二十五名，单产1 805 kg/hm^2，排全省第二十七名。

该县种植品种以天府18、天府21、天府23、天府24为主，配合一些地方品种，主要种植在坡台壤土上，以平作为主，单产和收益均不高，亩收益多在700—800元之间。

表2-25 西充县花生主要种植乡镇面积、产量及收益情况（2016—2019年）

主要种植乡镇名称	面积（hm²）	单产（kg/hm²）	收益（元/hm²）
占山乡	213	1 748	11 655
东太乡	200	1 735	11 565
太平镇	185	1 688	11 250
车龙乡	158	1 782	11 880
鸣龙镇	157	1 816	12 105
莲池乡	156	1 829	12 195
青狮镇	156	1 802	12 015
仁和镇	156	1 694	11 295
宏桥乡	153	1 728	11 520
义兴镇	146	1 843	12 285
双凤镇	144	1 735	11 565
凤鸣镇	140	1 708	11 385
古楼镇	139	1 748	11 655
槐树镇	134	1 910	12 735
常林乡	129	1 823	12 600
罐垭乡	128	1 748	12 105
其余28个乡镇合计/平均	2 427	1 746	12 195
合计/平均	4 920	1 805	11 880

十八、东兴区

东兴区是隶属内江市的县级区，位于四川盆地中南部，地处沱江中游东岸，地质结构为中生代侏罗系-套红色湖泊砂层互层和沉积碎屑系第四系河流松散堆积层，属四川盆地丘陵地区，地势东北高、西南低，地貌以中丘中谷、浅丘宽谷为主，平均海拔405.4 m。东兴区曾因盛产甘蔗，制糖业发达，被誉为“甜城”；东兴区属中亚热湿润气候，降水集中，雨量偏少，境内四季分明，春早、夏长、秋短、冬暖，无霜期短，有雪日少，夏少酷暑，冬无严寒，春温较高，秋雨连绵；日夜温差不大，冬夏寒暑变幅平稳。

全区管辖的5个街道、20个镇、4个乡，均有花生种植，其中面积在200 hm^2以上的乡镇有7个，100—200 hm^2的乡镇有16个，100 hm^2以下的乡镇有6个，见表2-26。2016—2019年全区年平均花生种植面积4 800 hm^2，排全省第十八名，总产11 010 t，排全省第十九名，单产2 295 kg/hm^2，排全省第十六名。

该区花生主要种植于紫色土壤，品种以天府系列为主（以天府20、天府23、天府24、府25为多），近来引进蜀花系列品种推广。净作、间作和套作都有，产品以自用和市场零售为主。

表2-26　东兴区花生主要种植乡镇面积及产量情况（2016—2019年）

乡镇名称	面积（hm^2）	产量（kg/hm^2）	乡镇名称	面积（hm^2）	产量（kg/hm^2）
永兴镇	388	2 195	河口镇	156	2 169
郭北镇	363	2 191	新店乡	156	2 185
顺河镇	346	2 167	苏家乡	144	2 215
双才镇	270	2 208	同福乡	142	2 208
碑南镇	258	2 197	三烈乡	129	2 562
平坦镇	229	2 213	永福乡	123	2 216
中山镇	214	2 173	太安乡	118	2 632
富溪镇	187	2 206	柳桥镇	107	2 866
大治乡	187	2 193	双桥镇	71	3 525
白合镇	183	2 217	胜利办	69	2 195
石子镇	181	2 232	碑木镇	66	2 185
高桥镇	175	2 190	东兴办	37	2 102
高梁镇	173	2 206	新江办	9	2 325
田家镇	162	2 203	西林办	1	2 034
杨家镇	157	2 176			
合计/平均				4 800	2 295

十九、苍溪县

苍溪县隶属四川省广元市，位于四川盆地北部、秦巴山脉南麓、嘉陵江中游、广元市南端，是广元市的南大门。县域属低山区，境内地势东北高、西南低，九龙山主峰海拔1 377 m为最高峰，嘉陵江出境处涧溪口海拔352 m为最低处。境内地貌由低山和深丘及河谷、平坝构成。苍溪县属亚热带湿润季风气候区，热量丰富，雨水充沛，无霜期长，气候温和，有“高山寒未尽，谷底春意浓”的气候特征。苍溪县被誉为中国雪梨之乡，中国红心猕猴桃之乡。是国家现代农业示范县，全国农村小康环保行动试点县，国家级生态示范区，全国休闲农业与乡村旅游示范县。

苍溪县下辖39个乡镇，花生种植主要分布在27个乡镇，其中200 hm^2以上的乡镇有10个，100—200 hm^2的乡镇有6个，100 hm^2以下的乡镇有11个，见表2-27。2016—2019年全县年平均花生种植面积4 589 hm^2，排全省第十九名，总产19 340 t，排全省第七名，单产42 139 kg/hm^2。排全省第二名。

该县花生主要种植在坡台的沙壤土和河谷冲积土上，品种以天府9号、天府18、天府19、天府22等天府系列为主，采取夏播垄作或膜侧栽培技术，相对产量较高。

表2-27　苍溪县花生主要种植乡镇面积情况（2016—2019年）

主要种植乡镇名称	种植面积（hm^2）
陵江镇	634
云峰镇	544
东青镇	423
白桥镇	307
白鹤乡	242
元坝镇	242
八庙镇	211
禅林乡	211
亭子镇	211
浙水乡	196
中土镇、歧坪镇、白驿镇、月山乡、文昌镇、岳东镇等6个乡镇合计	760
五龙镇、鸳溪镇、永宁镇、石门乡、唤马镇、运山镇、彭店乡、东溪镇、石灶乡、高坡镇、龙洞乡等11个乡镇合计	608
合计	4 589

二十、盐亭县

盐亭县隶属于四川省绵阳市，位于四川盆地中部偏北，西距绵阳90 km，距成都200 km。盐亭属盆中丘陵区，北高南低，海拔334.5—789.0 m，山丘起伏，沟壑纵横。属涪江流域，境内河流纵横交错，主要有梓江、弥江、湍江、榉溪、雍江五大水系，是首批“全国绿化模范县”，也是“全国产粮大县”“全国生猪调出大县”“全国农村中医药工作先进县”“四川省现代畜牧业重点县”。

盐亭县管辖的2个街道、14个镇、18个乡、1个民族乡，均有花生种植，其中面积在200 hm²以上的乡镇有5个，见表2-28。2016—2019年全县年平均花生种植面积4 532 hm²，排全省第二十名，总产14 010 t，排全省第十四名，单产3 090 kg/hm²，排全省第六名。

该县花生种植品种仍然以天府系列为主，目前主要种植天府21、天府22、天府26、天府28等，也有一些地方品种。产品以自食和售卖给商贩为主。

表2-28　盐亭县花生主要种植乡镇面积及土壤类型情况（2016—2019年）

主要种植乡镇	种植面积(hm²)	土壤类型
富驿	351	棕紫砂泥土、黄红紫砂泥土
柏梓	308	主要乡镇名称
黄甸	273	棕紫砂泥土、仁寿棕紫泥土
金孔	220	棕紫砂泥土、棕紫石骨土
玉龙	209	棕紫砂泥土、棕紫石骨土
八角	187	棕紫砂泥土、棕紫石骨土
高灯	182	棕紫砂泥土
石牛	178	中江黄红紫泥土、黄红紫砂泥土、黄红紫砂土、黄红石骨土
林农	157	棕紫砂泥土、棕紫石骨土
安家	154	中江黄红紫泥土、黄红紫砂泥土、黄红紫砂土、黄红石骨土、邛崃面黄泥土
两河	147	棕紫砂泥土、仁寿棕紫泥土、棕紫石骨土
冯河	145	棕紫砂泥土、仁寿棕紫泥土、中江黄红紫泥土、黄红紫砂泥土、黄红石骨土
洗泽	144	仁寿棕紫泥土、棕紫砂泥土、棕紫石骨土
金鸡	130	棕紫砂泥土、仁寿棕紫泥土、棕紫石骨土
毛公	124	棕紫砂泥土
云溪	123	棕紫砂泥土、仁寿棕紫泥土
黑坪	110	中江黄红紫泥土、黄红紫砂泥土、黄红紫砂土
榉溪	109	棕紫砂泥土、棕紫石骨土
茶亭	99	中江黄红紫泥土、黄红紫砂泥土、黄红紫砂土、黄红石骨土
三元	99	棕紫砂泥土、棕紫石骨土
五龙	93	棕紫砂泥土、棕紫石骨土
折弓	89	仁寿棕紫泥土、棕紫砂泥土、棕紫石骨土
巨龙	84	棕紫砂泥土

续表2-28

主要种植乡镇	种植面积(hm²)	土壤类型
来龙	82	中江黄红紫泥土、黄红紫砂泥土、黄红紫砂土、黄红石骨土
龙泉	80	棕紫砂泥土、棕紫石骨土
黄溪	78	棕紫砂泥土、棕紫石骨土
金安	76	棕紫砂泥土、黄红紫砂泥土、黄红石骨土
剑河	73	中江黄红紫泥土、黄红紫砂土、黄红石骨土
新农	70	仁寿棕紫泥土、棕紫砂泥土、棕紫石骨土
永泰	67	棕紫砂泥土
宗海	57	棕紫砂泥土、仁寿棕紫泥土
双碑	51	棕紫砂泥土
大兴	51	仁寿棕紫泥土、棕紫砂泥土、棕紫石骨土
林山	46	棕紫砂泥土
麻秧	34	棕紫砂泥土
两岔河	32	棕紫砂泥土
经开区	20	棕紫砂泥土
合计	4 532	

二十一、射洪县

射洪县属于遂宁市，地处四川盆地中部丘陵区北缘，介于北纬30°40′—31°10′，东经105°10′—105°39′之间，涪江上游，遂宁以北，位于成渝经济区北弧中心。该市位于盆中岷江、沱江、嘉陵江中下游与盆北嘉陵江中下游春季较少水区的分界线上，东西最宽处46 km，南北最长处58.6 km，面积1 496 km²。自然水系以涪江为主干流，梓江、青岗河、桃花河、富同河为主支流，呈树枝状延伸全县境域。还有人工修建的人民渠、前锋渠、武引渠等引水工程。截至2017年末，射洪市耕地面积4.12万 hm²，有效灌溉面积3.32万 hm²，农业机械总动力34.9万kW。基本农田占射洪市土地总面积的69.58%，一般农地占4.38%，林业用地占18.94%。

射洪县辖的21个乡镇均种植花生，主要分布在香山、广兴、洋溪、瞿河、天仙、金家等6个主要种植乡镇（见表2-29）。2016—2019年年平均种植花生4 010 hm²，排全省第二十一名，总产10 270 t，排全省第二十二名，单产2 561 kg/hm²，排全省第十二名。

表2-29　射洪县花生主要种植乡镇面积、品种及土壤等情况（2016—2019年）

主要种植乡镇	种植面积（hm^2）	土壤类型	主要种植方式	主要种植品种	主要用途及销售渠道
香山镇、广兴镇、洋溪镇、瞿河镇、天仙镇、金家镇等6个主要种植乡镇	3 764	主要是沿河冲积土	净种占80%，间作、套作比例约20%	天府系列	自用、鲜食占90%、企业收购加工占10%
其他15个乡镇	246	坡台沙土	净种占80%，林下套种20%	天府系列	
合　计	4 010				

二十二、邻水县

邻水县隶属于广安市，是川、陕、渝、鄂重要公路交通要道。邻水县属川东褶皱平行岭谷低山丘陵区，境内华蓥山、铜锣山、明月山三条山脉背斜平行排列，形成“三山两槽”的特殊地貌，深丘、浅丘、台地、平坝兼而有之。邻水属亚热带湿润季风气候，四季分明，冬暖春早，夏长秋短，水热兼优，气候温和，雨量充沛，土地肥沃，资源丰富。

邻水县辖21个镇，24个乡。45个乡镇均有花生种植，其中面积较大的有10个乡镇，见表2-30。2016—2019年全县年平均花生种植面积3 990 hm^2，排全省第二十二名，总产10 560 t，排全省第二十一名，单产2 647 kg/hm^2，排全省第八名。

该县花生主要种植于坡台地的紫色土、黄壤土中，品种以天府系列为主，主要为天府22、天府24、天府25等。种植方式以满土打窝净作为主。产品以自食和当地零售为主，商品率较低，年亩收益在500元左右。

表2-30　邻水县花生主要种植乡镇面积情况（2016—2019年）

主要种植乡镇名称	面积（hm^2）
王家镇	266
城南镇	258
观音桥镇	243
城北镇	228
坛同镇	224
合流镇	192
梁板乡	192
牟家镇	187
高滩镇	176

续表2-30

主要种植乡镇名称	面积（hm²）
石永镇	164
其他34个乡镇	1 860
合 计	3 990

二十三、蓬溪县

蓬溪县隶属四川省遂宁市，地处四川盆地中部偏东，涪江中游。该县地势四周高中部低，北部高于南部，由北向南呈波状缓倾，海拔251.3—565.8 m。县境四周处于嘉陵江、涪江分水岭及其支流源头地带，地势较高，低山的山脊构成与邻县分界线。蓬溪地处四川中部的嘉陵江与涪江之间的丘陵区，境内水系发达，溪河较多，源短水急，气候属中亚热带温湿季风气候。

全县辖31个乡镇，其中20个乡镇种植花生，见表2-31。2016—2019年全县年平均花生种植面积3 890 hm²，排全省第二十三名，总产10 160 t，排全省第二十三名，单产2 614 kg/hm²，排全省第九名。

该县花生以间作为主，主要种植在坡台地的紫色土、黄壤和沙土上，花生产品主要用于当地食用和榨油，商品率不高，年亩收益多在700—750元。

表2-31 蓬溪县花生主要种植乡镇面积、品种及土壤等情况（2016—2019年）

种植乡镇名称	面积（hm²）	土壤类型	主要种植品种	收益（元/hm²）
赤城镇、鸣凤镇、文井镇、蓬南镇	1 200	紫色土	天府18、天府14、天府12	10 500
明月、任隆、群利、板桥、新会、下东、高升、三凤、宝梵、吉祥、天福、大石、常乐、吉星、槐花、红江	2 690	紫色土 黄壤 沙土	天府18、天府14、天府12、天府13、天府9号	
合 计	3 890			

二十四、梓潼县

梓潼县隶属四川省绵阳市，位于绵阳市东北部。县境地势由海拔700 m以上的东北高丘、低山区，向西南倾至600 m以下的中、浅丘陵区，呈东北高、西南低、中部夹一低凹的潼江河谷的不对称马鞍形。岩层分布一般为紫红色和灰绿色砂岩与紫红色页岩、泥岩、互层的沉积韵律，加之接近四川盆地西北边缘，侵蚀风化剥蚀作用强烈，泥岩和页岩疏松，被剥蚀为平台，坚硬的砂岩往往被侵蚀为悬岩状，形成“梓潼台地”地貌。其河流基本属嘉陵江支流涪江水系。

梓潼县下辖11个镇、21个乡，花生种植面积在100 hm^2以上的乡镇有15个，见表2-32。2016—2019年全县年平均花生种植面积3 680 hm^2，排全省第二十四名，总产13 410 t，排全省第十六名，单产3 643 kg/hm^2，排全省第三名。

该县花生单产较高，特别是观义、玛瑙和交泰3个乡镇，单产在4 500 kg/ hm^2以上。全县多为地膜覆盖种植，品种以天府系列和蜀花系列为主，配合部分地方品种及引进的特色品种。

表2-32　梓潼县花生主要种植乡镇面积、品种及土壤等情况（2016—2019年）

乡镇名称	面积（hm^2）	土壤类型	主要种植品种	主要种植方式
观义镇	323	紫色土、潮土	天府26、天府27	地膜覆盖
玛瑙镇	202	紫色土、潮土	天府26、天府27	地膜覆盖
交泰乡	169	紫色土、潮土	天府26、天府27	地膜覆盖
白云镇	198	紫色土	以天府与蜀花系列为主，另有少部分鲁花、红皮、紫皮、白皮以及小粒品种等	地膜覆盖与露天栽培
宝石	222	紫色土		
石牛镇	169	紫色土		
马鸣	169	紫色土		
黎雅镇	154	紫色土		
马迎	154	紫色土		
大新	140	紫色土		
仙鹅	125	紫色土		
仙峰	120	紫色土		
二洞	120	紫色土		
双峰	120	紫色土		
定远	96	紫色土		
其他17个乡镇合计	1 199	黄壤土、紫色土		
合　计	3 680			

二十五、荣县

荣县位于四川南部，属自贡市管辖，东邻自贡市贡井区，西接乐山市井研县，南连宜宾市，北靠眉山市仁寿县、内江市威远县，地处长江上游、沱江、岷江水系之间的低山丘陵区，地势西北高、东南低，是国家商品粮、优质柑橘和瘦肉型猪生产基地县。地形由丘陵、低山、平坝及沟谷组成，海拔多介于350—450 m之间，最低288 m，最高901 m。地貌分区特征较明显，由北向南呈波状起伏，北部多为低山高丘地形；中部多为低丘、中丘、缓丘地形；南部多为中丘、高丘地形，平坝主要分布在沿河两岸。土壤成土母质中以中生代侏罗系和白垩系紫色砂泥岩为主，除少数冷沙黄泥外，其他棕紫泥土、灰棕紫泥土、红紫泥土、红棕紫泥土、暗紫泥土占荣县总面积的90%。荣县土壤有水稻土、紫色土、冲积土、黄壤土4个大类、9个亚类、60个土种，并经1 097个土样化验分析，pH值在5.5—8之间，微酸性土壤占耕地面积的15.2%，中性土壤占32.8%，微碱性土壤占52%。荣县土地资源丰富，基本能满足农、林、牧、副、渔用地的需求。

荣县辖2个街道、19个镇，其中有17个镇种植花生，见表2-33。2016—2019年年平均种植花生3 630 hm^2，排全省第二十五名，总产8 020 t，排全省第二十六名，单产2 206 kg/hm^2，排全省第十九名。

表2-33 荣县花生主要种植乡镇面积、品种及土壤等情况（2016—2019年）

主要种植乡镇	种植面积（hm^2）	土壤类型	主要种植方式	主要种植品种	主要用途及销售渠道
河口镇	594	夹关组	套作、净作	天府系列、鲁花系列	自己食用及经纪人收购外销
新桥镇	411	壤土	间作套作、垄作	天府3号、矮花	自己食用及经纪人收购外销
保华镇	350	夹关组、遂宁组	套作、间作	天府、花11系列	农户自销
度佳	342	红沙壤土	间套作	天府29、天府30	自吃和商贩收购外销
双石镇	325	中性紫色土	直播(间作、套作)	天府、花11系列	农户自用、自卖
东佳镇	245	夹关组、遂宁组	套作、净作	天府、花11系列	自己食用及经纪人收购外销
东佳镇	245	夹关组、遂宁组	套作、净作	天府、花11系列	自己食用及经纪人收购外销
旭阳镇	246	夹关组、遂宁组	套作、净作	天府系列	自己食用及经纪人收购外销
鼎新镇	219	红壤土	地膜隆台	天府、花似玉	食用、经纪人收购
观山镇	150	沙地	起垄盖膜	天府23、紫花生	企业收购加工
古文镇	148	红沙壤	间作、套作	矮花、天府	自己食用及经纪人收购外销

续表2-33

主要种植乡镇	种植面积（hm²）	土壤类型	主要种植方式	主要种植品种	主要用途及销售渠道
乐德镇	105	夹关组、遂宁组	套作、净作	天府系列	自己食用及经纪人收购外销
正紫镇	100	夹关组、遂宁组	套作、净作	天府系列	自己食用及经纪人收购外销
高山镇	80	沙壤土	平作比例	天府系列	自食
东兴镇	36	沙壤土	平作比例	天府系列	自食
双古镇	25	沙溪庙组	平作比例	天府系列	自食
长山镇	9	沙壤土	起垄盖膜45%，平作55%	天府3号	鲜食
合计	3 630				

二十六、安居区

安居区是四川省遂宁市下辖区，位于四川盆地腹心、涪江中游，遂宁市西南，地处川中丘陵腹地，地质构造简单，褶皱平缓，地貌类型单一，属中生代侏罗纪岩层，经流水侵蚀、切割、堆积形成侵蚀丘陵地貌，海拔高度在300—600 m之间。全境岩层下部以石灰岩为主，上部以紫红色沙土、泥岩为主，似为“红土地”。琼江贯穿安居区全境，发源于乐至县境内，流经遂宁市和安岳县，于潼南县光辉镇入境，从小渡镇出境，在铜梁县安居镇汇入涪江。

安居区辖21个乡镇，均有花生种植，主要集中在7个乡镇，见表2-34。2016—2019年全县年平均花生种植面积3 620 hm²，排全省第二十六名，总产9 330 t，排全省第二十四名，单产2 594 kg/hm²，排全省第十名。

该区花生品种以天府18和天府24为主，主要种植在石灰性紫色土中，以冬季蔬菜春播花生，或冬季油菜夏花生为主，坡土满土种植，平土、垄作均有。

表2-34　安居区花生主要种植乡镇面积及单产情况（2016—2019年）

主要种植乡镇	种植面积（hm²）	单产（kg/hm²）
西眉镇	473	2 605
三家镇	418	2 644
安居镇	335	2 615
玉丰镇	290	2 556
磨溪镇	290	2 673

续表2-34

主要种植乡镇	种植面积（hm^2）	单产（kg/hm^2）
马家乡	251	2 615
大安乡	212	2 575
其余14个乡镇	1 352	2 473
合计/平均	3 620	2 594

二十七、开江县

开江县隶属于四川省达州市，位于四川东部，大巴山南麓，东连重庆开州区和万州区，南临重庆梁平区，西接四川达川区，北依四川宣汉，总面积1 032.55 km^2。开江县境内地貌属川东褶皱剥蚀-侵蚀低山丘陵岭谷地貌，大巴山脉向南延伸的丘陵体系，以上升剥蚀低山和丘陵为主，背斜成山，紧密狭窄，向斜为丘，平缓开阔，间有高地平坝，北部、中部、东部较高，西部较低，平均海拔600 m，最低海拔272 m，最高海拔1 375.7 m。地势由东北向西南倾斜，地貌分为山间平原（占总面积的25.03%）、丘陵（占总面积的31.6%）、低山（占总面积的37.95%。）、低中山（占总面积的5.42%）四种类型。开江县土壤面积10.33万hm^2，农业土壤面积46 432 hm^2，占土壤总面积的44.94%。农业土壤又分为3个土类，即冲积土277.78 hm^2、紫色土16 304.09 hm^2、黄壤土769.09 hm^2。

开江县下辖11个镇、1个乡、1个街道办，12个乡镇均种植花生，见表2-35。2016—2019年年平均种植花生3 540 hm^2，排全省第二十七名，总产6 730 t，排全省第二十七名，单产1 901 kg/hm^2，排全省第二十五名。主要种植品种有：天府23、天府24，主要土壤类型为：沙土和沙壤土，主要种植方式为净作75%、间作25%，全部为平作。农户主要销售方式为：当地市场鲜销30%、企业收购加工50%、榨油等消费20%。

表2-35 开江县花生主要种植乡镇面积等情况（2016—2019）

主要种植乡镇	种植面积（hm^2）	土壤类型	主要种植方式	主要种植乡镇名称
新宁镇	314	沙土、沙壤土	净作75%、间作25%	天府23、天府24
永兴镇	292	沙壤土	净作75%、间作25%	天府23、天府24
梅家乡	280	沙土、沙壤土	净作75%、间作25%	天府23、天府24
灵岩镇	287	沙土、沙壤土	净作75%、间作25%	天府23、天府24
八庙镇	300	沙土、沙壤土	净作75%、间作25%	天府23、天府24

续表2-35

主要种植乡镇	种植面积（hm^2）	土壤类型	主要种植方式	主要种植乡镇名称
讲治镇	340	沙土、沙壤土	净作75%、间作25%	天府23、天府24
普安镇	300	沙壤土	净作75%、间作25%	天府23、天府24
回龙镇	298	沙壤土	净作75%、间作25%	天府23、天府24
任市镇	283	沙壤土	净作75%、间作25%	天府23、天府24
甘棠镇	282	沙壤土	净作75%、间作25%	天府23、天府24
长岭镇	281	沙壤土	净作75%、间作25%	天府23、天府24
广福镇	283	沙壤土	净作75%、间作25%	天府23、天府24
合计	3 540			

二十八、高县

高县隶属于四川省宜宾市，东邻珙县、长宁县，西接叙州区，南界筠连县，北与宜宾市翠屏区相望，东北、西南分别与南溪区和云南省盐津县毗连，位于四川盆地南缘向乌蒙山脉的过渡地带，地处盆地南部边缘，金沙江下游南岸。地形狭长，地势西南高、东北低，东部、西部高于中部，海拔274—1 252 m，按地貌类型分为低山（深丘）、丘陵、平坝和中山。县内山地、丘陵、槽坝相间，分别占43.88%、43.72%、12.4%。土壤资源丰富，全县土壤分为水稻土、潮土、紫色土、黄壤土4类，土壤成土母质复杂，肥力差异大，土壤有机质含量中等偏低，缺素土壤占有一定比重，高产稳产农田较少，中低产田土面积大，占土壤面积的65.28%。

高县下辖12个镇、7个乡，19个乡镇均有花生种植，主要分布在庆符镇、大窝镇、庆岭镇、文江镇、罗场镇等5个镇，见表2-36。2016—2019年年平均种植花生3 414 hm^2，排全省第二十八名，总产6 610 t，排全省第二十八名，单产1 895 kg/hm^2，排全省第二十六名。

表2-36　高县花生主要种植乡镇面积、品种及土壤等情况（2016—2019年）

主要种植乡镇名称	种植面积（hm^2）	土壤类型	主要种植方式	主要种植品种	干果单产（kg/hm^2）	主要用途及销售渠道
庆符镇	575	沙壤土	平作80%套作15%	花11、小粒窝	1 830	鲜食10%企业加工60%榨油10%市场出售20%

续表2-36

主要种植乡镇名称	种植面积（hm²）	土壤类型	主要种植方式	主要种植品种	干果单产（kg/hm²）	主要用途及销售渠道
大窝镇	484	沙壤土	平作80%套作15%	花11、小粒窝	1 800	鲜食10%企业加工70%市场出售20%
庆岭镇	299	沙壤土	平作80%套作15%	花11、小粒窝	1 855	鲜食10%企业加工70%市场出售20%
文江镇	243	沙壤土	平作80%套作15%	花11、小粒窝、黑花生	2 010	鲜食10%企业加50%榨油20%市场出售20%
罗场镇	270	沙壤土	平作70%套作10%起垄盖膜20%	花11、小粒窝、黑花生	2 009	鲜食10%企业加工70%市场出售20%
其他14个乡镇合计	1 543	沙壤土	平作80%套作15%	花11、小粒窝、黑花生	1 865	
合计/平均	3 414				1 895	

第三章　四川花生种质资源研究

第一节　花生种质资源的基本情况

花生种质资源是培育优质、高产、抗病虫、抗逆境新品种和促进花生持续发展的重要物质基础。育种目标确定后，就要从种质资源中选择最为合适的原始材料作亲本，应用一定的育种方法，培育筛选出符合育种目标的新品种。世界主要花生生产国都非常重视花生种质资源的搜集、保存、鉴定和利用。

花生种质资源包括古老的地方品种或农家品种、人工育成的改良品种、有特色的育种品系或材料、国外引进的品种或材料、野生种及其近缘植物、遗传操作及人工诱变创造的新材料等。花生种质资源的系统研究工作起始于19世纪末和20世纪初，中国从20世纪50年代开始开展了花生资源的收集整理工作。目前，国家作物种质资源长期库保存花生种质资源8 173份，国家油料作物中期库保存了8 957份花生栽培种资源，其中包括从33个国家引进的花生品种资源3 025份。国际热带半干旱地区作物研究所（ICRISAT）保存了15 445份栽培种花生及453份野生花生资源；印度国家植物遗传资源署（NBPRG）保存了14 585份栽培种花生种质资源；美国农业部农业研究局（USDA-ARS）作物种子基因库中保存了9 917份栽培种花生及800余份野生花生资源。

一、资源类型

（一）地方品种

地方品种又称农家品种，是在不同生态条件下经长期自然选择或人工培养形成的品种，其特点是各个优良性状分别或较集中存在于不同品种之中。地方品种是一个复杂的群体，对当地生态条件具有一定的适应性和稳产性。以地方品种作亲本杂交，后代具有较强的遗传传递力，培育出的新品种适应性、稳产性和丰产性均较好。

（二）育成品种

育成品种是指通过一定的育种方法，培育选出的符合育种目标的品种。

（三）引进品种

引进品种是指从国外或其他地区引入的品种，引入品种有适应的方面，也有不适应的一面。在应用上，通过对比、鉴定试验，各方面均有优良表现的可在生产中直接推广应用；某些性状突出的品种可用作杂交亲本选育新品种，或通过系统育种选育新品种；没有利用价值的品种可直接淘汰。

（四）特异品种

特异品种是指具有一些特殊性状的品种。如特大果、特小果、彩色花生、高油（籽仁脂肪含量55%以上）品种、高蛋白（籽仁粗蛋白含量33%以上）品种、高油酸（籽仁油酸含量75%以上）品种等一些稀有品种。是选育高产、优质、抗逆品种的理想材料。

（五）野生资源

野生花生是栽培品种的祖先，特点是对环境条件有较强的适应能力，抗性强，并具有特异的遗传特性。用它们与栽培种杂交，可创造优异的中间材料和特异品种。

（六）人工创造的育种中间材料

人工创造的材料是指通过常规育种、诱变育种和生物技术育种等方法，创制的一些中间材料，是选育新品种的理想资源。

二、花生种质资源的收集

广泛搜集、妥善保存、深入研究、充分利用、积极创新是花生品种资源研究工作的方针。广泛搜集是品种资源工作的基础，妥善保存是品种资源工作的重要环节。只有在广泛搜集，并将搜集到的资源进行妥善保存的基础上，才能开展深入地研究创新和利用。世界主要花生生产国都非常重视花生种质资源的搜集。

（一）国际花生种质资源

1.花生属栽培种质资源

直到20世纪中叶，科学家们才开始有计划地进行系统的花生品种资源搜集和保存活动。美国以其花生生产和科技的优势以及地理上接近花生原产地的便利，于1959年开始组织力量联合南美有关国家进行广泛的花生资源搜集和研究，先后有古巴、阿根廷、委内瑞拉、秘鲁等国家以及国际热带半干旱研究所（ICRISAT）和国际植物遗传资源研究所（IPGRI）等组织参与了这方面的合作，到1998年已进行30余次花生起源中心的品种资源调查与收集，同时各有关国家也广泛地开展了花生次生中心的调查、资源采集工作，收贮量较大的有美国、阿根廷、巴西、印度尼西亚、印度和中国。根据国际植物遗传资源研究所的倡议，以国际半干旱研究所为依托，已建立国际性花生品种资源保存中心，有关国家的花生品种资源已逐渐向国际半干旱研究所转移。据不完全统计，世界花生品种资源收贮总量超过50 000份，但相互交换的重复份数尚无法统计。据国际半干旱研究所报道，到1999年该所花生资源收贮量已达15 342份。

2.花生属野生种资源

20世纪50年代，国际上开始有组织、有计划地对花生属野生植物的搜集和考察。阿根廷学者Krapovickas等在20世纪50年代初期第一次大规模地组织采集了1 500多份野生材料，但保留下来的不足半数。自1958年以来约有35支植物探险队对南美洲地区进行了花生属野生植物资源的系统搜集和采集。1959—1962年，由Gregory、Krapovickas以及Pietrarelli组织探险队进行了大规模采集。1968—1972年由Hammons、Langford和Krap-ovickas组织考察队继续采集。自1976年以来，由国际植物遗传资源研究所（IPGRI）、国际热带半干旱地区作物研究所（ICRISAT）、美国农业部（USDA）、巴西植物遗传资源中心（CENARGEN）等资助，美国Simpson和巴西Valls指导，又对南美花生属野生植物资源进行了20多次详细周密的考察和采集。到20世纪80年代后期，已采集到70多个种，估计占该属种的55%—65%，90年代初增加到75%—85%，共获得种质样本1 500份。

（二）中国花生种质资源

20世纪50年代，中国开始有计划、有组织地收集花生品种资源，共收集到花生栽培品种资源1 500余份。迄今编写了《中国花生品种资源目录》及其续编一和续编二，并基本建立了“中国花生品种资源数据库信息系统”，共编入花生品种资源6 490份。内容包括植物学性状、农艺性状、主要病害抗性、主要品质等共30个性状。其中，栽培种花生资源6 390份，野生近缘植物资源100份。这些资源来自国内21个省（市、自治区）的有4 217份，从印度、美国等28个国家和国际热带半干旱地区作物研究所引入的有2 173份。国内资源中以普通型和珍珠豆型最多，其次为龙生型，多粒型和中间型品种较少。普通花生品种大多分布在河北、山东、江苏、河南、安徽等省。龙生型以广西、四川、江西等区、省居多，该类型花生属国际上珍稀种质，美国现仅保存27份，我国收集到350份，由于其具有抗旱、耐热、抗病性强、食味好等优点，深受研究者关注。多粒型则主要分布在辽宁、黑龙江及山东，我国在本土范围内收集到种质资源只有百余份，国外引入资源有近600份。中间型花生大多来自开展花生育种的省（市、区）农科院（所）。国外引入资源极大地丰富了我国花生种质资源基因库。

第二节　四川花生种质资源情况

一、国家种质库保存的四川花生种质资源

由于四川花生种植历史悠久，分布广泛，种植区域地理和气候差异较大，因此花生资源类型多样，变幅较大。从遗传分类上：有龙生型、多粒型、珍珠豆型、中间型等；从花生粒型上：小粒、中粒、大粒型均有；从熟期上分，早、中、晚熟型都有；从种皮颜色上：有红、粉、黑、白、紫和多色；从株型看：有直立、匍匐和平伏等。总之，四川花生资源类型多样，到目前为止从四川生产上收集到已并入国家种质资源库的花生材料共369份（表3-1）。这些材料中，部分地方品种到目前仍有种植户喜欢种植，具有一定特殊品质或口感、外观、适宜性等，值得发掘和进一步研究与利用。

二、四川目前生产上种植的地方品种或老品种

四川省农业科学院经济作物育种栽培研究所通过参加农业农村部国家粮油作物品质安全风险评估重大专项——油料作物产品质量安全风险评估项目，以及四川省农作物种质资源系统调查与抢救性收集行动等工作，对四川花生主产区种植的品种进行收集，2018—2020年共收集到111份（表3-2）。从表中可以看出，目前四川花生种植的老品种还很多，虽然四川花生育种在全国独具特色，在中粒型选育上具有一定优势，育成的“天府”系列花生品种已成为长江流域两大主栽品种系列之一，能适应不同栽培制度和不同用途的需求，但花生新品种推广力度不够，品种布局不合理，品种老化、混杂严重。花生种子产业基本上停留在农户自留自用的水平上，未形成产业化经营，进入流通领域的花生种主要是更换新品种或余缺调节，而花生繁殖系数低，用种量大，用种成本高，又制约了新品种的推广速度。

表3-1　国家资源库四川省花生资源材料

序号	资源库统一编号	品种名称	原产地	序号	资源库统一编号	品种名称	原产地
1	Zh.h010	南充扯兜子	南充市	30	Zh.h059	剑南子(2)	金堂县
2	Zh.h010	小罗汉	资中县	31	Zh.h059	简阳小三子	简阳县
3	Zh.h010	天府三号	南充市	32	Zh.h123	资阳鸡窝	资阳县
4	Zh.h010	天府四号	南充市	33	Zh.h123	富顺鸡窝(1)	富顺县
5	Zh.h010	大伏1号	南充市	34	Zh.h123	富顺鸡窝(2)	富顺县
6	Zh.h010	混大伏12号	南充市	35	Zh.h123	金堂斑鸠窝	金堂县
7	Zh.h011	混大伏1号	南充市	36	Zh.h123	金堂鸡窝(1)	金堂县
8	Zh.h011	麻伏2号	南充市	37	Zh.h123	南充混选1号	南充市
9	Zh.h011	罗伏6号	南充市	38	Zh.h123	金伏熊	南充市
10	Zh.h011	红白保5号	南充市	39	Zh.h123	油麻1号	南充市
11	Zh.h011	川北花生	南充市	40	Zh.h123	矮三颗	南充市
12	Zh.h011	中熊22号	南充市	41	Zh.h123	百日矮1号	南充市
13	Zh.h011	薄壳1号	南充市	42	Zh.h124	笔尖花生	三台县
14	Zh.h057	广汉二洋花生	广汉市	43	Zh.h124	连三子	三台县
15	Zh.h057	罗江鸡窝	德阳市	44	Zh.h124	三台鸡窝	三台县
16	Zh.h058	阆中大麻壳	阆中市	45	Zh.h124	宜宾二洋子	宜宾县
17	Zh.h058	金堂鸡窝(2)	金堂县	46	Zh.h124	三台二广东	三台县
18	Zh.h058	金堂深窝子	金堂县	47	Zh.h124	简阳二籽子	简阳市
19	Zh.h058	简阳勾鼻	简阳市	48	Zh.h168	小罗汉(2)	南充市
20	Zh.h058	绵阳东洋子	绵阳市	49	Zh.h168	青川小花生(1)	青川县
21	Zh.h058	绵阳鹰咀	绵阳市	50	Zh.h169	青川小花生(2)	南充市
22	Zh.h058	苍溪鹰咀	苍溪县	51	Zh.h169	宜宾小扯子	宜宾市
23	Zh.h058	海罗花生	苍溪县	52	Zh.h169	宜宾大扯子	宜宾市
24	Zh.h058	广汉小花生(1)	广汉市	53	Zh.h169	宜宾早花生(7)	宜宾市
25	Zh.h058	广汉小花生(2)	广汉市	54	Zh.h169	南柒二郎子(7)	南充市
26	Zh.h059	德阳陕花生	德阳市	55	Zh.h169	奉节小花生(2)	南充市
27	Zh.h059	泸州花生	泸　县	56	Zh.h169	安岳花生(6)-2-1	南充市
28	Zh.h059	青杠棒	金堂县	57	Zh.h169	安岳花生(7)-1-1	南充市
29	Zh.h059	剑南子(1)	金堂县	58	Zh.h169	安岳花生(7)-2-1	南充市

续表 3-1

序号	资源库统一编号	品种名称	原产地	序号	资源库统一编号	品种名称	原产地
59	Zh.h169	安岳花生(8)-1	安岳县	88	Zh.h172	785-88	南充市
60	Zh.h170	安岳花生(8)-2	南充市	89	Zh.h172	8404-12-1	南充市
61	Zh.h170	安岳花生(8)-3	南充市	90	Zh.h173	785-34-1	南充市
62	Zh.h170	安岳花生(8)-7	南充市	91	Zh.h173	793-28	南充市
63	Zh.h170	伏德2号	南充市	92	Zh.h173	784-185	南充市
64	Zh.h170	伏德6号	南充市	93	Zh.h173	805-11	南充市
65	Zh.h170	红白1号	南充市	94	Zh.h173	805-14	南充市
66	Zh.h170	红白2号	南充市	95	Zh.h173	804-1	南充市
67	Zh.h170	中熊2号	南充市	96	Zh.h173	804-4	南充市
68	Zh.h170	中熊伏2号	南充市	97	Zh.h173	805-55	南充市
69	Zh.h170	764-29	南充市	98	Zh.h173	796-2	南充市
70	Zh.h171	753-50	南充市	99	Zh.h173	806-45	南充市
71	Zh.h171	753-50-1	南充市	100	Zh.h174	856-39	南充市
72	Zh.h171	775-8	南充市	101	Zh.h174	773-206-2	南充市
73	Zh.h171	775-1	南充市	102	Zh.h174	836-32-2	南充市
74	Zh.h171	紫皮天三	南充市	103	Zh.h174	站地花生	湖北市
75	Zh.h171	753-92	南充市	104	Zh.h221	营山大花生(5)-1	南充市
76	Zh.h171	755-56	南充市	105	Zh.h221	营山大花生(6)-1	南充市
77	Zh.h171	774-113	南充市	106	Zh.h221	营山大花生(6)-2-	南充市
78	Zh.h171	784-46	南充市	107	Zh.h221	营山大花生(8)	南充市
79	Zh.h171	784-52	南充市	108	Zh.h221	营山二洋子(3)-1	南充市
80	Zh.h172	784-116	南充市	109	Zh.h221	营山二洋子(3)-3	南充市
81	Zh.h172	784-142	南充市	110	Zh.h221	资阳二籽	资阳县
82	Zh.h172	785-156	南充市	111	Zh.h222	油麻-51	南充市
83	Zh.h172	794-127	南充市	112	Zh.h222	795-173	南充市
84	Zh.h172	774-26	南充市	113	Zh.h222	四熊一号	南充市
85	Zh.h172	795-122	南充市	114	Zh.h222	熊北混一号	南充市
86	Zh.h172	783-78	南充市	115	Zh.h222	熊罗9号	南充市
87	Zh.h172	774-118	南充市	116	Zh.h222	熊岳一号	南充市

续表 3-1

序号	资源库统一编号	品种名称	原产地	序号	资源库统一编号	品种名称	原产地
117	Zh.h222	775-15	南充市	146	Zh.h225	南柒二郎子(1)-1	南充市
118	Zh.h222	785-89	南充市	147	Zh.h225	南柒二郎子(2)	四川省
119	Zh.h222	785-34	南充市	148	Zh.h225	南柒二郎子(5)	四川省
120	Zh.h222	834-435-1	南充市	149	Zh.h225	仪陇大罗汉(3)	仪陇县
121	Zh.h223	795-165	南充市	150	Zh.h225	犍为小花生	犍为县
122	Zh.h223	大伏抚罗1号	南充市	151	Zh.h226	营山二洋子(3)-4	营山县
123	Zh.h223	775-48	南充市	152	Zh.h226	营山二洋子(3)-5	营山县
124	Zh.h223	774-61	南充市	153	Zh.h226	绵阳蔓生(1)	绵阳市
125	Zh.h223	784-26	南充市	154	Zh.h226	绵阳蔓生(2)-1	绵阳市
126	Zh.h223	806-24	南充市	155	Zh.h226	绵阳蔓生(2)-2	绵阳市
127	Zh.h223	南伏罗	南充市	156	Zh.h226	绵阳蔓生(3)	绵阳市
128	Zh.h223	784-28	南充市	157	Zh.h226	宜宾鸭嘴子	宜宾市
129	Zh.h223	834-457	南充市	158	Zh.h226	资阳二洋子	资阳县
130	Zh.h223	795-15	南充市	159	Zh.h226	江津小花生(1)	江津县
131	Zh.h224	785-82	南充市	160	Zh.h226	奉节小花生(1)	奉节县
132	Zh.h224	796-49	南充市	161	Zh.h227	平武大花生（1）	平武县
133	Zh.h224	783-147-1	南充市	162	Zh.h227	犍为大花生（3）	犍为县
134	Zh.h224	红白保一号	南充市	163	Zh.h227	营山大花生(5)-2	营山县
135	Zh.h224	8405-94-1	南充市	164	Zh.h227	营山大花生(6)-3	营山县
136	Zh.h224	8405-94-2	南充市	165	Zh.h227	安岳花生(1)	安岳县
137	Zh.h224	8405-95	南充市	166	Zh.h227	安岳花生(3)	安岳县
138	Zh.h224	南柒二郎子(1)-2	南充市	167	Zh.h227	安岳花生(5)	安岳县
139	Zh.h224	江津小花生(2)	南充市	168	Zh.h227	安岳花生(6)-1	安岳县
140	Zh.h224	抚勾罗油5号	南充市	169	Zh.h227	渠县花生	渠　县
141	Zh.h225	抚勾罗油6号	南充市	170	Zh.h227	渡口大花生	渡口市
142	Zh.h225	794-139	南充市	171	Zh.h248	百日矮8号	南充市
143	Zh.h225	金堂鸡窝	金堂县	172	Zh.h248	775-13	南充市
144	Zh.h225	绵阳鹰咀-1	南充市	173	Zh.h248	765-45	南充市
145	Zh.h225	营山大花生(6)-2	南充市	174	Zh.h248	773-206-1	南充市

续表 3–1

序号	资源库统一编号	品种名称	原产地	序号	资源库统一编号	品种名称	原产地
175	Zh.h248	774–65–2	南充市	204	Zh.h251	营山大花生(1)–1	南充市
176	Zh.h248	784–124	南充市	205	Zh.h251	营山大花生(2)	四川省
177	Zh.h248	83系–9	南充市	206	Zh.h459	潼南花生	南充市
178	Zh.h249	785–75	南充市	207	Zh.h459	潼南花生(1)	南充市
179	Zh.h249	785–76	南充市	208	Zh.h459	白涛–6	南充市
180	Zh.h249	795–158	南充市	209	Zh.h459	白涛–14	南充市
181	Zh.h249	783–79	南充市	210	Zh.h459	白涛–15	南充市
182	Zh.h249	金宫一号	南充市	211	Zh.h459	安岳花生(7)–1–2	南充市
183	Zh.h249	中德4号	南充市	212	Zh.h459	安岳花生(7)–1–3	南充市
184	Zh.h249	836–32–1	南充市	213	Zh.h459	安岳花生(7)–2	南充市
185	Zh.h249	845–185	南充市	214	Zh.h459	82S4–44	南充市
186	Zh.h249	856–17	南充市	215	Zh.h460	834–482–3	南充市
187	Zh.h249	南江大花生(3)	南江县	216	Zh.h460	823–356–2–1	南充市
188	Zh.h250	犍为小花生(4)	犍为县	217	Zh.h460	836–29	南充市
189	Zh.h250	仪陇大罗汉(1)–1	南充市	218	Zh.h460	836–1	南充市
190	Zh.h250	仪陇大罗汉(1)–3	南充市	219	Zh.h460	874–168	南充市
191	Zh.h250	仪陇大罗汉(2)	仪陇县	220	Zh.h460	784–45–3	南充市
192	Zh.h250	营山大花生(4)	营山县	221	Zh.h460	874–71	南充市
193	Zh.h250	营山二洋子(4)	营山县	222	Zh.h460	873–7	南充市
194	Zh.h250	广汉二洋花生(2)	南充市	223	Zh.h460	874–151	南充市
195	Zh.h250	南柒二郎子(4)	四川省	224	Zh.h460	874–152	南充市
196	Zh.h250	南柒二郎子(6)	四川省	225	Zh.h461	884–41	南充市
197	Zh.h250	石棉大花生(1)	石棉县	226	Zh.h461	884–52	南充市
198	Zh.h251	石棉大花生(2)	石棉县	227	Zh.h461	884–77	南充市
199	Zh.h251	青川大花生(1)	青川县	228	Zh.h461	884–134	南充市
200	Zh.h251	营山二洋子(2)	营山县	229	Zh.h461	884–98	南充市
201	Zh.h251	沐川小花生(1)	沐川县	230	Zh.h461	873–86	南充市
202	Zh.h251	犍为大花生(1)	犍为县	231	Zh.h461	874–229	南充市
203	Zh.h251	南江大花生(1)–2	南充县	232	Zh.h461	894–46	南充市

续表 3-1

序号	资源库统一编号	品种名称	原产地	序号	资源库统一编号	品种名称	原产地
233	Zh.h461	894-45	南充市	262	Zh.h491	熊罗 9-7	南充市
234	Zh.h461	89g4-425	南充市	263	Zh.h491	753-22	南充市
235	Zh.h462	894-41	南充市	264	Zh.h491	823-195	南充市
236	Zh.h462	894-134	南充市	265	Zh.h491	823-157-5	南充市
237	Zh.h462	884-69	南充市	266	Zh.h491	795-106	南充市
238	Zh.h462	873-59	南充市	267	Zh.h499	824-52	南充市
239	Zh.h462	884-153	南充市	268	Zh.h499	884-342	南充市
240	Zh.h462	884-42	南充市	269	Zh.h499	784-45-1	南充市
241	Zh.h462	904-54	南充市	270	Zh.h499	784-45-2	南充市
242	Zh.h462	904-11	南充市	271	Zh.h499	763-1	南充市
243	Zh.h462	904-55	南充市	272	Zh.h499	783-105-1	南充市
244	Zh.h462	904-57	南充市	273	Zh.h499	784-66	南充市
245	Zh.h463	904-87	南充市	274	Zh.h500	784-116	南充市
246	Zh.h463	904-88	南充市	275	Zh.h500	774-42-1	南充市
247	Zh.h463	904-89	南充市	276	Zh.h500	784-41-1	南充市
248	Zh.h463	904-4	南充市	277	Zh.h500	842-29	南充市
249	Zh.h463	904-5	南充市	278	Zh.h500	836-22	南充市
250	Zh.h463	904-7	南充市	279	Zh.h500	855-4	南充市
251	Zh.h463	904-1	南充市	280	Zh.h500	沐川小花生(1)-1	南充市
252	Zh.h463	904-93	南充市	281	Zh.h500	874-281	南充市
253	Zh.h463	793-67	南充市	282	Zh.h500	87 系-52	南充市
254	Zh.h463	793-68-1	南充市	283	Zh.h500	884-154	南充市
255	Zh.h464	794-109	南充市	284	Zh.h501	873-9	南充市
256	Zh.h464	795-92	南充市	285	Zh.h501	884-197	南充市
257	Zh.h464	784-78	南充市	286	Zh.h501	894-93	南充市
258	Zh.h464	795-55	南充市	287	Zh.h501	89g4-168	南充市
259	Zh.h464	88 系-62(1)	南充市	288	Zh.h501	89g4-283	南充市
260	Zh.h464	904-125	南充市	289	Zh.h501	89g4-318	南充市
261	Zh.h464	89T-74	南充市	290	Zh.h501	904-82	南充市

续表3-1

序号	资源库统一编号	品种名称	原产地	序号	资源库统一编号	品种名称	原产地
291	Zh.h501	904-79	南充市	320	Zh.h584	川油II-7中花生	四川省
292	Zh.h501	红白一号-1	南充市	321	Zh.h584	川油92-0019小罗	四川省
293	Zh.h501	黄白一号	南充市	322	Zh.h584	川油92-0005小花	四川省
294	Zh.h502	白涛-1	南充市	323	Zh.h584	川油92-0003大花	四川省
295	Zh.h502	白涛-4	南充市	324	Zh.h584	川油92-0015小花	四川省
296	Zh.h502	白涛-5	南充市	325	Zh.h584	川油II-35花生	四川省
297	Zh.h502	白涛-7	南充市	326	Zh.h584	川油II-44红花生	四川省
298	Zh.h502	白涛-8	南充市	327	Zh.h585	川油93-0070大花	四川省
299	Zh.h502	白涛-9	南充市	328	Zh.h585	本地小花生G-200	四川省
300	Zh.h502	白涛-10	南充市	329	Zh.h585	川油9320-72花生	四川省
301	Zh.h502	白涛-11	南充市	330	Zh.h585	川油93305离生花	四川省
302	Zh.h502	白涛-12	南充市	331	Zh.h585	川油933013直立花	四川省
303	Zh.h502	白涛-13	南充市	332	Zh.h585	川油933020本地花	四川省
304	Zh.h503	小河大花生-1	南江县	333	Zh.h585	川油933042本地花	四川省
305	Zh.h503	小河大花生-2	南江县	334	Zh.h585	川油933048直立花	四川省
306	Zh.h582	川油III-61大花生	四川省	335	Zh.h585	川油93I-75本地花	四川省
307	Zh.h583	川油III-68大花生	四川省	336	Zh.h585	川油92-0038本地	四川省
308	Zh.h583	川油II-25	四川省	337	Zh.h586	川油II-91洋花生	四川省
309	Zh.h583	川油III-72本地小	四川省	338	Zh.h586	川油II-92花生	四川省
310	Zh.h583	川油92-0058落花	四川省	339	Zh.h586	川油92-0064落花	四川省
311	Zh.h583	川油93-0033油晴	四川省	340	Zh.h586	川油92-0011小花	四川省
312	Zh.h583	川油93-0036本地	四川省	341	Zh.h586	川油93-0069小花	四川省
313	Zh.h583	川油93-0049小米	四川省	342	Zh.h586	川油933036本地小	四川省
314	Zh.h583	川油92-0069大落	四川省	343	Zh.h586	川油932F-22小花	四川省
315	Zh.h583	川油92-0052本地	四川省	344	Zh.h586	川油932F-72花生	四川省
316	Zh.h583	川油92-0072本地	四川省	345	Zh.h586	川油933018直立花	四川省
317	Zh.h584	川油II-8	四川省	346	Zh.h586	川油932F-38红米	四川省
318	Zh.h584	川油92-0021大罗	四川省	347	Zh.h609	川油II-39爬地花	四川省
319	Zh.h584	川油92-0043小花	四川省	348	Zh.h609	川油93I-02本地花	四川省

续表3-1

序号	资源库统一编号	品种名称	原产地	序号	资源库统一编号	品种名称	原产地
349	Zh.h609	川油93-0056本地	四川省	360	Zh.h660	79266×天府4号	四川省
350	Zh.h609	川油933010本地大	四川省	361	Zh.h660	新金大粒×79266-	新金县
351	Zh.h609	川油93I-05本地小	四川省	362	Zh.h660	中花2号×大花生-	四川省
352	Zh.h609	川油932F-20爬地	四川省	363	Zh.h663	904-53	四川省
353	Zh.h609	川油93I-134爬地	四川省	364	Zh.h663	965-32-2	四川省
354	Zh.h612	川油93-0075本地	四川省	365	Zh.h664	天府4号×印度15-	四川省
355	Zh.h612	川油933055本地花	四川省	366	Zh.h665	天府4号×印度15-	四川省
356	Zh.h612	川油93I-28小花生	四川省	367	Zh.h665	1003×大花生	四川省
357	Zh.h612	川油93I-88本地花	四川省	368	Zh.h665	8108×大花生	四川省
358	Zh.h612	川油93I-115本地	四川省	369	Zh.h665	天府4号×四粒红-	四川省
359	Zh.h660	天府4号×四粒红-	四川省				

表3-2 2018—2020年收集的四川生产用花生老品种或地方资源材料

序号	样品编号	品种名称或地方称号	种植县	具体地点
1	2018QuXian-1	天府3号	渠县	渠江镇鞍山村
2	2018QuXian-2	大果花生	渠县	临巴镇龙溪村
3	2018QuXian-3	高油花生	渠县	临巴镇龙溪村
4	2018QuXian-4	花育系列	渠县	鲜渡镇石鼓村
5	2018QuXian-5	大花生	渠县	鲜渡镇石鼓村
6	2018QuXian-6	红花生	渠县	鲜渡镇石鼓村
7	2018QuXian-7	花11	渠县	鲜渡镇石鼓村
8	2018QuXian-8	扯篼子	渠县	河东乡石垭村
9	2018QuXian-9	三鸡公	渠县	河东乡石垭村
10	2018QuXian-10	二粒花生	渠县	河东乡石垭村
11	2018SanTai-3	蓝黑1号（小黑）	三台县	乐安镇双堰村七队
12	2018SanTai-4	四粒红	三台县	前锋镇寺垭口村五队
13	2018SanTai-8	早花系列	三台县	前锋镇寺垭口村一队
14	2018SanTai-9	老天府（小粒）	三台县	前锋镇寺垭口村一队
15	2018SanTai-10	缩颈颈	三台县	云同乡四季桥村三队

续表3-2

序号	样品编号	品种名称或地方称号	种植县	具体地点
16	2018SanTai-12	花11	三台县	云同乡四季桥村七队
17	2018SanTai-14	四粒红	三台县	云同乡四季桥村七队
18	2018SanTai-15	小花生三鸡公	三台县	云同乡四季桥村七队
19	2018ZiZhong-1	小罗汉	资中县	公民镇高石坝村十社
20	2018ZiZhong-3	二籽籽（狮选64）	资中县	公民镇高石坝村十社
21	2018ZiZhong-4	矮大炮	资中县	公民镇高石坝村十社
22	2018ZiZhong-5	中花1号	资中县	高楼镇世民村四社
23	2018ZiZhong-7	红花生	资中县	高楼镇世民村五社
24	2018ZiZhong-10	水果花生	资中县	高楼镇世民村五社
25	2018JianGe-1	大果花生	剑阁县	北庙乡五星村十组
26	2018JianGe-2	乌红花生	剑阁县	北庙乡五星村十组
27	2018JianGe-3	红花生	剑阁县	北庙乡五星村十组
28	2018JianGe-5	黑花生	剑阁县	北庙乡五星村十组
29	2018JianGe-6	红籽花生	剑阁县	柳沟镇三清村五组
30	2018JianGe-8	花11	剑阁县	柳沟镇三清村五组
31	2018JianGe-9	北方花生	剑阁县	柳沟镇三清村五组
32	2018JianGe-10	花育系列	剑阁县	柳沟镇三清村五组
33	2018JianGe-15	远杂系列	剑阁县	武连镇寨桥村五组
34	P511323027	黑花生	蓬安县	徐家镇太阳村6组
35	P511323028	红花生	蓬安县	徐家镇太阳村6组
36	P511323033	天府3号	蓬安县	龙云镇雷家坝村5组
37	P511323040	粤油200	蓬安县	相如镇罐子坝村8组
38	P511323112	天府9号	蓬安县	两路乡黄莲垭村3组
39	P511323149	天府11	蓬安县	三坝乡三坝村9组
40	P511521037	盘盘花生	叙州区	泥溪乡红椿村
41	P511521029	金钩花生	叙州区	泥溪乡凤仪村
42	P511621004	红皮花生	岳池县	赛龙乡天神堂村
43	P511621037	白皮花生	岳池县	赛龙乡天神堂村
44	P511423017	无名花生	洪雅县	三宝镇金沙村
45	P510722038	爬地花生	三台县	景福镇松树堡村

续表3-2

序号	样品编号	品种名称或地方称号	种植县	具体地点
46	P511529002	扯扯花生	屏山县	中都乡新权村1组
47	P511724002	扯兜子花生	大竹县	四合镇新寨村
48	P510812033	扯兜子花生	朝天县	转斗镇校场村
49	P511321030	无名花生	南部县	群龙乡9村
50	P511503006	马家小米花生	南溪县	马家乡雄英村
51	P511525007	扯兜子花生	高县	庆岭乡山河村
52	P511123037	盘盘花生	犍为县	玉屏乡杨柳村5组
53	P510311012	天府老花生	沿滩区	瓦市镇玉吉村8组
54	P511124001	黄土坎花生	井研县	高凤镇潜力村4组
55	P511124031	小米花生	井研县	高凤镇潜力村4组
56	P511603020	白皮花生	前锋区	前锋镇龙滩村
57	P510723022	红岭土花生	盐亭县	宗海乡红岭村
58	P513437026	无名花生	雷波县	顺河乡梯田村
59	P510524038	赤水小花生	叙永县	赤水镇双山村2社
60	P510321010	泥窝花生	荣县	复兴镇五根树村
61	P511526032	勾鼻子花生	珙县	罗渡乡寨子村1社
62	P511921061	无名花生	通江县	铁溪镇冉家坝村4社
63	P511526001	小花生	珙县	洛表镇先锋村
64	P511526027	孝儿花生	珙县	孝儿镇燕平村
65	P511528025	无名花生	兴文县	僰王山镇太安村
66	P511303025	无名花生	高坪区	走马乡姜家祠村1组
67	P510521049	小金钩花生	泸县	海潮镇尖山村
68	P510322013	无名花生	富顺县	狮市镇华柿村
69	P510113037	爬地花生	青白江区	清泉镇牌坊村
70	P510824040	超甜花生	苍溪县	新观乡伏龙村4组
71	P510922013	红花生	射洪县	官升镇烂泥沟村
72	P510922014	白花生	射洪县	香山镇14村
73	P511011046	天府花生	东兴区	福溪镇顺江村
74	P511011007	天府花生	东兴区	三烈镇罗皇村
75	P510683018	无名花生	绵竹县	广济乡石河村

续表3-2

序号	样品编号	品种名称或地方称号	种植县	具体地点
76	P511722007	无名花生	宣汉县	芭蕉镇小毛坪村3组
77	P513429052	布拖小米花生	布拖县	牛角湾乡解放村
78	P510781052	红米花生	江油市	八一乡白互村
79	P510725011	冬花生	梓潼县	三泉乡金山村
80	P510723048	拔地花生	盐亭县	石牛庙乡灯塔村
81	2018516105	无名花生	古蔺县	农贸市场
82	2018516107	无名花生仁	古蔺县	农贸市场
83	2018517108	无名花生	峨边县	毛坪镇高山村6组
84	2018515035	无名花生	合江县	福宝镇互爱村1社
85	2018515019	二粒红	合江县	福宝镇鹿鸣村3社
86	2018515012	四粒红	彭州市	丽春镇黄鹤村6组
87	2018516103	无名花生	古蔺县	护家镇兴阳村1组
88	2018513064	无名花生	米易县	丙谷镇新安村8组
89	2019513070	先锋小花生	珙县	洛表镇先锋村
90	2019513089	小花生	珙县	洛亥镇油岭村
91	2019513013	小花生	珙县	上罗镇农贸市场
92	2019517028	小花生	马边县	张坝农贸市场
93	2019517018	花生	马边县	张坝农贸市场
94	2019512106	花生	苍溪县	亭子镇大营村4组
95	2019512112	花生	苍溪县	陵江镇白利村2组
96	2019515277	大花生	沐川县	杨村乡桢楠村7组
97	2019515280	沐川花生	沐川县	杨村乡桢楠村7组
98	2019511239	花生	平武县	坝子乡树家村
99	2019513291	本地花生	长宁县	三元乡坝头村2组
100	2019513326	大花生	长宁县	长宁镇建设村2组
101	2019514213	花生	仪陇县	新政镇柳树店村
102	2019514075	花生	华蓥市	明月镇长田坎村2组
103	2019514220	花生	仪陇县	新政镇龙滩子村
104	2019514298	花生	仪陇县	铜鼓乡董家沟村
105	2019514270	红皮花生	仪陇县	文星镇绿水河村

续表3-2

序号	样品编号	品种名称或地方称号	种植县	具体地点
106	2019514061	花生	华蓥市	禄市镇大石坝村6组
107	2019516138	花生	剑阁县	剑门关镇双旗村1组
108	2019516153	花生	剑阁县	剑门关镇双旗村4组
109	2019516018	小米子花生	青川县	清溪乡石玉村
110	P511011034	天府花生	内江市	中兴区平坦镇宝塔村
111	P511011036	无名花生	内江市	中兴区东山镇东风村

第三节 四川引进或创制的花生资源情况

自20世纪90年代以来，四川省科研人员对花生育种亲本材料和具有重要特性的种质资源做了大量的研究工作，筛选出一批具有较高利用价值的育种材料。

一、四川花生品种使用的主要亲本

四川省自1954年开展花生育种以来，先后使用的原始亲本几百份，选择杂交组合几千个，共育成审定或登记品种42个。其原始亲本材料主要来源于四川地方品种罗江鸡窝和山东地方品种山东伏花生，南充市农科院育成的天府花生品种系列几乎70%以上品种含有这两个品种的血缘；其次是熊岳立茎（熊岳立大）、抚宁大粒和五莲撑破囤等。四川省农科院经作所等单位育成的花生品种，主要以从山东、河南和中国农科院油料所引进的花生材料作亲本杂交或系统选育而成居多。

二、亲本材料研究与利用

四川省南充市农科院通过对亲本材料自身性状、杂种F_1—F_4代及$F_{4:5}$（F_4代衍生家系）株系研究，筛选出963-4-1、中花8号两份高产花生育种优良亲本（赖明芳等，2007）和92系-66、836-22两份加工型花生育种优良亲本。

1. 963-4-1

963-4-1是四川省南充市农业科学院利用天府9号×奇可选育而成，中间型中粒高产品系，出仁率高，蛋白质含量较高。产量、饱果数、出仁率的一般配合力（GCA）很高，序列组合中优良株系多（夏友霖等，2005），利用963-4-1作母本，已育成的天府22（963-4-1×中花8号）、天府26（963-4-1×中花4号）通过四川省审定并应用于生产。

2. 中花8号

中花8号是中国农业科学院油料作物研究所用徐花4号×油麻-1选育而成，为珍珠豆型大粒高产品种，出仁率和含油量高。一般配合力较高，序列组合中优良株系多，如：四川省南充市农科院引进作亲本，以963-4-1为母本、中花8号为父本，育成天府22（2011年四川省审定）和天府23（2009年国家鉴定）；四川省农科院经作所引进作亲本，以05-86作母本、中花8号作父本，育成蜀花3号（2016年四川省审定）。

3. 92系-66

92系-66是南充市农业科学院利用天府9号×海花1号选育而成，为中间型中粒品系，产量较高，早熟性好，结果多，果形美观。一般配合力较高，杂种后代中表现好的品系多，已育成加工型品种天府18（92系-66×TR594-8-4-3）、天府19（92系—66×天府10号）应用于生产。

三、耐旱种质材料研究

四川省南充市农科院在0—10 cm土层相对含水量18.0%—28.5%、10—20 cm土层相对含水量22.5%—41.8%的严重干旱条件下，根据叶片萎蔫状况，采用5分制评记田间耐旱性，耐旱对照种天府10号得分4.2分。评选出耐旱性强于天府10号的耐旱高产品系916-3-5、03双24-13、03双24-11、014-179-2共4个；评选出耐旱性强的种质材料795-118、785-88、927-22、044-109、044-255、044-249、034-115-1、花11、佐治亚、中生丰、ICGV86691、ICGV86606、ICGV87281共13份；评选出耐旱性较弱的遗传材料845-185、92-7、775-8、03双12-8共4份。

四、耐叶斑病种质材料研究

四川省南充市农科院在多年连作病圃地和严重秋涝年份，在耐病对照种中花4号发病指数（国内5级标准）>50%的感病压力条件下，评选出发病指数25%—50%的耐病高产品系994-45、994-56、994-18、014-145-3、天府16共5个；评选出叶斑病抗性较强的材料8份：51055、51056、PI76446、ICGV86699、ICGV87237、ICGV86675、中型迟、MH9-2。

五、耐缺铁种质材料研究

四川省南充市农科院在土壤pH值8.5、有效铁含量5.4 mg/kg，耐缺铁对照种豫花7号黄叶株率81.3%、黄叶矮化株率6.3%的石灰性紫色土上，评选出黄叶株率2.6%—12.0%、无黄叶矮化株的高耐缺铁材料（或铁高效材料）6份：03双24-

18、03双24-4、ICGV00349、ICGV85031、ICGV01263、ICGV99235；评选出黄叶株率14.4%—28.9%、无黄叶矮化株的耐缺铁材料10份：014-145-3、005-17-2、984-12-4、豫花9327、粤油13号、梧油7号、99-1-2、闽花6号、ICGV00350、ICGV01260；评选出黄叶株率98%—100%、黄叶矮化株率81.4%—98.3%的铁敏感材料9份：佐治亚、04-541、04-550、ICGV95412、ICGV96316、ICGV97232、ICGV97233、ICGV01249等。

六、抗青枯病材料(品系)创制

四川省已经审定（登记）的花生品种中，只有天府11为抗青枯病品种，该品种是广东农科院选育四川省南充市农科院引进的品种，因此四川自育花生品种到目前为止还没有抗青枯病品种通过审定（登记）并用于生产，但已经培育了一些材料或品系即将用于生产。

1. 抗青枯病丰产品系1503（图版3-1）

1503由四川省农业科学院经济作物育种栽培研究所2008年以宜宾地方品种矮花3号系选优良单株09-K503作母本，中国农科院油料所品种中花6号系选单株09-ZH06作父本，经杂交系选育成。经中国农科院油料所抗性鉴定，田间平均存活率82.55%，抗青枯病。2020年进行了品种登记，申请登记名称为蜀花4号。

2. 抗青枯病丰产品系1407（图版3-2）

1407由四川省农业科学院经济作物育种栽培研究所引进河南农科院经作所远杂9307系统选育而成。经中国农科院油料所抗青枯病鉴定，平均存活率80.94%，鉴定结果为抗青枯病。

2021年进行品种登记，申请登记名称为蜀花5号。

3. 抗青枯病丰产材料1313（图版3-3）

1313由四川省农业科学院经济作物育种栽培研究所引进河南农科院经作所远杂9102系统选育而成。经南充市农科院鉴定为抗青枯病材料，田间存活率83.01%。2021年品种登记，申请登记名称为蜀花6号。

七、优质特色花生材料的引进与应用研究

四川省农业科学院经济作物育种栽培研究所经过引进杂交转育等方法，在近年育成一批优质的特色材料通过四川省农业厅种子站组织的专家鉴定，即将应用于生产或育种工作。

1. 高油酸材料1508（图版3-4）

1508由四川省农业科学院经济作物育种栽培研究所2012年以中国农科院油料

所选育的品种中花8号作母本、开封农科院选育的高油酸材料K01-6作父本，经杂交系选育成。

2019年参加长江流域19点次试验，荚果平均产量1335.95 kg/hm²，较对照（中花16）增产5.20%，增产极显著；籽仁平均产量3843.6 kg/hm²，较对照增产3.11%。经农业部油料及制品质量监督检验测试中心测定，蛋白质含量26.1%，含油量53.63%，油酸含量79.7%，亚油酸含量2.29%，油亚比（O/L）34.8；四川省农业科学院分析测试中心测定，可溶性总糖含量3.48%。

2. 高蛋白红皮材料1534（图版3-5）

1534由四川省农业科学院经济作物育种栽培研究所和重庆市农业科学院特色作物研究所合作选育。2014年重庆市特作所收集重庆忠县地方品种红皮花生，四川农科院经作所通过品质测试筛选出高蛋白自然优良变异株T58，经系选育成。

2019年参加四川省7点试验，荚果平均产量3 085.05 kg/hm²，较对照（天府22）减产19.08%；籽仁产量2 252.55 kg/hm²，较对照减产22.19%。经农业部油料及制品质量监督检验测试中心测定，粗蛋白质含量29.0%，含油量52.04%，油酸含量41.8%，亚油酸含量34.8%，油亚比（O/L）值1.20；四川省农业科学院分析测试中心测定，可溶性总糖含量4.21%。

3. 高糖低脂鲜食型红皮材料1802（图版3-6）

1802由四川省农业科学院经济作物育种栽培研究所2013年选用金堂地方红花生品种，经选择优良单株、系选育成。2019年参加四川省7点试验，荚果平均产量3 692.85 kg/hm²，较对照（天府22）减产3.13%；籽仁产量2 735.1 kg/hm²，较对照减产5.52%；经农业部油料及制品质量监督检验测试中心测定，粗蛋白含量28.5%，脂肪酸含油43.13%（普通花生50%左右），油酸含量39.3%，亚油酸含量36.4%，油亚比（O/L）值1.08；四川省农业科学院分析测试中心测定，可溶性总糖含量12.70%（普通花生该指标为3%—6%）。

4. 抗青枯病高油酸品系1809（图版3-7）

1809由四川省农业科学院经济作物育种栽培研究所与山东省花生研究所合作选育。为珍珠豆型中粒种，株型直立，抗倒性强，连续开花。2019年参加四川省7点试验，荚果平均产量3692.85 kg/hm²，较对照（天府22）减产3.13%；籽仁产量2735.1 kg/hm²，较对照减产5.52%。经农业部油料及制品质量监督检验测试中心测定，粗蛋白含量25.2%，含油量51.12%，油酸含量77.1%（我国高油酸花生的标准为75%），亚油酸含量5.08%，油亚比值（O/L）15.18。可溶性总糖含量6.29%。经南充市农科院抗性鉴定，田间平均存活率71.6%，为抗青枯病品系。

第四章 花生品种的选育与种子扩繁技术

第一节 花生的育种目标

一、制定花生育种目标的原则与依据

（一）促进效益增长原则

国内外育种者的成功经验表明，效益优先是所有农作物育种的永恒原则。我国人口众多，耕地较少，既是产粮大国，又是花生生产大国，粮油争地矛盾十分突出，农民增加收入的要求非常迫切，而四川省表现尤为突出。因此，选育与应用“高产、优质、高效”的农作物品种，既是我国的国情需要，也是四川省广大农民的迫切要求。

（二）满足人民生活及市场需求原则

花生是油、食两用作物，如果为了解决人民生活所需的食用油，就要选育高含油量品种；为了解决人民生活所需的蛋白质，就要选育高蛋白质品种；为改善人民生活所需食用油的质量，就要选育高油酸的品种；考虑到便于工业加工，就要选易脱皮、适加工的品种；用于鲜食或作休闲食品的需要，就要选择口感细腻，甜味较高，外形美观的优良品种；考虑出口创汇，提高在国际花生市场上的竞争力，就要根据国际市场要求，选育外形美观、口味好、油亚比高、耐贮性好的优良品种。

（三）结合生产实际的原则

在掌握当地品种栽培历史与现状的基础上，分清主次，突出重点，制定相应育种目标。四川花生产区青枯病危害严重，导致花生减产严重，近年花生白绢病

又较为突出，同时因气候潮湿，四川花生产区黄曲霉污染较为严重，容易引起花生黄曲霉毒素超标，严重危害人体健康。因此，培育抗黄曲霉侵染或产毒及抗青枯病和白绢病品种是四川产区的首要育种目标。

（四）超前原则

随着时间的推移、生产的发展和科技水平的提高，农业的生产条件、自然环境和人民生活水平均会随着社会的发展而不断变化，制定育种目标时必须有超前意识，预见到未来对花生新品种的需求。育成一个花生新品种需要较长的时间，不能只关注眼前需要，而应预见今后五年、十年乃至更长时间内生产和社会的需求。我国人多地少，随着城市的发展，耕地面积逐年减少，粮食生产是重中之重，需在保证粮食的前提下，发展其他经济作物。因此，制定花生育种目标时，必须重视超早熟、高产、优质、抗逆性强的花生新品种选育，以进一步提高复种指数，促进粮油持续稳定增产增效。同时，随着人民生活水平的提高，人们对食用油的质量要求越来越高，因此制定育种目标时，要注重选育高油酸含量的花生品种，改善花生油品质，提高花生油耐贮性。第三，随着农村劳动力向城市的转移，农村劳动力减少，培育适宜机械化耕种的花生品种也越来越迫切。

（五）总体目标与具体目标结合的原则

即使同一地区，花生的生产条件、自然生态条件、用途等也有不同，用一个品种来满足所有要求是不切实际的。因此，制定育种目标时，既要有总体目标，又要有具体目标；既要有主栽品种，还要考虑各类品种的搭配问题，要选育一批适宜不同生产条件和用途的花生品种，以满足生产和生活需求。

总之，制定花生育种目标是选育花生新品种的首要工作，也是一项复杂、细致的工作，必须进行深入、细致的调查研究。育种工作者必须详细调查了解当地的土壤、气候特点，主要自然灾害（旱、涝、病虫等）、栽培制度、品种布局、生产水平、产品利用及未来的发展方向。通过调查分析，汇总各方面对品种的要求，确定育种目标，进而确定标准品种。针对标准品种的主要性状，对照育种目标，根据生态条件、生产和生活需要进行分析，明确哪些优良性状应该保持和提高，哪些缺点必须改进和克服，从而形成具体的育种目标，以此指导一系列品种改良工作。

二、高产育种

高产是所有农作物也是花生育种的重要目标之一。高产品种，应该具有合理的株型和良好的光合性能，能充分利用水、肥、光、温和二氧化碳等，高效率地合成光合产物并运转到荚果和籽仁中去，且具有良好的结果性状。

（一）高产株型

合理的株型是花生高产品种的形态基础。花生株型主要包括生长习性、开花习性、株高、分枝数、叶色、叶形、荚果及根系等性状。

1.生长习性

众多育种者实践证明，花生株型直立、紧凑的品种高产潜力较大。这样的株型有利于适当密植，增加单位面积株数，同时也比较便于田间管理，因而较易获得高产。

2.开花习性

连续开花比交替开花的品种开花节位低，开花量更为集中，受精后果针入土较快且较集中，能减少营养消耗，有利于荚果发育，提高荚果整齐度，这也是适宜机械收获的重要特性。

3.分枝数

生产上获得高产的实践证明，分枝数相对较少的疏枝型品种高产潜力大于分枝数多的密枝型品种，分枝数相对较少，有利于群体通风透光，提高光合效率。疏枝型，植株分枝数一般在10条以下，有效结果枝率较高，一般占总分枝数的90%左右；密枝型植株分枝数一般在15条以上，有效结果枝率较低，占总分枝数的40%左右。

4.植株高度

花生生产实践证明，不论是高产栽培或一般栽培，不论是春播、麦套或夏播，品种植株的高度，以适中（40—45 cm）为宜。株高适中可充分满足花生植株各器官均衡发育的要求，并能较合理地协调生物产量与经济产量的矛盾。植株过高，地上部消耗水分、养分等较多，植株容易倒伏，地上部的光合产物难以很好地向荚果运转；植株较矮，地上部各器官发育相对较弱，难以充分利用肥水和光温等条件。因此，选择植株过高或过矮的材料或品系都难以育成具有高产潜力的品种。

5.叶色、叶形

深绿色叶片比黄绿、浅绿色叶片具有较高的光合性能；叶型侧立（叶片上举，在茎枝上的着生角度≤45°），能使群体冠层叶片和株丛下部叶片接受更多的辐射光与透射光，能提高群体光合效率。

6.荚果大小与果柄长短

大面积生产实践和小面积高产纪录均说明，大果形品种在相同的栽培条件下比中果和小果形品种更容易获得高产。尤其是短果柄、结果集中、果针入土快且浅、坐果早而结果整齐的大果型品种更易获得高产。

7. 植株根系发达、根瘤多

四川花生80%以上分布在山坡瘠薄地和砂质地上，肥力较差，受干旱影响较大，在品种选育上观察测试和选择难度较大，一定要注意选择根系发达、根瘤较多的品种，这样才能更有利于获得高产、稳产。

（二）高光效

合理株型是高产品种的形态特征，高光效是高产品种的生理特性。高光效主要表现为有较强的碳水化合物合成能力，并将更多的光合产物转移到籽仁中去。这就涉及到光能的利用，光合产物的形成、消耗、积累和分配等生理过程，以及与这些生理过程有关的一系列形态特征、生理指标、个体与群体的关系等。因此，花生高产育种不能单纯考虑合理株型，而要同时重视与合理株型密切相关的高光效生理。

从高光效角度考虑，决定花生产量的要素为：

产量＝［（光合能力×光合面积×光合时间）–呼吸消耗］×经济系数

式中，前三项代表光合产物的生产，减去呼吸消耗，即通称的生物学产量；

经济系数为经济产量与生物学产量的比值，它反映了光合产物的分配情况，因此又称为分配系数。

高产花生品种应具有高光合能力、低呼吸消耗、光合机能保持时间长、叶面积适当、经济系数高等特点。其鉴定标准要从形态特征、生理特性考虑。形态特征包括：植株高度适中、茎枝粗壮、抗倒伏、叶片上举、着生合理、互相遮光少、叶色深绿、绿叶保持时间长、株丛的扩展期快等；生理特性包括：光补偿点低、二氧化碳补偿点低、光呼吸少、光合效率高、光合产物运转率高、对光不敏感等，应根据这些特征特性确定具体育种指标。

（三）结实性状优良

花生产量的构成因素是单位面积的株数和单株生产力。构成单株生产力的因素是单株荚果重，而单株荚果重又取决于单株结果数、荚果大小、双仁（或多仁）果率、饱果率、荚果整齐度以及出仁率等。单株结果数多，果大，双仁（多仁）果率、饱果率和出仁率高，荚果和籽仁整齐度好，单株生产力就高；反之，则低。花生高产育种，必须紧紧围绕上述因子进行选择鉴定。在产量水平较低时，同时提高各种产量因素较容易；但当丰产潜力达到一定水平时，诸产量因素之间常呈负相关，即任何一项加大往往导致其他因素下降。例如，相较于中果和小果形品种，大果形品种单株结果数较少，因此，杂交组合搭配或用其他育种手段，应注意提高大果形品种的结果率。

三、特色专用品种选育

花生是我国的传统出口商品，也是我国主要的油料作物，提高花生品质可以不断增强我国花生在国际市场上的竞争力，也可以更好地满足国内市场的需要。四川是我国生产和消费食用型花生的大省，因此，选育优质花生品种具有重要的意义。

花生主要用于食用、油用，有的还可出口，不同用途的花生，其优质的含义也有所不同。

（一）食用

世界花生生产利用统计资料显示，全世界花生总产量的40%用于食用及食品工业，而美国达70%以上。随着国民经济的发展和人民生活水平的不断提高，我国花生食品加工业也将有较大的发展。四川花生约80%用作简单加工食用。花生食用品质必须满足食品加工业和消费市场的要求。

1.鲜食或生食

四川花生种植分布较为分散，花生收获后就地食用情况非常普遍。花生收获后没有烘干而直接生食或煮食或晒（烘）干后直接生食，营养好，能够保持花生的许多营养和原味。鲜食花生含有大量的脂肪、蛋白质及各种矿物质，据国内外有关科研单位测定，每100g鲜食煮花生中含水分36.4%，热量1 573.18 J，蛋白质15.5 g，脂肪31.5 g，碳水化合物14.5 g，纤维素1.8 g，灰分2.1 g，钙43.0 mg，磷181.0 mg，铁1.3 mg，钠4.0 mg，钾462.0 mg，核黄素0.08 mg。另外，还含有多种维生素，其中，维生素E最多，维生素C、维生素B（包括维生素B_1、维生素B_2、维生素B_3等）次之。

鲜食煮花生不仅营养丰富，风味独特，香甜可口，而且具有增强食欲、悦脾和胃、润肺化痰、滋养调气等功效。

鲜食煮花生的育种目标主要是含糖量高、口味好、口感细腻，具有芳香味道、种皮颜色美观，生育期短，以80—90天为宜；其次要求荚果乳白色，果腰浅（最好为蚕茧形），脉纹浅，这样收获时黏土少，易清洗，减少劳动量。

2.烘烤等加工用途

烘烤花生是花生主要的休闲食品，因其籽粒饱满、口味多样、便于携带等特点深受广大消费者喜爱。烤花生应具有酥脆的质地，如果质地坚硬或软而不酥，则不受消费者欢迎。目前生产上种植的花生品种，蛋白质含量一般为26%—30%，并含有较多的维生素E、维生素B以及磷、镁、钾、钙等元素，但人体必需的8种氨基酸中，赖氨酸、蛋氨酸、色氨酸、苏氨酸含量相对偏低，维生素A、维生素C

以及铁、猛、锌、硒等元素含量也偏低。因此，营养品质育种的主攻目标应该是进一步提高蛋白质含量，同时注意提高赖氨酸、蛋氨酸、色氨酸、苏氨酸和维生素A、维生素C以及铁、锰、锌、硒等元素的含量，进一步提高其综合营养价值。

有研究表明，高油酸花生品种经过烘烤加工在口感、甜度、风味、硬度和贮藏等方面具有更大的优势，可作为选育烘烤型花生品种的重要参考指标之一。此外，烘烤加工要求花生果型细小修长，果皮相对厚、硬，整齐度高。

3.特异型

特异型花生主要包括超大果、超小果、彩色（黑、白、紫、花、红）等与普通花生有明显区别的品种，这些品种的选育主要是为了满足人们好奇的心理和一些新兴产业的需要。特异型花生品种的育种目标主要为新、奇、特，与普通品种差异越大越好。

（二）油用

中国花生过去80%以上用于榨油，现在虽有明显下降，但仍占50%以上。随着花生食品加工业的发展，油用比例会有所下降，但花生油品质优良，营养丰富，气味清香，深受消费者的喜爱，特别是北方地区，仍会保持较大的比例，所以选育高含油量的品种，也是花生增产、增值的重要组成部分。油用品种改良的重点一是提高含油量；二是改良花生脂肪酸组成成分。当前我国大面积种植的高产品种，一般含油量在50%左右，而公认的油用品种含油量应在55%以上。花生脂肪酸的主要组成成分是油酸和亚油酸。亚油酸是人体内的必需脂肪酸，对降低人体内血液胆固醇含量、预防高血压和动脉粥样硬化有显著功效。但亚油酸含两个不饱和键，化学性质不稳定，容易酸败变质，致使花生及其制品不耐贮藏，货架寿命短，不受食品制造商和消费者的欢迎。因此，关于花生脂肪酸的品质改良，应根据不同要求有所侧重，总的要求是提高不饱和脂肪酸含量。从营养价值看，适当提高亚油酸含量；从耐贮藏角度出发，又应注意提高油酸含量。

（三）出口专用

出口专用品种分大花生和小花生两种，其品质以荚果和籽仁形状、果皮和种皮色泽整齐度等表观或视觉性状以及油酸／亚油酸比值、口味等为主要指标。

1.传统出口大花生为普通形荚果，网纹粗浅平滑，果腰、果嘴明显，荚果长：宽为3∶1，百果重200 g以上，籽仁长椭圆形，种皮粉红色，色泽鲜艳，种皮无油斑、黑晕、裂纹，内种皮金黄色，油酸含量在48%以上，亚油酸含量32%以上，油酸／亚油酸比值在1.6以上，含糖量高于6%，口味清、脆、甜。

2.改良“兰娜”及“旭日”型小花生应为茧形或葫芦形荚果，网纹细浅，荚果长：宽为2.2：1，百果重150 g以下，籽仁桃形，种皮淡红或粉红色，种皮无油斑、黑晕、裂纹，油酸/亚油酸比值在1.2以上。

（四）饲料专用型

改革开放以来，我国畜牧业一直以较快的速度发展，对饲用原料，特别是优质饲料需求很大。据测定，花生茎叶中含有比较丰富的营养物质，1 kg茎叶含可消化蛋白质69.1 g，高于大豆、豌豆和玉米等茎叶或秸秆，并含有丰富的钙、磷，是一种良好的家畜优质粗饲料。因此，培育抗逆性强、生长快、生物产量高的饲用型花生品种，在丘陵、山地、荒滩等干旱地区种植，不仅能满足我国对优质粗饲料日益扩大的需求，促进畜牧业的发展，也为花生利用提供了新的途径。

四、抗性育种

花生常因病虫和旱涝等自然灾害造成减产或籽仁品质降低。人工防治病虫害，既增加投入又污染环境，且易产生残毒，因此抗性育种是花生育种的主攻目标之一。

（一）抗病虫害

当前危害花生的病虫害较多，从全国看，比较严重的病害有叶斑病、线虫病、枯萎病、锈病、网斑病、黄曲霉和病毒病等；主要虫害有蚜虫、棉铃虫、蛴螬、地老虎、蓟马、金针虫等。从四川省花生产区看，比较严重的病害有叶斑病、青枯病、白绢病、疮痂病等，主要虫害有蚜虫、红蜘蛛、蛴螬、地老虎等。制定育种目标时要由选育单抗品种逐步转变为选育兼抗或多抗品种。

（二）抗逆

四川省花生多数种植在没有灌溉条件的丘陵瘠薄土地或河滩沙地上。花生生育期间，经常遇到干旱或涝害，目前粮油间作、套种和林、果与花生间作面积不断扩大，花生与其他农作物和树木间存在争夺光照、肥料、水分等现象。因此，为了获得花生高产稳产，必须选育抗旱、耐瘠、耐涝、耐荫和兼抗（耐）品种。稳产性与抗逆性密切相关，花生抗逆性品种的选育，是保证花生稳产性的重要条件。

五、熟性育种

根据生产和市场发展的要求，以早熟花生新品种为主，搭配中熟和超早熟品种是花生育种的主攻目标之一。该目标符合栽培改制，提高复种指数的要求。种植早熟种和超早熟品种，一可实现花生和其他作物一年二熟或多熟制。二可避免灾害或减轻受灾程度。如北方产区常年易发生秋旱，种植早熟种或超早熟种，早熟早收，可避免或减轻危害。三可满足市场需求。早熟种，尤其是超早熟种，可以提早上市，满足消费者需求，近年市场对特早熟的鲜食红皮花生品种的需求非常迫切。

花生熟性与荚果大小、产量和品质等均有一定的相关性。一般早熟、超早熟品种比中熟、晚熟品种荚果较小，产量相对较低，但早熟种含油量特别是出油率相对较高。 中熟品种，首先要着眼于高产。其次要选育大果型品种，大果型比中、小果型较易获得高产，收、摘、剥等省工、省时、省力。同时，要注意选择外形和内在品质优良，利用价值较高的品种。

第二节　花生品种选育的主要方法

一、引种

（一）引种的作用与意义

引种是指从外地区和国外引进品种或遗传资源材料供当地直接利用或进行科学研究。引种对物种传播、新品种的选育和推广以及科学研究均发挥着巨大作用。花生原产于南美洲，后逐步传入世界各地。中国的花生也是从国外引进发展起来的。新中国成立以来，国内各地区间的相互引种比较频繁，促进了花生生产和育种事业的发展。

1.直接用于生产

国内地区间引种，可以直接用于生产，如山东省选育的伏花生，20世纪60年代开始，先后被各省（自治区、直辖市）引进试种并大面积推广利用，全国累计推广面积居所有品种之首，也成为当时四川的主推品种之一。四川引进的花11，在四川中部丘陵及沱江流域等花生产区成为主推品种，花11引入塞尔维亚，也成了当地的主推品种。

2.用于选育新品种

国外和国内引种的另一重要作用是充实育种的材料基础，丰富遗传资源，以适应育种工作的需要。

首先，作为系统育种的原始材料。引进的良种在本地的栽培和自然条件下，往往会出现许多有益的新变异，成为系统育种宝贵的原始材料。

其次，作为新品种选育的优良亲本。如：用引进的山东伏花生作母本育成了天府3号；引进海花1号作母本，育成了天府14。

（二）引种需要考虑的因素

1.气候条件

花生生育期间，由于各地区气候条件的不同，会表现出不同的生态发育特点，使花生产量显著不同。不同地区的相互引种，由于气候条件发生了改变，导致其生长发育发生相应的改变，只有掌握不同条件下的变化规律，了解其不同阶段发育特点与气候条件的关系，才能有效地进行引种。温度、降雨、日照、蒸发量是影响花生生育的主要气候因素。不同类型花生品种在特定的环境中已经形成良好适应性和经济性状。在确定引种前要摸清原产地的生态环境和生产条件，在气候相似的众多因素中，温度的影响程度最大。一般来说，温度升高，会促进作物生长发育，提早成熟；温度降低，则延长生育期。但作物的生长和发育是两个概念，所需温度条件也不同。温度影响着花生生育期，因地区和品种的不同有早、中、晚熟的区别。不同品种间的种子发芽、出苗、开花和荚果发育对温度的反应有较明显的差异。因此，无霜期长短、温度高低等因素要与当地条件比较后，再确定是否引种。另外，降水和光照也要考虑。在发育方面，不同品种对光照的反应也不同，有的对光照长短、强弱反应敏感，有的迟钝，这对引种也会产生一定的影响。珍珠豆型、多粒型和龙生型中的中小粒花生品种适应性较强，引种容易成功。如伏花生从山东引种到辽宁、四川、湖南、江西、福建，白沙1016从广东引至辽宁、吉林、黑龙江、山东及河北，都表现了较强的适应性。而普通型的中、晚熟大花生，引种范围相对较窄，如山东省的花17、河南省的开农8号、江苏省的徐州68-4等适应范围多限于北方大花生区，引种到南方易受高温多湿条件影响，荚果不饱满，植株徒长，产量不高，且易染病害。

2.生态环境条件

在作物生存和繁殖的环境中，对作物生长发育有明显影响和直接为作物所同化的因素都为生态因素。如气候、土壤、生物等诸多方面的各种生态因素。它们是相互影响、相互制约的复合体，不是单独地起作用，而是通过复合体对作物生长发育起作用的。影响作物各类生态因素的总称称为生态环境。各种作物、各种品种类型对不同的生态环境有着不同的反应，对一定的生态环境表现出生育正常的反应称为生态适应。在生产上，作物品种对地区生态环境的适应主要是从生育期、产量、稳产性及品质上得到反映。在生态环境中有主导的因素和从属的因素，为了避免引种的盲目性，增加引种的成功率，花生引种时要重视原产地与引种地区气候生态条件的相似性。最好选择在本地所处的花生产区内进行引种。同一个花生产区引种较容易成功，如黄河流域花生产区，以山东、河北 、皖北等地区为主，这些地区在气候、土壤和病虫害等方面相对较为一致，该地选育的花生品种多数能够相互引种。第二，我国东南沿海花生产区的广东、广西、福建、海南、赣南、湘南均地处亚热带，无霜期长，花生多与水稻轮作，受高温高湿气候因素的影响，病虫害发生严重，生产上花生容易徒长倒伏，该区域内需要耐湿、抗锈病、抗青枯病、早熟、耐酸性的珍珠豆型品种，其相互引种容易成功。第三，长江流域花生产区处于南北过渡地带，兼有南方和北方的某些生态特点。温度和水分较充足，但早春和晚秋温度不如南方，因此一年只种一季花生。土壤类型多样，但用于种植花生的土地多数较为瘠薄，肥力较差，土壤多偏酸性；病虫害种类较多，不同年份为害程度有较大波动；种植制度多样，但以间套作为主，要求品种熟性较早。在这个区域内的四川、湖北、江西、江苏等地区内引种容易成功，如湖北的中花5号、四川的天府3号等引种到江苏、浙江、江西、湖南等地种植均具有较好的适应性；而北方的大花生在四川种植多数表现荚果不饱满，不能够发挥其高产的特点。

3.品种类型

白秀峰等（1982）组织全国20个单位，在南起北纬22°49′的南宁、北至北纬46°25′的黑龙江省泰来、东自东经126°26′的黑龙江省呼兰、西至东经88°8′的新疆托克逊的广大范围内进行了花生品种资源生态分类及引种规律的研究，将花生品种资源分为耐寒型、砂壤型、耐旱型、黏土型、中间型5个生态类型，每一生态类型品种适应一定的生态条件。耐寒型品种生育期122—136天，生育期总积温3 005.68±217.8℃，具有耐低温的特性；黏土型品种生育期126—137天，生育期总积温3 147.12±263.16℃，对土壤要求不严格，具有耐受黏重土壤的特性；中间型品种生育期130—146天，生育期总积温3 261.5±271.23℃，对环境条件要求介于耐黏型和砂壤型品种之间；砂壤型品种生育期155—160天，生育期总积温3 596.15±143. 05℃，对温度和土壤要求比较严格；耐旱型品种生育期152—162天，生育期总积温3 562.96±204℃，具有耐旱、耐瘠的特性。据此，只要生态条件能满足某一生态型品种的要求，引种成功的可能性就大。如我国北方广大地区的生态条件均能满足黏土型品种的要求，20世纪70年代引入南方育成的该类型品种白沙1016，在北方得以大面积推广。

（三）花生引种的程序

引种工作虽有一般规律可循，但国内外实践证明，这些规律还难以提供更准确的预见性。为了保证引种效果，减少浪费和损失，引种工作必须根据生产和市场需要及当地的实际情况，确定引种的目的和任务，在基本原理和一般规律的指导下，制定出切实可行的引种程序。

1.品种（材料）选择

引入品种材料时，首先根据引种理论对生态条件、耕作制度进行分析，确定引种的方向与地区，收集将要引进品种的有关信息，如品种的选育历史、生态类型、抗逆性、生育特性等，尤其注意与当地的生态条件和耕作制度相适应，对本地区普遍发生的病虫害有无抗性或耐性，能否提高产量品质，以及能否适应本地区的旱涝特性等情况。然后再查明具备这些特性的品种或野生种的所在地，分布区域和原产地的详细资料，接着是搜集这类品种。在以上信息资料的基础上，可采取交换、购买、赠送等方式获得，也可直接派遣人员到原产地或遗传多样性中心考察，通过植株性状调查与询问当地种植情况寻找、搜集野生种、近缘种或栽培种种质。所以，首先要根据种植模式选择对路的品种，种植模式包括套种、地膜覆盖和裸地种植，套种花生就要选择生育期短、高产稳产的中小果型品种；地膜覆盖要选择增产潜力大、早熟的中大果型的品种。其次是根据生产用途来选择品种。花生从它的用途来分有食用、油用、出口等类型。食用中包括生食和干炒果等，这类品种要选择口感香脆细腻、外观好看的品种；加工榨油就要选择出油率高的品种；出口创汇，就要选择没有或极少含有黄曲霉的品种。三是根据异地换种能增产来选择品种。特别是在春播花生主产区，多采用重茬的种植模式，在一定程度上制约着花生的产量，生产试验表明，采用更换新品种或异地引种的方法在减轻病害发生、提高花生产量效果也比较明显。一般认为，在同一地区、同一生态类型中要搜集尽可能多的基因型不同的品种。大多数引种失败的原因在于所引进的材料中缺乏足够的遗传变异。来自同一地区、属于同一生态类型的不同品种，其适应性大小及遗传变异有较大差异，可在同一生态类型中多引进一些不同基因型的品种，以提高引种的成功率。如前节所述，还要充分考虑环境条件的相似性。如果从环境条件差异很大的地区引入品种材料，该材料所具有的优良特性很可能因不适应新的环境条件而得不到充分发挥，从而失去引种的意义。初引的品种，种子数量不宜过多，以满足初步试验需要即可，切忌盲目和远距离大调运。

2.检疫工作

引种往往是病、虫、草害传播的一个重要途径。忽视检疫程序会给本地区生态系统造成极大的危害。为了避免引入新的病、虫、杂草，对外地引进的种子要进行严格的检疫，否则可能造成严重的后果。国内外在这方面有许多深刻的教训，这是必须汲取的。如花生根结线虫病的引入，往往会给花生产区带来毁灭性的灾难。因此，当今世界各国对检疫工作十分重视，严防病虫害乘虚而入。尤其是发达国家，多采取严格的控制手段，一般选用2—3 级检疫程序，对不符合手续的，一经查出则处以重罚。如果到原产地直接搜集品种材料时，应注意就地取舍和检验处理，保证引进材料中不夹带原产地的病虫和杂草。为保安全，对从国外或远距离新引进的品种材料，除进行严格检疫外，还要先通过特设的检疫圃隔离种植。隔离圃或隔离温室周围50m范围内，不允许种植与引种作物同一科的植物。在隔离圃中，如发现有检疫对象的材料，或有新的危险病虫害及杂草，不但要及时进行药剂处理，必要时应将原来的材料立即销毁，并进行土壤消毒，以绝后患。在检疫圃隔离种植时，要详细观察记载，在确认未携带病、虫、杂草时，才能在科研或生产中利用。

如果引入的品种被确定为有直接推广价值，要从原产地大量调入种子时，在调运前应先对种子的含水量、发芽率、发芽势、净度等几方面进行检验，避免在调运过程中发生问题并给调入单位在经济上、生产上造成不应有的损失。如果调入种子某些内容不合格，如含水量高、净度低，应协同调出单位采取必要措施解决，务使各级种子符合规定标准时再调运。

3.引入品种（材料）试验

引种的基本理论只能作为一般性的指导，引进的各种品种或材料是否存在实际应用价值，是否适合当地推广，还需要结合本地区的品种试验，进一步进行鉴定观察。引种试验一般以当地具有代表性的推广品种为对照，对引进品种进行系统的田间调查与鉴定。通过花生各个时期的调查比较，是否符合当地的气候条件和耕作制度，通过植株类型、结果情况、抗逆性情况、产量比较以及品质分析，能否符合当地加工业的需求等，与对照进行详细的比较鉴定，确保引进品种的优势。试验田的土壤条件必须比较均匀，并力求有较好的代表性，种植季节和栽培水平要符合当地习惯，耕作水平适当偏高。了解品种材料对不同自然条件、耕作条件和土壤类型的反应；了解品种在当地条件下的性状表现。确定有推广价值的品种，送交区域（多点）试验并开展栽培试验并加速品种的繁殖，以便通过引种鉴定，尽快用于生产。栽培管理措施必须一致，使引种材料能够得到公平客观的评价。试验的一般程序如下。

（1）试验观察：对初引进的品种（材料），特别是从生态环境差异大的地区和国外引进的品种，必须先在小面积上进行观察试验，记录好田间调查数据，根据植株形态与生长情况初步鉴定其对本地区生态条件的适应性和直接在生产上利用的价值。对表现符合要求的品种材料，则选留足够的种子，以供进一步的比较试验。一般情况下，新引进的品种材料，常常由于生态条件的改变而易于引起变异，因而在引种试验中除了田间淘汰劣杂植株外，还应注意选择突出的变异单株，对个别优异的单株，则分别选择，用作系统育种的试材，也可以结合生物技术手段进一步用于试验分析。

（2）品种比较试验和多点试验：经过观察鉴定表现较好的引进品种，参加面积较大并设置一定重复次数的品种比较试验，做进一步的比较鉴定。重点考察品种的产量水平及外观、内在品质。一般要求产量能高出对照品种10%以上，品质应相当或好于对照品种，否则就失去了换种的必要性。但对有特殊性状的品种应另当别论，如20世纪50—60年代，黄河流域各省引种山东伏花生时，该品种果小、棵小、分枝少，就生产潜力来说，远不如当地的大拖秧花生，但它开花早、饱果多、生育期短，能在短期内成熟，提高了抗灾能力和产量的稳定性，适合当时农业生产制度的需要，从而受到广大群众的欢迎。经2—3年品种比较试验选拔出的表现优异的品种，参加多点（区域）试验，测定其适宜种植的地区并逐步扩大试种，再经各方面的鉴定确认有利用价值后，报请种子管理部门予以认定，进行示范、繁殖、推广、利用。

（3）栽培试验：对于通过初步试验加以肯定的引进品种，还需要根据其遗传特性进行栽培试验，以便掌握引入品种的栽培特点。因为有的外来品种在引入区一般品种所适应的栽培措施下不足以充分发挥其增产潜力，甚至因此否定其推广前途，所以必须根据所掌握的品种特征特性，结合本地的生态环境进行分析。通过栽培试验，探索关键性的措施，借以控制其在本地区一般条件下所可能表现的不利性状，使其得到合理的利用。在该品种开始推广时即能提出该品种适应本地区特点的栽培技术措施，良种良法配套，充分发挥引进品种的作用。

二、系统育种

（一）花生系统育种的概念及作用

系统育种，就是从现有品种群体中选择优良的自然变异单株，把单株后代按株系、品系、品种的系统，逐代进行观察、鉴定、比较，从中选出最好的株系育成新品种。“株系”是在性状稳定以前，个体之间没有达到整齐一致时的群体，是单株种子的直接后代。如果这个株系还在分离，没有稳定，那就仍然要选单株，下一代仍然用单株种子播种，也称之为单株的直接后代群体；“品系”是把一个株系混合收获，混合脱粒，下代混合种植所构成的单株后代的后代群体，在性状已稳定一致，没有正式形成品种以前，统称为品系。系统育种主要通过选择进行品种选育，所以系统育种也叫“选择育种”。

利用自然变异材料进行单株选择的系统育种，是花生常用的一种育种方法，效果较好。在全国育成推广的花生新品种中，系统育种育成推广的品种占15%以上，例如，山东省育成的伏花生是从地方品种自然变异株中系统育种育成的，累计推广面积占全国推广品种之首；广东省育成的粤油116是从粤油551系选育成的，累计推广面积居全国第六位。四川省育成的南充混选1号是从地方品种罗江鸡窝系选育成的。系统育种在我国花生育种上有重要作用。

（二）花生系统育种的优缺点

系统育种是从现有品种的自然变异中选择优良变异单株，不需要人为地利用杂交、诱变等其他方法去创造变异，所以简便易行；选出的优良变异单株，一般多是同质结合体，通常不需要进行几代的分离与选株过程；同时，由于是在原品种的基础上优中选优，所选得的优系一般只在个别性状上有所改进和提高，其他性状，如适应性等，常保持原品种的优点，试验鉴定的年限较短，一般进行两年的产量比较试验证明比原有品种优良即可参加区域或多点试验。因此，该法的优点是工作环节少，过程简单，试验年限短，不需复杂设备，适宜开展群众性育种。系统育种的缺点是有一定的局限性，它只是从自然变异中选出优良个体，只能从现有群体中分离出最好的基因型，使现有品种得到改良，而不能有目的地创新，产生新的基因型。

（三）花生系统育种的变异来源

1.天然杂交

Stok（1923）指出印度地区花生天然杂交率为0%—3.9%，美国不同地区也有所不同，弗吉尼亚地区天然杂交率为0%—2.8%，佛罗里达为1%—8.1%。这可能是因季节和品种不同，花生自然杂交授粉的主要媒介野生蜂的选择不同，自然群体中常出现多种多样的基因型变异供育种选择。

2.基因突变

基因突变是受自然界中物理、化学因素刺激而产生的，在某些基因位点上发生变异，或染色体畸变，即染色体数目或结构上发生变异。

3.剩余变异

剩余变异是指杂交后代群体中残留的杂合基因所引起的变异。这些杂合基因型个体在育种过程中因生态条件的限制，未能充分表现出来，但在新品种推广后，由于种植范围扩大，生态条件各异，因其遗传基础不纯，存在着微小差异，差异逐渐积累，发展为明显变异，这些遗传基础的变异，都可引起性状发生变化。因此，品种遗传基础的稳定性是相对的，变异则是绝对的，基因杂合状态就可能从表型上识别出来，形成了品种（品系）内新的杂合体异型株。

（三）花生系统育种的程序

1.选择优良单株

（1）用于单株选择的群体：育种工作实践表明，系统育种选择的品种群体最好是生产上正在大面积利用的和即将推广的优良品种。这些品种一般具有高产、优质和适应性较强等特性，在这种群体中进行优中选优，最容易见效。生产上大面积推广的品种，长期种植在各种不同的生态条件下，会发生多种多样的变异，只要根据育种目标，从中选择克服该品种不良性状的优良单株，是极易成功的。相反，没有发展前途或将被淘汰的品种不宜作为选择对象。从现代育种水平而言，地方品种的综合性状很难满足生产需要，在其中选育高产品种难度较大。杂交育成品种，一般综合经济性状较好，异质性相对较高，容易出现优良变异类型。外地引进品种，在生态条件改变的情况下，也容易发生变异，利用系统育种方法对其进行改良也是行之有效的途径。

（2）选择单株的标准：育种目标确立之后，应根据品种的优缺点，明确选择哪种类型，并确定哪些优良性状需要保持和提高，哪些不良性状需要改良，要在多数性状优良的基础上，有针对性地克服品种存在的不良性状，这样的选择才能收到良好的效果。由于选株时很多性状无法确认，因此整个生育期的观察、比较对选株很关键，从幼苗到收获可依据下列标准逐行进行观察选择。

①幼苗性状：种子发芽对温度的要求较低，吸水快、发芽快、胚根粗壮；春播低温情况下苗期发育快，第一对侧枝的伸长与主茎同步，花期以前营养体能达到相当繁茂的程度；抗土壤传播类病害，受旱后恢复快。

②植株性状：主茎粗壮不倒伏，株型符合生产需要，第一对侧枝上能多着生花序为宜，第二对侧枝上的花序愈靠近主茎愈好，以倾向于连续开花的密枝型材料为宜；叶柄短，叶片狭长，叶片浓绿色。

③开花特性：开花早而集中，花期短；开花节位接近主茎，花序多；花序大，每个花序能着荚果2—3个或更多；开花期较耐低温（15—20℃），利于开花受精。

④结实性状：结荚集中、荚果多；荚果大小一致、成熟整齐；果针粗壮、坚韧、荚果成熟期不易断裂。

⑤荚果和种子性状：荚果形状和大小适合于当地生态条件、耕作制度和市场需要；种皮颜色符合市场需求，一般以浅色、鲜色为主；内外种皮无脱离或裂纹；种皮无涩味；种子休眠性中等，收获期田间无萌芽；种子含油量和蛋白质含量符合市场需要，可视产区实际情况决定是否需要形成专用品种，以便于生产加工，并应注意降低亚油酸含量，延长产品的贮存期等。

（3）选择的环境条件：系统育种在一个纯系内选择无效，在一个混杂群体中选择是有效的。系统育种是优中选优，因而选株要在土壤肥力均匀、栽培和环境条件一致的情况下进行，以排除人为和环境的影响，选出真正可遗传的变异株。不同的选择目标应在不同的条件下进行。高产应在高产条件下进行选择；抗病应在有发病的条件下选择；抗旱应在干旱的条件下选择。同时，选择要注意在花生整个生育过程中不断地观察、标记和筛选，因为不同生育期性状表现有所不同，收获考种时再进行综合评定决选。

2.比较试验

对上年选择出来的单株，通过如下程序进行比较试验形成新的优良品系。

第2年：株行鉴定。

第3年：株系比较试验。

第4—5年：品系比较试验。

第6—7年：多点试验（或区域试验）。

第8—9年：品种登记与推广应用。

在上述工作中，若能够每年进行南繁异地加代选择与繁殖，最快3年时间就能够提交参加多点或区域试验的品种。

（四）花生系统育种的方法

1.单株选择法

（1）第1年选择单株：在花生高产田、种子繁殖田、大面积生产田或育种原始材料圃中选株，将选出的单株与邻近株进行比较鉴定，根据综合性状和目标性状识别是否为优良变异株。除在成熟期和收获时选择果多、果饱满的单株外，还应在各生育期进行观察，注意特殊性状的田间预选，例如抗病性、抗虫性、抗旱性和耐涝性等。当选单株应在植株上做标记，以便收获时参考。选择单株的数量应根据条件确定，一般可选300—500株，特别好的材料可多选。当选单株按材料来源、选择地点编列年号和株号。

（2）第2年株行鉴定试验：将上年选择的单株按编号种成株行，顺序排列，以原品种为对照种，每株种1行，每9行或19行设一对照行。行长一般3—4 m，行距40—50 cm。各生育时期进行主要特征特性观察记载，收获时进行综合考察，选留产量和其他性状好的株行为初选株行，再经室内考种予以决选。

（3）第3年株系比较试验：将上年入选株行种成2—3行区，各成一株系，种植规格同株行鉴定，种子量多的株系可增设重复。根据试验地条件，每4区或9区设一个对照区，重点考察各株系的经济性状，如产量性状、品质性状、经济系数、抗病性等，再从中选留表现好的株系。

（4）第4—5年品系比较试验；当选株系成为一个品系，第4年进入品系比较。品系比较试验一般为2年，一般采用随机区组排列，重复3次，小区面积一般10 m^2，每小区种植4—6行，行株距及田间管理按照当地种植习惯，并设对照种。根据育种目标，对表现特别优良的品系可直接提升参加多点或区域试验，对无把握取舍的株系，可以保留再进行一年品系试验，对表现不理想的品系要及时淘汰。通过品系比较试验选出的特优品系，即可作为新选育的品种申请参加省（大区）

花生品种区域（多点）试验。

（5）第6—7年联合试验及DUS测定：过去花生品种按照审定程序，各育种者选育的品种需要参加由省级或以上品种管理部门组织的区域试验和生产试验，审定制度改革为登记制度后，各育种者选育的花生新品系，需要参加各育种单位组织的多点联合试验，同时对品种进行DUS测试，获得各性状的特异性、稳定性和一致性后，向农业农村部申请品种登记后方可进行推广应用。

2.混合选择法

这种方法与上述选择方法基本相同，不同的是在株行圃或株系圃将变异性状基本一致的株行或株系进行混合播种，成为混选系，再与对照品种或其他品系、株系进行比较，选出最优良的混选系。例如，南充市农科院育成的南充混选1号，是从罗江鸡窝品种中混选育成的，在生产上大面积推广利用。这种方法与良种繁育中的选优提纯标准不同。系统育种是根据育种目标选择具有新变异的优良个体，改进原有品种的缺点，培育成新品种；而良种繁育生产原种则是从现有推广品种中选择具有该品种典型性状的优株，也就是说，所选的全部单株性状，是和原品种相同的“典型”优良单株，是为了提纯复壮原有品种，保持优良品种的优良性状，充分发挥优良品种的增产潜力。

三、杂交育种

（一）杂交育种的依据

杂交育种是通过杂交导致基因重组，产生各种各样的变异类型，为选择提供丰富的材料。

1.基因重组综合双亲优良性状

双亲有性杂交，其后代的基因重组，可将来自不同亲本的优良基因集中到新品种中去，使新品种比其亲本具有更多的优良性状。

2.基因互作产生新的性状

有些性状表现是不同显性基因互相作用或互补的结果。通过双亲染色体的交换而引起的基因重组，导致分散在不同亲本的不同显性互补基因结合起来，产生出优于双亲的性状。

3.基因累加作用产生超亲性状

多基因控制的数量遗传性状，由于基因重组，将控制双亲同性状的不同基因在新品种中累加起来，产生超亲现象。

（二）杂交亲本选配的原则

亲本选配是花生杂交育种成败的关键。优良的杂交配组，后代容易产生新的优良类型。亲本选择不当，组合搭配不合理，就难以达到预期目的。要选配优良亲本，必须对育种原始材料进行详细的观察研究，有计划地掌握一批综合性状优良、特殊性状突出的亲本，并不断引入新的种质，扩大种质资源基础。在选择杂交时，应遵循以下原则。

1.双亲主要性状优劣应能互补

尽可能选择优点多、主要性状优良突出的材料作杂交亲本，因为花生许多农艺性状和经济性状都是数量性状，杂种后代群体各性状的平均值多数介于双亲之间，因此双亲的平均值大体上可决定杂种后代的表现趋势。如果亲本的优点较多，其后代性状表现的总趋势也会是优点多，出现优良重组类型的概率就高，杂交双亲可以有共同的优点，但不能有共同的缺点。对于某些质量性状，如果双亲优劣互补，亦会出现具有优良性状的分离类型。

2.选用生态型差异较大、亲缘关系较远的基因型作亲本

不同生态类型、地理起源和亲缘关系的品种或材料，它们的遗传基础差异较大，其杂交后代的遗传基础将会更丰富，分离更为多样，除有明显的性状互补作用外，常会出现一些超亲的有利性状，有利于育成适应性广、增产潜力大的优良品种。

3.选择主要性状一般配合力高的基因型作亲本

一般配合力是由亲本品种的加性基因决定的。一般配合力效应高的基因型，与其杂交的所有组合都表现很好。所以，用一般配合力高的基因型作亲本，容易得到好的后代，选出好的品种。许多杂交育种实践及花生主要性状配合力的研究表明，性状优良的品种往往有较高的一般配合力，但优良品种的一般配合力不一定高，性状表现一般的品种有的也有较高的一般配合力。

4.选择当地主栽的优良品种作亲本之一

一个新育成的品种是否适应当地的自然条件和栽培条件，很大程度上取决于杂交亲本本身的适应性。当地推广品种对当地自然条件、生产条件有相当的适应性，一般综合性状也较好，用来作杂交亲本之一，成功的把握性较大。

亲本选配既是科学的，又是很微妙的工作。从育种的结果去看让人觉得多数组合的配制是不成功的，但实际上由于多种性状及环境因素错综复杂的影响，使亲本选配的有效性并不能完全准确的预测，所以成功的育种计划都必须以一定数量的杂交组合来保证。这从另一角度表明，花生亲本选配需要靠长期的资料和经验积累来提高其效率。鉴于花生的繁殖系数很低，单株结实量往往很难完整地表

达出各种性状分离和重组的潜力，因此，对于总体上表现较好的杂交组合进行重复配制可能会收到良好的育种效果。

（三）杂交配组方式

杂交育种有多种组配方式，各种组配方式都具有各自的特点，具体采用哪种杂交方式，应根据育种目标，并考虑所要改良的主要性状的难易程度及育种年限来确定。

1.单交

单交是指两个亲本（母本和父本）间的简单杂交，即（甲×乙）或（乙×甲）方式。它简单易行，节省时间，也是复式杂交的基础。在育种中，杂交和后代群体规模相对较小，若两个亲本的性状优缺点能互补，性状总体上符合育种目标要求时，应尽量采用单交方式。从遗传角度分析，单交中的正交与反交由细胞核基因控制的性状表现是相同的，但由于杂种继承母本的细胞质，细胞质自身具有某些遗传基因或产生核质互作，所以正反交组合往往存在一定的差异。因此，在搭配组合时，一般以对当地条件适应性强，综合性状好的亲本作母本，某些涉及细胞质或母性遗传的性状，选择母本就更重要，以具有某些突出互补性状的亲本作父本。

2.复交

复交就是选用两个以上的亲本进行两次以上的杂交。这种方式，育种进程比单交有所延长。一般的做法是先将两个亲本组成单交组合，再将两个单交组合相互配合，或者用某一个单交组合与其他亲本相配合。由于所用的亲本数目和杂交顺序不同，又分为“三交”“四交”“双交”3种方式。这3种方式杂交后代中，不同亲本的遗传组成所占比例是不相同的。因此，合理安排各亲本的组合方式以及在各杂交中的先后次序是很重要的，这就需要全面权衡各亲本的优缺点互补的可能性，以及各亲本遗传组成在杂交后代中所占的比重。一般遵循的原则是，综合性状、适应性和丰产性好的亲本应放在最后一次杂交并占有较大的比重，以增加杂交后代优良性状出现的概率。

（1）三交：三交是指两个亲本杂交的子代或早期世代与第三个亲本杂交的方式，即（甲×乙）×丙方式。当单交不能达到育种目的时，可选用三交等复交方式。由于花生杂交操作繁琐，杂交花朵数量往往有限，而且花生单株结实远远少于其他作物，许多潜在的（理论上的）优良性状重组不能表现出来，所以在分离世代采用复交既可以综合多个亲本的性状，又可以增加出现优良重组的概率。在三交方式中，3个亲本的核遗传组成在杂种后代中的比重是不一样的，第一次杂交的两个亲本在后代中各占1/4，第三个亲本占1/2，因此要合理安排3个亲本在组合中的位置，必须权衡各亲本的优缺点、性状互补的可能性以及育种目标的主次。

（2）四交：四交是指在三交的基础上再与一个亲本杂交，即［（甲×乙）×丙］×丁方式。在这种杂交方式下，甲乙亲本在后代遗传物质中各占1/8，丙占1/4，丁占1/2。例如，广东育成的粤油256，系用［76/18×（粤油551×协抗青）F_4］F_0×77/74育成的，属丰产、稳产、高抗青枯病、耐锈病的优良品种。在花生上极少采用这种方式，其缺点是要经过3次杂交，延长育种年限。一般认为四交只是弥补三交的不足时才采用。

（3）双交：利用两个亲本杂交的子代再与另两个亲本杂交的子代交配，即四个品种双交，方式为（甲×乙）×（丙×丁）或三个品种双交，方式为（甲×乙）×（甲×丙）。当必须用4个亲本性状综合起来才能达到育种目标时，采用双交方式。这种交配方式4个亲本的遗传组分在杂种后代中各占1/4。双交的亲本是单交的F_1，因此在双交F_1代就有可能出现综合4个亲本性状的类型，这要比三交育种进程早一年。双交的两个亲本可在F_1、F_2或F_3进行杂交，比较灵活，而三交主要在F_1进行复交，否则将延长育种年限。加性和非加性基因效应对花生经济性状均有一定的重要性，尤其是加性基因效应更为普遍。从遗传上分析，双交的亲本本身处于遗传异质状态，再杂交后增加了加性基因多种重组类型出现的概率，同时也会比单交更有利于使某些非加性基因的互补或上位性效应得到固定。例如，中国农业科学院油料作物研究所从（鄂花4号×台山三粒肉）F_2×（鄂花3号×协抗青）F_2中选育出了抗锈的中花4号，而4个亲本均不抗锈病，可能是两个分离状态的亲本再杂交时固定了隐性上位互作效应。河北省育成的唐油4号，是用（15041-E×白沙44）×（6203×伏北1号）育成的，属丰产优质小花生出口品种。

3. 回交

回交就是用两个亲本杂交后，子一代或早期世代，再与双亲之一重复杂交，即（甲×乙）×甲或乙方式。回交育种的主要目的是在保持轮回亲本的一系列优良性状的基础上，克服所存在的个别缺点。通过多次回交和对转移性状进行选择来达到目的。回交方法能在很大程度上控制杂种群体，使其向确定的育种目标发展。多用于改良某一推广品种的个别缺点或转育某个特殊性状，如抗病性、抗虫性的转育，生育期缩短、株高变矮等，采用回交会收到良好的效果。例如，粤油187是由（粤油1号×粤油551）F_1×粤油551回交育成的。近年来，人们将普通丰产品种转育为高油酸品种，多采用回交方式，利用单粒检查技术，从F_1代中选择高油酸籽粒再与丰产亲本回交，结合海南加代，3—4年可以将一个普通油酸品种转育成为一个丰产的高油酸花生品种。

4.聚合杂交

聚合杂交是一种应用多个亲本进行多次相互杂交的特殊复合杂交方式，这种杂交方式没有固定模式，可根据需要进行组配。

总之，花生杂交育种中的杂交方式可以多种多样。过去的花生育种主要还是采用单交的方式，这在高产育种方面表现出普遍的有效性。许多遗传研究表明，花生产量及其构成因素受加性效应控制，花生的结果数、果重、饱果数等均与产量呈显著正相关，不同高产性状的亲本杂交可以使产量效应得到累加，因而简单杂交往往是有效的。在近 20 年来的抗病育种中，由于叶部病害抗性与高产性状存在一定的负相关，单交在综合抗病性和产量两方面的优良性状上就很难奏效，必须用复杂交或回交的方式。利用多个亲本进行复杂交与选用育成品种或稳定品系材料进行单杂交在综合多个亲本的优良性状方面异曲同工。

（四）杂交类型

从分类学的角度看，花生杂交的类型有品种间杂交、变种间或亚种间杂交、种间杂交。

1.品种间杂交

品种间杂交指花生同一植物学类型（或变种）内的品种间杂交（如珍珠豆型×珍珠豆型）。由于同一变种内的品种在遗传基础上相近，杂交的结实率较高。由自然进化而来的一些生物学性状较为相似，所以杂种优势较低，出现新重组的潜力相对较小。另一方面，由于地理远缘等方面的原因，同一变种在某些经济性状（如抗性、品质、熟性等）上的差异仍然较大，所以品种间杂交仍具有育种利用价值。通过人工杂交育成的品种，虽然从分类上属于某一类型，但它们如果已渗入了其他类型的种质资源，就会比自然进化而来的地方品种具有更丰富的遗传基础，品种间杂交的效果会更好。

2.变种间或亚种间杂交

栽培种花生的4个变种间虽然都是互交可育的，但杂交的结实率并不一致。4个变种在原产地有明显的地理远缘，变种间存在一定的遗传差异，而两个亚种在许多性状上则差异非常明显。翁跃进等（1986）曾报道栽培花生的4个类型与某些野生花生杂交亲和性（结实率）的系统差异，认为不同变种的进化地位不同。栽培种花生是一个异源四倍体植物，多数质量性状在不同类型中均存在重复位点，而由于许多性状在两个亚种间存在等位性的差异，这就使亚种间杂交超亲现象比亚种内杂交更具优势。

我国花生育种历史上利用伏花生和狮头企（疏枝亚种）与普通型（密植亚种）进行杂交育种，证明了亚种间杂交因遗传分歧性较大而杂交选育的效果好。亚种间杂交较理想的组配是普通型×珍珠豆型。从性状的一般共性上看，普通型具有交替开花、分枝数多、生育期长、种仁较大、产量潜力高的特点，而珍珠豆型则具有连续开花、分枝少、结果集中、生育期短等特点，二者完全是互补的。许多遗传研究表明，这两个类型杂交的优势（尤其在经济性状方面）高于其他类型间的杂交组合。

3.种间杂交（即远缘杂交）

花生种间杂交是花生属物种之间的杂交，又称花生远缘杂交。花生种间杂交中，极易出现交配不易成功或杂种夭亡、不育，杂种后代分离范围广、时间长、中间类型不易稳定等情况。种间杂交育种是一种利用花生野生种抗逆、高产、优质等优良基因，拓宽花生栽培种狭窄的遗传基础，培育有突破性的花生新品种的有效手段，尽管难度较大，仍受到国内外花生育种工作者的高度重视。

花生栽培种富含油脂和蛋白质，是世界上重要的经济作物。然而其狭窄的遗传基础已成为制约品种改良的瓶颈因素，导致育成品种增产潜力低、抵御自然灾害能力差。与此形成对照，花生属野生种无论在形态学还是在分子水平的变异性都较为丰富，野生种具有抗旱、抗病（病毒病，王传堂等1994）、抗虫（张建成，1997；Mallikarjuna，2003）、高油（可高达63%，王传堂，1998）、高蛋白（可高达33%）和特早熟（*Arachis praecox* 生育期只有50天左右，万书波，2003）等多种优良性状，而且具有高产因子（Nigam，Dwivedi and Gibbons，1991），是花生栽培种遗传改良极其宝贵的育种基础材料。

在花生属中已定名的野生种有22个，还有50个以上的“种”有待定名。除了四倍体野生种 *A. monticola* 与栽培种杂交的后代有正常育性外，其他二倍体野生种与栽培种杂交都存在杂交不亲和或因染色体倍性差异引起的杂种不育的问题。由于野生花生中广泛存在一些栽培种花生所不具备的抗性基因，所以转移利用这些基因的研究在世界范围内广泛开展。1951年，Krapovickas 和 Rigoni 首先获得了栽培种×*A. villosa* 的种间杂种。20世纪70年代以来种间杂交研究进展显著，国内几个研究单位也已创造了许多抗病的种间杂种衍生系，广西农科院还获得了一个高产、高含油量的种间杂种品系。可以认为，种间杂交是广义的花生杂交育种的一个重要方面。

花生区组（*Arachis section*）中野生种与栽培种杂交亲和，这些野生种被称为可用于花生品种改良和种质创新的亲和野生种，是改良花生栽培种的重要种质资源。该区组中野生种 *A. monticola*（$2n = 40$）为异源四倍体，其他野生种均为二倍体。二倍体野生种与栽培种有不同程度的杂交亲和性，能产生高度不育的三倍体 F_1代。由于花生区组以外的野生种与栽培种杂交不亲和，难以获得可育的杂种后代，因此国内外利用花生属野生种改良栽培种的研究，主要集中于利用亲和野生种。目前，四川花生育种在这方面的工作尚未有效开展。

（五）杂交技术

花生是自花授粉作物，花器构造比较复杂，而且具有地上开花，地下结实的特性，因而杂交技术与其他作物相比有不同之处。

1.亲本种植

为方便杂交去雄操作，母本一般采用盆栽、池栽和垄栽等方式。但以池栽为优，因花生植株矮，开花部位低，花器官结构复杂，去雄和授粉都比较困难。通常采用高台池栽，池高 80 cm 左右，池宽以种植两行亲本为宜，这样去雄授粉都可以坐在板凳上进行，既可减轻杂交过程的劳动强度，又可提高杂交成功率。每一组合母本种植株数一般 20 穴，每穴 2 粒，出苗后每穴留1株。父本一般就近垄栽或平栽，种植株数应比母本株数多 1 倍以上，确保有足量花粉用于授粉。采用较好的条件和措施进行栽培管理，尤其是母本，确保亲本生长发育良好。

在杂交圃播种父母本时，要考虑花期相遇问题。如果父母本始花期相同，可以同期播种，始花后一周开始杂交。母本开始进入最佳开花授粉期，这时父本开花量也较大，比较容易采集到足量的花粉。如果父母本开花期有差异，在播种时必须调节播期，父本开花期晚，必须适当早播，以保证有足够的花粉。父本开花期早，如果差别不太大，父母本同时播种即可，母本一般利用前中期花进行杂交，父本花期会延续较长时间，能够满足采粉需要。在花期相差很大，父本始花期过早，且盛花期持续时间短的情况下，也必须用错期播种方法进行调节。

2.去雄

去雄应在父母本始花后几天开始。去雄时间一般是每天16：00时以后，选择花萼微裂显露出黄色花瓣的花蕾，即第二天早上能正常开放的花，用左手的拇指和中指捏住花蕾的基部，右手持镊子轻轻将花萼、旗瓣、翼瓣拨开，再用左手的食指和拇指压住已拨开的花瓣，以防合拢，然后用镊子轻压龙骨瓣的弯背处，使雌雄蕊露出，用镊子一次或多次将8个雄蕊的花药摘除干净，不要损伤雌蕊柱头，再用手指将龙骨瓣推回原来位置，使旗瓣、翼瓣恢复原状，这样既可防止风或虫的自然传粉，又利于第二天正常开花授粉。每个花序一般只杂交一朵花，去雄后将其余的花蕾或果针除去，确保杂交花能正常生长发育，并防止产生伪杂种。去雄后在植株旁插上细塑料杆，去几朵花插几根，以便第二天授粉时查看，便于统计各组合每天授粉的花朵数，确保按计划完成杂交任务。

3.授粉

第二天5：00—10：00时对去雄的花朵进行人工授粉。授粉时，按组合先采集一定数量的父本花，然后用镊子将父本花的花粉挤出放入玻璃培养皿中混合均匀。授粉时，用左手食指和中指托住去雄的花朵，右手拇指或持镊子轻轻挤压龙骨瓣，使雌蕊柱头露出，再用镊子尖端蘸取花粉涂在柱头上，并随即使龙骨瓣复原，包住柱头；也可采用父本瓣，使雌蕊柱头露出，再用镊子尖端蘸取花粉涂在柱头上，并随即使龙骨瓣复原，包住柱头；也可采用父本花朵直接给予授粉，即取一朵父本花，去掉花萼、旗瓣、翼瓣，保留龙骨瓣与雌雄蕊，直接授在去雄花的柱头上，然后推回龙骨瓣。授粉时要特别注意，每组合授粉完毕后必须用酒精棉将镊子和培养皿彻底消毒再做下一个组合。每朵花授粉后，将写清日期的纸牌挂在杂交花的茎节处做标记，以便下一步套果针时辨别真假杂交果针，这样做工作量大，但能够确保所套果针全部为真杂种。如做遗传学研究用，必须采用挂牌方法。若只作选种用，也可采用两头人工摘花不挂纸牌的方法，即由本植株见花开始就摘花，杂交开始，每天授粉时，摘除所有未去雄的花；杂交结束后，每天10：00以前，将各组合母本植株开的花全部摘除，连续摘除7—10天。每天授粉结束后，按组合分别统计授粉花数。

4. 套果针

授粉结束后10天左右，杂交果针基本都生长出来了，便用有色塑料绳套在每个杂交果针上，并随即培土，把果针埋入土中，让其生长发育。每组合套完果针后应随之统计杂交果针数，以便统计比较各组合间人工杂交授精率。

5. 收获

荚果成熟后，以组合为单位将套上塑料绳的荚果单收单晒，妥善保存，并统计获得的杂交果数。非杂交果可以混收，也可以按组合混收。父本可以单收单晒备用。

（六）杂交后代的选择方法

在花生杂交育种中，杂种后代的处理和选择是最重要环节。在这个过程中，育种者需要根据所用亲本的特性、有关性状的遗传规律、试验条件等采用科学的田间处理技术和选择方法。花生是典型的自花授粉作物，杂种后代的选择方法，国内外基本上都是以经典的系谱法、混合法为主，配合由这两种方法衍生出来的其他方法。

1. 系谱法

系谱法也叫多次单株选择法，是国内外花生杂交育种中最常用的一种杂种后代处理方法。我国杂交育成的花生品种，大多是采用此法选育而成的。该方法的主要特点是，杂交后按组合种植，从杂种的第一个分离世代（即单交F_2、复交F_1）开始选择单株，并按单株种成株行，每个株行成一个株系，以后各分离世代都是在优良株系中继续选择优良单株，继续种成株行，直至选育成整齐一致的稳定优良株系，然后将这个株系混合收获成为品系，进行产量比较试验，最后育成品种。在选择过程中，各世代都以株系作编号，以便查找株系历史与亲缘关系，故称为系谱法。系谱法优良株系在各世代的表现和相互关系均十分清晰，也便于获得纯合基因型。各世代的具体处理方法如下。

（1）杂种一代（F_1）：通过杂交得到的杂种种子叫做杂种一代。将杂交种子按组合排列种植，每穴单粒播种，并在每组合旁边播种父、母本行做比较。如果杂交亲本使用纯的地方良种，则杂种F_1单株间在性状上表现基本一致，所以一般不进行单株选择。如果植株性状完全像母本，又不表现任何杂种优势，那就是假杂种，收获时应全部去掉。其他杂种F_1中的病株、劣株淘汰掉，其余植株混合收获，并标明行号或组合号。如果杂交亲本本身是杂交种，第一代有可能发生一定程度的分离现象，可考虑进行单株选择。由于花生杂交难度较大，费工较多，在配制组合数较多时，一般每个组合的F_1群体规模较小，比较容易做到田间条件的一致性。由于花生种子较大，发育程度（饱满度）的差异对成株表现影响较大，花生种子发芽过程中容易受到病菌的侵染，尤其是早期对主根或根系的伤害会造成后期株间在发育上的显著差异，这些情况在对F_1杂种表现进行观察时应予以区别。由于F_1在进行减数分裂和配子结合时就发生了遗传重组，而所获得的重组类型需有一定的结实数（种子）来保证，鉴于花生的繁殖系数很低，应特别注意杂种后代的生长条件和管理水平，以尽量保证F_2代群体的植株数。

（2）杂种二代（F_2）：按组合种植，每组合旁边种植父母本作比较（也可等距离设置统一标准对照种），单粒播种，种植规格和田间管理要均匀一致，以便分离性状能充分表达出来，选株准确。杂种二代（F_2）是性状大量剧烈分离的世代，同一组合内的植株间表现出多样性，可为单株选择提供丰富的材料。F_2代选择的单株性状在很大程度上决定以后若干世代的性状表现，所以F_2代是选育新品种的关键世代。

F_2代的选择主要集中在质量性状和遗传力高的数量性状上。花生一些质量性状的显隐性关系如表4-1所示，可供鉴定和选择时参考。表中的一些性状，如株高等也属数量性状，其极端类型可作质量性状来处理。数量性状的总分枝数、荚果大小、生育期等均可在F_2代进行有效的选择。主要叶部病害抗性受隐性基因控制，F_2代选择抗病类型有效。虽然在F_2代不宜进行产量的选择，但可以根据与产量相关的营养体性状，如总分枝数、侧枝长、收获期的主茎青叶数等以及组合整体表现考察评价其优劣。

在F_2代时的主要工作是从优良组合中选择优良单株，并淘汰不良组合。要先选好的组合，然后在好的组合里面再选优良单株。一般来说，表现好的组合出现符合育种目标的单株多；表现不好的组合，则很难选到理想的单株。所以，对于表现好的组合应放宽尺度多选单株，一般组合内少选，不好的组合不选，将同一组合入选的单株分株收获装袋后捆在一起，或装在一个大袋里，标明行号或组合号，晒干后进行妥善贮藏。

表4-1　花生杂种F_2性状表现

性状	组合	显 性	隐 性
种皮颜色	红色×褐色	红色	褐色
	褐色×白色	褐色	白色
	红色×白色	红色	白色
	紫色×红色	紫色	红色
	紫色×白色	紫色	白色
植株	高×矮	高	矮
株型	直立×蔓生	蔓生	直立
分枝	交替×连续	交替	连续
叶脉	红色×青色	红色	青色
叶色	深×浅	深	浅
花青素	有×无	有	无
果腰	有×无	无	有
荚果	大×小	大	小
网纹	深×浅	深	浅
种仁	少粒×多粒	多粒	少粒
种皮	裂×不裂	裂	不裂
种子	长×短	长	短
休眠期	有×无	有	无
生育期	长×短	长	短
叶斑病	抗×感	感	抗
锈病	抗×感	感	抗

注：孙大容.花生育种学[M].中国农业出版社，1998.

（3）杂种三代（F_3）：F_3代田间种植方式基本与F_2相同，按组合把F_2代入选的单株分别种成株行，顺序排列，单粒播种，每隔一定行数或等距离（如逢5行或10行）设置对照品种，若需与亲本比较时，邻近插播亲本。同一组合的F_3各株系间性状有明显差异，各株系内性状仍有分离，但分离程度一般比F_2要小，也有极少数株系可能表现比较一致。因此，F_3代应该首先在整体上比较各个株系的优劣，着重选择优良株系，然后从优系中选择优良单株。

显性的质量性状可在F_3代根据其是否分离来确定其基因型的纯合或杂合状态，受隐性基因控制的性状可在F_3代继续选择。这一世代，各株系主要性状的表现趋势比较明显。所以，F_3代也是入选株系进一步鉴定与选择的重要世代。选择时，可根据生育期、抗病性、抗逆性和产量等性状的综合表现进行选择，应特别注意对营养体和荚果形状、大小、整齐度等的选择，选择强度要依据具体情况来掌握，入选的单株数需依组合优劣而定。在确认荚果大小符合育种目标后，F_3代选择单株果数较多的植株，并兼顾营养体与单株果数相关性状的选择。如有个别株系已基本整齐一致，表现又特别优异，可选择优株，去掉个别劣株后，余下的植株混收，提前升级进行产量试验。选择的优良株系和单株都要延续编号。

（4）杂种四代（F_4）：F_4代的田间种植方法同F_3，但一般不再按组合种植亲本，而只种植综合性状好的品种作对照，同时选择的要求也有所不同。来自同一F_3（即属于同一F_2单株后代）的F_4株系，称为株系群，株系群内的各株系称为姊妹系。不同株系群间的差异较大，同一株系群内的姊妹系间的差异较小，而且性状的总体表现常常是相似的，因此这一世代首先应选择优良株系群中的优良株系。根据自由组合规律，F_4代还是会有分离的，所以还要继续选单株。为了把单株选得更准确，不是只看单株性状，而是首先选择好的系群，然后从好的系群中选择好的株系，从好的株系中再选优良的单株。适当多选一些系群，可以增加选择不同类型的机会，不必在一个系群内过多地选择株系。从这一世代开始，选择时所依据的性状要求更为全面，应特别注意把产量性状作为选择的依据。F_4开始可能出现趋向整齐一致的株系，如果表现突出，可在选留几个单株后，混合收获，并改称株系为品系，升级进行产量试验。对选留的那几个单株继续种成株系，使它进一步纯合稳定。混合收获进行产量鉴定，如果表现优良但还不完全稳定时，可用上述所选的那几个单株种成的相应株系替补它，继续进行试验。

在花生杂交育种中，一些性状如株型、分枝数、抗病性、荚果形状、荚果大小以及主要产量因子性状在F_4代可基本稳定，但不同组合性状稳定程度差异较大。两亲本性状相似性越大则稳定越快，如果两亲本遗传差异大则多数性状必须到F_6—F_8代以后才能稳定。郑广柔（1995）认为珍珠豆型品种间杂交在F_5代即可选系，类型间杂交则要在F_7代以后才宜选系。

（5）杂种五代以后（F_5—F_8）：种植方法和选择要求等基本同F_4，而在F_4代已混合成品系的群体也可能继续分离出不同的单株，仍可选择优良单株。

总之，系谱法各世代选择重点、选择强度可参照下述原则进行选择。第一，根据各主要性状的遗传力，确定其适宜的选择世代。由于花生不同性状遗传力有所差别，选择效果和可靠性有很大的差异，遗传力高的性状早代选择；反之，晚代选择。花生地上部营养体性状如株高、侧枝长、分枝数、叶片大小、生育期等性状，早代遗传力相对较高，宜在早世代进行选择；而荚果产量及其组分，如单株结果数、饱果数、结实范围、单株生产力等性状遗传力相对较低，早期选择不可靠，应适当推迟到晚代选择（F_5—F_7代）。第二，同一性状在不同世代的遗传力不同，多数性状随世代的推移，遗传力会逐步提高，后期世代选择，效果会逐代增加，可靠性逐代提高。第三，同一世代的同一性状，根据单株的表现进行选择，遗传力最低，其可靠性最差；根据株系表现选择次之；根据株系群选择的可靠性最高。因此，在选择时应首先注重组合选择，再在优良组合中选择优良株系，最后从优系中选择优株，做到优中选优，这样选择效果会更加突出显著。

2.混合法

混合法是从F_1代开始将杂种按组合混合单粒种植，在分离世代不进行单株选择，只剔除或淘汰明显表现不良的劣株，一直到杂种性状的遗传性基本稳定的世代时，即纯合个体数达80%左右（在F_5—F_8代），开始进行一次性单株选择，下一代成为株系，然后选择优良株系进行试验鉴定。

这种方法的理论依据是，花生许多重要性状是数量性状，由微效多基因控制，易受环境条件的影响，因而在杂种早代选株的可靠性较小。同时，杂种早代纯合个体很少，例如某种性状有10对基因差异时，则纯合体在F_1代只有0.1%，但到F_6代有72.83%。若用系谱法，在F_2开始选株，效果很差，并会损失许多优良基因。若采用混合法，则可在杂种群体中保存大量的各种优良基因，并有可能在以后世代中重组成优良的纯合基因型。

采用混合法选择，群体要大，而且代表性要广泛，即每个世代应尽可能地保留各类型植株，选株世代所选株数要多。早代不进行人工选择，但能受到自然选择的影响，随着世代增加，群体性状逐步趋向于适应当地的自然和栽培条件。但也存在不利之处，有些所需的性状如早熟性、多果、优质等，在自然选择中往往会被逐渐减弱。混合法与系谱法比较，各有优缺点。例如，系谱法对生育期、株高、荚果大小、分枝数以及抗病性等质量性状和比较简单的数量性状进行早代选择，能起到定向选择作用，较早地对优良株系进行选育、试验与繁殖。混合法只在晚代选择一次，当选的株数需要很多，各株系又没有历史的观察记载，评价取舍往往比较困难，育种年限也比较长。但系谱法从F_2开始选择，对多基因控制的数量性状选择效果相对较差，有的优良类型会被淘汰，同时工作比较复杂和繁重。而混合法相对可以保留较多的优良类型以供选择，对于多基因控制的产量性状更为合理有效，而且工作比较简单，可操作性强，省工省力。

3.改良系谱法

改良系谱法在第一次分离世代（单交F_2、复交F_1）进行一次选单株，以后各代混播这次入选单株的衍生系（即混合群体），并根据产量和品质等性状的测定作为选系的参考。根据综合性状和产量表现淘汰不良衍生系。保留的优良系统不选株，只淘汰劣株后混收，下年混播，直到有希望的衍生系主要性状趋于稳定时（F_5—F_8）再进行一次单株选择，下年种成株系，然后再选择优良株系进行产量鉴定试验。此法实际上是系谱法与混合法相结合的一种方法，吸收了系谱法与混合法的优点，避免或减少了系谱法与混合法的缺点与不足。

这一选择方法在早代针对遗传力较高、可靠性较大的性状进行单株选择，具有系谱法能较早掌握优良材料的优点，而又在一定程度上减轻了由于对产量性状等过于严格选择丢失优良材料的弱点。在早代和晚代两次选株之间进行选系（混选），其遗传力和可靠性高，可进行多年选择基础上的评价，同时又比系谱法操作简单。这个方法具有能够保存群体多样化类型和高产材料的优点，而又减轻了群体在自然选择过程中某些性状被削弱的缺点，在早期世代即可淘汰大批不良植株，比混合法能集中精力于少数优良株系，减少了工作量，并能提早决选世代，较快地获得高度的同质性，缩短育种年限。

4.单粒传法

单粒传法F_1按组合种植，淘汰假杂种。从F_2开始，收获时，按组合每株采摘一个果混合，供下年种植，F_3—F_4也用同法进行，到F_5代或F_6代，按育种目标选择优良的单株，于下一年种成株系，再从株系中选择少数优系进入产量鉴定试验。这种方法的主要理论依据是每株采收等量的种子，可使不同的类型在群体中保持稳定的比例，避免或减轻适应性弱的经济性状在自然选择作用下，像混合法那样被削弱，同时又能减少种植群体。其缺点是，因杂种在分离世代的植株是异质结合的，每株仅采收极少数种子，可能会丢失该株的部分优良基因。不过，花生杂种后代中，株间变异量随世代增大，而株内异质性则变小，因此依据这一规律，为了保持杂种群体的丰富变异量，以利选择优良类型，采用这种方法，可以舍弃株内逐代变小的变异量，换取逐代增大的株间变异量。同时，此法还有种植规模小、各分离世代不选株、有利于温室和异地加代、缩短育种年限等优点。

5.双列选择交配法

双列选择交配法是Jensen（1970）根据Goulden（ 1939）的设计提出的自花授粉作物轮回选择的育种方法，它能够用较多的育种亲本进行多亲本的性状重组。它用于遗传力较低的花生产量性状的改良是有效的（Wynne，1980）。这一方法可以大幅减少分离世代的选择量，加速遗传性的同型化，在高世代的家系中即可进行经济性状的选择，一般2—3个轮回即可达到选择的目的，每一个群体所需空间和时间较少，可比系谱法增大杂交组合数量。

其基本做法是冬季在温室中进行杂交，夏季在高台池或垄栽杂交田中进行杂交。如8个亲本配制成28个双列杂交组合（不含反交），次年大田种植，每个组合2—3株F_1，再进行随机的双列杂交，选择28个单株，回到温室进行部分双列杂交作为一个轮回。如此重复2—3个轮回。这种方法实际上是用分离的后代再进行双列杂交，依表现型进行重复选择。

上述介绍的是花生杂交育种中杂种后代选择处理与遗传改良常用的几种方法，此外还有集团混合法、聚合杂交法、综合品种法、多系品种法等。杂交后代选择是花生杂交育种的基础，对新品种选育成败起着决定性的作用。而杂种后代的有效选择，在很大程度上依赖于育种工作者的丰富经验和田间实践操作技能。花生是地下结果作物，植株矮小，在育种选择过程中，尤其决选阶段，必须在单株或株系成熟后挖掘出来，才能逐个进行选择。由于收获期时间紧迫，任务繁重，劳动强度大，加以植株体等性状的干扰，给田间选择工作带来许多困难，例如单株生产力表现为果数与果重的合一，绝非仅靠目测能够解决，因而势必要逐一过目，逐一过手，才能掌握第一手数据，这个复杂繁琐的选择过程，尤其是在育种程序的初级阶段更是如此。因而，在育种选择过程中，基础理论素养和操作实践相结合，亲自动手，逐一过目，就成为花生育种工作者的一项独特的技术和成败的关键，既表现出科学性，又体现出“艺术性”。

（七）杂交育种程序

杂交育种的典型程序一般为5圃制，即原始材料圃、杂交圃、杂种圃、选种圃和鉴定圃。

1.原始材料圃

种质材料是花生杂交育种的基础。育种学家需要根据当地所处的生态条件、农业生产背景、育种目标及其发展方向，广泛收集有利用价值的遗传种质，包括国内外著名良种、当地优良农家品种，以及自己创造的优良材料。花生育种的亲本材料数量可有增有减，既不可过于庞杂，又不能过于贫乏或单一，一个简练、丰富多样的原始材料圃是能否育种成功的基本条件之一。当然，育种学家对其所保存的材料要有深入系统、连续多年的观察和研究，并对有关花生遗传改良的国内外信息有足够的了解，及时引入新的材料，才能做到运用自如。

一般花生原始材料圃按类别种植，便于观察比较。各材料种植20—40株即可。要防止混杂。重点材料或新材料应连年种植，性状较清楚的材料可在保证储藏条件和发芽率的前提下，隔年轮批种植。当年用的或用得较多的材料，应适当增加种植数量。

2. 杂交圃

杂交圃是杂交育种进行去雄、授粉的第一个操作场所。由于育种学家的习惯和育种程序的不同，花生杂交圃有的设置在田间，便于花生正常生长季节进行杂交，有的则利用温室在冬季进行杂交。

土壤水分和小环境的大气湿度对花生杂交的结实率有很大的影响。通常开花下针期的适宜温度为22—33℃，土壤湿度不低于40%，在高温少雨的情况下，杂交期间应人工灌溉调节湿度。

在室温条件下杂交，由于温湿度均能有效控制，所以杂交成功率能明显提高。可以在工作台或盆栽种植父母本。由于温室所处的特定环境相对密闭，加之温湿度均较高，为确保杂交的成功，所用的工作台、栽培沙土和有机肥料都需要进行消毒处理。通常花期适宜温度为22—30℃，相对湿度60%—70%，土壤湿度80%左右，这样杂交成功率可在70%以上。Hassan和Srivastava（1960）的研究认为在正常生育条件下，花粉最高生理发育状态的时间是5:00—7:00时，新鲜的花粉在6℃贮藏于氧化钙干燥器中，活力可以维持8天左右；清晨摘下的新鲜花朵在温度28℃，相对湿度56%的环境中，花粉活力可以保持8.5小时。

3. 杂种圃

花生杂种的早期世代是性状大量分离的世代（单杂交F_2，复杂交F_1），由于育种目标、亲本来源和育种条件的不同，这个阶段的材料可采用不同的方法予以处理和选择，即前面叙述的系谱法、混合法、改良系谱法等。而不同的杂种处理方法的工作内容也有所差异。如果在杂种早代进行选择，那么杂种圃也成为选种圃。

4. 选种圃

在选种圃里，一般开始产量等性状的观测和鉴定，是产量试验的初级阶段。将杂种圃所选择的单株（依育种目标的选株标准），在田间按株系种植，一般以生产良种作为产量对照品种，逢5株或6株行种植对照行，依土壤肥力差异，用对照的产量校正其他株系的产量，并依据农艺性状进行综合评估，选择优良株系。选种圃是株系选拔、生产力评估和扩大种子量同步进行的关键阶段。依株系表现和种子量的实际情况，需要连续进行2—3年。

为了简化大量株系的收获、晾晒，田间可以感官鉴定，评估株系的生产力和优劣，事前按株系多少确定入选率，相互比较淘汰。入选株系再与对照进行产量比较决选。

5. 鉴定圃

当株系经过大量的淘汰后，有必要依据育种目标进一步对产量及有关抗病性、抗涝、耐旱、耐肥以及品质等项进行田间和室内鉴定，通常连续进行2—3年，在第一年选择株系的基础上，第二年的株行试验可依种子量设2—3次重复，第三年则可依种子量扩大为2—3行区的3次重复鉴定试验，并按品种比较试验的要求，有计划地繁殖足够的种子。有的育种程序中，鉴定圃与选种圃作用是相同的。

6.品种比较试验

这个阶段是最后决选阶段，田间设计必须规范化而且要保持稳定。供试品系一般10—15个，随机区组排列，重复3—5次。一般进行2年，2年结果显著超过对照品种的品系可以入选（但也要根据综合性状的优劣和育种目标的要求而定），即为本单位育成的新品系，可推荐进入省级或国家品种区域或多点试验。

四、诱变育种

花生诱变育种是利用理化因素诱发其遗传物质变异，进而根据育种目标，对这些变异进行鉴定和选择，培育优良花生新品种的一种方法。花生诱变育种起步较晚，国外始于20世纪40年代末，我国始于20世纪60年代初。根据诱变来源不同，分为辐射诱变育种、化学诱变育种和航天诱变育种。截至目前，辐射诱变育种仍是花生诱变育种的主要途径，在种质创新、品种培育和遗传机制方面均取得了突出进展。通过化学诱变方法同样为花生育种提供了大量的新型资源，而航天育种在花生上的利用较少。

（一）中国花生诱变育种的主要成就

我国花生诱变育种虽然起步较晚，但进展较快，而且取得了丰硕的成果。

1.创新出一批性状优良的花生种质

（1）品质性状优异的种质：通过人工诱变，筛选发现了大量的高蛋白、高含油量、高葡萄糖以及高维生素C的突变体。

（2）抗逆性强的种质：筛选出了一批抗旱、耐贫瘠、抗叶斑病以及耐盐性较原品种强的突变体等。

（3）超早熟种质：通过辐射白沙1016，已创造出了超早熟突变体，其成熟期比目前花生品种资源中公认的特早熟品种奇科早熟7天，且产量较奇科高。

（4）性状特异的种质：通过辐射诱变，创造了不少性状特异的花生突变体，可供遗传学研究利用。辐射诱变白沙1016获得了叶脉明显的突变体，并伴随着叶片、株型、荚果等多性状同时突变。

2.选育出一批优良花生品种

近几十年来，我国通过诱变育种育成推广的花生新品种达30余个，其中直接利用突变体选育的7个，利用突变体杂交选育的20多个，比较突出的有粤油22、粤油551、昌花4号、辐矮50、辐21、P12、鲁花7号等。

（二）诱变育种的主要特点

诱变育种与常规杂交育种相比，有以下突出的特点。

1.打破性状间的紧密连锁，实现基因重组，创造新性状、新类型

花生的某些不良性状与优良性状连锁，杂交育种难以打破，而诱变可以使染色体发生断裂，有可能把两个紧密连在一起的基因片段切开，通过染色体的交换，基因发生重组，紧密连锁的基因重新排列而产生变异。遗传变异是选育花生新品种的基础和起点，诱变育种的基本特点是诱发变异，且诱发的变异类型非常丰富，变异率是自然变异的几百倍乃至几千倍，所以理化因素诱变可以创造自然界本来没有的新性状和新类型。诱变育种可以创造新的花生种质，丰富花生基因库，为花生育种开辟更广阔的前景。

2.后代稳定快，育种年限较短

育种实践表明，诱变选出的优良变异株，一般在第3、第4代就可以稳定，有的突变后即稳定，缩短了育种年限。例如，山东昌潍地区农业科学研究所（今潍坊市农业科学院）辐射选育的“昌花4号”，从辐照种子到育成新品种，仅用了7年时间。

3.可以有效地改良花生某单一农艺性状

花生的表型性状分为质量性状与数量性状，质量性状是由主效基因控制的。控制某一质量性状的主效基因一旦发生突变，该性状的表现型即发生明显的变化，容易识别筛选，成效较好。植株高矮、熟性、抗病性等性状，通过诱变容易获得较为理想的突变体。

但是，由于多效或基因连锁，往往在要改良的目标性状发生有益突变的同时，伴随着不利性状的出现，给改良单一性状带来一定的困难。对此，可通过性状表现相关的研究及扩大变异群体加以解决。

4.方法简单易行

尽管辐射诱变育种需要专门的设备对花生材料加以处理，但目前我国花生产区多数省（自治区、直辖市）均有这方面的条件，可代为处理。诱变后的选择方法与常规育种方法基本相似，因此虽然诱变育种是一项较新的育种技术，某些诱变机理尚未完全搞清，但实际操作起来相对简便易行。

5.诱变突变的方向和性质难以控制

控制性状的遗传物质是结构非常精密的核酸，遗传物质的功能单位——基因在染色体上又有特定的位置和顺序，所以只要不能控制诱变因子作用到细胞、染色体的某一部位，不能控制由诱变因子所引起的细胞内诱变物质作用的精确位置和方式，就不能控制诱变因子作用所产生的变异性质。另一方面，花生的某些性状受主效基因控制的同时，还受一些辅助因子的控制，理化诱变有可能在改变主效基因控制方式的同时，使众多的辅助基因也发生变异，从而限制了变异后代的变异程度。因此，目前诱变育种仍然存在有益突变率不高，或难以得到有益突变，综合性状不理想的问题，从而影响到育种效果的进一步提高。

（三）诱变育种的方法

1.诱变剂种类

（1）物理诱变剂：常用物理诱变剂有^{60}Co γ射线、X射线、快中子和自射线（包括^{32}P和^{35}S）以及激光等。在我国，较早应用于花生辐射育种的诱变源是^{60}Co射线，随后是快中子、激光、紫外等。

γ射线：又叫丙种射线，是原子核蜕变时产生的高能电磁波，波长为0.006—1.4 nm。目前多由^{60}Co或^{137}Co产生。

X射线：又叫伦琴射线，是由X光机产生的短辐射，波长为0.06—136 nm，是最早应用于育种的诱变剂。

中子（n）：应用于辐射育种的中子是原子能反应堆中子源和回旋加速器或静电加速器中子源。根据其所带能量的大小，分为热中子、慢中子、中能中子、快中子和超快中子等。

β射线：又叫乙种射线，是由原子核蜕变时放出来的高能电子，其能量一般是几百万eV。β射线的产生可用加速器，也可用放射性同位素。在育种上常用^{32}P、^{35}S等放射性同位素产生β射线。

紫外线：是波长短于可见紫色光，而又紧接着紫色光的射线，波长范围136—370 nm，以250—290 nm波长范围的紫外线诱变作用最强，因为这正是遗传物质核酸吸收得最多的区域。紫外线对植物组织的穿透能力最强，通常多用于处理孢子或花粉粒。

激光：激光是基于物质受激辐射原理而产生的一种高强度的单色相干光，具有高亮度、高方向性和高相干性的特点。

（2）化学诱变剂：化学诱变剂是一些分子结构不太稳定的化合物，其种类有：烷化剂、亚硝基化合物、叠氮化合物、碱基类似物、抗生素等。

EMS：分子式$CH_3SO_2\ OC_2H_3$，中文名为甲基磺酸乙酯，无色液体，分子量124，水中溶解度为8%。pH值为7的条件下，20℃时在水中半衰期是93小时，30℃时为26小时。EMS是烷化剂的一种。烷化剂通常带有1个或多个活性烷基，此基团能够转移到其他电子密度高的分子上去，使碱基许多位置上增加了烷基，从而在多方面改变氢键的能力。EMS被证明是最为有效而且负面影响小的诱变剂。与其他诱变剂相比，EMS诱变后产生的突变频率高，且多为显性突变体，易于突变体的筛选，是目前运用最广泛也是公认最为有效的化学诱变剂。

叠氮化钠（NaN_3）：1965年Spence首先发现NaN_3的诱变作用。大量研究表明，NaN_3主要以碱基替换方式影响DNA的正常合成，从而导致点突变的产生。叠氮化钠（NaN_3）是一种呼吸抑制剂，能引起染色体畸变和基因突变，可获得较高的突变频率。NaN_3等电点时pH值为4.18，在pH值为3时NaN_3溶液中主要产生呈中性的分子HN_3，易透过膜进入细胞内，以碱基替换方式影响DNA的正常合成，从而导致点突变的产生。由于NaN_3只作用于复制中的DNA，所以处理种子时把种子预浸到NaN_3溶液中，有利于提高处理效果。NaN_3具有高效、无毒、便宜及使用安全等优点。

2.诱变处理的方法

（1）外照射：采用外来辐射源对花生进行照射。如X射线、γ射线、快中子等，可以处理干种子、湿种子、发芽种子、幼苗、花粉、果针以及植株等。迄今，花生辐射育种普遍应用的是γ射线辐照干种子。该法简单、安全、效果较好。γ射线处理剂量，一般干种子为200—300 Gy，湿种子为40—70 Gy，催芽种子为50—80 Gy，幼苗为30—50 Gy；快中子处理干种子以（3×10^{11}—5×10^{4}）n/cm^2为宜。

（2）内照射：利用放射性同位素，如^{32}磷（^{32}P）、^{35}硫（^{35}S）和^{14}碳（^{14}C）等，配制成溶液浸泡种子或其他组织，或施入土壤使花生吸收，或注射花生茎、叶、花、芽等部位等。如花生品种辐狮是用^{32}P浸泡狮选64种子诱变育成的。该法需要一定的实验设备和防护措施，以防放射性同位素污染环境。同时，被吸收的剂量不易测定，效果不完全一致，目前在花生育种上应用较少。

（3）激光处理：激光是基于物质受激辐射原理而产生的一种高强度的单色相干光。目前应用于实验的有钕玻璃激光器（波长1.06 μm）、红宝石激光器、氮分子激光器、氦－氖激光器和CO_2激光器。如鲁花11，系用YAG激光器聚焦照射（花28×534-211）F_1干种子诱变育成的。

（4）化学药剂处理：该法主要是处理种子，处理前最好将种子预先浸泡，提高种子细胞膜的透性，加速对诱变剂的吸收速度。种子处理后用水冲洗，避免产生药害，处理后可立即播种，或干燥后储藏一定时间后再播种。处理浓度视花生对不同化学诱变剂的敏感程度而定。

（5）太空辐照处理：也称太空育种或航天育种，是指利用返回式卫星等航天器将作物种子等带上距离地球20—40 km的高空，在微重力、高真空、强辐射和交互磁场等条件下，利用空间环境对作物的诱变作用使其产生遗传性变异。

（6）离子注入：是将低能（能量一般为30—200 keV）N^+、C^+、P^+等注入植物干种子胚部，从而诱发植物产生可遗传的变异。从目前已有研究的反应效果看，离子注入诱变育种，具有对植物损伤轻，突变率高于γ射线、X射线，突变谱广等优点。

3. 诱变材料的选择

诱变材料的选择是诱变育种成败的关键因素之一。花生诱变育种证明，主要应掌握好以下两方面：第一，选择综合性状优良的品种，我国用γ射线直接诱变选育的花生新品种，都是选用综合性状良好的优良品种作为诱变处理材料。第二，选用适当的杂交材料。选用低世代（F_0—F_3）或高世代（F_4以上），尤其是低世代的品种间、亚种间、变种间和常规种间杂交材料作为诱变处理材料，都有利于增加变异类型和提高诱变效果，性状重组的机会增多，邻近染色体交换明显增加，变异幅度和选育效果显著提高。

花生同一品种在不同的生育状态下进行辐照，其诱变效应不同。邱庆树（1981）报道，用γ射线照射花生干种子、湿种子、催芽种子、幼苗期植株、花针期植株、结果期植株等不同生育状态的材料，其后代的突变效应明显不同。花生不同组织和器官对辐射的敏感性不同，诱变效应也不同。花生诱变育种中最常用的供试材料是种子。不同花生品种对不同诱变剂的敏感性是有差异的。处理前浸种会增强品种的敏感性，处理前的浸种对生活力的影响比更长的浸种时间影响更突出。

4. 诱变材料的利用

花生诱变材料有直接利用和间接利用两条途径。直接利用是通过诱变处理某一品种直接育成新品种，也称“直接育种”。我国已育成辐矮50、赣花1号、鲁花6号与鲁花7号等8个直接诱变品种。间接利用，也称“间接育种”，我国已育成粤油22、泰花1号、鲁花12与鲁花13等25个间接诱变品种。

间接育种有三种方法，一是处理亲本（父或母或父母本）后进行杂交，如山东省花生研究所育成的花育18，是采用8223作母本，用γ射线250 Gy处理海花1号干种子作父本杂交育成的；二是处理杂种，如鲁花12系用0.1%EMS处理（伏花生×新成早）F_1的果针育成的；三是采用诱变创造的突变体作杂交亲本，如高产优质出口型品种 “8130”，是采用鲁花4号作母本、辐射创造的突变体RP1作父本杂交育成的。

（四）诱变后代的种植与选择

花生诱变育种与常规杂交育种的种植程序和选择方法虽大体相同，但也有其突出特点。

1. 第一代（M_1）

经诱变处理的当代生长的植株称为第一代，以M_1表示。该代因通过诱变处理引起生物学损伤，有的播种后不能出苗，有的出苗后死亡，有的存活不结实，许多存活的个体生长也较弱。因此，处理的种子（或其他部位）相对要多点，并注意选择较好的条件种植并精心管理，以确保M_2代的群体规模。

由于最初只是个别细胞发生变异，处理种子、植株等多细胞材料所长成的植株，一般是嵌合体，而且由于多为隐性突变，不易识别出来，因此这一代（M_1）通常不进行选择。但少数情况下，显性突变也可能出现。如邱庆树等用γ射线照射花生良种花27干种子，M_1代就出现1株叶脉明显的特异突变体，因此应注意观察对个别显性突变材料加以选择。

2.第二代与第三代（M_2与M_3）

第二、第三代是诱变处理的主要变异世代，也是选择的主要世代。变异性状有外观性状变异与内在性状变异。田间就外观性状进行选择，应特别注意主要经济性状微小的变异。性状的变异程度存在差异，有的是大突变，多数性状不同于原种，出现特异性状或创新性状；有的是微突变，外观性状与原种差不多，但内在品质或产量性状略有变异。因此，根据诱变的特点和目的，除重点选择符合育种目标的优良植株进行新品种选育外，还应注意选择优异或特异植株，创新种质，补充和丰富花生资源。

花生诱变处理后所获得的变异株，其后代有的不再分离，变异性状稳定，有的则明显分离，个别的分离世代很长，甚至是长期有规律地分离下去，所以在选择程序上应有所不同，对不分离的变异株，可以简化选择过程，加速育种进程，对有规律分离的变异株，亦应简化选择过程。

（五）提高诱变育种效果的途径

1.诱变育种与常规育种结合

常规育种是作物改良的基本途径，有系统完整的理论和技术体系，在相当长的时间里花生育种仍需依靠常规育种。在常规育种的基础上，进行诱变育种，充分发挥其特点和优势，可以取得更大的育种效益。诱变育种与常规育种结合的几种方式如下。

（1）栽培品种与突变体杂交：利用具优良性状的突变体可以较好地改良栽培品种，且比较容易获得成功。广东省农业科学院经济作物研究所采用该法培育出粤油22和粤油551。

（2）突变体与突变体杂交：突变体杂交后代的单株生产力等主要经济性状的遗传率、遗传进度较原品种杂交后代更高，实际育种效果也好于原品种杂交后代。

（3）杂交后诱变或诱变后杂交：杂交能使基因重组，综合双亲优良性状；基因互作，产生新的性状；基因累积，产生超亲性状；而诱变处理能打破不良基因的连锁，诱发基因突变和染色体畸变，产生新的性状。因此，诱变处理杂交后代或杂交后诱变处理，不但突变率高，且有利于把多个优良性状集中到一个品种中，育成突破性品种。

2.诱变育种与新兴育种技术结合

近年来，花生生物技术发展迅速，并取得了突出进展。诱发突变与生物技术相结合，对提高作物改良效率、解决当前用常规方法难以解决的问题具有重大意义。组织培养过程中对培养物进行诱变处理，不仅变异多而且变异稳定快，有利于提高育种效率。原生质体培养、细胞融合技术与诱变技术相结合，在克服远缘杂交不亲和性、创造新种质等方面具有广阔的应用前景。

人工诱变因其在TILLING（Targeting induced local lesions in genomes）等反向遗传学研究中的新用途，不像转基因技术受到诸多的限制，其产品不需要实行食品标签等优势，而受到越来越多的重视。通过优化诱变处理条件，并利用近红外技术辅助选择，可以更快地选育出品质更优的花生新品种。

五、分子育种

（一）转基因育种

1.目标基因的分离

植物基因工程的一个重要步骤是分离目标基因。现可用于植物基因工程的目标基因已超过80个，且大多数是从植物中分离到的，也有从病毒和细菌中分离获得的。

（1）目标基因的分离与鉴定：利用DNA分子标记所获得的差异片段的序列为探针，筛选大片段基因组文库，可以得到阳性克隆。

（2）cDNA文库筛选：以分子标记为探针，通过菌落杂交，蓝、白斑挑选的方式筛选大片段基因组文库而获得可能含有目标基因的阳性克隆中，可能含有多个候选基因，必须从一系列候选基因中分离单个基因。现在最常用的方法是用含有目标基因的大片段克隆，如BAC克隆或YAC克隆去筛选cDNA文库，并查询生物数据信息库，分离出目标基因。

利用分子标记的方法，目前已分离到大量的基因，涉及抗病、抗虫、抗旱及许多重要的农艺性状。如通过DNA分子标记在花生上已建立了分子遗传图谱，标记了许多重要基因，用图位克隆方法获得了多个重要的抗病及农艺性状的基因。随着分子生物学研究的不断深入，分子标记技术在植物上广泛应用，越来越多的分子标记连锁图谱被构建，尤其是基因组研究的兴起、DNA芯片和微列阵的发明为分子标记分离基因的广泛应用铺平了道路。随着研究的深入，基于分子标记的基因分离将展示出巨大的潜力和光明的前景。

2.外源基因转化

（1）农杆菌转导法：世界上首例转基因植株，是1983年Zambryski等用根癌农杆菌介导法转化的烟草植株。农杆菌介导法可以转移较大的DNA片段，转化效率高，容易产生单位点整合，不易引起分子间或分子内重排，表达稳定，而且还具有技术简单和费用较低的优点。目前，农杆菌介导法是植物基因工程中最常用的方法。农杆菌介导的遗传转化法主要有以下几个关键步骤：含重组Ti质粒的根癌农杆菌的培养，选择合适的外植体，根癌农杆菌与外植体共培养，转化外植体筛选培养，转化植株再生。

在花生的转化工作中，还需要对以下几个方面进行不断完善。首先，外植体的选择，不同的外植体诱导出的丛生芽多少不一；其次，外植体的接种，合适的浸染液和浸染时间；第三，合适与适量植物激素的添加都有助于花生的分化。

（2）花粉管通道法：它是利用植物授粉后，所形成的天然的花粉管通道，经珠心通道，将外源DNA携带入胚囊，以达到遗传转化目的。得到的种子可以直接应用于常规育种，不需经过细胞或原生质体培养、诱导再生植株等费时费力的过程；可以任意选用生产上的优良品种，进行目的性状基因转化，同时仍保持受体的优良性状；只有部分外源DNA片段进入受体基因组，基因纯合速度快，一般在转化自交后3—4代就可稳定，性状纯合速度比有性杂交及其他转化法快。此法的局限性在于只能用于开花植物，且只有花期可以进行转育。

花粉管通道技术用于花生在国外鲜有报道，国内则有不少成功的报道。申馥玉等（1990，1995）、李钧等（1991）、刘风珍等（1999）利用该方法，分别获得抗锈病、抗叶斑病、丰产新品系、特异种质等材料。目前，在花粉管通道方法的探索上，大多集中在把一种作物的总DNA转入需改良的品种中，以期获得优良性状。因为基因沉默、丢失和遗传稳定性等原因，成功转化构建基因的报道较少，而且多数集中在提高作物的抗虫性方面，转化也多为单基因，转化改善作物的营养品质的基因和多基因的报道不多。花生中也多是基因组总DNA的转入，到目前为止还未见到有γ tmt基因和bar基因导入花生的报道。

（3）基因枪法：基因枪法又称微弹轰击法（microinjectile bombardment）。其原理是将DNA包裹于微小的金属钨或金粒的表面，在高压下使金属颗粒喷射，高速穿透受体细胞或组织，使外源基因进入受体细胞核并整合表达的过程。其优点是受体材料、靶细胞可以有广泛的来源，如包括细胞悬浮培养物、愈伤组织、分生组织、未成熟胚等；且受体材料受基因型的限制小，可适用于不同的物种以及同一物种的不同品种。

由于基因枪轰击的随机性，外源基因进入宿主基因组的整合位点相对不固定，拷贝数往往较多，这样转基因后代容易出现突变、外游、基因丢失，引起基因沉默等现象的发生，不利于外源基因在宿主植物的稳定表达；而且基因枪价格昂贵、运转费用高，因而限制了其在实际工作中的应用。

3.植株再生系统与外源基因表达

和多数豆科作物一样，花生外源基因导入技术难度大，科研经费的投入又相对较少，因此与一些重要粮食和经济作物相比起步晚、进展较慢。近年来，研究重点仍放在花生遗传转化和再生体系的建立上。高效的植株再生技术通常是植物基因工程必要的前提条件之一。以不同器官为外植体，通过器官发生和胚发生，以及原生质培养再生植株均获得成功，但多数再生效率低。从20世纪90年代以来，花生再生技术研究取得新的进展。1997年，美国已分别获得抗病、抗虫转基因花生植株，取得突破性进展。目前，农杆菌遗传转化以花生幼苗嫩叶为外植体，通过卡那霉素筛选，器官发生再生转化植株；基因枪转化用胚性愈伤组织作转化材料，通过潮霉素筛选获得转化体胚，再生转化植株。这两种遗传转化技术均建立在比较成熟的器官和胚发生再生植株研究的基础上。此外，也有不通过组培，直接转化成熟种胚或种胚生长点获得转化植株的报道。花生基因转化主要通过农杆菌介导和微弹注射两种方法。已报道的转化系统普遍存在转化效率低、有基因型特异性、转基因植株不育及外植体可用性等问题。缺乏不受基因型限制的高效植株再生系统，是限制花生基因工程的主要因素。

转基因花生普遍存在不育性。Livingstone（1999）只得到53%的可育转化植株，不育现象在转基因大豆中也存在。但是，现在有大量的科研人员在探索花生分子生物技术育种并取得大量的进展，随着分子生物学技术的发展，花生基因工程研究必将出现更大突破。

（二）花生分子标记辅助育种

1.花生DNA多态性分析

花生栽培种形态学性状变异丰富，而DNA多态性贫乏。其原因可能是有限数目主基因和若干修饰基因改变导致形态学性状改变，DNA水平差异大的不常见，而碱基替换作用通过RFLP、RAPD不易检出所致。

夏友霖等（2008）将AFLP标记与表型性状相结合，分析了来自川渝地区的两个亚种四个类型的43份主要花生种质资源和推广品种的遗传多样性。结果表明，两种方法都能有效地检测到该生态区内花生种质间的遗传多样性，珍珠豆型内和龙生型内品种间距离较小，而普通型内和中间型内品种间距离较大；交替开花亚种的龙生型和普通型品系间距离最近，而珍珠豆型与其他三个类型间距离较远；主要推广品种间遗传多样性匮乏。聚类结果也基本一致，都能将珍珠豆型与其他三大类型区分开，而龙生型、普通型和中间型在聚类中都有交叉情况。

2.基因定位和遗传图谱

通过遗传连锁图谱可以克隆目的基因，即首先要对该基因进行定位，通过构建高密度的遗传连锁图谱，可有效快速地定位目的基因。利用作图群体中性状分离与标记分离的相关性，确定性状与标记间的连锁，从而可确定与目的基因连锁的分子标记。

早先利用RAPD、RFLP研究发现，花生栽培种DNA多态性贫乏，野生种甚至同一野生种不同材料间DNA多态性则较为丰富。因此，构建花生分子标记图谱采用的群体是野生种种间杂种。

3.分子标记选择技术

控制作物农艺性状的遗传基因一般都是以杂种群体性状分离结果来进行鉴定或推论，但这一传统方法要受多种遗传上的互作关系和环境条件的复杂影响，使基因定位十分困难。而利用分子标记技术则可以不受环境条件、发育时期、等位基因显隐性关系的影响，能够有效地进行基因的定位和确定不同基因的连锁关系。

花生DNA分子标记的特性奠定了它具有广泛应用的基础。发展稳定可靠的DNA分子标记技术，对花生这种小染色体、形态学和细胞学标记缺乏的作物来说，具有特殊的重要性，对花生新品种保护、良种保纯、杂种鉴定、种质资源研究、基因定位和标记辅助选择育种均具有重要意义。截至目前，有关花生DNA分子标记的种类主要有限制性片段长度多态性（RFLP）、随机扩增DNA片段多态性分析（RAPD）、扩增片段长度多态性（AFLP）、简单重复序列（SSR）、单核苷酸多态性（SNP）等。

国内的相关报道有很多，四川在这方面也作了一些研究。夏友霖等（2007）首次利用AFLP分析结合BSA法筛选到与晚斑病抗性连锁较紧密的AFLP标记3个，所获得的3个标记间连锁紧密，位于同一连锁群上。这是国内外有关花生晚斑病抗性分子标记的首例报道。

分子标记辅助选择（MAS）育种可精确而有效地导入和聚合目标基因（或QTLs）。相比于传统育种，MAS育种对难以通过简单表型选择的性状进行改良具有明显优势（Ribaut 1998；Xu *et al*. 2008；Varshney *et al*. 2009）。MAS依赖于分子标记，及其与目标性状基因间的连锁。分子标记技术最早应用于花生的抗病虫害性状研究。Halward *et al*.（1993）利用RFLP分子标记构建了世界上首张花生遗传图谱，并定位获得第一个与花生线虫病抗性连锁的标记R239。随后，抗各种病害相关的分子标记被相继获得。姜慧芳等（2007）利用重组自交系群体，定位获得了与青枯病抗性相关的2个SSR标记7G02和PM137。夏友霖等（2007）以F_2分离群体为材料，筛选到位于同一连锁群上与晚斑病抗性连锁紧密的3个AFLP标记，E35/M51、E37 /M48和E41/M47。侯慧敏等（2007）利用F_2分离群体，获得了与锈病抗性连锁的2个分子标记。王辉等（2008）利用F_2分离群体获得了与花生北方根结线虫病抗性基因连锁的2个SSR分子标记S32-380和S89-140。雷永等（2005）利用F_2分离群体获得了与花生黄曲霉菌侵染抗性连锁的2个分子标记，标记与抗性间的遗传距离分别为8.8 cM和6.6 cM。肖洋等（2011）利用构建的F_6家系，结合抗性鉴定，得到1个与花生矮化病毒病抗性连锁的分子标记XY38。

近年来，分子标记的开发和检测技术取得了重要进展。开展遗传定位工作变得更加便利。Khera *et al*.（2016）在3个环境下鉴定到48个与病毒病、叶斑病相关的QTL位点，表型贡献率3.88%—29.14%。Zhou *et al*.（2016）研究证明晚斑病与花生主茎高、侧枝长及总分枝数存在显著的负相关，并且鉴定到2个QTL，分别为qLLSB6-7和qLLSB1，两个QTL均位于编码NB-LRR的基因簇中。Shirasawa *et al*.（2018）利用重组自交系群体，在染色体A02和A03上分别鉴定到4个、6个与晚斑病、锈病相关的QTL位点。Zhao *et al*.（2016）利用F_2群体，检测到与青枯病关联的两个QTL，qBW-1和qBW-2，表型贡献率分别为21%和12%。

花生重要性状基因或QTL定位中最为常用的群体为双亲杂交构建的遗传分离群体。Selvaraj *et al*.（2009）首次完成栽培花生荚果与籽仁相关性状的QTL检测，结果显示存在着与荚果数、饱果数以及产量相关的主效QTL。张新友（2010）对2个环境下的花生产量及相关性状进行检测，鉴定到20个与产量相关的QTL。刘华（2011）在2个环境下鉴定到与主茎高、侧枝长、总分枝数、百果重、出仁率等多个性状相关的QTL位点，遗传贡献率在2.1%—32.86%之间。随着分子标记技术的发展，花生基因定位精度得到提升。Huang *et al*.（2016）在3个环境下对花生主茎高进行检测，定位到8个负效应QTL和10个正效应QTL。Chen *et al*.（2016）利用构建的$F_{2:3}$群体，在两个种群中检测到39个QTL，表型贡献率1.25%—26.11%。Luo *et al*.（2017）在染色体A05、A07和A08上发现多个与花生荚果宽度、长度相关的主效QTL位点，可解释17.93%—43.63%的表型变异度。Li *et al*.（2017）在6个环境下检测到11个和16个QTL与主茎高和侧枝长相关，分别可解释6.26%—22.53%和5.89%—21.63%的表型变异度。Lv *et al*.（2018）证明在A09染色体上存在控制花生株高的关键基因。Li *et al*.（2019）在7个环境下的10条染色体上检测到39个与生长习性相关的QTL，包括主茎高、侧枝长以及侧枝角度，贡献率为4.55%—27.74%。

除了利用双亲群体，自然群体也被应用到花生产量性状基因或QTL的发掘之中。例如，Zhao *et al*.（2017）利用554个SSR标记对104份花生种质资源进行鉴定，结果显示大多数花生材料无亲缘关系，衰减距离1cM，且B亚基因组的LD衰减快于A亚基因组。在多个环境下，检测到与4个种子性状相关的30个SSR标记，表型贡献率为11.22%—32.30%。其中标记AHGA44686在多个环境中与种子长度和百粒重相关联，贡献率为26.23%—32.30%。

除抗病性和产量，花生的品质性状是影响其终端消费模式的重要因素，是推动花生供给侧结构改革的重要基础。近年来，随着市场对高品质专用型品种的需求，有针对性地加强花生品质育种变得越来越重要。脂肪含量和种类、油酸含量以及蛋白质含量等是影响花生品质的重要因素。张新友等（2012）以郑8903与豫花4号为亲本，构建出一个含有215份材料的重组自交系群体，对花生品质性状进行分析。结果显示，检测到与蛋白质、油酸、亚油酸、硬脂酸、山嵛酸和花生酸含量的QTL共8个，遗传贡献率5.13%—24.14%。Shasidhar *et al.*（2017）鉴定出8个与含油量相关的QTL，其中主效QTL两个（qOc-A10、qOc-A02），分别解释了22.11%和10.37%的表型变异。Liu *et al.*（2020）在五个连锁群上鉴定到7个与含油量相关的QTL，表型变异为10.14%—27.19%，在A08染色体上发现了主效QTL：qOCA08.1，并注意到两个影响脂肪合成的基因。

目前，国内已有单位开展花生SLAF-Seq测序工作，利用SLAF技术构建控制花生中油酸和亚油酸的QTL高密度遗传图谱（Wang *et al.* 2019），对花生驯化相关农艺性状的分子标记进行分析，证明在长期驯化期间存在着人工选择的作用（Wan *et al.* 2017）。Wang等（2018）利用SLAF-seq技术构建了一张2 098.14 cM的遗传图谱，共3 630个SNP标记。对与产量相关的14个性状进行QTL定位，总共检测到62个QTL，在染色体B06和B07的末尾鉴定到两个与花生种仁、荚果相关的稳定QTL。Hu等（2018）利用SLAF-seq技术，开发出433 679个高质量SLAF标记，构建出一张2 586.37 cM遗传图谱。在7个环境中，染色体A03、A04、A09、B09和B10上鉴定出多个SNP标记与油酸、亚油酸含量相关。

第三节 花生种子的繁育与示范推广

一、品种退化与保纯

（一）花生品种退化原因

1.机械混杂

在花生的播种、收获、摘果、运输等一系列过程中，由于缺乏严密的生产与管理操作规程，对机具、晒场清理不净或补种时使用其他品种的种子等，均可造成花生品种混杂。

2.生物学混杂

花生虽然是自花授粉作物，但是在多种因素的影响下，存在一定程度的天然异花授粉，从而引起基因重组而产生变异。在生产上若将不同的品种相邻种植，没有适当隔离，就有可能发生品种间天然杂交，杂交后代分离出不同的植株，从而使品种整齐度和纯度下降。

3.品种遗传因素

花生品种多数不是一个绝对的纯系，在遗传上总会有差异，基因也存在杂合体，特别是通过杂交育成的品种，个别性状还会继续分离。

4.环境条件影响

在不良的环境条件下，花生品种优良性状会随机削弱，而一些不利于产量、品质但适宜环境的性状就会被自然选择保留下来，且会不断增加，造成良种的丰产性退化，在留种太少的情况下，也会导致花生品种遗传基因的漂移。

（二）防止品种退化的技术

1.防止机械混杂

可以通过单株稀植、精选种子、用1—3年内没有种过花生的土地繁种，在收获、晾晒、运输、储藏等环节加强管理，不予混杂。

2.防止生物学混杂

一是选用性状稳定、纯度高的原种作为繁殖用种；二是做好隔离以防止花生品种生物学混杂。

3.加强田间管理

给花生植株生长发育创制良好的环境条件，防止花生种性退化。

4.适期收获

一般先收早熟品种和瘠薄地块种植的花生，做到分品种收获，人工摘果。

5.搞好提纯复壮

花生品种在生产上使用3—5年后，要及时进行提纯复壮，以免一些不良性状进一步积累，造成品种退化。

二、花生种子繁育技术

（一）种子繁育程序和技术

1.四级种子繁育程序和技术

20世纪80年代末，我国种子科技工作者针对“三圃制”存在的一些缺陷，参照发达国家的一些做法，提出了四级种子概念：育种者种子（也称育种家种子）、原原种、原种、良种。与美国、欧盟相比，虽然名称有所区别，但实质内容基本相同。即：育种者种子（与美国及欧盟相同）→原原种（美国的基础种、欧盟的先基种）→原种（美国的登记种，欧盟的基础种）→良种（美国和欧盟叫合格种）。育种者种子是新品系在区域试验中表现突出即将审定为品种时，由育种者种子圃繁殖的种子，由育种者直接生产和掌握。原原种是育种者种子繁殖的第一代，由育种单位或授权的原种场负责生产。原种是由原原种繁殖的第一代种子，由原种场负责生产。良种是由原种繁殖的第一代种子，可由良种场或特约基地负责生产。

在花生种子的繁育过程中，需要注意以下技术。

（1）地块选择：最好选用沙壤土或轻沙壤土，土壤肥力中等以上，3年内未种过花生或其他豆科作物，土层深厚、地势平坦，排灌方便。

（2）种子处理：剥壳前带壳晒种2—3天，播种前一天剥壳。剥壳时剔除虫、芽、烂、病、残、变色、冻果。剥壳后将种子分成1级、2级、3级，籽仁大而饱满的为1级，不足1级重量2/3的为3级，重量介于1级和3级之间的为2级。分级时剔除与所用品种不符的杂色和异形种子。选用1级、2级种子播种，先播1级种，再播2级种。播种前用药剂拌种，以减少病虫害，也可以用微量元素钼酸铵或钼酸钠，制成0.4%—0.6%的溶液拌种，以提高种子发芽率和出苗率，增强植株固氮能力。或用浓度为0.02%—0.05%的硼酸或硼砂水溶液，浸泡种子3—5小时，有利于促进花生幼苗生长和根瘤形成。

（3）播种：为了避免种子混杂，保持优良种性，种子生产田周围不得种植其他花生品种。普通型大粒花生要求5日内5 cm地温稳定在15℃以上，珍珠豆型中粒花生需要5 cm地温稳定在12℃以上才能开始播种。播种时土壤相对含水量以60%—70%为宜，即耕作层土壤手握能成团，手搓较松散。

（4）种植规格：育种者种子和原原种，因为种子数量少，实行单粒点播，每公顷播种90 000—105 000窝；原种仍然实行单粒播种，可以提高繁殖系数，密度可以达到每公顷112 500—120 000窝；良种按照双粒点播，密度按照每公顷播种135 000—150 000窝。

（5）覆膜播种和杂草预防：种子繁殖地块最好覆盖地膜，膜下喷洒封闭式除草剂，以提高产量，预防杂草。

（6）田间管理及病虫害的防治：繁殖种子田按照高产管理田块进行。

（7）去杂去劣：种子繁殖田分别在下针期、成熟期进行去杂去劣。开花下针期根据株型、叶形、叶色、开花习性、花色等选单株，并做标记；成熟期根据株高、株型、熟期、单株结果数、果形、抗病性等从花期入选的单株中筛选。筛选时要避开地头、地边和缺苗断垄处。根据品种典型性状严格拔除杂株、病株、劣株，带出田外。收获时要单收、单运、单晒、单存，严防机械混杂。在最适宜的条件下贮存，以保持种子的生命力和活力。

（8）种子的贮藏与检验：摘果后把荚果摊在场上晒干，当荚果含水低于8%—10%时装袋入库。袋子要透气，库房要通风干燥，不得再存放化肥、农药等物资。种子入库前需按等级标准进行检验，对符合标准的种子根据不同等级入库保存；

对不符合标准的种子，进行降级处理直至报废转商。

2.三年二圃制法

（1）第一年单株选择：提纯复壮或繁育的花生良种必须是生产上大面积推广，且具有利用前景的品种，或试验示范表现良好而准备推广的新品种，抑或是具有广阔推广前景，准备作为生产原种的材料。为了选株方便并有利于植株充分生长发育，种植密度不宜过大，而且必须单粒播种。

花生收获时，首先进行田间单株选择，筛选具有原品种特征、特性且丰产性好的典型优良单株，为了保证质量，已经生产原种的，应在原种圃内选择。选择单株数量应根据原种圃面积而定，一般每公顷选7 500—9 000株为宜。筛选单株需及时挂牌编号，充分晒干，分株挂藏或分袋保存。播种前再根据荚果饱满度、结果数量、种子形状和种皮色泽等典型性状进行一次复选。

（2）第二年株行圃：选择地势平坦、地力均匀、旱涝保收、不重茬的地块作为株行圃。将上年筛选出的优良单株荚果，分株剥壳装袋，以单株为单位进行播种，每个单株播种1行，每9行或19行设1行原品种为对照行。以单株编号顺序排列。

生育期间要做好鉴定、观察和记载。苗期主要观察记载出苗时间和整齐度；开花下针期主要观察记载株型、叶形、叶色、开花类型、分枝习性、抗旱性等；成熟期主要观察总生育期、抗病性、株丛高矮及是否表现一致等；收获期要记载收获时间，先收获淘汰行和对照行，后收获初选行，同时观察记载初选行的丰产性、典型性、一致性，以及荚果形状、大小及其整齐度等性状。性状一致的株行可混合摘果。性状特别优良的株行可分别单独摘果装袋，标记株行号。收获后抓紧时间晒干，做好种子贮藏。

（3）第三年原种圃：选择中等肥力以上的沙壤土，施足底肥（有效成分45%以上，氮、磷、钾含量分别为15%以上的复合肥750 kg/hm^{2}左右）后作原种圃。将上年株行圃混收的种子，单粒播种，密度不宜过大，适时收获，做好贮藏。此外，原种必须采用适宜的栽培条件，原种的面积应根据服务地区需种量确定，一般株行圃与原种圃的面积之比为1∶8—1∶10。

（二）种子优选技术

1.株选与果选

株选与果选要坚持每年进行。首先在种子田或大田收获时，选择生长发育正常的地片，剔除病株、杂株和劣株后混合收获，晒种时淘汰劣、病果和杂果，二者结合选出双仁、好果留种。

2.仁选

在果选的基础上，在播种前结合剥壳，首先剔除芽仁、瘪仁、病仁和杂仁后进行分级粒选。一般分为3级，以1级仁为最好，在种源少时也可选用2级仁搭配用种，3级仁不宜作种用。

（三）种子快繁技术

1.单粒点播

（1）选择好地，合理施肥：选择适合花生高产的沙质土壤或壤土，创造一个土层深厚，结果层松的土壤条件。

（2）起垄种植，单粒稀播：于早春起单垄，以利保墒。根据土壤肥力、施肥水平和品种特性等基本情况，确定适宜密度。通常是早熟品种每公顷种植120 000株左右；中熟品种每公顷种植105 000株左右。要分级播种，单粒稀播一般是在种子总量少的情况下采用的快繁措施，所以1—3级种仁都要作种，3级仁可以每穴2粒。采取综合全苗措施，保证一播全苗。

（3）加强田间管理，注意中耕和除草，遇旱要及时浇水，逢涝要及时排水，同时注意防治病虫害。

2.一季两茬

在四川可以采用地膜覆盖，或利用攀枝花、西昌等金沙江流域冬季气温高等特点，进行一年两季播种。该方法需要选择生育期及休眠期均较短的品种。一般第一季在3月上中旬待垄面5cm深处地温稳定在12℃以上时播种。在6月中旬，花生九成熟时收获，晒干，作为第二季用种。第二季在6月下旬播种，覆膜栽培。播种密度、栽培方式与第一季相同。但要注意高温抑制幼苗出苗、生长和高温灼苗，生育后期要防治叶斑病，防涝害，10月上旬收获，晒干，备做翌年用种。

3.南繁加代

优良的育种家种子可采取南繁（加代）的方法加速繁育。具体做法是：将9月收获的良种，晒干后前往海南省进行冬繁。冬繁一般于11月中旬播种，翌年3月下旬即可收获。除单粒播种外，其他栽培管理措施同单粒点播花生，每公顷可达4 500 kg以上的产量，繁殖系数10倍以上。

4.无性繁殖

侧枝扦插无性繁殖技术是20世纪70年代末，由山东农民花生科技工作者试验成功的花生快繁技术。主茎和侧枝均可扦插，具有插枝缓苗快、开花早、结果早等特点。可以节约用种，提高繁殖系数，有利于加快育种进程和良种的普及推广。

（1）整地：选择有水浇条件的地块整平做厢，每公顷施有机肥7 500 kg以上、磷肥675 kg，尿素225 kg，为扦插枝条的生根、长枝、开花、结果创造良好的生长发育条件。

（2）扦插：从健壮的花生植株上，剪下主茎或侧枝的枝头，长5—10 cm，按株距20 cm、行距33 cm的密度直插在整好的厢上。扦插的时间不能晚于7月初。剪苗时需要锋利的剪刀，从靠近叶节下剪枝，这样的枝头剪口愈合快，成活率高。

（3）浇水：插后立即浇水。第一遍水一定要浇透，以后保持地面湿润，直到扦插枝条缓苗开始生长为止。

（4）管理：插后为防止烈日暴晒，要适当遮阳。成活后要及时追肥、浇水，盛花期后要做到分次培土，促进花生苗旺、苗壮，以便达到早开花、早结果、多结果的目的。促进早还苗，快生根，多生根。

三、种子质量检验

（一）种子质量检验内容

1.净度

将果壳剥开鉴定，受损伤、腐烂、瘦小、发芽种子及包着果壳的列为废种子，分别称重，计算好种子和废种子的百分率，按下列公式计算净度：

种子净度（%）＝100－［大型杂质（%）＋试样中的全部杂质（%）＋废种子（%）］

两份试样分别计算净度，两份试样分析结果的净度之间允许有一定差距（0.15%—1.415%）。

2.纯度

纯度指供检品种中本品种种子数占供检样品总数的百分比，品种纯度检查以田间检验为主，室内为辅。

（1）田间检验：应在品种典型性状表现最明显时期进行，一般在苗期、开花下针期和结荚期。

①检验方法：检验前，检验人员必须掌握被检品种的特征特性、种子来源、种子世代、上代纯度、种植面积、前作良种繁育技术等情况。凡是同品种、同一来源、同一繁育世代、同栽培条件的相连地块划为检验区。一个检验区的最大面积为33.3 hm^2，0.67 hm^2以下取5个点，0.68—6.67 hm^2设8个点，6.68—13.3 hm^2设11个点，13.4—33.3 hm^2设15个点，每点最少选取10株。

②取样方法：分对角线式、梅花形式和棋盘式3种，可按地块和面积大小选用，原则上做到布点均匀、随机。

③鉴定和计算：按规定的取样方法取样后根据品种主要特征逐点、逐株鉴定，注明地点、品种名称、每点编号以免混淆，鉴定范围、本品种株数、异品种株数、感病虫害株数、杂草株数，然后计算百分率。最后由检验人员填写田间检验结果。

（2）室内检验：从净度检验后的良好荚果中随机取样2份，每份500个，按荚果大小、形状、种仁形状、种皮颜色与标准样品进行观察对比，按百分率计算品种纯度。

3.发芽率

从通过净度检测的好种子中随机数取试样4份，每份50粒，选用发芽床，用0.5—1 mm直径河沙或滤纸经洗涤和消毒后作发芽用，保持恒温25℃或20—30℃变温，调节湿度，加水量为其饱和含水量的60%—80%，用手压沙时不出现水膜为度。计算发芽势的天数为4天，发芽率的天数为7天。以4次测定结果平均数表示，4次结果允许有一定差异，但均需要达到95%以上。

4.种子生活力和活力

种子生活力指种子生活过程的旺盛程度。种子活力是种子在发芽和出苗期的活性强度的综合表现。

（1）种子生活力测定，采用四唑染色法（TTC法或TZC法）测定。测定时，将整粒花生种子放于2层潮湿滤纸中间预湿软化，吸湿后剥去皮，然后将种仁放入容器中，注入1%TTC溶液，淹没种子，在35℃染色3—4小时，通过观察鉴定，花生种子幼胚全部染成红色的，胚根尖或子叶圃1/3以下不染色的，均为有生活力的种子。

（2）种子活力测定：1950年国际种子科学与技术会议通过把种子活力作为鉴定种子品质的一个重要指标，除发芽率外，种子活力包括萌发速度、整齐度、萌发生长势、抗逆力和适应性等。我国种子生理学家推荐一种简单易行的生理测定法，发芽试验在置床后第4天进行发芽数统计，并将幼苗取出，测定幼苗高度或幼苗鲜、干重，计算活力指数。种子活力是播种品质的重要指标，也是高产的基础，对花生良种繁育、科学留种最为重要。

5.种子水分

种子水分是种子中所含水分重量占种子总重量的百分比。取花生果40 g，逐荚剥壳，分别称重，计算壳、仁百分率。壳磨碎，仁切成薄片，每片厚度1 mm左右，测定时按比例称样，一般取45—50 g为1份，共称取2份，在105±2℃下烘干8小时，然后取出盖好盒盖，立即放于干燥盒内，冷却至室温，20—30分钟后称重、计算种子水分。

6.种子百粒重

百粒重是按国家规定标准水分9%的100粒种子重量。取样2份，每份100粒，2份样允许误差为5%。

7.病虫害

从送检样品中分出一部分做试样。采用肉眼检查（5—10倍放大镜）或过筛检查法（通过3.5 mm 、2.5 mm 、1.5 mm规格筛孔），筛出虫体或菌核，将其中带病菌的病粒或病原体挑出称重计算病虫害感染率。

（二）种子质量标准

1.育种者种子

（1）在该品种通过审定时，由育种者直接生产和掌握的原始种子。

（2）具有该品种的典型性和遗传稳定性。

（3）品种纯度100%，净度≥99%，发芽率≥80%，水分≤10%。

（4）世代最低。

（5）产量及其他主要性状符合确定推广时的原有水平。

2.原原种

（1）由育种者种子繁殖而来，或由育种者的保种圃繁育而来。

（2）具有该品种的典型性状和遗传稳定性。

（3）品种纯度≥99.9%，净度≥99%，发芽率≥80%，水分≤10%。

（4）一般比育种者种子高一个世代。

（5）产量及其他主要性状符合推广时的原有水平。

3.原种

（1）由原原种繁殖的第一代种子，遗传性状与原原种相同，产量及其他主要经济性状仅次于原原种。

（2）品种纯度≥99%，净度≥99%，发芽率≥80%，水分≤10%。

4.良种

（1）由原种繁殖的第一代种子，遗传性状与原种相同，产量及其他主要经济性状仅次于原种。

（2）品种纯度≥96%，净度≥99%，发芽率≥80%，水分≤10%。

四、收获、干燥、贮藏对种子质量的影响

（一）收获时期对种子质量的影响

花生是无限开花、无限结实的作物，因而荚果成熟期不同，收获太早，部分还在发育的荚果被提前收获，种子不饱满，出仁率低，不仅影响产量，而且品质也差，种子出苗困难，弱株也多。收获较晚，部分成熟较早的荚果在土壤内果柄容易脱离，不但增加收获用工，也会使种子变质，甚至腐烂，从而降低产量和品质，所以只有适期收获才能保证花生种子的品质。

1.花生种子成熟过程的生育状况变化

（1）茎叶变化：茎叶生长基本停止、转黄，下部2—3片复叶明显变小，逐渐枯黄脱落。

（2）荚果变化：70%以上荚果壳变硬，网纹明显，内果皮海绵组织极度干缩变薄，中果皮由黄褐转为黑褐色。据Dreylex等判断，在荚果种肚连接处，刮去外果皮、中果皮，沉积物色素变黑褐色，即为成熟标志。荚果的成熟指标既要保持花生的高质量，又要保证其最高的经济效益。

（3）种子变化：成熟的种子饱满、皮薄光润，呈现品种固有色泽，成熟良好的种子含游离脂肪酸极低，约为0.5%。另外，种子内油分的色泽为柠檬黄色，这也是鉴定花生成熟的一个标志。

2.气候影响

种植地昼夜平均气温下降到12℃时，花生荚果停止生长。在生产实践中，花生收获期常因产区气候特点、栽培制度、病虫害及品种特性的不同，具体收获期在一定程度上必须灵活掌握，凡出现严重病虫害、青叶少、有早衰现象、植株倒伏、降水量多的情况，应及时收获，否则会因死株、断针、烂果增多而减产。

（二）干燥对种子质量的影响

新收获的花生，成熟荚果水分含量50%左右，未成熟的荚果含水分在60%左右，如不及时晒干，极易导致霉烂变质。北方花生产区常采用田间晒棵和晒场晒果两步干燥方法进行干燥，四川产区主要采取晒场晒果一步完成。

一般当种仁易于切断、断口齐平，搓种子皮易脱落时，表明花生已达到8%—10%的安全含水量。如超过荚果安全水分界限，则易使种子在贮藏期间，呼吸作用增加、种子堆温度升高发热，造成种子霉变，丧失发芽力。因为荚果比种子更易吸收水分，干燥判定应以荚果为标准，不应以种子干燥度为标准。

（三）贮藏与种子质量

1.贮藏条件对种子质量的影响

由于花生组织结构柔嫩，种皮很薄，且营养丰富（籽仁含50%左右的脂肪，25%左右的蛋白质），在贮藏期内易受水分、温度、空气等外界条件以及荚果本身含水量的高低、杂质多少、品质好坏等方面影响，因此需要适宜的贮藏条件。

（1）水分：种子含水量超过规定标准，呼吸作用加强，呼吸热积累过多，种子易生霉酸败。为了安全贮藏，种子在贮存期间，含水量应保持在临界水分以下，大花生种子含水量应在8%以下，小花生种子含水量在7%以下。

（2）温度：花生荚果堆放期间发热现象是高温引起剧烈呼吸作用的结果，荚果含水量高，在贮藏中吸湿，呼吸作用旺盛，堆温升高。荚果水分在10%以上（种仁水分8%以上），堆内温度达到25℃时即开始走油，水分越大、温度越高，走油越严重，花生贮藏期间发生走油，则影响种子的播种质量。

（3）通风、光强及其他：由于空气和阳光也会促使油脂酸败，花生种仁、种皮、色素受阳光、空气和其他条件影响发生变化，可由原来鲜红变为深红和暗紫，从而降低品质。因此，贮藏期内，必须保持通风良好，使堆内温度及水分较快散发，保持荚果水分含量在安全界限内。

五、示范推广

对通过试验得到的优良品种，应采取各种方法加速种子繁殖，以便及早推广开来。最好在多点试验的同时即对较有把握的品种进行提纯繁殖，以保证品种审定后立即有优良种子供推广利用。为提高繁殖系数，花生可采用单粒稀播方法，繁殖系数能达到50—60倍。引进的品种经试验以后，即可进入示范推广阶段。在做好示范推广工作前，首先要做好花生良种繁育工作，起到边示范、边推广的带动作用。

20世纪50年代初期，全国花生生产尚属个体分散经营形式，国家尚未设立专门的种子管理机构，山东、河北、广东等省的花生种子工作方针是“就地评选，就地推广”。由于种子繁育推广不成体系，多数地方品种混杂退化很严重。1979年后提出了“四化一供”的方针，各时期建立的种子工作体系，对当时的花生生产都起到了积极作用。20世纪90年代后，由于市场经济的不断发展，以往的种子工作已不能完全适应形势发展的需要，为此1995年国家启动了种子工程，2001年国家开始实施《种子法》。这对进一步完善我国的花生良种繁育、供种和推广体系具有十分重要的意义。联合广大的花生科技工作者和当地的种植群众，在花生各个主产区选择优势地块，做好引进或培育的新品种及配套栽培技术的示范工作，在进行良种繁殖的过程中带动新品种的示范推广。

第五章 四川花生主要育成推广品种

第一节 四川花生品种选育、审定及演变情况

一、育种研究发展简况

（一）育种研究队伍

四川花生育种研究任务以前主要由南充市农业科学研究院（原四川省南充地区农业科学研究所，以下简称南充市农科院）承担。从1954年开始地方品种评选和引种鉴定，1957年开始杂交育种，经过几代人的努力，到2019年已选育了南充混选1号、天府1号至天府34等共30多个天府系列花生品种应用于生产。

2003年以后，四川省农业科学研究院经济作物育种栽培研究所（以下简称四川省农科院经作所）以张相琼、张小军等为牵头人，开始起步花生育种工作，到目前为止，选育出蜀花1号、2号、3号3个花生品种通过四川省审定，选育出1503、1407、1313、1534、1508、1802、1809等特色材料通过鉴定和长江流域或四川省多点试验，拟申报农业农村部登记的品种为蜀花4号至蜀花10号。

2005年以后，四川绵阳新丰种业有限公司开展了花生育种工作，到目前为止选育了云花1号、2号和云花29三个品种通过四川省审定。

2015年以后，四川绵阳市农业科学研究院（以下简称绵阳市农科院）也开展了花生新品种选育工作，目前已有新品系参加四川省多点试验。

（二）花生育种的发展阶段

1.起步发展阶段

1954—1972年为四川花生育种研究的起步发展阶段，育种目标以早熟高产、

荚果较大、出仁率高、含油量高、抗旱耐瘠、收获省工为主。技术路线包括地方品种评选、引种鉴定、类型间杂交。应用基础研究的重点为形态性状的遗传变异规律、不同类型杂交组合的选育效果和不同杂交方法的实用性。

2.多目标育种阶段

1973—1990年为四川花生育种研究的多目标育种阶段，育种的基本目标是中粒多果、早熟高产、品质优良、抗逆广适，根据生产和市场的需求，按外贸（加工型）高产品种、早熟高产品种、抗青枯病高产品种三大目标分别进行选育。技术路线以优良品种（系）间杂交为主，兼顾改良杂交和引种鉴定。在应用基础研究方面，开始进行育种材料研究和数量性状遗传研究。

3.育种应用研究与应用基础研究并重阶段

1991—2010年，在第二阶段育种目标和技术路线基础上强化了加工型品种与高产型品种的协调统一，扩充了抗叶斑病、高含油量、特异型育种目标。在应用基础研究方面，系统开展了亲本材料、种质材料以及数量性状遗传研究等。

4.继续多目标及特色育种研究阶段

2011年以后，四川花生育种在继承高产型育种的基础上，开展了特色品种，如彩色、高油酸、鲜食型等特色品种的选育，同时加强了抗青枯病，以及白绢病抗性材料的创制与筛选工作，开展了生物技术等分子育种工作的起步。全省参与育种的队伍得到扩大，育种方向研究内容均得到扩展。

二、四川花生育种的主要成效

（一）育成品种及审（认）定情况

六十多年来，四川省通过地方品种评选、引种鉴定、系统选择、杂交选育，杂交结合辐射选育等途径，共育成及登记花生品种45个，如表5-1。

1.地方品种评选2个

四川花生地方品种：罗江鸡窝、金堂深窝子。

2.省级认定3个

省级认定品种：南充混选1号、天府3号、天府5号。

3.到2019年四川省自育（或合作选育）审定（或国家级登记）品种29个

（1）天府系列23个：天府7号、天府8号、天府9号、天府10号、天府13、天府14（同时通过国家审定）、天府15、天府18、天府19、天府20、天府21、天府22、天府23、天府24、天府25、天府26、天府28、天府29、天府30、天府31、天府32、天府33、天府34。

（2）蜀花系列3个：蜀花1号、蜀花2号、蜀花3号。

（3）云花系列3个：云花1号、云花2号、云花29。

4.引进应用或省外选育在四川审定或登记应用的品种11个

山东伏花生、花11、鄂花5号、中花2号、中花5号、中花8号、天府11、天府27、花育6801、花育9806、潍花19。

表5–1 四川省花生审定（鉴定/登记）品种

品种名称	品种类型及特点	选育或引进单位	选育方法	品种来源	审定（认定/登记)时间	审定（登记）编号
罗江鸡窝			罗江农家品种，经地方品种评选鉴定育成			
金堂深窝子			金堂县农家品种，经地方品种评选鉴定育成			
山东伏花生	珍珠豆型		引种鉴定			
南充混选1号	交替开花龙生型	南充市农科院	系统选育	罗江鸡窝	1985.04.02	
天府3号		南充市农科院	杂交育种	伏花生×南充混选1号	1985.04.02	
天府5号	龙生型中粒	南充市农科院	杂交育种	南伏罗×熊北混1号	1987.05.24	
花11		南充市农科院	引种鉴定			
鄂花5号		南充市农科院	引种鉴定			
中花2号		南充市农科院	引种鉴定			
中花5号		南充市农科院	引种鉴定			
中花8号	珍珠豆型早熟中粒	四川农科院经作所及南充市农科院	杂交育种	7506–57×油麻–1	2003年引进	国审油2002011 GPD花生(2019)420249
天府7号	珍珠豆型早熟中粒	南充市农科院	杂交育种	天府3号×天府4号	1990.04.14	川审油11号
天府8号	珍珠豆型中熟中粒	南充市农科院、内江市种子公司	杂交育种	天府2号×油果	1989.05.02	川审油8号
天府9号		南充市农科院	杂交育种	混巨5号×天府3号	1992.06.02	川审油18号
天府10	珍珠豆型早熟中小粒	南充市农科院	杂交育种	天府4号×中德4号	1993.06.15	川审油22号

续表5-1

品种名称	品种类型及特点	选育或引进单位	选育方法	品种来源	审定（认定/登记)时间	审定（登记）编号
天府11		广东省农科院经作所（南充地区农科所及四川省种子站引进）	复合杂交育种	(粤油 187×粤油 92)F_1 ×（粤油 320－26×粤油 92)F_1	1997.09.29 川审 1999.09 国审	川审油37号　国审油990001
天府13	珍珠豆型早熟中大粒	南充市农科院	系统选育	抚花2号	2000.08.18	川审油59号
天府14	中间型早熟中粒种	南充市农科院	杂交育种	天府9号×海花1号	2001.05.15	川审油68号　国审油2002017
天府15	中间型中早熟大粒种	南充市农科院	杂交育种	鲁花9号×904-55	2002.10.21	川审油2002014
天府18		南充市农科院	杂交育种	92系-66×TR594-8-4-3	2005.12.13	川审油2005009 GPD花生(2019)510210
天府19		南充市农科院	杂交育种	92系—66×天府10号	2009.07.08	川审油2009001 GPD花生(2019) 510276
天府20		南充市农科院	杂交育种	933-15×836-22		川审油2009002 GPD花生(2019)510277
天府21	中间型早熟中粒种	南充市农科院	杂交育种	92系-66×TR594-8-4-3		GPD花生(2019) 510278
天府22	珍珠豆型早熟中小粒种	南充市农科院	杂交育种	963-4-1/中花8号	2011.12.28	川审油2011015 GPD花生(2019)510211
天府23	中间型中大粒品种	南充市农科院	杂交育种	963-4-1/中花9号	2009年国家鉴定	GPD花生(2019) 510279
天府24	中间型早熟中小粒种	南充市农科院	杂交育种	936-10-2/836-22	2011.12.28	川审油2011017 GPD花生(2019)510212
天府25	中间型早熟中粒种	南充市农科院	杂交育种	965-9-1/973-43-6	2011.12.28	川审油2011016 GPD花生(2019)510213
云花1号		四川新丰种业有限公司	杂交育种	伏花2号／91-9	2013.01.08	川审油2012011GPD花生(2018)510413
天府26		南充市农科院	杂交育种	963-4-1／中花4号		川审油2012012 GPD花生(2019)510214

续表5-1

品种名称	品种类型及特点	选育或引进单位	选育方法	品种来源	审定（认定/登记)时间	审定（登记）编号
云花2号		四川新丰种业有限公司	杂交育种	91-3-4×92-1-11	2014.01.08	川审油2013007 GPD花生(2018)510414
天府27	中间型早熟小粒种	山东圣丰种业科技有限公司	杂交育种	995-5-3×994-21-4		川审油2013008
天府28	中间型早熟黑皮中粒种	南充市农科学院	杂交育种	92系—66×中花9号		川审油2013009
天府29	中间型早熟中粒种	南充市农科学院	杂交育种	984-11-1×973-43-10	2015	川审油2015 015
天府30	中间型早熟中粒种	南充市农科学院	杂交育种	天府18号×994-21-4	2015	川审油2015 016
天府31	中间型早熟中粒种	南充市农科院、山东圣丰种业科技有限公司	杂交育种	005-18-1×天府18	2016	川审油2016 012
天府32	珍珠豆型早熟大粒种	南充市农科院、山东圣丰种业科技有限公司	杂交育种	中花13×豫花9327	2016	川审油2016 013
天府33	中间型中熟大粒种	南充市农科院、中国农业科学院油料作物研究所	杂交育种	中花16×K01-6	2016	川审油2016 014
天府34	珍珠豆型早熟大粒种	南充市农科院、中国农业科学院油料作物研究所	杂交育种	中花5号×ICGV8669	2016	川审油2016 015
云花29		四川新丰种业有限公司	杂交育种	天府9号×鲁花11	2016	川审油2016 016GPD花生(2018)510415
蜀花1号	中间型中熟黑皮大粒种	四川省农科院经作所	杂交育种	0528×花11	2016	川审油2016 017 GPD花生(2018) 510056
蜀花2号	珍珠豆型中早熟型中粒	四川省农科院经作所	辐射+杂交育种	远杂9102辐射变异株×05-77	2016	川审油2016 018 GPD花生(2018)510057
蜀花3号	珍珠豆型早熟型中粒	四川省农科院经作所	杂交育种	05-86×中花8号	2016	川审油2016 019 GPD花生(2018)510058
花育6801	中间型早熟小粒种	山东省花生研究所	杂交育种	鲁花8号×D089	2016	川审油2016 020

续表5-1

品种名称	品种类型及特点	选育或引进单位	选育方法	品种来源	审定（认定/登记)时间	审定（登记）编号
花育9806	中间型早熟中粒种	山东省花生研究所	杂交育种	鲁花14×W96（野生种）	2016	川审油2016 021
潍花19		山东省潍坊市农业科学院	杂交育种	H24-6×花育23	2016	川审油2016 022GPD花生（2019）370200

（二）育成品种的方法

在这45个品种中，采用系统育种方法育成的有2个：即南充混选1号和天府13；采用引种鉴定应用的有7个：即天府11、山东伏花生、花11、鄂花5号、中花2号、中花5号、中花8号；采用辐射加杂交育成的1个：蜀花2号；其他35个品种均采用杂交育种的方式育成。

三、四川花生品种的演变

四川花生品种的生产应用大概经历了五次更换。第一次，在1950—1980年，历时30年，以引进和地方优良品种为主，主要推广品种为，山东伏花生、金堂深窝子、罗江鸡窝、南充混选1号等。第二次，在1981—1990年，历时10年，处于地方品种、引进品种、自育品种共存状态，主要代表品种为：南充混选1号、天府3号、天府5号、鄂花5号、中花2号等。第三次，在1991—2005年，历时15年，以自育丰产品种为主，引进品种为辅的状态，主要代表品种为天府7号、天府8号、天府9号、天府10号等。第四次，在2006—2015年，处于自育、引进等多品种百花齐放状态，主要有天府系列（天府13—天府25），中花系列（中花8号等），花育系列（花11等）。第五次，2016年以后，以近年育成的丰产、多用途、抗病等品种为主。

（一）第一次品种更换

主要区间为1950—1980年，从中华人民共和国成立初期开始到20世纪80年代，大约经历了30年，该段时期全省花生种植面积基本在60 000—70 000 hm^2（100万亩左右），早期主要栽种各种地方品种。南充地区农科所收集鉴定比较，筛选出罗江鸡窝和金堂深窝子进行登记推广，这两个品种成了当时主要应用品种。同时，从罗江鸡窝中筛选出的直立型品种南充混选1号、从山东省引进的伏花生也有一定的栽种面积。这个时期的花生品种，具有较强的抗旱、耐瘠、稳产性较好的特点。在当时的生产条件下，单产水平基本在3 000—3 750 kg/hm^2（1959—

1964年的多点试验数据）。

（二）第二次品种更换

主要区间为1981—1990年，大约经历了10年。该段时期四川省花生种植面积基本在120 000 hm^2（180万亩）左右，地方品种、引进品种、自育品种共存，主要代表品种为：南充混选1号、天府3号、天府5号、鄂花5号、中花2号等。这些品种除保持一定的稳产性外，其丰产性得到较大的提高。在当时的生产条件下，单产水平基本在3 500—3 900 kg/hm^2（1973—1980年的区域试验及多点试验数据）。

这个时期应用的天府3号、天府5号花生品种，创立了“天府花生”这个名扬中外的食用型花生品牌，其荚果外观性状“中粒、鹰嘴、瘦身、壳薄、细腰”成为其主要特征，再通过四川罗江多家加工厂的精细烘烤，创建了驰名中外的“天府花生”品牌。

（三）第三次品种更换

主要区间为1991—2005年，经历了15年。该段时期全省花生面积增长较快，从120 000 hm^{2}增加到了260 000 hm^2（180万—390万亩），增长了近1.2倍。应用的品种增加也较多，但表现出自育丰产品种为主，引进品种为辅的状态，主要代表品种为天府7号、天府8号、天府9号、天府10号、花11等。该段时期的品种主要在上一个时期的基础上产量、抗性及早熟性等有所提升。其单产水平基本在3 900—4 200 kg/hm^2（1983—1991年的区域试验及多点试验数据）。

（四）第四次品种更换

主要区间为2006—2015年，这10年花生种植面积基本保持在260 000 hm^2（390万亩）左右。种植品种为自育、引进等多品种，主要有天府系列（天府13—天府28）、中花系列（中花8号等）、花育系列（花11等）。该阶段品种类型比较多，出现了一些特色品种，如黑花生、高油花生等特色品种。其总体单产水平在3 900—5 100 kg/hm^2（1997—2012年的区域试验及多点试验数据）。

（五）第五次品种更换

2016年以后四川花生迎来了第五次品种更换，这个时段花生品质逐渐受到市场青睐，尤其是鲜食口感好、种皮颜色深（红、黑、彩等）、内在品质好（高油酸等）等特色品种，同时因国家对非主要农作物审定制度的改变，让一些产量没有优势的特色品种可以通过登记制度在生产上合法推广，因此2016年以后有更多类型的特色花生品种应用于生产。

第二节　四川花生主要推广及审定（认定）品种介绍

一、天府及地方品种系列

（一）罗江鸡窝

育成单位：四川省南充市农科院。

亲本及育种方法：四川省罗江县农家花生品种，经地方品种评选鉴定育成。

审定情况：未审定。

1.特征特性

株型匍匐，交替开花。株高26.5 cm，侧枝长56.0 cm。结果枝5条，总分枝13条，结实范围26.0 cm。茎中粗，直径4.3 mm，茎部含花青素少量，茎色略紫，茎枝茸毛密短。小叶片为倒卵形，深绿色，较小，长4.4 cm、宽2.6 cm，花冠橘黄色，中大，旗瓣高11.9 mm、宽15.3 mm。单株结果数24个，单株生产力27.0 g。荚果普通型，部分曲棍形和蜂腰形，网目中大，网纹细深，腹腰较明显，龙骨较突，缩缢较深，果嘴尖突，以二粒荚果为主，有部分三粒荚果；荚果中大，长32.5 mm、宽11.2 mm。籽仁饱满，呈圆锥形，无裂纹。种皮粉红色，有暗褐色斑点，内种皮金黄色；籽仁长15.8 mm、宽7.7 mm；500 g荚果数450个，500 g种仁数1 100粒。百果重140.0 g，百仁重50.0 g。出仁率72.2%。粗脂肪含量53.17%，粗蛋白含量29.75%。

2.熟性、抗性及休眠性表现

属中熟种。在四川露地栽培，春播3月下旬至4月上旬播种，5月上旬开花，8月下旬至9月上旬成熟，生育期140—150天。夏播5月中下旬播种，6月下旬开花，9月下旬成熟，生育期130天左右。出苗较慢，植株长势中等，荚果发育较快，果针入土深，果柄较长韧性差，成熟后收获易掉果。适应性较广，抗旱性、耐瘠性强，中抗叶斑病，不抗青枯病，种子休眠性强。

3.产量表现

1959—1964年参加全国花生良种区域试验、四川省区域试验，18点次四川实验（四川结果），荚果平均产量3 135 kg/hm²，比对照种伏花生、南充大花生、南充扯兜子增产39.5%，高产栽培产量曾达5 250 kg/hm²以上，成为20世纪60年代的主要推广品种之一。

4.栽培要点

选择土层较厚的轻壤土种植，麦套花生在麦收前25—30天播种，要求每公顷施氮素（N）75—112.5 kg、磷素（P_2O_5）75—90 kg、钾素（K_2O）37.5—112.5 kg。种植密度为90 000—105 000窝/hm^2，每窝播两粒种子。

5.适宜种植区域

四川、重庆花生产区非青枯病区域均能适应，特别适宜在沿江冲积沙壤土上种植。

6.应用情况

1966—1986年在四川累计推广应用666 70 hm^2，总产量达到30 000 t。由于该品种荚果鹰嘴瘦身商品性好，籽仁品质优良，是加工“天府花生”出口创汇的主要原料品种之一。利用罗江鸡窝花生为资源材料，育成了一系列的花生品种，天府系列审定品种中70%—80%的品种含有罗江鸡窝的血缘。是“天府花生”标准（质优、口感好、果型美观、荚果鹰嘴、中粒大小）的始祖。

（二）金堂深窝子（图版5-1）

育成单位：四川省南充市农科院。

亲本及育种方法：四川省金堂县农家花生品种，经地方品种评选鉴定育成。

审定情况：未审定。

1.特征特性

株型匍匐，交替开花。株高26.9 cm，侧枝长52.5 cm。结果枝5条，总分枝14条结实范围15.0 cm。茎中粗，直径4.4 mm，茎部含花青素少量，茎色略紫，茎枝茸毛密长。小叶片为倒卵形，暗绿色，较小，长4.6 cm、宽2.6 cm。花冠橘黄色，中大，旗瓣高10.2 mm、宽17.6 mm。单株结果数24个，单株生产力28.0 g。荚果普通型，部分曲棍形，网目中大，网纹细深，腹腰较明显，龙骨较突，缩缢较深，果嘴尖突，以二粒荚果为主，有部分三粒荚果；荚果中大，长32.9 mm、宽11.2 mm。籽仁饱满，呈圆锥形，无裂纹；种皮浅褐色，有暗褐色斑点，内种皮金黄色；籽仁长15.5 mm、宽8.3 mm；500 g荚果数431个，500 g种仁数1 000粒。百果重138.5 g，百仁重51.0g。出仁率72.0%。粗脂肪含量52.49%，粗蛋白含量29.97%。

2.熟性、抗性及休眠性表现

属中熟种。在四川露地栽培，春播3月下旬至4月上旬播种，5月上旬开花，8月下旬至9月上旬成熟，生育期140—150天。夏播5月中、下旬播种，6月下旬开花，9月下旬成熟，生育期130天左右。出苗较慢，植株长势中等，荚果发育较快，果针入土深、果柄较长韧性差，成熟后收获易掉果。适应性较广，抗旱性、耐瘠性强，中抗叶斑病，种子休眠性强。

3.产量表现

1958—1964年参加全国花生良种区域试验、四川区域实验，四川实验17点次，荚果产量平均3 454.5 kg/hm²，比对照南充大花生、资阳鸡窝等增产40.38%。高产栽培曾达5 250 kg/hm²以上，成为20世纪60年代的主要推广品种之一。该品种荚果鹰嘴瘦身商品性好，籽仁品质优良，是加工“天府花生”出口创汇的主要原料品种之一。

4.栽培要点

选择土层较厚的中—轻壤土种植，麦套花生在麦收前25—30天播种，要求每公顷施氮素（N）75—112.5 kg、磷素（P_2O_5）75—90 kg、钾素（K_2O）37.5—112.5 kg。种植密度为90 000—105 000窝/hm²，每窝播两粒种子。

5.适宜种植区域

四川、重庆花生产区非青枯病区域均能适应，特别适宜在沿江冲积沙壤土上种植。

6.应用情况

1964—1986年在四川累计推广应用93 330 hm²，总产量达到42 000 t。该品种的荚果具有鹰嘴瘦身特征，商品性好，籽仁品质优良，是加工“天府花生”出口创汇的主要原料品种之一。

（三）南充混选1号（图版5-2）

育成单位：四川省南充市农科院。

亲本及育种方法：从蔓生型地方品种罗江鸡窝中采用单株混合选择法育成。

审定情况：1987年4月通过四川省品种审定委员会认定。

1.特征特性

株型直立，交替开花。株高24.7 cm，侧枝长30.6 cm。结果枝8条，总分枝12条，结实范围12 cm左右。茎纤细，直径3.8 mm，茎部含花青素少量，茎色略紫，茎枝茸毛中长。小叶片为倒卵形，深绿色，较小，长4.1 cm、宽2.3 cm。花冠橘黄色，中大，旗瓣高11.9 mm、宽15.3 mm。单株结果数24个，单株生产力27.0 g。荚果蜂腰形，部分曲棍形，网目中大，网纹中粗较深，缩缢较深，果嘴尖突，以二粒荚果为主，有部分三粒荚果；荚果中等大，长32.5 mm、宽10.8 mm。籽仁饱满，呈圆锥形，无裂纹；种皮粉红色，内种皮金黄色；籽仁长16.3 mm、宽7.6 mm。500 g荚果数447个，500 g种仁数1 040粒。百果重145.3 g，百仁重55.6 g。出仁率73.6%。粗脂肪含量53.80%，粗蛋白含量29.82%，油酸亚油酸比值为2.92。

2.熟性、抗性及休眠性表现

属早中熟种。在四川、重庆露地栽培，春播3月下旬至4月上旬播种，5月上旬开花，8月中旬成熟，生育期140天左右。夏播5月中下旬播种，6月中旬开花，9月下旬成熟，生育期130天左右。出苗快而整齐，植株长势较强，荚果发育快，果针入土深，果柄较长、较坚韧，成熟后收获不易掉果。抗旱性较强，耐涝性较强，较抗叶斑病，种子休眠性强。

3.产量表现

1963—1964年参加四川省区试，荚果产量3 220.5 kg/hm^2，比对照资阳鸡窝增产28.3%—37.4%；比原始群体罗江鸡窝增产5%以上；全国花生区试比当地对照资阳鸡窝增产56.0%、比伏花生增产15.7%—20.3%。高产栽培单产曾达6 000 kg/hm^{2}以上。

4.栽培要点

选择土层较厚的轻壤土种植，麦套花生在麦收前25—30天播种，要求每公顷施氮素（N）75—112.5 kg、磷素（P_2O_5）75—90 kg、钾素（K_2O）37.5—112.5 kg。种植密度为120 000—135 000窝/hm^2，每窝播两粒种子。

5.适宜种植区域

除青枯病区域外，四川、重庆花生产区均能种植。

6.应用情况

1966—1986年在四川累计推广应用166 670 hm^2，总产量达到75 000 t。该品种的荚果也具有鹰嘴瘦身特征，商品性好，籽仁品质优良，是加工“天府花生”出口创汇的优质原料品种。

（四）天府3号（图版5-3）

育成单位：四川省南充市农科院。

亲本及育种方法：以伏花生为母本，南充混选1号为父本杂交育成。

审定情况：1985年4月通过四川省品种审定委员会认定。

1.特征特性

株型直立，连续开花。株高26.1 cm，侧枝长36.7 cm。结果枝6条，总分枝9条，结实范围13 cm左右。茎中粗，直径4.3 mm，茎部含花青素少量，茎色淡紫，茎枝茸毛稀长。小叶片为长椭圆形，绿色，叶大，长6.0 cm、宽3.0 cm。花冠橘黄色，中大，旗瓣高13.0 mm、宽16.6 mm。单株结果数24.0个，单株生产力34.5 g。荚果普通型，网目中大，网纹细浅，缩缢较浅，果嘴短突，以二粒荚果为主；荚果中大，长35.3 mm、宽13.7 mm。籽仁饱满，呈椭圆形，无裂纹，种皮粉红色，有暗褐色斑点，内种皮金黄色；籽仁长16.8 mm、宽10.0 mm。500 g荚果数354个，500 g种仁数720粒。百果重179.0 g，百仁重76.6 g，出仁率80.0%。粗脂肪含量54.46%，粗蛋白含量26.63%，油酸亚油酸比值为1.87。

2.熟性、抗性及休眠性表现

属早熟种。在四川、重庆春播露地栽培3月下旬至4月上旬播种，5月上旬开花，8 月中下旬成熟，生育期 140 天左右。夏播 5 月上旬播种，6 月中旬开花，9 月中旬成熟，生育期 130 天左右。出苗快，苗期长势较强，后期生育正常，不早衰。开花较早，花量大，荚果发育较快。果针入土较浅，果柄较坚韧，成熟后收获不易落果。对土壤要求不严格，适应性较强，抗旱性中等，耐涝性较强。中抗病毒病和叶斑病，易感青枯病。种子休眠性较弱。

3. 产量表现

1973—1974 年参加四川省区试，28 点次平均荚果产量 3 895.5 kg/hm²，比对照南充混选 1 号、山东伏花生分别增产 21.5%、17.3%。1974—1976 年经全国花生品种区域试验鉴定，较徐州 68-4 平均减产 3.1%，减产不显著。在江苏、四川表现良好，产量在 9 个参试品种中居首位，较徐州 68-4 分别增产 9.8% 和 19.3%。

4. 栽培要点

选择土层较厚的轻壤土种植，麦套花生在麦收前 25—30 天播种，要求每公顷施氮素（N）75—112.5 kg、磷素（P_2O_5）75—90 kg、钾素（K_2O）37.5—112.5 kg。种植密度在一般肥力条件下为 97 500—120 000 窝/hm²，瘠薄地 135 000 窝/hm²，每窝播两粒种子为宜。

5. 适宜种植区域

在四川春播、夏播均宜。青枯病区不宜种植，在长江流域非青枯病区均能够种植，在黄河流域部分地区种植效果也不错。

6. 应用情况

1976 年后开始在四川省内推广，1979—1993 期间仅四川省累计应用 866 670 hm²，总产量达到 390 000 t。从 1978 年开始在河南、河北、江苏、山西、陕西、安徽、浙江等省推广。一般单产 2 625—3 375 kg/hm²，高产栽培产量曾达 6 750 kg/hm²。目前四川加工的“天府花生”标准果型大多是天府 3 号及其衍生品种。是四川省第二次花生品种更换的当家品种。

（五）天府 5 号

育成单位：四川省南充市农科院。

亲本及育种方法：以南伏罗为母本，熊北混 1 号为父本杂交育成。

审定情况：1987 年 5 月通过四川省品种审定委员会认定。

1. 特征特性

株型直立，交替开花。株高 35.2 cm，侧枝长 40.8 cm。结果枝 8 条，总分枝 10 条，结实范围 13.0 cm 左右。茎中粗，直径 4.0 mm，茎部含少量花青素，茎呈绿带紫色，茎枝茸毛稀。小叶片为倒卵形，绿色，中大，长 5.4 cm，宽 2.7 cm。花冠黄色，花大，旗瓣高 13.0 mm、宽 16.2 mm。单株结果数 15.8 个，单株生产力 16.5 g。荚果普通型，网目较粗，网纹较深，缩缢中，果嘴尖锐，以二粒荚果为主；荚果中等大，长 32.98 mm、宽 11.68 mm。籽仁饱满，呈圆锥形，无裂纹；种皮粉红色，内种皮金黄色；籽仁长 17.12 mm 、宽 8.78 mm，500 g 荚果数 515 个， 500 g 种仁数 916 粒。百果重 145.0 g，百仁重 60.3 g/kg，出仁率 74.4%。粗脂肪含量 51.72%，粗蛋白含量 26.2%，油酸亚油酸比值为 2.79。

2. 熟性、抗性及休眠性表现

属中早熟种。在四川、重庆露地栽培，春播 3 月下旬至 4 月上旬播种， 5 月上旬开花， 8 月中旬成熟，生育期 145 天左右。夏播 5 月中下旬播种， 6 月中旬开花， 9 月下旬成熟，生育期 130 天左右。出苗快而整齐，植株长势较强，荚果发育快，果针入土深，果柄较长较坚韧，成熟后收获不易掉果。抗旱性较强，耐涝性较强，较抗叶斑病，种子休眠性强。

3. 产量表现

1979—1985 年在江津、内江、南充等地 6 次多点开展试验，荚果产量 3 504 kg/hm^2，比对照南充混选 1 号增产 12.3%。1981—1985 年在永川地区示范 1 579 hm^2 ，荚果平均产量 3 000 kg/hm^2，比南充混选 1 号增产 39.2%。

4. 栽培要点

选择土层较厚的中—轻壤土种植，麦套花生在麦收前 25—30 天播种。要求每公顷施氮素（N） 75—112.5 kg、磷素（P_2O_5） 75—90 kg、钾素（K_2O） 37.5—112.5 kg。种植密度为 120 000—135 000 窝/hm^2 ，每窝播两粒种子为宜。

5. 适宜种植区域

除青枯病区域外，四川、重庆花生产区均能种植。

6. 应用情况

1985—1996 年在四川省累计应用 103 330 hm^2，总产量达到 75 950 t。其干果也是出口“天府花生”的主要原料之一。

（六）天府 7 号

育成单位：四川省南充市农科院。

亲本及育种方法：以天府 3 号为母本，天府 4 号（熊岳 1 号×冬村站秧）为父本杂交育成。

审定情况：1990 年 4 月通过四川省品种审定委员会审定，审定编号“川审油 11 号”。

1. 特征特性

株型直立，连续开花。株高 45.3 cm，侧枝长 49.8 cm。结果枝 6.4 条，总分枝 7.5 条，结实范围 8 cm 左右。茎中粗，直径 4.48 mm，茎部含花青素少量，茎呈绿带紫色，茎枝茸毛稀。小叶片椭圆形，绿色，中大，长6.7 cm、宽3.2 cm。花冠黄色，花大，旗瓣高11.1 mm、宽14.4 mm。单株结果数18.9个，单株生产力22.7 g。荚果普通型和斧头形，网目中，网纹中，缩缢浅，果嘴短，以二粒荚果为主；荚果中等大，长31.88 mm、宽12.9 mm。籽仁饱满，呈圆锥形和椭圆形，无裂纹；种皮粉红色，内种皮金黄色，籽仁长16.3 mm、宽9.4 mm。500 g荚果数466个，500 g种仁数805粒。百果重165.4 g，百仁重64.5 g/kg，出仁率78.8%。粗脂肪含量54.90%，粗蛋白含量23.64%，油酸亚油酸比值为1.8。

2.熟性、抗性及休眠性表现

属早熟种。在四川、重庆露地栽培，春播3月下旬至4月上旬播种，5月上旬开花，8月中旬成熟，生育期130天左右。夏播5月中下旬播种，6月中旬开花，9月下旬成熟，生育期110天左右。出苗快而整齐，植株长势较强，荚果发育快，果针入土较浅，果柄较长而坚韧，成熟后收获不易掉果。抗旱性强，耐涝性较强，较抗叶斑病，种子休眠性强。

3.产量表现

1984—1986年以春播为主的省区试中，平均单产3 645 kg/hm^2，与对照天府3号平产，但该品种早熟性好，在夏播条件下，单株结果数，单株产量，出仁率等均优于天府3号，产量也优于天府3号。经1983—1989年四川省11次小麦、油菜茬口夏播多点试验，荚果平均产量4 291.5 kg/hm^2，比对照天府3号增产10.4%。1988年参加麦后花生生产试验，比对照天府3号增产10.3%。大面积示范种植一般产量3 015 kg/hm^2。

4.栽培要点

选择土层较厚的中—轻壤土种植，麦套花生在麦收前25—30天播种.要求每公顷施氮素（N）75—112.5 kg、磷素（P_2O_5）75—90 kg、钾素（K_2O）37.5—112.5 kg。种植密度为120 000—135 000窝/hm^2，每窝播两粒种子为宜。

5.适宜种植区域

除青枯病区域外，四川、重庆花生产区均能种植，适宜小春茬口夏播。

6.应用情况

1985—2000年在四川省累计应用263 330 hm^2，总产量达90 060 t。是很好的油后或麦后夏播早熟品种。

（七）天府8号

育成单位：四川省南充市农科学院。

亲本及育种方法：以天府2号（资阳鸡窝×罗江鸡窝）为母本，油果为父本杂交育成。

审定情况：1989年5月通过四川省品种审定委员会审定，审定编号“川审油8号”。

1.特征特性

株型直立，连续开花。株高34.0 cm，侧枝长38.0 cm。结果枝8条，总分枝8条，结实范围7.6 cm左右。茎中粗，直径4.2 mm，茎部含花青素少量，茎呈绿带紫色，茎枝茸毛稀。小叶片为长椭圆形，绿色，中大，长5.6 cm、宽2.9 cm。花冠黄色，花大，旗瓣高11.8 mm、宽15.3 mm。单株结果数15.0个，单株生产力16.7g。荚果普通型，网目中，网纹浅，缩缢浅，果嘴中，以二粒荚果为主；荚果中等大，长29.8 mm、宽12.3 mm。籽仁饱满，呈椭圆形，无裂纹；种皮粉红色，内种皮金黄色；籽仁长15.88 mm、宽9.76 mm。500 g荚果数461个，500 g种仁数808粒。百果重161.5 g，百仁重71.3 g/kg，出仁率80.0%。粗脂肪含量53.13%，粗蛋白含量23.4%，油酸亚油酸比值为2.04。

2.熟性、抗性及休眠性表现

属早熟种。在四川、重庆市露地栽培，春播3月下旬至4月上旬播种，5月上旬开花，8月中旬成熟，生育期140天左右。夏播5月中下旬播种，6月中旬开花，9月下旬成熟，生育期130天左右。出苗快而整齐，植株长势较强，荚果发育快，果针入土深，果柄较长而坚韧，成熟后收获不易掉果。抗旱性较强，耐涝性较强，较抗叶斑病，种子休眠性强。

3.产量表现

1984—1988年参加四川省20点次多点试验、区域试验，结果：荚果平均产量4 008 kg/hm^2，比对照种天府3号增产10.0%。1984—1987年，内江点5次试验，荚果平均产量4 962 kg/hm^2，比对照天府3号增产16.2%。1988年参加生产试验，3实验点荚果平均产量3 894 kg/hm^2，比对照天府3号增产11.4%。1983年参加高产试验，荚果产量达到8 138.15 kg/hm^2；1984年参加生产示范，5公顷荚果平均产量高达6 405—7 057.5 kg/hm^2，其中1.905公顷，荚果产量达到7 050 kg/hm^2。

4.栽培要点

栽培要点：选择土层较厚的中—轻壤土种植，麦套花生在麦收前25—30天播种，要求每公顷施氮素（N）75—112.5 kg、磷素（P_2O_5）75—90 kg、钾素（K_2O）37.5—112.5 kg。种植密度为120 000—135 000窝/hm^2，每窝播种两粒种子。

5.适宜种植区域

除青枯病区域外，四川、重庆花生产区均能种植。

6.应用情况

1985—2000年期间在四川省累计应用206 670 hm^2，总产量达到55 490 t。

（八）天府9号

育成单位：四川省南充农科院。

亲本及育种方法：以混巨 5 号为母本，天府 3 号为父本杂交育成。

审定情况：1992 年6月通过四川省品种审定委员会审定，审定编号“川审油19 号”。

1.特征特性

株型直立，连续开花。株高 33.5 cm，侧枝长 40.6 cm。结果枝 7—8 条，总分枝 8—9 条，结实范围 10.0 cm 左右。茎粗，直径 4.6 mm，茎部含花青素少量，茎呈绿带紫色，茎枝茸毛稀。小叶片为长椭圆形，绿色，中大，长 6.3 cm、宽 3.1 cm。花冠黄色，花大，旗瓣高 12.5 mm、宽 15.5 mm。单株结果数 15.8 个，单株生产力 20.6 g。荚果斧头形，少数普通型，网目粗，网纹浅，缩缢浅，果嘴短突，以二粒荚果为主；荚果中等大，长 33.2 mm、宽 15.0 mm。籽仁饱满，呈圆锥形和椭圆形，无裂纹；种皮粉红色，内种皮金黄色；籽仁长 17.6 mm、宽 11.1 mm。500 g 荚果数 325 个，500 g 种仁数 650 粒。百果重 177.0—187.0 g，百仁重 78.0—80.0 g，出仁率 78.0%。粗脂肪含量 51.00%，粗蛋白含量 26.5%，油酸亚油酸比值为 2.08。

2.熟性、抗性及休眠性表现

属早熟种。在四川、重庆露地栽培，春播 3 月下旬至 4 月上旬播种，5 月上旬开花，8 月中旬成熟，生育期 140 天左右。夏播 5 月中下旬播种，6 月中旬开花，9 月下旬成熟，生育期 130 天左右。出苗快而整齐，植株长势较强，荚果发育快，果针入土深，果柄较长而坚韧，成熟后收获不易掉果。抗旱性强，耐涝性较强，较抗叶斑病，种子休眠性强。

3.产量表现

1989—1990 年四川省区试 18 点次试验，荚果平均产量 4 183.5 kg/hm^2，比对照天府 3 号增产 11.5%；1990 年 3 点生产试验，荚果平均产量 4 122 kg/hm^2，比对照天府 3 号增产 11.2%，1997 年高产栽培荚果产量曾达 8 250 kg/hm^{2}以上。

4.栽培要点

选择土层较厚的中—轻壤土种植，麦套花生在麦收前 25—30 天播种，要求每公顷施氮素（N）75—112.5 kg、磷素（P_2O_5）75—90 kg、钾素（K_2O）37.5—112.5 kg。种植密度为 120 000—135 000 窝/hm^2，每窝播两粒种子。

5.适宜种植区域

适宜种植区域：除青枯病区域外，四川、重庆花生产区均能适应。

6.应用情况

1992—2005 年在四川省累计应用 1 126 800 hm^2，总产量达到 379 072 t。是四川省第三次花生品种更换的主推及当家品种之一，曾作为 2000—2006 年四川省区域试验的对照品种。

（九）天府10号

育成单位：四川省南充市农科院。

亲本及育种方法：以天府4号（熊岳1号×冬村站秧）为母本，中德4号（中琉球×德阳鸡窝）为父本杂交育成。

审定情况：1993年6月通过四川省品种审定委员会审定，审定编号“川审油22号”。

1.特征特性

株型直立，连续开花。株高42.5 cm，侧枝长48.0 cm。结果枝8—9条，总分枝9条，结实范围8.6 cm左右。茎较细，直径3.9 mm，茎部含花青素少量，茎呈绿带紫色，茎枝茸毛稀少。小叶片为倒卵形，绿色，较小，长5.6 cm、宽3.1 cm。花冠黄色，花大，旗瓣高12.5 mm、宽13.4 mm。单株结果数19.6个，单株生产力20.2 g。荚果普通型，网目细，网纹浅，缩缢中等，果嘴短突，以二粒荚果为主；荚果较小，长31.9 mm、宽12.8 mm。籽仁饱满，呈圆锥形，无裂纹；种皮粉红色，内种皮金黄色；籽仁长17.34 mm、宽11.36 mm。500 g荚果数476个，500 g种仁数929粒。百果重145.0 g，百仁重60.3 g/kg。出仁率77.6%。粗脂肪含量53.44%，粗蛋白含量25.6%，油酸亚油酸比值为1.23。荚果鹰嘴瘦身、籽仁适口性好，适于加工“天府花生”出口。

2.熟性、抗性及休眠性表现

属特早熟种。在四川、重庆露地栽培，春播3月下旬至4月上旬播种，5月上旬开花，8月上旬成熟，生育期130天左右。夏播5月中下旬播种，6月中旬开花，9月中旬成熟，生育期110天左右。出苗快而整齐，植株长势较强，荚果发育快，果针入土深，果柄较长而坚韧，成熟后收获不易掉果。抗旱性强，耐涝性较强，对叶斑病抗性较弱，种子休眠性强。

3.产量表现

1990—1991年参加四川省区域试验，20点次荚果平均产量3 895.5 kg/hm^2，比对照天府3号增产9.3%。1991年四川省3点生产试验荚果平均产量3 639 kg/hm^2，比对照天府3号增产14.6%。1991年在蓬安县集中示范186 hm^2，荚果平均产量3 963 kg/hm^2；高产栽培1.7 hm^2，荚果平均产量75 000 kg/hm^2。

4.栽培要点

选择土层较厚的中—轻壤土种植，麦套花生在麦收前25—30天播种，要求每公顷施氮素（N）75—112.5 kg、磷素（P_2O_5）75—90 kg、钾素（K_2O）37.5—112.5 kg。种植密度为120 000—135 000窝/hm^2，每窝播两粒种子。

5.适宜种植区域

除青枯病区域外，对四川、重庆花生产区均能种植。

6.应用情况

1995—2005年期间在四川省累计应用1 123 270 hm^2，总产量达到374 544 t。是四川省第三次花生品种更换的主推及当家品种之一。

（十）天府11（粤油200）

育成单位：广东省农科院作物研究所（四川省南充市农科院与四川省种子站于1991年引进）。

亲本及育种方法：以（粤油187×粤油92）F_1为母本，（粤油320×粤油92）F_1为父本杂交育成。

审定情况：1997年9月通过四川省品种审定委员会审定，审定编号“川审油36号”；1999年9月通过国家级审定，审定编号“国审油990001”。

1.特征特性

株型直立，连续开花。株高34.7 cm，侧枝长40.4 cm。结果枝6.8条，总分枝7.3条，结实范围7.6 cm左右。茎粗，直径5.12 mm，茎部含花青素少量，茎呈绿带紫色，茎枝茸毛明显。小叶片为椭圆形，绿色，中大，长6.4 cm、宽3.4 cm。花冠黄色，花大，旗瓣高11.0 mm、宽14.3 mm。单株结果数18.8个，单株生产力28.8 g。荚果茧形，网目粗，网纹深，缩缢浅，果嘴不明显，以二粒荚果为主；荚果中等大，长28.9 mm、宽14.9 mm。籽仁饱满，呈桃形和椭圆形，无裂纹；种皮粉红色，内种皮金黄色；籽仁长15.7 mm、宽10.6 mm。500 g荚果数431个，500g种仁数893粒。百果重188.8 g，百仁重72.8 g/kg，出仁率74.5%。粗脂肪含量53.13%，粗蛋白含量23.4%，油酸亚油酸比值为1.33。

2.熟性、抗性及休眠性表现

属早熟种。在四川、重庆露地栽培，春播3月下旬至4月上旬播种，5月上旬开花，8月中旬成熟，生育期140天左右。夏播5月中下旬播种，6月中旬开花，9月中旬成熟，生育期120天左右。出苗快而整齐，植株长势较强，荚果发育快，果针入土浅，果柄较短而坚韧，成熟后收获不易掉果。抗旱性较弱，耐涝性较强，较抗叶斑病，高抗青枯病，抗性率高达95%以上，种子休眠性中等。是四川省审定的第一个抗青枯病花生品种。

3.产量表现

1989—1990年参加全国南方片区试验，荚果平均产量3 087 kg/hm^2，比对照粤油92增产17.32%。1993—1994年参加四川省区域试验，荚果平均产量3 129 kg/hm^2，比对照中花2号增产19.4%。1996—1997年参加全国长江片区试验，荚果平均产量3 333 kg/hm ^{2}，比对照中花2号增产10.4%。1994年参加四川省生产试验，荚果平均产量3 759 kg/hm^2，比对照增产12.7%。1998年全国参加长江片生产试验，荚果产量4 870.5 kg/hm ^{2}，比中花2号增产17.2%。

4.栽培要点

选择土层较厚的中—轻壤土种植，麦套花生在麦收前25—30天播种，要求每公顷施氮素（N）75—112.5 kg、磷素（P_2O_5）75—90 kg、钾素（K_2O）37.5—112.5 kg。种植密度为120 000—135 000窝/hm^2，每窝播两粒种子。

5.适宜种植区域

四川、重庆花生产区均能种植，特别适宜青枯病区种植。

6.应用情况

1995—2005年期间在四川省累计应用121 330 hm^2，总产量达到70 750 t。2005年以后，在四川省的青枯病区还有一定的应用面积。

（十一）天府13

育成单位：四川省南充市农科院。

亲本及育种方法：从抚花2号中系选育成。

审定情况：2000年8月通过四川省品种审定委员会审定，审定编号“川审油59号”。

1.特征特性

株型直立，连续开花。株高46.1 cm，侧枝长49.6 cm。结果枝7—8条，总分枝8—9条，结实范围7.4 cm左右。茎粗，直径4.42 mm，茎部含花青素少量，茎呈绿带紫色，茎枝茸毛稀。小叶片为长椭圆形，绿色，大，长6.8 cm、宽3.3 cm。花冠黄色，花大，旗瓣高11.3 mm、宽12.9 mm。单株结果数12.9个，单株生产力18.6 g。荚果葫芦形，网目粗，网纹深，缩缢较深，果嘴不明显，以二粒荚果为主；荚果中等大，长35.9 mm、宽16.0 mm。籽仁饱满，呈桃形和椭圆形，有裂纹；种皮粉红色，内种皮金黄色；籽仁长18.8 mm、宽12.6 mm。500 g荚果数252个，500 g种仁数546粒。百果重260.0 g，百仁重93.3 g，出仁率78.3%。粗脂肪含量56.16%，粗蛋白含量24.9%。

该品种是四川省审定的第一个中大粒品种，产量较高，但果型与标准的天府花生不一样，是四川省花生多类型荚果育种的开端。

2.熟性、抗性及休眠性表现

属早熟种。在四川、重庆露地栽培，春播3月下旬至4月上旬播种，5月上旬开花，8月中旬成熟，生育期145天左右。夏播5月中下旬播种，6月中旬开花，9月下旬成熟，生育期130天左右。出苗快而整齐，植株长势较强，荚果发育快，果针入土浅，果柄较短而坚韧，成熟后收获不易掉果。抗旱性较强，耐涝性较强，较抗叶斑病，种子休眠性强。

3. 产量表现

1997—1998年参加四川省区试验，13点次试验，荚果平均产量4 426.5 kg/hm^2，比对照天府10号增产16.8%。1999年四川省5点生产试验，荚果平均单产5 139.6 kg/hm^2，比对照天府10号增产17.9%。南充市顺庆区高产栽培，荚果产量曾达7 680 kg/hm^2。

4. 栽培要点

选择土层较厚的中—轻壤土种植，麦套花生在麦收前25—30天播种，要求每公顷施氮素（N）75—112.5 kg、磷素（P_2O_5）75—90 kg、钾素（K_2O）37.5—112.5 kg。种植密度为120 000—135 000窝/ hm^2，每窝播两粒种子。

5. 适宜种植区域

除青枯病区域外，四川、重庆花生产区均能适应。

6. 应用情况

2000—2005年在四川省累计应用约42 000 hm^2，总产量达到14 160 t。2005年以后，在四川省主产区还有较大的应用面积。

（十二）天府14

育成单位：四川省南充农业科学院。

亲本及育种方法：以天府9号为母本，海花1号作父本杂交育成。

审定情况：2001年8月通过四川省品种审定委员会审定，审定编号“川审油68号”；2002年4月通过国家级审定，审定编号：国审油2002017。

1. 特征特性

株型直立，连续开花。株高37.4 cm，侧枝长42.9 cm。结果枝7条，总分枝8条，结实范围7.4 cm左右。茎粗，直径4.64 mm；茎部含花青素少量，茎呈绿带紫色，茎枝茸毛稀。小叶片为长椭圆形，绿色，中大，长6.3 cm、宽3.0 cm。花冠黄色，花大，旗瓣高13.1 mm、宽16.0 mm。单株结果数14.7个，单株生产力16.3 g。荚果斧头形，部分普通型，网目较粗，网纹浅，缩缢浅，果嘴短突，以二粒荚果为主；荚果中等大，长34.8 mm、宽13.0 mm。籽仁饱满，呈圆锥形和椭圆形，无裂纹；种皮粉红色，内种皮金黄色；籽仁长16.7 mm、宽9.7 mm。500 g荚果数377个，500 g种仁数780粒。百果重177.9 g，百仁重75.0 g，出仁率78.8%。粗脂肪含量51.29%，粗蛋白含量26.4%，油酸亚油酸比值为2.08。

2. 熟性、抗性及休眠性表现

属早熟种。在四川、重庆露地栽培，春播3月下旬至4月上旬播种，5月上旬开花，8月中旬成熟，生育期140天左右。夏播5月中下旬播种，6月中旬开花，9

月中旬成熟，生育期120天左右。出苗快而整齐，植株长势较强，荚果发育快，果针入土深，果柄较长而坚韧，成熟后收获不易掉果。抗旱性强，耐涝性较强，较抗叶斑病，种子休眠性强。

3.产量表现

1997—1998年参加四川省区域试验，13点次，荚果平均产量4 036.5 kg/hm^2，比天府10号增产6.5%。2000年参加四川省生产试验，5个实验点，荚果平均产量4 867.5 kg/hm^2，比天府10号增产11.7%。1999—2000年参加全国（长江片）区域试验，20点次试验，荚果平均产量4 042.5 kg/hm^2，比对照中花4号增产9.6%。2001年参加全国（长江片）生产试验，6个实验点荚果平均产量4 704 kg/hm^2，比对照中花4号增产7.7%。2003年在四川蓬安周口、马回高产栽培4.5×666.7 m^2、3.57×666.7 m^2，荚果平均产量达7 680.0 kg/hm^2、7 755 kg/hm^2。

4.栽培要点

选择土层较厚的中－轻壤土种植，麦套花生在麦收前25—30天播种，要求每公顷施氮素（N）75—112.5 kg、磷素（P_2O_5）75—90 kg、钾素（K_2O）37.5—112.5 kg。种植密度为127 500—142 500窝/hm^2，每窝播两粒种子。

5.适宜种植区域

除青枯病区域外，四川、重庆花生产区均能适应。

6.应用情况

本品种是四川省第四次品种更换期间（2006—2015年）的主推与当家品种之一，也是2006—2016年四川省花生区域试验的对照品种，目前生产上还有一定的应用面积。

（十三）天府15

育成单位：四川省南充农科院。

亲本及育种方法：以鲁花9号为母本，904-55为父本杂交育成。

审定情况：2002年11月通过通过四川省品种审定委员会审定，审定编号“川审油2002013”；2005年7月通过国家级鉴定，鉴定编号“国种鉴（花生）2005002”。

1.特征特性

株型直立，连续开花。株高48.2 cm，侧枝长54.3 cm。结果枝8.3条，总分枝9.8条，结实范围6.2 cm左右。茎中粗，直径4.02 mm，茎部含花青素少量，茎呈绿带紫色，茎枝茸毛稀。小叶片为长椭圆形，绿色，中大，长5.8 cm、宽3.0 cm。花冠黄色，花大，旗瓣高13.0 mm、宽15.0 mm。单株结果数17.8个，单株生产力21.2 g。荚果普通型，部分蜂腰形，网目粗，网纹较深，缩缢较浅，果嘴短突，以二粒荚果为主；荚果中等大，长39.7 mm、宽13.9 mm。籽仁饱满，呈圆锥形和椭圆形，无裂纹；种皮粉红色，内种皮金黄色；籽仁长19.4 mm、宽11.6 mm。500 g荚果数324个，500 g种仁数650粒。百果重187.8 g，百仁重81.6 g，出仁率76.5%。粗脂肪含量51.45%，粗蛋白含量27.6%，油酸亚油酸比值为1.23。

2.熟性、抗性及休眠性表现

属早熟种。在四川、重庆露地栽培，春播3月下旬至4月上旬播种，5月上旬开花，8月中旬成熟，生育期145天左右。夏播5月中下旬播种，6月中旬开花，9月下旬成熟，生育期130天左右。出苗快而整齐，植株长势较强，荚果发育快，果针入土深，果柄较长而坚韧，成熟后收获不易掉果。抗旱性强，耐涝性较强，较抗叶斑病，种子休眠性强。

3.产量表现

2000—2001年参加四川省区域试验，12点次试验，荚果平均产量4 981.5 kg/hm^2，比天府9号增产5.6%，比天府10号增产6.5%。2001年参加四川省生产试验，5个实验点，荚果平均产量5 882.5 kg/hm^2，比对照天府10号增产16.0%。2001—2002年参加全国（长江流域片）区域试验，25点次荚果平均产量4 230.75 kg/hm^2，比对照种中花4号增产6.27%。2003年参加全国（长江片）生产试验，8个实验点，荚果平均产量4 224.9 kg/hm^2，比对照中花4号增产19.61%。2003年在四川蓬安、射洪高产栽培0.3 hm^2、0.233 hm^2，荚果产量分别达7 860.0 kg/hm^2、7 957.5 kg/hm^2。

4.栽培要点

选择土层较厚的中—轻壤土种植，麦套花生在麦收前25—30天播种，要求每公顷施氮素（N）75—112.5 kg、磷素（P_2O_5）75—90 kg、钾素（K_2O）37.5—112.5 kg。种植密度为127 500—142 500窝/hm^2，每窝播两粒种子。

5.适宜种植区域

除青枯病区域外，四川、重庆、贵州、湖北中部、江苏南部花生产区均可种植。

6.应用情况

天府15作为配套品种有一定的生产应用。

（十四）天府18（图版5—5）

育成单位：四川省南充市农科院。

亲本及育种方法：以92系-66为母本，TR594-8-4-3为父本杂交育成。

审定情况：2005年11月通过四川省品种审定委员会审定，审定编号“川审油2005009号”。2019年完成国家级登记，登记编号：GPD花生（2019）510210。

1.特征特性

株型直立，连续开花。株高39.0 cm，侧枝长43.9 cm。结果枝7条，总分枝8条，结实范围7.0 cm左右。茎中粗，直径4.42 mm，茎部含花青素少量，茎呈绿带紫色，茎枝茸毛稀。小叶片为长椭圆形，绿色，中大，长5.8 cm、宽2.9 cm。花冠黄色，花大，旗瓣高13.2 mm、宽16.3 mm。单株结果数16.5个，单株生产力18.2 g。荚果普通型，网目中，网纹浅，缩缢浅，果嘴中锐，以二粒荚果为主；荚果中等大，长33.8 mm、宽13.5 mm。籽仁饱满，呈圆锥形，无裂纹；种皮粉红色，内种皮金黄色；籽仁长17.3 mm、宽9.8 mm。500 g荚果数366个，500 g种仁数712粒。百果重178.0 g，百仁重76.2 g，出仁率78.9%。粗脂肪含量51.74%，粗蛋白含量26.4%，油酸亚油酸比值为2.5。

2. 熟性、抗性及休眠性表现

属早熟种。在四川、重庆露地栽培，春播3月下旬至4月上旬播种，5月上旬开花，8月中旬成熟，生育期140天左右。夏播5月中下旬播种，6月中旬开花，9月中旬成熟，生育期120天左右。出苗快而整齐，植株长势较强，荚果发育快，果针入土深，果柄较长而坚韧，成熟后收获不易掉果。抗旱性强，耐涝性较强，较抗叶斑病，种子休眠性强。

3. 产量表现

2003—2004年参加四川省区域试验，荚果平均单产4 293.2 kg/hm^2，比对照种天府9号增产9.2%。2004年参加四川省生产试验，4个试验点，荚果平均单产4 804.5 kg/hm^2，比对照天府9号增产19.6%。2006年特大干旱条件下，四川顺庆区高产示范0.275 hm^2，荚果平均产量达到8 100.0 kg/hm^2。

4. 栽培要点

选择土层较厚的中—轻壤土种植，麦套花生在麦收前25—30天播种，要求每公顷施氮素（N）75—112.5 kg、磷素（P_2O_5）75—90 kg、钾素（K_2O）37.5—112.5 kg。种植密度为127 500—142 500窝/hm^2，每窝播两粒种子。

5. 适宜种植区域

除青枯病区域外，四川、重庆花生产区均能适应。

6. 应用情况

天府18是四川省第四次品种更换期间（2006—2015年）的主推与当家品种之一，目前仍然有较大的应用面积。

（十五）天府19

育成单位：四川省南充市农科院。

亲本及育种方法：以天府10号为母本，以92系-66为父本杂交育成。

审定情况：2009年7月通过四川省品种审定委员会审定，审定编号“川审油2009 001号”。2019年完成国家级登记，登记编号：GPD花生（2019）510276。

1. 特征特性

中间型中粒花生品种。株型直立，连续开花。主茎高40 cm，侧枝48 cm，单株分枝数9个，有效果枝数7个，单株成果数16个，饱果数12个，单株产量25 g，荚果普通形和斧头形，大小中等。种仁椭圆形和圆锥形，种皮粉红色；双仁百果重185 g，百仁重85 g，出仁率77%。籽仁含油率49.7%（干基），油酸含量44.2%、亚油酸含量34.5%，油酸亚油酸比值（O/L）1.28，蛋白质含量24.8%。

2. 熟性、抗性及休眠性表现

属于早熟品种，春播全生育期130天，夏播全生育期110天左右。抗倒力强，耐旱性强，中抗叶斑病和锈病，不抗青枯病。种子休眠性强。

3. 产量表现

2007—2008年参加四川省花生区域试验，两年10点次全部表现增产，荚果平均产量4 957.8 kg/hm^2，比对照天府14（4 444.65 kg/hm^2）增产11.55%；种仁平均产量3 813.15 kg/hm^2，比对照天府14（3 436.2 kg/hm^2）增产10.97%。2008年参加四川省花生生产试验，4个试点全部增产，荚果平均产量4 882.5 kg/hm^2，比对照天府14（4 111.5 kg/hm^2）增产18.8%；种仁平均产量3 837 kg/hm^2，比对照天府14（3 237 kg/hm^2）增产18.5%。

4. 栽培要点

3月下旬到5月上旬播种为宜，麦套花生在小麦收获前25—30天播种。适合在肥力中等以上、土质疏松的田块种植。种植密度127 500—150 000窝/hm^2，双粒窝播。每公顷施氮素（N）75—112.5 kg、磷素（P_2O_5）75—90 kg 、钾素（K_2O）60—105 kg。坡台地重氮轻钾、冲积潮沙土重钾轻氮。高产栽培时要施足基肥，苗期追施一定数量的速效肥。施底肥要做到种与肥隔离，追肥要在初花期前施用。及时防治病虫害、防除杂草。成熟后及时收获。

5. 适宜种植区域

适宜在四川、重庆等非青枯病区种植。

6. 应用情况

天府19是目前生产上的配套推广品种之一。

（十六）天府20

育成单位：四川省南充市农科院。

亲本及育种方法：以836-22为母本，以933-15为父本杂交育成。

审定情况：2009 年 7月通过四川省品种审定委员会审定，审定编号“川审油2009 002号”。2019年完成国家级登记，登记编号：GPD花生（2019）510277。

1. 特征特性

中间型早熟中粒花生品种。株型直立，连续开花。株高40 cm，侧枝长48 cm左右，单株分枝数11个，结果枝8个左右。单株结果数18个，饱果数13个，单株生产力25g。荚果普通型或斧头形，大小中等。双仁百果重180 g，百仁重80 g左右，出仁率75%左右。籽仁含油率50.9%（干基），油酸含量45.4%，亚油酸含量33.6%，油亚比值（O/L）1.35，蛋白质含量23.9%。

2.熟性、抗性及休眠性表现

早熟种，春播全生育期130天，夏播全生育期110天左右。抗倒力强，耐旱性较强，耐叶斑病，感青枯病。种子休眠性较强.

3.产量表现

2007—2008年参加四川省花生新品种区试，2007年5点试验平均荚果产量4 421.55 kg/hm²，比对照天府14增产8.55%（极显著）。2008年5点试验平均荚果产量5 602.05 kg/hm²，比对照天府14增产16.32%（极显著），两年试验平均荚果产量5 011.8 kg/hm²，比对照天府14增产12.76%，达极显著水平。2008年在南充、乐至、内江和苍溪4个试点进行生产试验，荚果平均产量4 957.5 kg/hm²，比对照天府14增产20.6%。

4.栽培要点

3月下旬至5月上旬，麦套花生栽培在麦收前30天左右播种为宜；春播密度127 500—150 000窝/hm²，每窝播2粒种子，单粒播种为210 000窝/hm²左右；种植方式以大垄双行栽培或宽窄行栽培为好。每公顷施纯氮（N）90—135 kg、五氧化二磷（P_2O_5）75—90 kg 、氧化钾（K_2O）75—90 kg。施底肥注意种与肥隔离；追肥不宜迟过初花期。及时中耕除草、防治叶部病虫害和地下害虫。

5.适宜种植区域

适宜在四川花生产区种植，不宜在青枯病常发区种植。

6.应用情况

天府20也是目前生产上的配套推广品种之一。

（十七）天府21

育成单位：四川省南充市农科院。

亲本及育种方法：以92系-66为母本，以TR594-8-4-3为父本杂交育成。

审定情况：未审定，2019年完成国家级登记，登记编号：GPD花生（2019）510278。

1.特征特性

中间型。食用、鲜食、油用。早熟中粒花生品种。株型直立，连续开花。株高40 cm，侧枝长45 cm左右。单株分枝数8个，结果枝7个。单株结果数17个，单株生产力24 g。荚果普通型或斧头形，大小中等，果嘴明显。百果重165—170 g，百仁重70—75 g。出仁率75%左右。春播全生育期127天。籽仁含油量51.04%，蛋白质含量24.33%，油酸含量56.3%，籽仁亚油酸含量23.0%。高感青枯病，中抗叶斑病，中抗锈病，抗旱性和抗倒性强，种子休眠性中等。

2. 产量表现

荚果第一生长周期单产4 222.5 kg/hm²，比对照中花4号增产6.82%；第二生长周期单产4 488 kg/hm²，比对照中花4号增产1.53%。籽仁第一生长周期单产3 137.25 kg/hm²，比对照中花4号增产13.88%；第二生长周期单产3 208.95 kg/hm²，比对照中花4号增产1.74%。

3. 栽培技术要点

3月下旬到5月上旬播种为宜。适合在肥力中等以上、土质疏松的田块种植。每公顷种植120 000—150 000穴，双粒穴播。每公顷施氮素（N）75—90 kg、磷素（P_2O_5）75—90 kg、钾素（K_2O）60—105 kg。坡台地重氮轻钾、冲积潮沙土重钾轻氮。施足基肥，苗期追施一定数量的速效肥。施底肥做到种与肥隔离，追肥要在初花期前施用。及时防治病虫害和防除杂草。成熟后及时收获。

4. 适宜种植区域及季节

适宜四川、贵州、湖北、重庆种植，3月至5月播种。

5. 注意事项

本品种高感青枯病，避免在花生青枯病产区种植。

6. 应用情况

本品种在适宜区域有少量示范种植。

（十八）天府22

育成单位：四川省南充市农科院。

亲本及育种方法：以963-4-1为母本，以中花8号为父本杂交育成。

审定情况：2011年12月通过四川省品种审定委员会审定，审定编号“川审油2011015”；2019年完成国家级登记，登记编号：GPD花生（2019）510211。

1. 特征特性

珍珠豆型早熟小粒种。株型直立，连续开花。主茎高35.5 cm，侧枝长41.8 cm，单株总枝数9.1个，结果数25.5个。荚果蚕茧形，百果重152.1 g，百仁重62.9 g，出仁率78.2%。籽仁含油量52.7%，蛋白质含量27.1%，油酸含量50.6%，油亚比（O/L）值1.54。

2. 熟性及抗性

早熟，全生育期春播125天、夏播120天左右。抗叶斑病，中抗锈病，抗旱性和抗倒性强。

3. 产量表现

2008年、2009两年10点次试验，增产点8个。荚果平均产量4 669.95 kg/hm²，比对照天府14增产9.69%，在2009年生产试验中，4个试验点增产。荚果平均产量3 465 kg/hm^2，比对照天府14增产10.04%。

4.栽培要点

3月中旬到6月上旬播种均可。适合在肥力中等以上、土质疏松的地块种植。种植密度以120 000—180 000窝/hm^{2}为宜，双粒穴播。每公顷施氮素（N）75—90 kg、磷素（P_2O_5）75—90 kg、钾素（K_2O）60—105 kg。坡台地重氮轻钾、冲积潮沙土重钾轻氮。施足基肥，苗期追施一定数量的速效肥。施底肥做到种与肥隔离，追肥要在初花期前施用。及时防治病虫害和防除杂草。成熟后及时收获。

5.适宜种植区域

四川非青枯病花生产区均可以种植。

6.应用情况

该品种产量较高，从2019年开始作为四川省多点试验的对照品种，目前在适宜区域有较大的示范应用面积。

（十九）天府23

育成单位：四川省南充市农科院。

亲本及育种方法：以963-4-1为母本，以中花8号为父本杂交育成。

审定情况：2009年通过国家级花生品种鉴定。2019年完成国家级登记，登记编号：GPD花生（2019）510279。

1.特征特性

早熟优质中大粒种，直立中间型，连续开花，疏枝。全生育期春播125天、夏播110天左右。主茎高45.0 cm，单株总分枝数8.5个，叶片长椭圆形，绿色，荚果普通形，籽仁圆锥形，种皮浅红色。抗倒性、耐旱性中等，种子休眠性强。百果重194.2 g，百仁重81.6 g，出仁率72.7%。经农业部油料及制品质量监督检验测试中心（武汉）检测，含油量52.74%，蛋白质含量25.39%，油酸含量53.6%，油酸/亚油酸比值2.07。中抗叶斑病，中抗锈病，高感青枯病，抗旱性和抗倒性中等，种子休眠性强。

2.产量情况

2008年参加长江流域片花生品种区域试验，荚果平均单产5 512.5 kg/hm^2，比对照中花4号增产18.90%；2009年续试，荚果平均单产4 532.25 kg/hm^2，比对照增产19.55%。两年荚果平均单产5 022.45 kg/hm^2，比对照中花4号增产19.23%。2009年参加长江流域片生产试验，荚果平均单产4 072.2 kg/hm^2，比对照中花4号增产13.93%。据重庆市万州区和湖北省当阳市引种试验结果，天府23表现高产。

3.适宜区域

适应性广，适宜在四川、重庆、湖北、湖南、江西、河南南部、江苏南部等地区种植。

4.应用情况

目前在四川重庆有一定的应用面积。

（二十）天府24

育成单位：四川省南充市农科学院。

亲本及育种方法：以936-10-2为母本，以836-22为父本杂交育成。

审定情况：2011年12月通过四川省品种审定委员会审定，审定编号“川审油2011017”；2019年完成国家级登记，登记编号：GPD花生（2019）510212。

1.特征特性

中间型中粒种。株型直立，连续开花。主茎高37.0 cm，侧枝长42.4 cm，单株总枝数8.0个，单株结果数22.3个。荚果普通型。百果重167.0 g，百仁重75.2 g，出仁率79.3%。籽仁含油量49.6%，蛋白质含量25.2%，油酸含量61.6%，油亚比（O/L）值2.73。

2.熟性及抗性

天府24早熟，全生育期125天左右．中抗叶斑病和锈病，抗旱性和抗倒性强。

3.产量表现

2008年、2009两年参加四川省区域试验，10点次试验，增产点7个，荚果平均单产4 567.5 kg/hm^2，比对照天府14增产7.28%。2010年的生产试验中，5个试验点增产，荚果平均产量3 892.5 kg/hm^2，比对照天府14增产14.37%。

4.栽培要点

3月下旬到5月上旬播种为宜。适合在肥力中等以上、土质疏松的地块种植。种植密度为120 000—180 000窝/hm^2，每窝播两粒种子。每公顷施氮素（N）75—90 kg、磷素（P_2O_5）75—90 kg、钾素（K_2O）60—105 kg。坡台地重氮轻钾、冲积潮沙土重钾轻氮。施足基肥，苗期追施一定数量的速效肥，施底肥做到种与肥隔离，追肥要在初花期前施用。及时防治病虫害和防除杂草。成熟后及时收获。

5.适宜种植区域

四川非青枯病花生产区均可以种植。

6.应用情况

天府24是目前生产上主要推广应用的花生品种之一。

（二十一）天府25

育成单位：四川省南充市农科院。

亲本及育种方法：以965-9-1为母本，以973-43-6为父本杂交育成。

审定情况：2011年12月通过四川省品种审定委员会审定，审定编号“川审油2011016”；2019年完成国家级登记，登记编号：GPD花生（2019）510213。

1.特征特性

中间型中粒种。株型直立，连续开花。主茎高37.1 cm，侧枝长42.1 cm，单株总枝数6.7个，单株结果数18.5个。荚果普通型或斧头形，百果重172.6 g，百仁重71.6 g，出仁率75.1%。籽仁含油量49.6%，蛋白质含量25.4%，油酸含量61.7%，油酸亚油酸比（0/L）值2.74。

2.熟性及抗性

天府25早熟。全生育期125天左右，中抗叶斑病和锈病，抗旱性和抗倒性强。

3.产量表现

2009年、2010两年参加四川省区域试验，10点次实验，增产点8个，荚果平均产量3 893.25 kg/hm^2，比对照天府14增产9.25%。2010年的生产试验，5点试验4点增产，荚果平均产量3 754.5 kg/hm^2，比对照天府14增产10.31%。

4.栽培要点

3月下旬到5月上旬播种为宜。适合在肥力中等以上、土质疏松的地块种植。种植密度为120 000—180 000窝/hm^2，双粒窝播。每公顷施氮素（N）75—90 kg、磷素（P_2O_5）75—90 kg、钾素（K_2O）60—105 kg。坡台地重氮轻钾、冲积潮沙土重钾轻氮。施足基肥，苗期追施一定数量的速效肥，施底肥做到种与肥隔离，追肥要在初花期前施用。及时防治病虫害和防除杂草。成熟后及时收获。

5.适宜种植区域

四川非青枯病花生产区均可以种植。

6.应用情况

天府25是目前生产上主要推广应用的花生品种之一。

（二十二）天府26

育成单位：四川省南充市农科院。

亲本及育种方法：以963-4-1为母本，以中花4号为父本杂交育成。

审定情况：2011年12月通过四川省品种审定委员会审定，审定编号“川审油2011016”；2019年完成国家级登记，登记编号：GPD花生（2019）510214。

1.特征特性

株型直立，连续开花。主茎高34.8 cm，侧枝长40.1 cm。单株总分枝7.1个，结果枝5.8个。荚果普通型或斧头形，种仁椭圆形，种皮粉红色。单株总果数13.3，饱果数11.5，单株生产力17.9 g。百果重192.6 g，百仁重83.1 g。出仁率77.3%，荚果饱满度73.7%。籽仁蛋白质含量25.2%，比对照天府14高0.6个百分点；含油量50.6%，比对照低0.3个百分点，油酸亚油酸比值1.77，比对照低0.11。

2.熟性、抗性及休眠性表现

天府26早熟性好，全生育期春播125天、夏播120天左右。抗旱性和抗倒性强，抗叶斑病。种子休眠性强。

3.产量表现

在2010—2011年两年四川省区域试验中，11个点次10点增产，荚果平均产量4 045.65 kg/hm^2，比对照天府14增产10.70%；籽仁产量3 064.65 kg/hm^2，比对照增产10.45%。2011年生产试验中，5个试验点增产，荚果平均产量4 489.95 kg/hm^2，比对照天府14增产9.61%。

4.栽培要点

3月下旬到5月下旬播种，种植密度120 000—180 000窝/hm^2，双粒窝播。每公顷施氮素（N）75—90 kg、磷素（P_2O_5）75—90 kg、钾素（K_2O）60—105 kg。坡台地重氮轻钾，冲积土壤重钾轻氮。施足底基肥，苗期追肥施一定数量的速效肥，底肥与种子隔离，追肥要在初花期前施用。适时防治病虫害。

5.适宜种植区域

天府26四川省花生主产区种植，但在青枯病区不宜种植。

6.应用情况

天府26是目前四川花生生产上主要示范推广应用的品种之一。

（二十三）天府27

育成单位：山东圣丰种业科技有限公司。

亲本及育种方法：以995-5-3为母本，以994-21-4为父本杂交育成。

审定情况：2014年1月通过四川省品种审定委员会审定，审定编号“川审油2013008”。

1.特征特性

属中间型小粒种。株型直立，连续开花。株高中等，主茎高40.7 cm，侧枝长45.7 cm。叶片深绿色，倒卵形，中等大。单株总枝数7.6个，结果枝6.4个，总果数16.0个，饱果数13.8个。荚果普通型或斧头形，网纹较浅，果嘴中等。种仁椭圆形，种皮浅红色。单株生产力18.7 g。百果重149.4 g，百仁重61.6 g。出仁率76.0%，荚果饱满度74.7%。种仁含油量53.30%，蛋白质含量27.45%，油酸亚油酸比值（O/L）2.09。

2.熟性、抗性及休眠性表现

天府27早熟，全生育期春播125天、夏播120天左右。抗倒力强，耐旱性强。抗叶斑病和锈病。不抗青枯病。种子休眠性强。

3. 产量表现

2011—2012年参加四川省区域试验，12点次全部增产，两年平均荚果产量4 258.95 kg/hm^2，比对照增产11.97%；籽仁产量3 175.35 kg/hm^2，比对照增产9.60%。2012年生产试验中，6个试点5点增产，荚果产量3404.85 kg/hm^2，比对照天府14增产11.19%。

4. 栽培要点

3月下旬到5月上旬播种为宜。麦套花生栽培在麦收前25—30天播种为宜，夏直播宜在油菜或小麦收后及时播种。种植密度为120 000—180 000窝/hm^2，每窝播两粒种子，单株栽培225 000株/hm^2。种植方式以大垄双行栽培或宽窄行栽培为好。每公顷施氮素（N）75—90 kg、磷素（P_2O_5）75—90 kg、钾素（K_2O）60—105 kg。坡台地重氮轻钾，冲积潮沙土重钾轻氮。施足基肥，苗期追施一定数量的速效肥，施底肥做到种与肥隔离，追肥要在初花期前施用。及时防治病虫害和防除杂草。成熟后及时收获。

5. 适宜种植区域

四川省非青枯病花生产区均可种植。

6. 应用情况

目前四川生产上有少量的示范应用。

（二十四）天府28

育成单位：四川省南充市农科院。

亲本及育种方法：以92系－66为母本，以中花9号为父本杂交育成。

审定情况：2014年1月通过四川省品种审定委员会审定，审定编号“川审油2013009”。

1. 特征特性

属中间型中粒黑皮花生品种。株型直立，连续开花。株高中等，主茎高40.0 cm，侧枝长44.2 cm。叶片绿色，倒卵形，中等大。单株总枝数7.5个，结果枝6.4个，总果数13.4个，饱果数11.3个。荚果普通型或斧头形，网纹中等，果嘴较明显。种仁椭圆形，种皮紫黑色。单株生产力17.6 g。百果重176.4 g，百仁重73.8 g，出仁率75.3%，荚果饱满度73.0%。种仁含油量53.37%，蛋白质含量27.36%，油酸亚油酸比值（O/L）1.24。

2. 熟性、抗性及休眠性表现

天府28早熟，全生育期春播125天、夏播120天左右。抗倒性和耐旱性较强，中抗叶斑病和锈病，不抗青枯病。种子休眠性较强。

3. 产量表现

2011—2012年参加四川省区域试验，12点次10点次增产，两年平均荚果产量4 121.7 kg/hm²，比对照增产8.36%；籽仁产量3 056.25 kg/hm²，比对照增产5.49%。2012年生产试验中，荚果产量3 423.75 kg/hm²，比对照天府14增产11.81%。

4.栽培要点

3月下旬到5月上旬播种为宜。麦套花生栽培在麦收前25—30天播种为宜，夏直播宜在油菜或小麦收后及时播种。种植密度为120 000—150 000窝/hm²，每窝播两粒种子，单株栽培210 000株/hm²。种植方式以大垄双行栽培或宽窄行栽培为好。每公顷施氮素（N）75—90 kg、磷素（P_2O_5）75—90 kg、钾素（K_2O）60—105 kg。坡台地重氮轻钾，冲积潮沙土重钾轻氮。施足基肥，苗期追施一定数量的速效肥，施底肥做到种与肥隔离，追肥要在初花期前施用。药剂拌种防治地下害虫及病害，保证一播全苗和壮苗，盖种后迅速喷药除草，苗期喷药防治病害。生育前、中期开沟排水，防止湿涝害；生育中后期加强叶部病虫防治，及时抗旱；适时收获。

5.适宜种植区域

四川省非青枯病花生生产区均可种植。

6.应用情况

目前四川适宜地区有一定的种植面积。

（二十五）天府29

育成单位：四川省南充市农科院。

亲本及育种方法：以984-11-1为母本，以973-43-10为父本杂交育成。

审定情况：2015年通过四川省品种审定委员会审定，审定编号“川审油2015 015”。

1.特征特性

中间型中粒种。株型直立，连续开花。叶片中等大小，椭圆形，绿色。株高中等，主茎高37.8 cm，侧枝长43.9 cm。单株分枝数6.7个，结果枝5.4个，总果数13.8个，饱果数11.5个。荚果普通型或斧头形，网纹中等，果嘴较明显，种仁椭圆形。百果重188.5g，百仁重79.9g，出仁率78.4%，荚果饱满度75.6%。种仁含油量51.09%，蛋白质含量27.09%，油酸亚油酸比值（O/L）2.06。

2.熟性、抗性及休眠性表现

早熟，全生育期春播125天、夏播120天左右。抗倒性和耐旱性较强，中抗叶斑病，高感青枯病。种子休眠性较强。

3.产量表现

2011年和2013年参加四川省区域试验，荚果产量4 344.15 kg/hm²和4 465.95 kg/hm²，比对照天府14增产11.93%和5.48%；籽仁量产3 309.3 kg/hm²和3472.95 kg/hm²，比对照

增产13.18%和6.97%。两年13点次10点次增产，平均荚果单产4 405.05 kg/hm^2，比对照增产8.56%；籽仁产量3391.2 kg/hm^2，比对照增产9.91%。2014年参加四川省生产试验，4个试点全部增产，平均荚果产量4 162.65 kg/hm^2，比对照天府14增产9.57%；籽仁产量3 120.75 kg/hm^2，比对照增产9.51%。高产栽培荚果单产可达6 750 kg/hm^{2}以上。

4.栽培要点

3月下旬到5月上旬播种为宜。麦套花生栽培在麦收前25—30天播种为宜，夏直播宜在油菜或小麦收后及时播种。种植密度为120 000—150 000窝/hm^2，每窝播两粒种子，单株栽培，225 600株/hm^2。种植方式以大垄双行栽培或宽窄行栽培为好。每公顷施氮素（N）75—90 kg、磷素（P_2O_5）75—90 kg、钾素（K_2O）60—105 kg。坡台地重氮轻钾，冲积潮沙土重钾轻氮。施足基肥，苗期追施一定数量的速效肥。施底肥做到种与肥隔离，追肥要在初花期前施用。药剂拌种防治地下害虫及病害，保证一播全苗和壮苗，盖种后迅速喷药除草。生育期间开沟排水，防止湿涝害；生育中后期加强叶部病虫防治，及时抗旱。适时收获。

5.适宜种植区域

四川省非青枯病花生产区均可种植。

6.应用情况

天府29正在四川花生主要产区示范推广。

（二十六）天府30

育成单位：四川省南充市农科院。

亲本及育种方法：以天府18号为母本，以994-21-4为父本杂交育成。

审定情况：2015年通过四川省品种审定委员会审定，审定编号“川审油2015 016”。

1.特征特性

属中间型中粒种。株型直立，连续开花。叶片中等大小，椭圆形，绿色。株高中等，主茎高39.2 cm，侧枝长45.0 cm。单株分枝数6.5个，结果枝5.5个，总果数12.6个，饱果数11.1个。荚果普通型或斧头形，网纹中等，果嘴较明显，种仁椭圆形。百果重183.8 g，百仁重78.2 g。出仁率76.0%，荚果饱满度75.0%。种仁含油量51.95%，蛋白质含量27.39%，油酸亚油酸比值（O/L）2.12。

2.熟性、抗性及休眠性表现

天府30早熟，全生育期春播125天、夏播120天左右。抗倒性和耐旱性较强，中抗叶斑病，高感青枯病。种子休眠性较强。

3.产量表现

2012—2013年参加四川省区域试验，荚果产量3 902.15 kg/hm^{2}和4 468.65 kg/hm^2，比对照天府14增产5.31%和5.55%；籽仁产量2 950.95 kg/hm^{2}和3 491.25 kg/

hm^2，比对照增产3.78%和7.53%。两年13点次试验10点次增产，平均荚果产量4 185.45 kg/hm^2，比对照增产5.44%；籽仁产量3 221.1 kg/hm^2，比对照增产5.78%。2014年参加四川省生产试验，4个试点全部增产，平均荚果产量4 309.95 kg/hm^2，比对照天府14增产13.45%；籽仁产量3 213.75 kg/hm^2，比对照增产12.77%。高产栽培荚果单产可达6 750 kg/hm^2以上。

4.栽培要点

3月下旬到5月上旬播种为宜。麦套花生栽培在麦收前25—30天播种为宜，夏直播宜在油菜或小麦收后及时播种。种植密度为120 000—150 000窝/hm^2，每窝播两粒种子，单株栽培，225 000株/hm^2。种植方式以大垄双行栽培或宽窄行栽培为好。每公顷施氮素（N）75—90 kg、磷素（P_2O_5）75—90 kg、钾素（K_2O）60—105 kg。坡台地重氮轻钾，砂壤土重钾轻氮。施足基肥，苗期追施一定数量的速效肥。施底肥做到种与肥隔离，追肥要在初花期前施用。药剂拌种防治地下害虫及病害，保证一播全苗和壮苗，盖种后迅速喷药除草。生育期间开沟排水，防止湿涝害；生育中后期加强叶部病虫防治，及时抗旱。适时收获。

5.适宜种植区域

四川省非青枯病花生产区均可种植。

6.应用情况

天府30正在四川花生主要产区示范推广。

（二十七）天府31

育成单位：四川省南充市农科院、山东圣丰种业科技有限公司。

亲本及育种方法：以005-18-1为母本，以天府18号为父本杂交育成。

审定情况：2016年通过四川省品种审定委员会审定，审定编号“川审油2016 012”。

1.特征特性

属中间型中粒种。株型直立，连续开花。叶片中等大小，椭圆形，绿色。株高中等，主茎高41.6 cm，侧枝长48.1 cm。单株分枝数7.9个，结果枝6.3个，总果数14.7个，饱果数12.6个，单株生产力20.3 g。荚果普通型，网纹较浅，种仁椭圆形。百果重176.6g，百仁重75.6 g，出仁率74.9%，荚果饱满度70.0%。种仁含油量54.54%，蛋白质含量25.02%，油酸亚油酸比值（O/L）2.51。

2.熟性、抗性及休眠性表现

早熟，全生育期春播125天，夏播120天左右。抗倒性和耐旱性强，中抗叶斑病，高感青枯病。种子休眠性较强。

3.产量表现

2014—2015年参加四川省区域试验，14点次12点次增产，荚果平均产量4 731.15 kg/hm²，比对照增产7.54%；籽仁平均产量3 563.55 kg/hm²，比对照增产7.80%。2016年参加四川省生产试验，7个试点全部增产，平均荚果产量4 180.5 kg/hm²，比对照天府14增产8.50%；籽仁产量7个试点5点增产，平均单产3091.35 kg/hm²，比对照增产6.61%。

4.栽培要点

3月下旬到5月上旬播种为宜。麦套花生栽培在麦收前25—30天播种为宜，夏直播宜在油菜或小麦收后及时播种。种植密度为120 000—150 000窝/hm²，每窝播两粒种子，单株栽培，225 000株/hm²。种植方式以大垄双行栽培或宽窄行栽培为好。每公顷施氮素（N）75—90 kg、磷素（P_2O_5）75—90 kg、钾素（K_2O）60—105 kg。坡台地重氮轻钾、沙壤土重钾轻氮。施足基肥，苗期追施一定数量的速效肥。施底肥做到种与肥隔离，追肥要在初花期前施用。药剂拌种防治地下害虫及病害，保证一播全苗和壮苗，盖种后迅速喷药除草。生育期间加强开沟排水，防止湿涝害；生育中后期加强叶部病虫防治，及时抗旱。适时收获。

5.适宜种植区域

天府32在四川省非青枯病花生产区均可种植。

6.应用情况

天府32正在四川花生主要产区示范推广。

（二十八）天府32

育成单位：四川省南充市农科院、山东圣丰种业科技有限公司。

亲本及育种方法：以中花13为母本，以豫花9327为父本杂交育成。

审定情况：2016年通过四川省品种审定委员会审定，审定编号“川审油2016 013”。

1.特征特性

属珍珠豆型大粒油用型品种。株型直立，连续开花。叶片中等大小，椭圆形，绿色。株高中等，主茎高44.8 cm、侧枝长49.6 cm。单株分枝数7.5个、结果枝6.3个，总果数13.5个，饱果数10.9个，单株生产力20.9 g。荚果普通型，网纹明显，种仁椭圆形。百果重217.1 g、百仁重94.3 g，出仁率75.9%，荚果饱满度71.2%。种仁含油量55.89%，蛋白质含量25.80%，油酸亚油酸比值（O/L）1.76。

2.熟性、抗性及休眠性表现

早熟，全生育期春播125天、夏播120天左右。抗倒性和耐旱性较强，感叶斑病，高感青枯病。种子休眠性较强。

3.产量表现

2014—2015年参加四川省区域试验，13点次12点次增产，荚果平均产量4 506.40 kg/hm²，比对照增产6.29%；籽仁平均产量3 425.85 kg/hm²，比对照增产8.07%。2016年参加四川省生产试验，7个试点全部增产，平均荚果产量4 154.55 kg/hm²，比对照天府14增产12.10%；籽仁产量7个试点6点增产，平均单产3 125.55 kg/hm²，比对照增产12.93%。

4.栽培要点

3月下旬到5月上旬播种为宜。麦套栽培在麦收前25—30天播种为宜，夏直播宜在油菜或小麦收后及时播种。种植密度为120 000—150 000窝/hm²，每窝播两粒种子，单株栽培，225 000株/hm²。种植方式以大垄双行栽培或宽窄行栽培为好。每公顷施氮素（N）75—90 kg、磷素（P_2O_5）75—90 kg、钾素（K_2O）60—105 kg。坡台地重氮轻钾、沙壤土重钾轻氮。施足基肥，苗期追施一定数量的速效肥。施底肥做到种与肥隔离，追肥要在初花期前施用。药剂拌种防治地下害虫及病害，保证一播全苗和壮苗，盖种后迅速喷药除草。生育期间开沟排水，防止湿涝害；生育中后期加强叶部病虫防治，及时抗旱。适时收获。

5.适宜种植区域

天府32在四川省非青枯病花生产区均可种植。

6.应用情况

天府32正在四川示范推广，特别适宜作为油用花生栽培。

（二十九）天府33

育成单位：四川省南充市农科院、中国农业科学院油料作物研究所。

亲本及育种方法：以中花16为母本，以K01-6为父本杂交育成。

审定情况：2016年通过四川省品种审定委员会审定，审定编号“川审油 2016 014”。

1.特征特性

属中间型大粒高油和高油酸花生品种。株型直立，连续开花。叶片中等大小，椭圆形，绿色。株高中等，主茎高39.5 cm，侧枝长46.8 cm。单株分枝数8.5个，结果枝7.0个，总果数16.1个，饱果数12.9个，单株生产力21.4 g。荚果普通型，网纹不明显，种仁椭圆形。百果重204.1 g，百仁重83.5 g，出仁率66.4%，荚果饱满度60.9%。种仁含油量56.52%，蛋白质含量24.91%，油酸含量75.3%，油酸亚油酸比值（O/L）13.45。

2.熟性、抗性及休眠性表现

中熟，全生育期春播127天、夏播122天左右。抗倒性和耐旱性强，抗叶斑病，高感青枯病。种子休眠性较强。

3.产量表现

2014—2015年参加四川省区域试验，两年14点次试验9点次增产，平均荚果产量4 706.61 kg/hm²，比对照天府14增产7.06%。2016年参加四川省生产试验，7个试点6点增产1点平产，平均荚果单产4 120.2 kg/hm²，比对照天府14增产6.93%。

4.栽培要点

3月下旬到5月上旬播种为宜。麦套花生栽培，在麦收前25—30天播种为宜，夏直播宜在油菜或小麦收后及时播种。种植密度为120 000—150 000窝/hm²，每窝播两粒种子，单株栽培225 000株/hm²。种植方式以大垄双行栽培或宽窄行栽培为好。每公顷施氮素（N）75—90 kg、磷素（P_2O_5）75—90 kg、钾素（K_2O）60—105 kg。坡台地重氮轻钾，沙壤土重钾轻氮。施足基肥，苗期追施一定数量的速效肥。施底肥做到种与肥隔离，追肥要在初花期前施用。药剂拌种防治地下害虫及病害，保证一播全苗和壮苗，盖种后迅速喷药除草。生育期间开沟排水，防止湿涝害。生育中后期加强叶部病虫防治，及时抗旱。适时收获。

5.适宜种植区域

四川省非青枯病花生产区均可种植。

6.应用情况

天府33是四川省审定的第一个高油酸花生品种，正在四川示范推广过程中，特别适宜于以花生油为主要食用油来源的地区种植。

（三十）天府34

育成单位：四川省南充市农科院、中国农业科学院油料作物研究所。

亲本及育种方法：以中花5号为母本，以ICGV8669为父本杂交育成。

审定情况：2016年通过四川省品种审定委员会审定，审定编号“川审油2016 015”。

1.特征特性

属珍珠豆型大粒种。株型直立，连续开花。叶片中等大小，椭圆形，绿色。株高中等，主茎高44.7 cm，侧枝长50.1 cm。单株分枝数8.6个，结果枝7.1个，总果数15.3个，饱果数12.1个，单株生产力20.0 g。荚果普通型，网纹明显，种仁椭圆形。百果重215.3 g，百仁重93.8 g，出仁率76.2%，荚果饱满a度71.1%。种仁含油量54.90%，蛋白质含量27.10%，油酸亚油酸比值（O/L）1.33。

2.熟性、抗性及休眠性表现

早熟，全生育期春播123天、夏播118天左右。抗倒性和耐旱性强，感叶斑病，高感青枯病。种子休眠性较强。

3.产量表现

2015—2016年参加四川省区域试验，14点次11点次增产，荚果平均单产4 616.75 kg/hm²，比对照增产6.51%；籽仁产量14点次10点次增产，平均单产3 501.75 kg/hm²，比对照增产7.64%。2016年参加四川省生产试验，7个试点5点增产，荚果平均单产3 901.35 kg/hm²，比对照天府14增产5.27%；籽仁7个试点6点增产，平均单产

2 955.9 kg/hm^2，比对照增产6.79%。

4.栽培要点

3月下旬到5月上旬播种为宜。麦套花生栽培在麦收前25—30天播种为宜，夏直播宜在油菜或小麦收后及时播种。种植密度为120 000—150 000窝/hm^2，每窝播两粒，单株栽培，225 000株/hm^2。种植方式以大垄双行栽培或宽窄行栽培为好。每公顷施氮素（N）75—90 kg、磷素（P_2O_5）75—90 kg、钾素（K_2O）60—105 kg。坡台地重氮轻钾，沙壤土重钾轻氮。施足基肥，苗期追施一定数量的速效肥，施底肥做到种与肥隔离，追肥要在初花期前施用。药剂拌种防治地下害虫及病害，保证一播全苗和壮苗，盖种后迅速喷药除草。生育期间开沟排水，防止湿涝害。生育中后期加强叶部病虫防治，及时抗旱。适时收获。

5.适宜种植区域

四川省非青枯病花生产区均可种植。

6.应用情况

天府34正在四川示范推广过程中。

二、蜀花系列

（一）蜀花1号（图版5-6）

育成单位：四川省农科院经作所。

亲本及育种方法：以0528为母本，以花11为父本杂交育成。

审定情况：2016年通过四川省品种审定委员会审定，审定编号“川审油2016017”；2018年完成国家级登记，编号：GPD花生（2018）510056。

1.特征特性

属中间型中大粒黑花生品种。株型直立，连续开花。叶片中等大小，椭圆形，浅绿色。主茎高40.1 cm，侧枝长46.6 cm。单株总分枝7.3个，结果枝5.8个，单株总果数15.5，饱果数13.1，单株生产力21.0 g。荚果普通型，网纹明显，种仁椭圆形，种皮紫黑色。百果重197.6 g，百仁重79.0 g，出仁率70.7%，饱果重率92.8%，饱仁重率90.9%。种仁含油量45.6%，蛋白质含量26.8 %，总含糖量3.8%，油酸亚油酸比值（O/L）1.3。

2.熟性、抗性及休眠性表现

中熟，全生育期春播135天、夏播125天左右。抗倒性和耐旱性强，中等抗叶斑病和蚜虫，感青枯病。种子休眠性较强。

3.产量表现

2013—2014年参加四川省区域试验，13点次10点次增产，荚果平均单产

4 516.5 kg/hm²，比对照增产7.59%；籽仁8点次增产，平均单产3 202.95 kg/hm²，比对照增产1.60%。2015年参加生产试验，5个试验点4点增产，荚果平均单产4 105.05 kg/hm²；籽仁单产2 998.65 kg/hm²，分别比对照增产4.27%和0.53%。

4.栽培要点

四川在3月中旬至5月上旬均可种植，播前用50%多菌灵、根瘤菌剂和钼肥拌种。整地做到地平、地净无根茬。精耕细耙，保持耕层深厚，结实层疏松。播种前15天，每公顷用90%草甘磷10 500 g对水喷施土壤，整地深度以14—17 cm为宜，要求土壤疏松、细碎、湿润。施足基肥，合理开厢，种植密度127 500—135 000 窝/hm²。条播，每垄种2行，垄面上行距26.6—30 cm，窝距26.6—33.3 cm。每窝播种2—3粒，然后盖细土3 cm左右。生长期主要是抗旱排涝防烂果，控制徒长保稳花，治虫保果夺丰收，防病、保叶、促果饱。对长势过旺的田块，在盛花期用15%多效唑450 g/hm²左右兑水750 kg喷雾控制徒长；6月下旬至7月上旬，每公顷用磷酸二氢钾2 250—3 000 g或过磷酸钙37.5 kg、草木灰45 kg分别浸泡一昼夜，取其清液兑水750 kg，加尿素7.5—15 kg、50%多菌灵750 g喷洒叶片，进行根外追肥。生育中后期加强叶部病虫防治，及时抗旱。适时收获。

5.适宜种植区域

四川省花生产区除青枯病严重地不适合种植外，均可种植。

6.应用情况

蜀花1号正在四川地区示范推广。

（二）蜀花2号（图版5-7）

育成单位：四川省农科院经作所。

亲本及育种方法：以远杂9102辐射变异株为母本，以05-77为父本杂交育成。

审定情况：2016年通过四川省品种审定委员会审定，审定编号“川审油 2016 018”；2018年完成国家级登记，编号：GPD花生（2018）510057。

1.特征特性

珍珠豆型中大粒种，植株直立，主茎高33.0 cm，侧枝长38.4 cm，单株总分枝7.1个，结果枝6.3个，单株总果数13.1，饱果数10.6，单株生产力21.5 g。荚果普通型和斧头形，壳薄饱满，种皮粉红色，种仁粒大小均匀，百果重207.2 g，百仁重86.1 g，出仁率72.5%，饱果重率91. 6%，饱仁重率93.4%，荚果饱满度66.1%。种仁含油量46.4%，蛋白质含量24.1 %，总含糖量3.5%，油酸亚油酸比值（O/L）1.1。

2.熟性、抗性及休眠性表现

属中早熟型，全生育期春播130天、夏播120天左右。抗倒性强，耐旱性较强，抗叶斑病，青枯病抗性强于对照。种子休眠性较强。

3.产量表现

2014—2015年参加四川省区域试验，14点次试验荚果13点次增产，荚果平均单产3 522 kg/hm²，比对照增产6.55%。2016年参加生产试验，7个试点6点增产，荚果平均单产4 248.3 kg/hm²，比对照增产10.26%；籽仁产量5点增产，平均单产2 970.75 kg/hm²，比对照增产2.45%。

4.栽培要点

3月中旬至5月上旬均可播种，播前用50%多菌灵、根瘤菌剂和钼肥拌种。整地做到地平、地净无根茬，精耕细耙。播种前15天，每公顷用90%草甘磷10 500 g兑水喷施土壤，整地深度以14—17 cm为宜。种植密度135 000窝/hm²左右。条播，每垄种2行，垄面上行距26.6—30 cm，窝距26.6—33.3 cm。每窝播种2—3粒，然后盖细土3 cm厚，盖种后迅速喷药除草。对长势过旺的田块，在盛花期末每公顷用15%多效唑450 g兑水750 kg喷雾，防徒长；6月下旬至7月上旬，每公顷用磷酸二氢钾2 250—3 000 g或过磷酸钙37.5 kg、草木灰45 kg分别浸泡一昼夜，取其清液兑水50 kg，加尿素7.5—15 kg、50%多菌灵750 g喷洒叶片，进行根外追肥。生育中后期加强叶部病虫防治，及时抗旱。适时收获。

5.适宜种植区域

四川省花生产区除青枯病严重地不适合种植外均可种植。

6. 应用情况

蜀花2号正在四川示范推广。

（三）蜀花3号（图版5-8）

育成单位：四川省农业科学院经济作物育种栽培研究所。

亲本及育种方法：以05-86为母本，以中花8号为父本杂交育成。

审定情况：2016年通过四川省品种审定委员会审定，审定编号“川审油2016 019”；2018年完成国家级登记，编号：GPD花生（2018）510058。

1.特征特性

珍珠豆型中大粒花生种。直立型，主茎高47.2 cm，侧枝长54.0 cm。单株总分枝8.9个，结果枝7.5个。单株总果数16.5，饱果数13.3，单株生产力20.1 g。荚果普通型，百果重203.7 g，百仁重92.2 g。出仁率74.2%，饱果重率92.1%，饱仁重率95.2%，荚果饱满度70.6%。籽仁含油量54.32%，粗蛋白含量26.51%，油酸亚油酸比值（O/L）I.36。

2. 熟性、抗性及休眠性表现

早熟，春播全生育期126天左右、夏播110天左右。耐旱性和抗倒性较强，中抗叶斑病，感青枯病。种子休眠性强。

3. 产量表现

2015—2016年参加区试，14点次试验13点次增产，荚果平均单产4 660.95 kg/hm^2，比对照增产7.57%；籽仁平均单产3 532.65 kg/hm^2，比对照增产8.60%。2016年参加生产试验，7个试点6点增产，荚果平均单产3 925.95 kg/hm^2，籽仁单产2 959.35 kg/hm^2，分别比对照天府14增产5.93%和6.92%。

4. 栽培要点

3月上旬至5月下旬均可播种，播前用50%多菌灵、根瘤菌剂和钼肥拌种。整地做到地平、地净、无根茬，精耕细耙。播种前15天，每公顷用90%草甘磷10.5 kg兑水喷施土壤，整地深度以14—17 cm为宜。种植密度135 000窝/hm^{2}左右。每窝播种2—3粒，然后盖细土3 cm，盖种后迅速喷药除草。播种后进行覆膜，务必使膜紧贴厢面，并用泥土将膜四周压紧。对长势过旺的田块，在盛花期末每公顷用15%多效唑450 g兑水750 kg喷雾防徒长；6月下旬至7月上旬，每公顷用磷酸二氢钾2 250—3 000 g或过磷酸钙37.5 kg、草木灰45 kg分别浸泡一昼夜，取其清液兑水750 kg，加尿素7.5—15 kg、50%多菌灵750 g喷洒叶片，进行根外追肥。生育中后期加强叶部病虫防治，及时抗旱。植株中下部叶片正常脱落，种皮呈现紫红色时即可收获。收获后及时晒干，以防止霉变。

5. 适宜种植区域

四川省花生产区除青枯病严重地不适合种植外均可种植。

6. 应用情况

蜀花3号正在四川示范推广。

三、其他系列

（一）云花1号

育成单位：四川新丰种业有限公司。

亲本及育种方法：以伏花2号为母本，以91-9为父本杂交育成。

审定情况：2013年1月通过四川省品种审定委员会审定，审定编号“川审油2012011”。

1. 特征特性

直立型中粒花生种。主茎高36.7 cm，侧枝长42.5 cm。单株总分枝7.5个，结果枝6.3个。荚果普通型，单株总果数14.1，饱果数12.7，单株生产力17.3 g。百果重176.4 g，百仁重72.9 g。出仁率78.1%，荚果饱满度75.2%。籽仁蛋白质含量27.8%，比对照天府14号高3个百分点；含油率52.7%，比对照高1.8个百分点，油酸亚油酸比值（O/L）1.5；比对照低0.38。

2.熟性、抗性及休眠性表现

早熟，春播全生育期130天、夏播110天左右。抗旱性弱，抗倒性中等，中抗叶斑病。种子休眠性较强。

3.产量表现

2010—2011年参加四川省区试中，11点次试验10点次增产，荚果平均单产4 090.2 kg/hm²，比对照天府14增产11.92%；籽仁单产3 113.4 kg/hm²，比对照增产12.21%。2011年参加生产试验，6点试验5点增产，荚果平均单产4 301.4 kg/hm²，比对照天府14增产5.01%。

4.栽培要点

3月下旬到5月上旬播种。种植密度为127 500—180 000窝/hm²，每窝播种两粒。种植方式以大垄双行栽培或宽窄行栽培为好。施足底肥，适时追肥。底肥以有机肥和磷钾肥为主。每公顷施氮素（N）75—90 kg、磷素（P_2O_5）90—135 kg、钾素（K_2O）75—105 kg。坡台地重氮轻钾、冲积潮沙土重钾轻氮。施足基肥，苗期追施一定数量的速效肥。施底肥做到种与肥隔离，追肥不宜迟过初花期。加强田间管理，注意防治病虫害。及时中耕除草、防治叶部病害和地下害虫。成熟后及时收获。

5.适宜种植区域

四川省非青枯病花生产区均可种植。

6.应用情况

云花1号正在四川部分花生产区示范应用。

（二）云花2号

育成单位：四川新丰种业有限公司。

亲本及育种方法：以91-3-4为母本，以92-1-11为父本杂交育成。

审定情况：2014年1月通过四川省品种审定委员会审定，审定编号“川审油2013007”。

1.特征特性

株型直立，疏枝，连续开花。主茎高37.5 cm，侧枝长41.8 cm，单株总分枝7.6条，结果枝6.6条；单株结果数13.1个，饱果数13个，单株生产力18.5 g。荚果普通型，籽仁椭圆形，种皮粉红色。百果重189.7 g，百仁重80.2 g，出仁率75.6%，荚果饱满度74%，千克果数636个粒；籽仁蛋白质含量29.6%，含油率

50%，油酸45.2%，亚油酸31.7%，油酸亚油酸比值（O/L）1.43，总糖2.64%。

2.熟性、抗性及休眠性表现

中早熟，全生育期春播130天、夏播120天左右。抗旱性、抗倒性强，中抗叶斑病，不抗青枯病。种子休眠性强。

3.产量表现

2011—2012年参加四川省区试，12点次试验10点增产，荚果平均单产4 229.1 kg/hm^2，比对照天府14增产11.48%；籽仁单产3 144.6 kg/hm^2，比对照增产9.05%。2012年参加生产试验，6个点试验点全部增产，荚果平均单产3 471.3 kg/hm^2，比对照天府14增产13.37%；籽仁平均单产2 617.5 kg/hm^2，比对照增产14.7%。

4.栽培要点

3月下旬到5月上旬播种。种植密度为127 500—180 000窝/hm^2，每窝播2粒。种植方式以大垄双行栽培或宽窄行栽培为好。施足底肥，适时追肥。底肥以有机肥和磷、钾肥为主。每公顷施氮素（N）75—90 kg、磷素（P_2O_5）90—135 kg、钾素（K_2O）75—105 kg。坡台地重氮轻钾、冲积潮沙土重钾轻氮。施足基肥，苗期追施一定数量的速效肥。施底肥做到种与肥隔离，追肥不宜迟过初花期。加强田间管理，注意防治病虫害。及时中耕除草，防治叶部病害和地下害虫。成熟后及时收获。

5.适宜种植区域

四川省非青枯病花生产区均可种植。

6.应用情况

云花2号正在四川部分花生产区示范应用。

（三）云花29

育成单位：四川新丰种业有限公司。

亲本及育种方法：以天府9号为母本，以鲁花11为父本杂交育成。

审定情况：2016年通过四川省品种审定委员会审定，审定编号“川审油2016 016”。

1.特征特性

属中间型大粒种。株型直立，连续开花。叶片较大，椭圆形，深绿色。主茎高39.1 cm，侧枝长43.6 cm。单株分枝数8.4个，结果枝6.9个，总果数15个，饱果数12.2个，单株生产力20.5 g。荚果普通型，网纹中等，果嘴短，种仁椭圆形，种皮粉红色。百果重201.2 g，百仁重89.4 g，出仁率76.2%，荚果饱满度71.1%。种仁含油量54.82%，蛋白质含量25.56%，油酸亚油酸比值（O/L）1.26。

2.熟性、抗性及休眠性表现

早熟，全生育期春播126天、夏播120天左右。抗倒性和耐旱性较强，中抗叶斑病，高感青枯病。种子休眠性较强。

3.产量表现

2014年和2015年参加四川省区域试验，13点次11点次增产，荚果平均单产4 539 kg/hm²，比对照增产7.07%；籽仁产量平均3 453.75 kg/hm²，比对照增产8.95%。2016年参加四川省生产试验，7个试点6点增产，荚果平均单产4 045.5 kg/hm²，比对照天府14增产9.16%；籽仁产量3 023.1 kg/hm²，比对照增产9.22%。

4.栽培要点

3月下旬至5月上旬播种为宜，麦套花生栽培宜在麦收前25—30天播种，夏直播宜在油菜或小麦收后及时播种。以大垄双行栽培或宽窄行栽培为好，种植密度为120 000—150 000窝/hm²，每窝留两苗，若单株栽培，225 000株/hm²左右。每公顷施氮素（N）75—90 kg、磷素（P_2O_5）90—135 kg、钾素（K_2O）75—105 kg。坡台地重氮轻钾，砂壤土重钾轻氮。施足基肥，苗期追施一定数量的速效肥。施底肥做到种与肥隔离，追肥在初花期前施用。药剂拌种防治地下害虫及病害，保证一播全苗和壮苗，盖种后迅速喷药除草。生育期间加强开沟排水，防止湿涝害；生育中后期加强叶部病虫防治，及时抗旱。适时收获。

5.适宜种植区域

四川省非青枯病花生产区均可种植。

6.应用情况

云花29正在四川部分花生产区示范应用。

（四）花育6801

育成单位：山东省花生研究所。

亲本及育种方法：以鲁花8号为母本，以D089为父本杂交育成。

审定情况：2016年通过四川省品种审定委员会审定，审定编号“川审油2016 020”。

1.特征特性

属中间型早熟小粒种。株型直立，连续开花。叶片中等大小，椭圆形，绿色。株高中等，主茎高37.1 cm，侧枝长41.3 cm。单株分枝数7.4个，结果枝6.1个，总果数16.3个，饱果数13.5个，单株生产力20.1 g。荚果普通型，网纹中等，种仁椭圆形。百果重162.0 g，百仁重71.2 g，出仁率77.7%，荚果饱满度71.4%。种仁含油量59.33%，蛋白质含量23.20%，油酸亚油酸比值（O/L）1.46。种子休眠性和抗倒性较强，耐旱性强，中抗叶斑病，高感青枯病，但抗性强于对照。

2.产量表现

2014—2015年参加四川省区域试验，14点次试验11点次增产，荚果平均单产4 635.45 kg/hm^2，比对照增产5.36%；籽仁12点次增产，平均单产3 591.75 kg/hm^2，比对照增产8.66%。2016年参加四川省生产试验，7个试点6点增产，荚果单产4 066.05 kg/hm^2，比对照天府14增产5.53%；籽仁7个试点全部增产，单产3 194.4 kg/hm^2，比对照增产10.16%。

3.栽培要点

3月下旬至5月上旬播种为宜，麦套花生栽培宜在麦收前25—30天播种，夏直播宜在油菜或小麦收后及时播种。以大垄双行栽培或宽窄行栽培为好，每公顷120 000—150 000窝，每窝留两苗；若单株栽培，每公顷225 000株左右。每公顷施N 75—90 kg、P_2O_5 75—90 kg、K_2O 60—105 kg。坡台地重氮轻钾，沙壤土重钾轻氮。施足基肥，苗期追施一定数量的速效肥。底肥做到种肥隔离，追肥在初花期前施用。药剂拌种防治地下害虫及病害，保证一播全苗和壮苗，盖种后迅速喷药除草；生育期间加强开沟排水，防止湿涝害；生育中后期加强叶部病虫防治，及时抗旱。适时收获。

4.适宜种植地区

四川省非青枯病花生产区均可种植。

5.应用情况

花育6801在四川部分花生产区有少量应用。

（五）花育9806

育成单位：山东省花生研究所。

亲本及育种方法：以鲁花14为母本，以W96（野生种）为父本杂交育成。

审定情况：2016年通过四川省品种审定委员会审定，审定编号“川审油2016 021”。

1.特征特性

属中间型早熟中粒种。株型直立，连续开花。叶片中等大小，椭圆形，绿色。株高中等，主茎高37.0 cm，侧枝长41.1 cm。单株分枝数6.3个，结果枝5.2个，总果数14.4个，饱果数11.2个，单株生产力20.1 g。荚果普通型，网纹中等，种仁椭圆形。百果重190.9 g，百仁重84.3 g，出仁率74.5%，荚果饱满度69.1%。种仁含油量53.24%，蛋白质含量24.63%，油酸亚油酸比值（O/L）1.93。种子休眠性和抗倒性较强，耐旱性强，抗叶斑病，高感青枯病，但抗性强于对照。

2. 产量表现

2014—2015年参加四川省区域试验，13点次试验11点次增产，荚果平均单产4 566.3 kg/hm²，比对照增产7.71%；籽仁10点次增产，平均单产3 895.95 kg/hm²，比对照增产7.27%。2016年参加四川省生产试验，7个试点5点增产，荚果单产3 895.95 kg/hm²，比对照天府14增产5.12%；籽仁单产2 886.3 kg/hm²，比对照增产4.28%。

3. 栽培要点

3月下旬至5月上旬播种为宜，麦套花生栽培宜在麦收前25—30天播种，夏直播宜在油菜或小麦收后及时播种。以大垄双行栽培或宽窄行栽培为好，每公顷种120 000—150 000窝，每窝留两苗；若单株栽培，每公顷种225 000株左右。每公顷施N 75—90 kg、P_2O_5 75—90 kg、K_2O 60—105 kg。坡台地重氮轻钾，沙壤土重钾轻氮。施足基肥，苗期追施一定数量的速效肥。施底肥做到种与肥隔离，追肥在初花期前施用。药剂拌种防治地下害虫及病害，保证一播全苗和壮苗，盖种后迅速喷药除草；生育期间加强开沟排水，防止湿涝害；生育中后期加强叶部病虫防治，及时抗旱。适时收获。

4. 适宜种植地区

四川省非青枯病花生产区均可种植。

5. 应用情况

花育9806在四川部分花生产区有少量应用。

（六）潍花19

育成单位：山东省潍坊市农业科学院。

亲本及育种方法：以H24-6为母本，以花育23为父本杂交育成。

审定情况：2016年通过四川省品种审定委员会审定，审定编号“川审油2016 022”；2019年完成国家级登记，编号：GPD花生（2019）370200。

1. 特征特性

属中间型小粒种。株型直立，连续开花。叶片小，长椭圆形，绿色。株高中等，主茎高36.1 cm，侧枝长37.7厘米。单株分枝数6.0个，结果枝5.4个。结果集中、整齐，荚果普通型，种仁椭圆形、粉红色。百果重165.1 g，百仁重68.7 g，出仁率78.5%。种仁含油量54.0%，蛋白质含量25.0%，油酸亚油酸比值（O/L）1.87 。

2. 熟性、抗性及休眠性表现

早熟，全生育期春播125天。抗倒性和耐旱性强，抗叶斑病，高感青枯病。种子休眠性较强。

3. 产量表现

2013—2014年参加四川省区域试验，14点次试验9点次增产，荚果平均单产4 486.65 kg/hm^2，比对照增产4.47%；籽仁10点次增产，平均单产3 472.2 kg/hm^2，比对照增产7.14%。2015年参加四川省生产试验，5个试点全部增产，荚果平均单产4 246.65 kg/hm^2，比对照天府14增产7.86%；籽仁5个试点4点增产，平均单产3 220.2 kg/hm^2，比对照增产7.96%。

4. 栽培要点

适合在肥力中等以上、土质疏松的田块种植。增施有机肥，每公顷施尿素150 kg、磷酸二铵330 kg、硫酸钾165 kg，或同等含量的其他化肥。适宜种植密度165 000窝／hm^2，每窝播2粒。生育中后期选用爱苗、戊唑醇、凯润等杀菌剂防治叶斑病，有旺长趋势时适时采取化控措施，及时防治病虫害和防除杂草。成熟后及时收获。

5. 适宜种植区域

四川省非青枯病花生产区均可种植。

6. 应用情况

潍花19在四川部分花生产区有少量应用。

第六章 花生高产栽培及合理耕作的生物学与农艺学基础

第一节　花生生长发育的主要器官

栽培种花生从外部形态看，一棵完整的植株主要由根、茎（主茎和分枝）、叶、花、果针（或果柄）、荚果（包含种子）等部分组成（图6-1）。

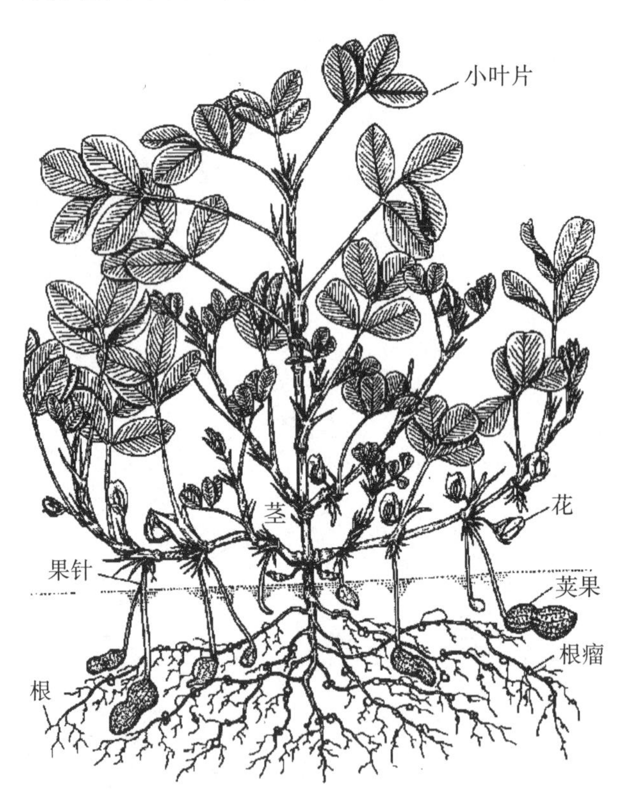

图6-1　花生植株（引自PeanutHealth Management）

一、花生种子

（一）种子的形态特征

花生种子通称花生仁或花生米，着生在荚果的腹缝线上。成熟种子的外形，一般是子叶端钝圆或较平，另一端（胚端）较突出。种子形状分为椭圆形、三角形、桃形、圆锥形和圆柱形5种（图6-2）。品种间种子形态差异较大，基本上受荚果形状制约，同时与栽培条件亦有一定关系。如普通型品种种子多为椭圆形、较细长，珍珠豆型品种多为桃形、较短圆。

花生种子大小在各品种间差异很大，主要取决于品种遗传特性，也受到自然条件和栽培措施的影响。通常以饱满种子的百仁重来计量花生品种的种子大小，大体可分为大粒种、中粒种、小粒种3种。百仁重在80 g以上为大粒种，50—80 g为中粒种，50 g以下为小粒种。种子大小是产量构成因素之一，与种子成熟度和栽培条件密切相关，适宜的环境和良好的栽培条件有利于荚果充实饱满，粒大粒重。普通型大粒品种的百仁重可以超过100 g，而一些珍珠豆型品种的百仁重不足50 g。同一植株上种子的大小和成熟度差异很大，充分发育成熟的饱满种子显著大于发育未成熟的种子。成熟度好的种子所含养分多，播种出苗后苗势强、苗壮。未成熟的种子含油少，而糖和游离脂肪酸含量相对较高，播种后吸水力强，发芽较快。但由于含养分少，未必早出苗，发芽率往往较低、苗势较弱。在两室荚果中，通常前室种子（通称先豆）较后室种子（通称基豆）发育晚、重量轻。

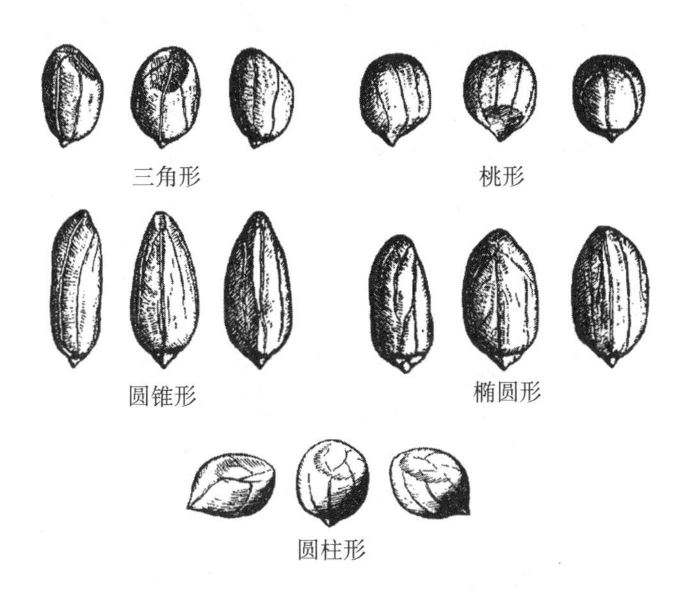

图6-2　花生种子形状（山东省花生研究所，1982）

（二）种子结构

1.种皮

花生种子由种皮和胚两部分组成。胚又分为胚根、胚轴、胚芽和子叶4部分（图6-3），胚乳在种子发育中途败育，偶在胚芽上方可见薄膜状胚乳遗迹。种子近尖端部分种皮表面有一白痕为种脐，种皮由珠被发育而来，有些品种外表皮易裂开呈白色裂纹，影响外观，易染黄曲莓菌。种皮出现裂纹与种皮结构有关，与生育后期土壤干湿变化等环境条件亦有一定关系。花生种皮的颜色大体分为紫、紫红、紫黑、红、深红、粉红、淡红、浅褐、淡黄、白色等十余种，另外还有红白黑组成的不同彩色花纹的种皮色，而众多种皮色中以粉红色最多。种皮颜色受环境和栽培条件影响甚小，可作为区分花生品种的特征之一。种皮主要起保护作用，防止有害微生物的侵害。研究认为，在花生荚果诸多抗黄曲霉毒素污染性状中，种皮结构最为可靠。种皮表面蜡质匀而厚、细胞排列紧密、透性低、种脐小的品种（系）抗性较强。

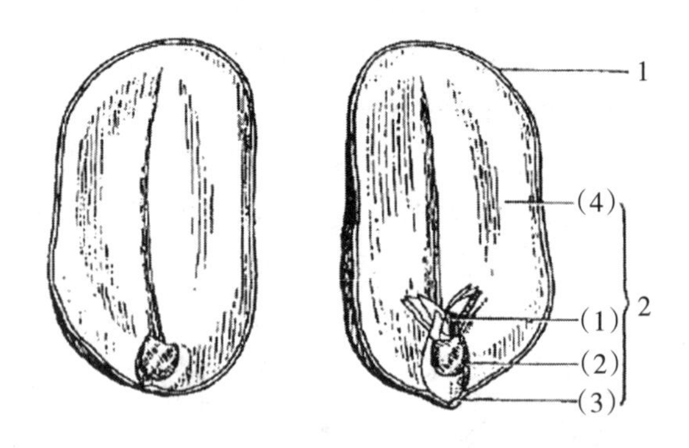

图6-3　花生种子结构（山东省花生研究所，1982）

1.种皮；2.胚：（1）胚芽；（2）胚轴；（3）胚根；（4）子叶

2.胚芽、子叶

胚的各部分由受精卵发育而来。子叶两片，特别肥厚，呈乳白色，有光泽，富含脂肪、蛋白质等营养物质，重量占种子重的90%以上。子叶是贮藏养分的场所，为种子萌发过程中器官分化与形成提供营养。试验和大田生产均证明，子叶大小及出苗后完整与否对幼苗长势强弱和未来产量有显著相关性。胚芽白色，由一个主芽和两个子叶节侧芽组成，主芽发育成主茎，子叶节侧芽发育成第一对侧枝。成熟种子内，主芽上已可见两片幼小真叶和3个真叶原基；两个侧芽上各具鳞叶1—2片及1片幼小真叶，并有2—3片叶原基，在鳞叶叶腋内已有1—2个二次芽原基。胚根突出于两片子叶之外，呈短朦状，将来发育成主根。胚根和子叶节之间为下胚轴。

3. 下胚轴

下胚轴是根与茎之间的过渡区域，在正常播种深度下，下胚轴延伸将子叶推出土面，同时下胚轴具有输导组织，将根系从土壤中吸收的营养和水分输送到发育中的茎枝。下胚轴损伤不但阻止其本身的延伸，也阻断营养和水分向茎枝的输送。

4. 胚根

胚根将发育成主根，使主根上整个根系得以发育。伤害胚根将影响主根发育，并导致次生根集中于下胚轴的基部，这样将减小植株的根系比例，而延迟幼苗的生长和发育。

（三）种子的休眠性

具有生活力的成熟种子，在适宜发芽的条件下不能萌发的现象，称为种子的休眠性。种子通过休眠所需时间称为休眠期。不同类型花生品种的种子休眠期差异较大，交替开花型品种休眠期多为90—120天，有的品种长达150天以上；连续开花型品种多无休眠期或休眠期很短，这类品种若收获不及时，种子在地下便开始发芽，造成产量损失。

花生种子休眠的原因是种皮障碍与胚内生长调节物质共同作用的结果。珍珠豆型与多粒型品种的休眠与种皮障碍有关，种子未熟时，种皮不易透气，阻碍发芽，种子成熟后种皮变干，透气屏障解除，种子即能发芽。这类种子只要破除种皮，即能解除休眠，使之发芽。普通型、龙生型花生种子的休眠性除种皮障碍外，还受胚内ABA等激素途径的调控影响，单纯通过破除种皮的方法不能使这类种子发芽。

二、根

（一）形态结构

图6-4 花生根系形态结构

（山东省花生研究所，1982年）

花生的根属直根系，由一条主根和多条次生侧根组成。主根由胚根长成，由主根上分生出的侧根称一次（级）侧根，一次侧根分生出的侧根称二次侧根，依此类推（图6-4）。胚轴和侧枝基部可发生不定根。根的初生结构由外向内依次为表皮、皮层、内皮层、维管束峭、初生木质部、初生韧皮部和髓部

（图6-5）。花生初生根形成木栓层后，内皮层及其外面的皮层即脱落。

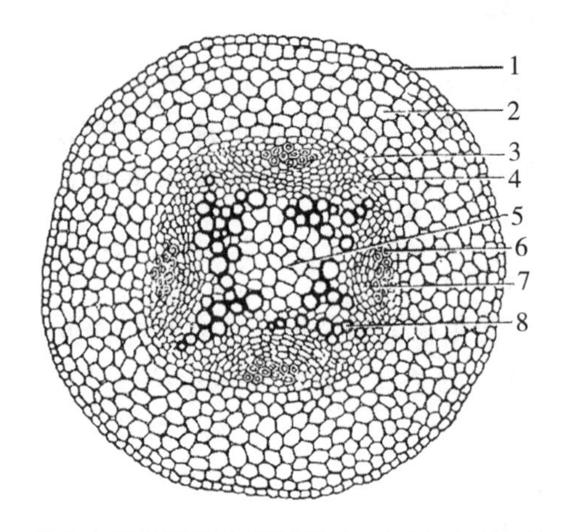

图6-5　花生主根幼嫩部分横截面（山东省花生研究所，1982年）

1.表皮；2.皮层薄壁细胞；3.内皮层；4.中柱销；5.髓；6.初生韧皮部；7.形成层；8.初生木质部

（二）胚轴的形态结构

花生根部与茎部交界处维管束构造和排列有个转换的过渡区，其形态解剖特征介于根茎之间，这个转换区即胚轴（通常是指下胚轴，即由子叶节向下至主根之间的这段），亦称胚茎和根颈。胚轴属茎部，其功能与茎部相似。当种子萌发后，胚轴向上伸长，将子叶推出地面，因此，花生幼芽出土依赖于胚轴的伸长。花生开花后，其上可长出不定根并形成根瘤。播种质量对胚轴的正常生长及花生出苗有很大影响。如播种时种子倒置，发芽后胚轴会出现弯曲，影响幼苗的正常出土；播种过深或覆土过厚，胚轴在一定范围内可相应伸长，但在出苗过程中消耗养分过多，不利于幼苗和根系的发育。

（三）根瘤和根瘤菌

花生和其他豆科作物一样，根上长有瘤状结构，称为根瘤。根瘤的形成是由于土壤中的根瘤菌侵入根部组织所致。根瘤菌从根毛侵入，存在于根皮层的薄壁细胞中。根瘤菌在皮层细胞中迅速地分裂繁殖，同时皮层细胞因根瘤菌侵入的刺激，进行细胞分裂。结果在这一区域内的皮层细胞数目增加，体积膨大，形成瘤状突起，就是根瘤（图6-6）。花生根瘤菌属于虹豆族根瘤菌。花生根瘤圆形，直径一般为1—5 mm，多数着生在主根的上部和靠近主根的侧根上，在胚轴上亦能形成根瘤。根瘤的大小、着生部位、内部颜色等都与固氮能力有关，主根上部和靠近主根的侧根上的根瘤较大，固氮能力也较强。

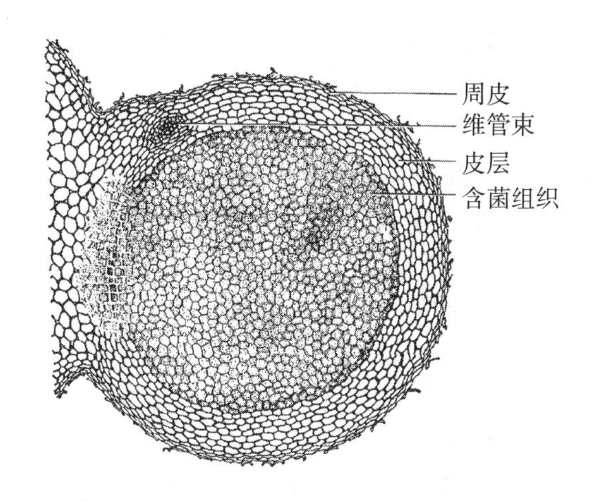

图6–6 花生根瘤横截面（山东省花生研究所，1982）

花生根瘤菌在土壤中时，不能固氮。当花生出苗后，幼根分泌的乳糖、半乳糖及有机酸等物质，吸引土壤根瘤菌聚集在幼根周围，进而通过表皮细胞进入皮层细胞，进行分裂繁殖，受侵染的皮层细胞及其附近的细胞受刺激后，发生不正常激烈分裂，逐步扩大，当幼苗主茎生出4—5片真叶时，幼根上便形成肉眼可见的圆形瘤状体。此时根瘤内的根瘤菌还不能固氮或固氮能力很弱，不但不能供给花生生育所需氮素营养，还要吸收花生植株中的氮素和碳水化合物来维持本身的生长与繁殖。因此，幼苗期的根瘤菌对花生是寄生关系。随着植株生长发育，根瘤菌固氮能力逐渐增强，开始为植株供氮。开花以后，为花生提供的氮素越来越多，根瘤菌与植株的关系变为共生关系。盛花期和结荚初期是根瘤菌固氮和供氮的盛期。生育后期，根瘤菌固氮能力衰减很快，根瘤破裂，根瘤菌重新回到土壤中。

三、茎

（一）形态特征

花生主茎直立，幼时横截面圆形，中部有髓。盛花后，主茎中、上部呈棱角形，髓部中空，下部木质化。茎上可生长白色茸毛，茸毛密疏因品种而异。一般龙生型品种茸毛密集而短，多粒型品种茸毛大多稀而长，同一类型不同品种之间亦有差异，一般认为茎上茸毛多的品种较抗旱。花生的茎色一般为绿色，老熟后变为褐色。有些品种茎上含有花青素，茎呈现部分紫红色，多见于黑花生。许多多粒型和龙生型品种茎呈现深浅不等的红色。主茎一般有15 —25个节间，主要取决于生长期长短和温度，土壤水分、肥力高低亦有一定影响。节间长短由下向上呈现短—长—短的变化，基部第一节间（子叶节至第一片真叶）长1—2 cm，第二至第四、五节间极短，以后的节间逐渐伸长，而上部几个节间又明显变短。因品种类型不同，有的主茎可直接着生荚果，有的则不能。

不同类型品种间主茎高度（从子叶节到茎生长点的距离）差异很大。一般丛生型品种主茎高于蔓生品种。同一品种，环境条件和栽培措施不同，主茎高变化也较大。长日照能显著促进主茎生长；长期弱光能显著增加主茎节间长度和主茎高度，而抑制侧枝发育，使主茎和侧枝长度比例失调，形成所谓“高脚苗”。当花生与高秆作物实行间作、套种时，易发生此种现象。应注意间作的行数比和套种时间，尽量避免“高脚苗”的发生。肥水条件好、温度高、群体密度大均能促进主茎生长，增加主茎高度。主茎高度在一定程度上反映了花生植株个体生育状况，可作为制定栽培措施的依据之一。一般认为，丛生型品种主茎高度以40—50 cm为宜，超过50 cm则表明植株有旺长趋势，应采取控制措施，以防倒伏；花生主茎高度低于30 cm的田块，表明植株营养体生长不良，应采取以促为主的栽培措施。

（二）茎结构

花生茎的横切面自外向里分别由表皮、皮层、韧皮部、形成层、木质部、髓部组成（图6-7）。表皮细胞是活细胞，一般不含叶绿体。有些品种茎的表皮细胞含有花青素，表皮细胞分化可形成茸毛，表皮上具有气孔，是气体出入花生茎的唯一通道。皮层是由多层细胞构成的，最外面一至数层为绿色细胞，具有叶绿体，幼茎常为绿色，可进行光合作用。在较老的茎中，髓破裂形成一中央空腔；同时表皮细胞分离脱落，在外层的皮层细胞形成周皮代替表皮。

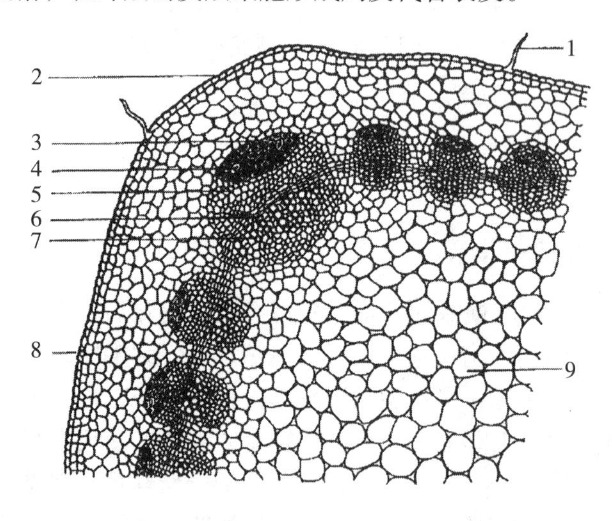

图6-7 花生茎结构（山东省花生研究所，1982）

1.茸毛；2.表皮；3.维管束稍；4.维管束帽；5.韧皮部；6.形成层；7.木质部；8.气孔；9.薄壁细胞（髓）

四、叶

（一）叶的形态特征

花生的叶可分为不完全叶和完全叶（真叶）两种。每一枝条第一、第二甚至第三节着生的叶是鳞叶，属不完全叶。两片子叶亦可视为主茎基部的两片鳞叶。花生的真叶为4小叶羽状复叶，包括托叶、叶枕、叶柄、叶轴和小叶片等部分。小叶两两对生，着生在叶柄上部的叶轴上，小叶数偶尔亦有多于或少于4片的畸形叶。小叶叶柄极短，叶片全缘，边缘着生茸毛。小叶叶面较光滑，具有羽状网脉，有的叶脉具有红色素，叶背面主脉明显突起，其上也着生茸毛；花生小叶片的叶形分为椭圆、长椭圆、倒卵、宽倒卵形4种（图6-8），叶片大小以小叶片主脉长度表示，一般2—8 cm，变幅很大。叶片颜色分为黄绿、淡绿、绿、深绿和暗绿等。小叶片的大小、形状和颜色品种间差异很大，是鉴别品种的重要依据之一。普通型品种多为倒卵形，绿或深绿，中等大小；龙生型品种多为倒卵形，灰绿色，有大有小；珍珠豆型和多粒型品种椭圆形，一般颜色较浅，小叶片较大。同一植株上部和下部叶片形状也不一样，应以中部（基部第11—18片）叶片为准。复叶叶柄细长，一般2—10 cm，其上生有茸毛，叶柄上面有一纵沟，从先端通达基部，基部膨大部分为叶枕，小叶基部亦具有叶枕。叶柄基部有两片窄长的托叶，托叶约有2/3的长度与叶柄基部相连，其形状可作为鉴别品种的依据之一。

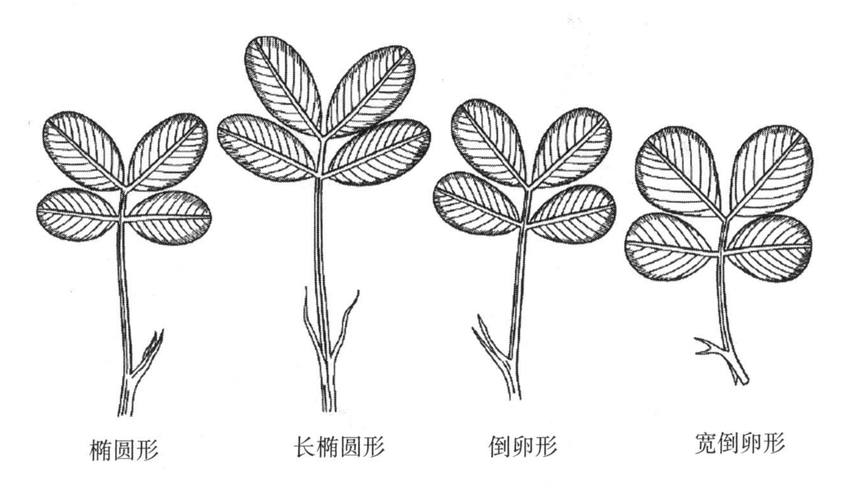

图6-8 花生栽培种叶片形状（山东花生研究所，1982）

（二）叶的功能

叶是花生进行光合作用的主要器官。叶的发育程度及总叶面积的大小，都会直接影响花生的光合作用，具有足够而适当的叶面积是花生高产的基础。花生光饱和点就单叶而言为60 000—80 000 lx，而田间冠层在103 000 lx时，仍未达到光饱和；光补偿点变动在550—2 000 lx，与花生生育状况和测定条件有关。

叶也是花生蒸腾作用的重要器官。蒸腾作用能促进花生体内水分的传导，是被动吸水的原动力；能降低叶温，避免叶片过热而受害；也是把矿质盐随水分运至植株上部的动力。干旱条件下，应用化学物质适当控制叶片蒸腾速率，能显著减轻干旱对花生植株产生的不利影响，提高产量。叶片还具有吸收养分的功能，通过叶面施肥可补充根系对某些养分吸收的不足。特别是花生生育后期，花生由于在地下结果，根部施肥已不可能，叶面施肥是花生补充营养的唯一途径。

五、花序和花

（一）花序

花序是一个着生花的变态枝，花生的花序为总状花序，在花序轴每一节上着生苞叶，其叶腋内着生一朵花，有的品种花序轴很短，仅着生1—2朵或3朵花，近似簇生，称为短花序；有的品种花序轴明显伸长，可着生4—7朵花，偶尔着生10朵以上，称为长花序；有的品种在长花序上部又长出羽状复叶，不再着生花朵，从而使花序又转变为营养枝，通常称为混合花序；有的品种在侧枝基部有几个短花序着生在一起，形似丛生，通常称为复总状花序（图6-9）。

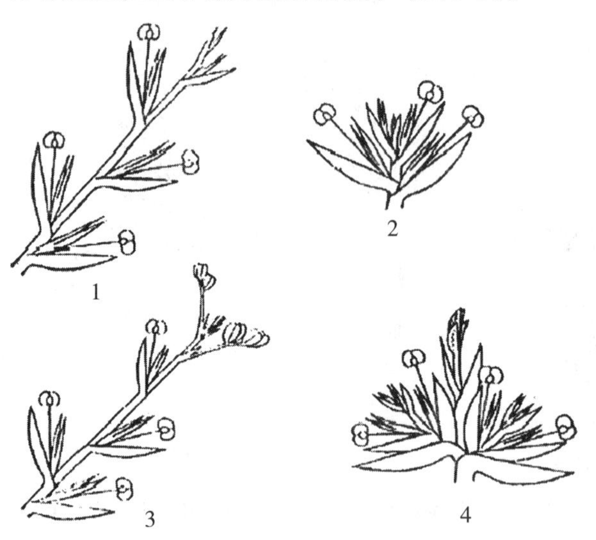

图6-9　花生各类花序模式（山东花生研究所，1982）

1. 长花序；2. 短花序；3. 混合花序；4. 复总状花序

根据花序在植株上着生部位和方式，可将花生分成连续开花型或称连续分枝型和交替开花型或称交替分枝型两种（图6-10）。连续开花型的品种，主茎和侧枝的每个节上均可着生花序，这类品种除主茎上着生花序外，在一级侧枝的基部1—2节或第1节上可着生二次营养枝，也可着生花序，以后各节连续着生花序，在二级分枝上第1—2节及以后各节均可着生花序。交替开花型的品种，主茎上不着生花序，侧枝基部1—3节或1—2节上只长营养枝、不能着生花序，其后几节只长花序不长营养枝，然后又有几个节只长营养枝不长花序，如此交替发生。

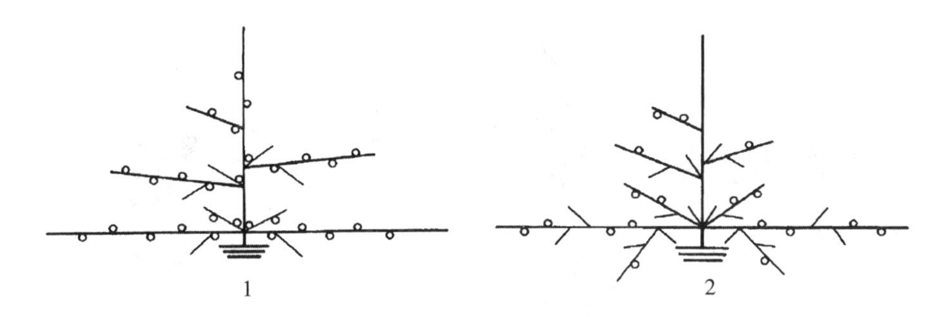

图6-10 花生花序类型（山东花生研究所，1982）

1.连续开花型；2.交替开花型

（二）花的形态结构

花生花器由苞叶、花萼、花冠、雄蕊和雌蕊组成（图6-11）。花生苞叶两片、绿色，其中一片桃形较短，着生在花序轴上，包围在花的外面，称外苞叶；另一片较长，可达2 cm，先端形成三分枝状，称内苞叶。花萼位于内苞叶之内，下部联合成一个细长的花萼管，萼管上部为5枚萼片，其中4枚连合，1枚分离，萼片呈浅绿、深绿或紫绿色，花萼管多呈黄绿色，被有茸毛，长度一般3 cm左右。花冠蝶形，从外向内由1片旗瓣、2片翼瓣和2片龙骨瓣组成，一般为橙黄色，亦有深黄或浅黄色的品种，旗瓣最大，具有红色纵纹，翼瓣位于旗瓣内龙骨瓣的两侧，龙骨瓣2片愈合在一起，向上方弯曲，雌雄蕊包在其内。

每朵花有雄蕊10枚，其中2枚退化，故一般只有8枚。少数品种退化1枚，具有9枚雄蕊，还有少数品种不退化，具有10枚雄蕊。雄蕊花丝的中下部愈合形成雄蕊管，前端离生，通常4长4短相间而生。4个花丝长的雄蕊，花药较大，长椭圆形，4室，成熟较早，先散粉。而4个花丝短的雌蕊，花药圆形，2室，发育较慢，散粉晚。

雌蕊位于花的中心，分为柱头、花柱、子房三部分，细长的花柱自花萼管至雄蕊管内伸出，柱头密生茸毛，顶端略膨大呈小球形。子房位于花萼管及雄蕊管基部，子房上位，一室，内有1个至数个胚珠，子房基部有子房柄，在开花受精后，其分生延长区的细胞迅速分裂使子房柄伸长，把子房推入土中，这一过程称为下针。

能够受精结实的花为有效花，不能受精结实的花为无效花，无效花的成因很多。有效花和无效花在形态结构上没有多大差别。有些花着生在茎的基部，且为土壤所覆盖，一般称其为地下花。在连续开花型的品种中，如伏花生，常可见到此种花，它们也能受精结实。

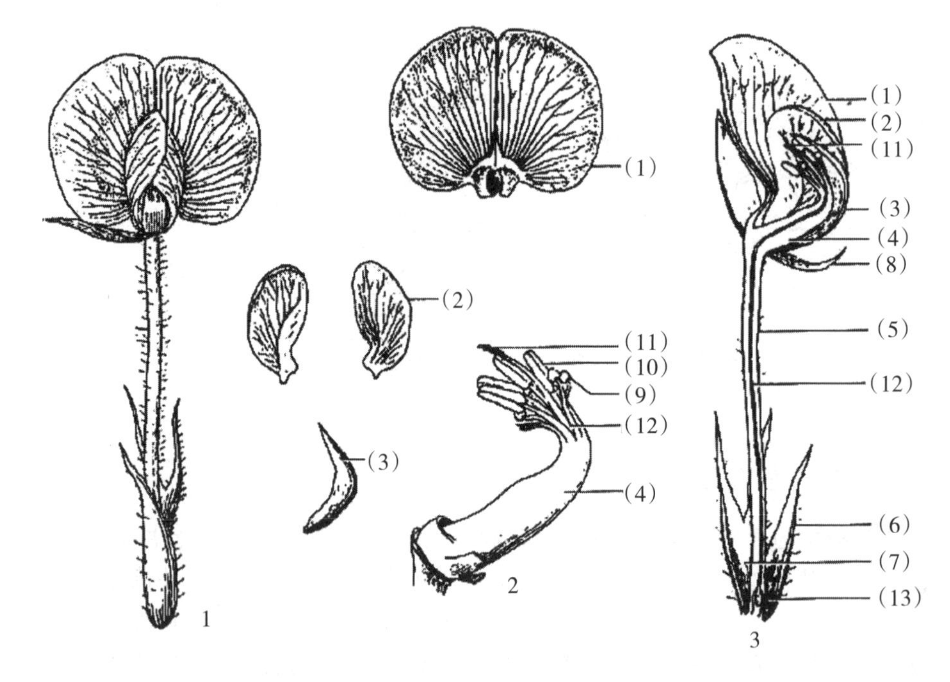

图6-11　花生花器结构（山东花生研究所，1982）

1. 花器外观； 2. 雄蕊管及雌蕊的柱头；3. 花的纵切面：（1）旗瓣；（2）翼瓣；（3）龙骨瓣；（4）雄蕊管；（5）花萼管；（6）外苞叶；（7）内苞叶；（8）萼片；（9）圆花药；（10）长花药；（11）柱头；（12）花柱；（13）子房

六、果针

花生的胚受精后3—6天，即可形成肉眼可见的子房柄，子房柄连同其先端的子房合称果针（图6-12）。果针的表皮细胞木质化，形成帽状物。子房位于果针先端约1 mm内，其后1—2 mm为子房柄细胞分裂区，再后至4—7 mm内为细胞延长区。子房柄的构造与茎相似，生有表皮毛，果针入土后可吸收水分和养分。子房柄表皮细胞含有花青素，皮层的最外一层细胞含有叶绿体，故子房柄的曝光部位呈紫绿色。

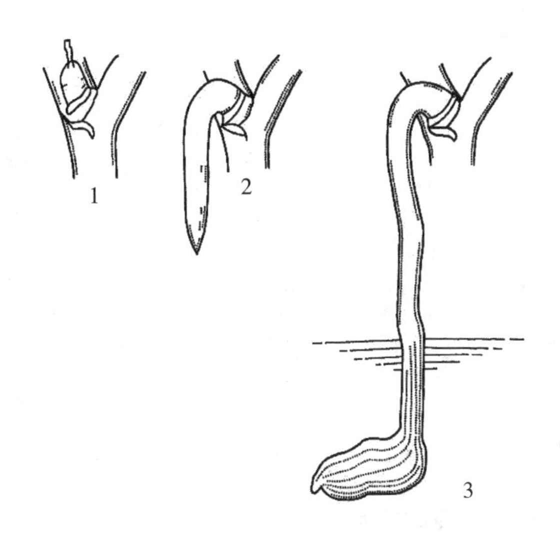

图6-12 花生下针、结果(Moctezuma and Feldman, 1998)

1.受精前（花已摘除）；2.受精后5 d；3.受精后2周

七、荚果

（一）形态特征

花生果实为荚果。果针入土4—6天，至一定深度（一般3—10 cm），子房即在土壤中横卧膨大长为荚果，腹缝向上。果针入土后呈白色，至果壳硬化时渐呈固有的黄色。果壳外观可见12条纵脉，其间有许多小维管束相通，形成若干纵横支脉。果壳脉纹的深浅因品种类型、成熟度及土壤环境而异。成熟荚果的果壳坚硬，成熟时不开裂，多数荚果具有二室亦有三室以上者，各室间无横隔，有或深或浅的缩缢，称果腰。荚果的先端突出似鸟啄状，称果嘴，其形状可分为钝、微钝和锐利3种。荚果形状因品种而异，大体分为普通形、斧头形、葫芦形、蜂腰形、蚕茧形、曲棍形、串珠形7种（图6-13）。

同一品种的荚果，由于形成先后，着生部位不同等原因，其成熟度及果重差别很大。通常在栽培上以随机样品（包括饱果、瘪果、单仁果、双仁果和三仁果）的平均每千克荚果个数来表示荚果的大小或轻重。除品种间存在很大差异外，环境条件和栽培措施对其亦有较大影响，主要取决于荚果的成熟情况。以某品种饱满双仁荚果的百果重（g）表示品种正常发育的典型荚果大小。百果重主要是品种特征，但亦受环境条件影响。果壳厚度因品种而异，珍珠豆型品种较薄，荚壳重占果重的25%—30%；普通型品种较厚，荚壳重占30%以上。发育良好，籽仁充实饱满的荚果，千克果数少，荚壳占果重比例小，荚果的出仁率（籽仁重占荚重的百分数）高。

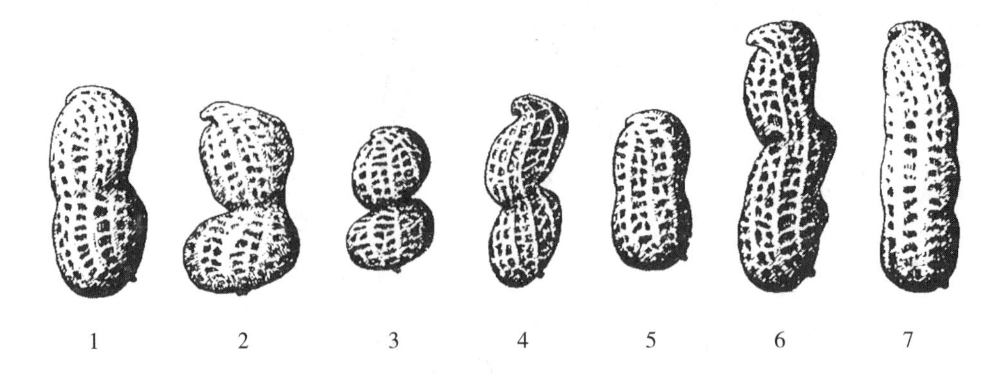

图6-13　花生荚果形状（山东省花生研究所，1982）

1.普通形；2.斧头形；3.葫芦形；4.蜂腰形；5.蚕茧形；6.曲棍形；7.串珠形

（二）果壳的结构

果壳由子房壁发育而来，由外果皮、中果皮、内果皮组成。外果皮含表皮及周皮层；中果皮含薄壁细胞、纤维层及维管束；内果皮由内薄壁细胞及内表皮组成。内薄壁细胞层在荚果生长初期很厚，占据荚果的主要空间，是光合产物的贮存场所，随着荚果的发育成熟，因光合产物转向籽仁而干缩，中果皮薄壁细胞亦日渐干缩。在荚果发育成熟过程中，果皮纤维层日益木质化，并逐渐由白色转为黄白、黄褐或褐色。随着荚果发育成熟，内果皮亦相应由全白色逐渐出现褐色、深褐色斑块。总之，在荚果发育成熟过程中，果壳逐渐变薄、变硬，网纹逐渐清晰，内含物质逐渐转向籽仁，颜色由白色逐渐变为固有的暗黄色（饱满荚果略带暗青色）。

第二节　花生生长发育对生态条件的总体要求

一、温度要求

花生原产热带，属于喜温作物，对热量条件要求较高。在整个生育期间都要求有较高的温度，但不同生育阶段的要求有较大差异。

1.种子发芽

已经通过休眠期的花生种子，在一定的温度条件下才能发芽，不同类型的品种，发芽时的最低温度要求有一定的差异。珍珠豆型和多粒型的品种为12℃，普通型和龙生型的品种为15℃。发芽的最适宜温度为25—37℃。超过37℃时，发芽速度降低，达到46℃时，有些品种则不能发芽。

2. 开花下针

开花下针对温度的要求较高，开花的适宜日平均温度为23—28℃，在这一范围内，温度与开花量成正相关，当日平均温度低于21℃时，开花数量显著减少，若低于19℃时，则受精过程受阻，若超过30℃时，开花数量亦减少，尤其是受精过程受到严重影响，成针率显著降低。

3. 荚果发育

荚果发育的最适宜温度为25—33℃，最低温度为15—17℃，最高温度为37—39℃。当超过39℃或低于15℃时，荚果发育缓慢甚至停止生长。

二、水分要求

花生比较耐旱，但各个阶段要有适量的水分，才能满足其生育需求。据测算，花生每生产1 kg干物质，需耗水450 kg左右。一般情况下，春播普通型大花生，每公顷荚果产量在2 250—2 625 kg，全生育期每公顷耗水3 150—3 450 m^3，相当于315—345 mm的降水量，每公顷荚果产量在3 750 kg以上时，需耗水4 350 m^3以上，相当于435 mm以上的降水量；珍珠豆型花生，生育期较短，其耗水量一般比普通型和龙生型要少，若每公产荚果3 000 kg，全生育期每公顷耗水1 800—2550 m^3，相当于180—255 mm的降水量。

花生各生育期对水分要求的总趋势是幼苗期需水少，开花、结荚期需水多，饱果期需水又少，即“两头少、中间多”的需水规律。

1. 发芽出苗对水分的要求

种子发芽出苗需要土壤水分保持在最大持水量的60%—70%为宜。低于40%时，种子容易落干而造成缺苗，若高于80%时，则可造成土壤中的空气减少，也会影响发芽出苗。出苗至开花前这一阶段，根系生长快，地上部的营养体较小，耗水量不多，土壤水分以土壤最大持水量的50%—60%为宜。若低于40%时，根系生长受阻，不仅幼苗生长缓慢，而且会影响花芽的分化。若高于70%时，会造成根系发育不良，地上部生长瘦弱，节间伸长，影响开花结果。

2. 开花下针对水分的要求

花生开花下针阶段，既是植株营养体迅速生长的盛期，也是大量开花、下针、形成幼果、生殖生长的盛期，是花生一生中需水最多的阶段。土壤水分以土壤最大持水量的60%—70%为宜。水分过低时会造成中断开花，若水分过多，排水不良，土壤通透性差，而影响根系和荚果的发育，也会造成植株徒长倒伏。

3.荚果发育至成熟阶段对水分的要求

花生植株营养体的生长逐渐缓慢以至停止，需水量逐渐减少。荚果发育需要适量的水分，土壤水分以土壤最大持水量的50%—60%为宜，若低于40%，会影响荚果的饱满度，若高于70%，也不利于荚果的发育，甚至会造成烂果。

三、光照要求

花生属于短日照作物，一般来说，花生对光照的要求并不严格。但不同类型品种对日照的敏感性有一定的差异，北方品种对日照的敏感性低于南方品种。光强（光的辐照度）不足影响光合作用，使同化率降低，光合产物不足时，生长前期导致生长不旺盛，后期影响荚果发育。

四、土壤要求

花生对土壤的要求不太严格，除特别黏重的土壤和盐碱地，均可种植花生，但由于花生是地上开花、地下结实的作物，要获得优质、高产，对土壤物理性状的要求，以耕作层疏松、活土层深厚的砂壤土最为适宜。据山东花生研究所测定，每公顷荚果7 500 kg以上的地块，其土体结构是全土层厚度在50 cm以上，熟化的耕作层在30 cm左右，结荚层是松软的砂壤土。上层通气透水性好，昼夜温差大，下层蓄水、保肥力强，热容量高，使土壤中水、肥、热得到协调统一，有利于花生生长和荚果的发育。

第三节　花生主要生育时期及其生育特点

花生属无限开花结实的作物，生育期很长。一般早熟种100—120天，中熟种120—150天，晚熟种150天以上。而且在开花以后很长一段时间里，开花、下针、结果是连续不断地交错进行，因此，与其他作物相比，花生生育时期的划分存在一定困难。国内从栽培角度出发，通常将花生一生分为出苗期、幼苗期、开花下针期、结荚期和饱果成熟期5个生育时期。

一、种子发芽出苗期

从播种至50%的幼苗出土、主茎第一片真叶展开为发芽出苗期。在正常条件下，春播早熟种需10—15天，中晚熟种需12—18天，夏播和秋播需4—10天。

（一）发芽出苗进程

花生播种后，种子首先吸水膨胀，内部养分代谢活动增强，胚根随即突破种皮露出嫩白的根尖，叫种子“露白”。当胚根向下延伸到1cm左右时，胚轴便迅速向上伸长，将子叶（种子瓣）和胚芽推向地表，叫“顶土”。随着胚芽增长，种皮破裂，子叶张开。当主茎第一片真叶伸出地面并展开时叫“出苗”（图6-14）。

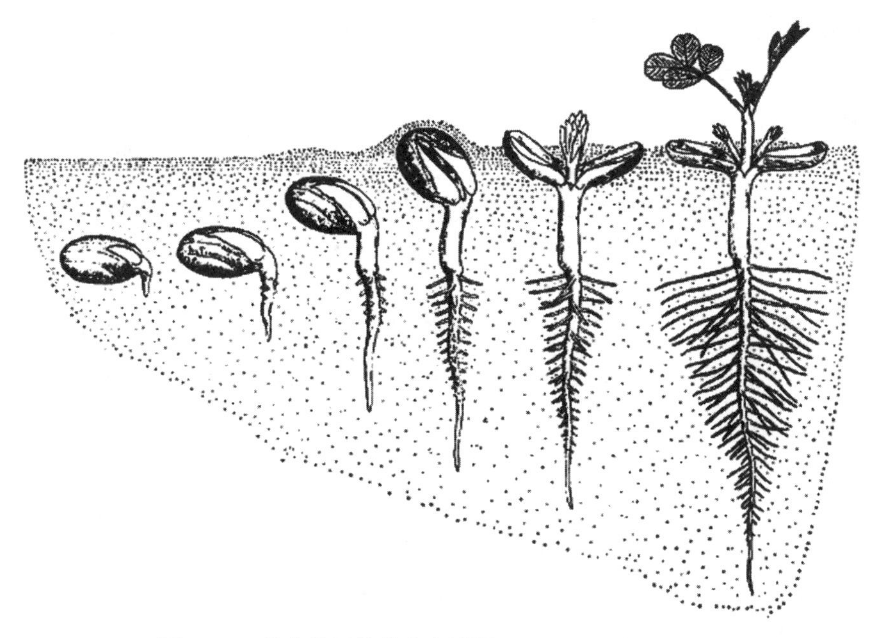

图6-14 花生种子发芽出土过程（山东花生研究所，1982）

出苗时主根长可达5—10 cm，侧根已有40余条，出苗后主茎有4片真叶时，主根伸长达40 cm；当花生始花时主根长可达60 cm以上，侧根已生出100—150条，侧根刚生出时近似水平生长，长度可达45 cm，之后，转向垂直向下生长。成熟植株的主根长可达2 m，一般为60—90 cm，侧根也可伸至类似深度。侧根于地表下15 cm土层内生出最多，花生主体根系分布在30 cm深的土层内。根系分布范围：匍匐型品种可达80—115 cm，直立型品种约为50 cm。花生的侧枝根有1—7次之分，随着一次侧根的生长，2—5次（直立型品种）、最多7次（匍匐型品种）相继长出，最终形成花生庞大的根系。

花生出苗时，两片子叶一般不完全出土。因为种子顶土时，阳光从土缝间照射到子叶节上，打破了黑暗条件，分生组织细胞就停止分裂增生，胚轴就不能继续伸长，子叶不能被推出地面。在播种浅，温度、水分适宜的条件下，子叶可露出地面一部分，所以是子叶半出土作物，也是栽培上“清棵蹲苗”的依据之一。

（二）影响发芽出苗的因素

1.种子活力

种子活力的强弱是影响种子萌发出苗的内因。活力强的种子不仅发芽率高、整齐，而且幼苗健壮，特别是在逆境条件下具有良好的发芽能力。成熟饱满的大粒种子富含营养物质，发芽势强、发芽率高、幼苗健壮；相反，成熟度差的种子，往往出苗差、长势弱，抗逆性差。

2.温度

花生种子发芽最适温度是25—37℃，低于10℃或高于46℃，多数品种不能发芽。花生春播要求5 cm播种层平均地温的最低适温是：早熟品种稳定在12℃以上，中晚熟品种稳定在15℃以上。

3.水分

花生播种时需要的最适宜土壤含水量是占田间最大持水量（沙土为16%—20%，壤土为25%—30%）的50%—60%，高于70%或低于40%，花生都不能正常发芽出苗。

4.氧气

花生种子发芽出苗期间，呼吸代谢旺盛，需氧气较多，而且需氧量随着种子发芽到出苗的进程逐渐增多。据测定，每粒种子萌发的第一天需氧量为5.2 ml，至第八天需氧量增至615 ml，增加100多倍。因此，土壤水分过多，土壤板结或播种过深，引起窒息，都会造成烂种窝苗而影响全苗壮苗。在生产上采取播前浅耕细耙保墒，播后遇大雨排水划锄松土措施，都是为了创造花生种子发芽出苗所需要的良好通气条件。

二、幼苗期

自50%的幼苗出土、展现2片真叶至10%的植株开始现花，主茎有7—8片真叶的这段时间为幼苗期。在正常条件下，早熟品种20—25天，中晚熟品种25—30天。地膜覆盖栽培缩短2—5天。

（一）生育进程

1.根系的生长发育

幼苗期根系继续生长发育，花生侧根发生次数与出生条数，不同类型品种间有较大差异。直立型品种一般产生五次侧根，其中，幼苗期可产生四次侧根，第五次侧根发生在花针期，花针期以后虽然侧根继续发生和生长，但侧根次数不再增加，至结荚期末，侧根条数达到最大值。所以，生育前中期，特别是苗期，是直立型品种根系生长和发生的主要时期；匍匐型品种一般可产生7次侧根，1—5次侧根发生时期与直立型品种相同，但各级侧根数量明显多于直立型品种。第六、第七次侧根发生在花生结荚期和饱果期，所以，此类型品种较直立型品种根系更为庞大。根系在加长生长的同时，通过一定程度的次生生长，有所加粗。但播种后22—66天内，根的加长生长很快，而增粗生长极其缓慢。

2.茎和叶片的生长发育

主茎上出生的分枝称第一次或称一级分枝，在第一次分枝上出生的分枝称第二次分枝，依此类推。密枝亚种可有3次、4次分枝，甚至5次分枝，分枝次数因种植密度和其他条件而变化很大；疏枝亚种一般没有3次以上分枝，且受环境条件影响较小。第一、第二两条一次分枝是从子叶叶腋间长出的，对生，称为第一对侧枝，约在出苗后3—5 d，主茎第三片真叶展开时出现。第三、第四条一次分枝由主茎第一第二真叶叶腋生出，互生，但由于主茎第一、第二节的节间极短，近似对生，所以一般又称第三、第四条一次枝为第二对侧枝，在出苗后15—20天内，主茎第五、第六叶展开时出现。第一、第二对侧枝出生早，长势强，这两对侧枝及其长出的二次分枝构成花生植株的主体，到产量形成时，其上的叶面积占全株的绝大部分，亦是花生开花结果的主要分枝，结果数可占单株总果数的70%—80%。因此，栽培上促使第一、第二对侧枝健壮生长十分重要。第五、第六片真叶展现时，第三、第四对侧枝产生，主茎第七、第八片真叶展现时，第五对侧枝产生，第一对侧枝高于主茎，茎部节位开始现花。

（二）花生幼苗期对环境条件的要求

1.温度

花生幼苗期最适于茎枝的分生发育和叶片增长的温度为20—22℃。平均温度超过25℃，可使苗期缩短，使茎枝徒长，基节拉长，不利于蹲苗。平均温度低于19℃，茎枝分生缓慢，花芽分化迟缓，始花期推迟，形成“小老苗”。

2.水分

幼苗期植株需水量最少，约占全生育期总量的3.4%。这时最适宜的土壤含水量为田间最大持水量的45%—55%，低于最大持水量的35%，新叶不展现，花芽分化受抑制，始花期推迟；高于最大持水量的65%，易引起茎徒长，基节拉长，根系发育慢、扎得浅，不利于花器官的形成。

3.光照

每日最适日照时数为8—10小时。日照时数多于10小时，茎枝徒长，花期推迟；少于6小时，茎枝生长迟缓，花期提前。花生要求光照强度变幅较大，最适光照强度为5.1万 lx/m²，小于1.02万 lx/m²影响叶片光合效率。

三、开花下针期

自10%植株始花至10%的植株开始出现定形果，即主茎展现12—14片真叶的这一段时间为开花下针期。早熟品种需20—25天，中晚熟品种需25-30天。

（一）生育进程

根系迅速增粗增重，大批的有效根瘤形成并发育，根瘤菌的固氮能力迅速增强，并开始对花生供应大量氮素营养。第一、第二对侧枝上陆续分生2次枝，并迅速生长。主茎展现的真叶增加至12—14片，叶片加大，叶色转淡，光合作用增强。第一对侧枝8节以内的有效花芽全部开放，单株开花数达到最高峰，开花量占全株总花量的50%以上。一般来说，连续开花型品种主茎展开7—8片叶，交替开花型品种主茎展开8—9片叶时，第一朵花开放。花芽分化的过程与主茎侧枝叶龄有一定相关，大致上连续开花型品种主茎叶龄7片即可开花，交替开花型品种主茎叶龄8—9片才能开花。

花生单株开花量变异幅度很大。交替开花型品种显著多于连续开花型品种，晚熟品种多于早熟品种。劳方业（1990）等对珍珠豆型品种观察，开花较集中，花量适中的品种产量高，开花多而分散的品种，空针多，饱果少，产量低。高产花生开花量以75—100朵/株为宜。同一品种单株花量受植株营养生长状况，群体大小和环境条件的影响很大。栽培密度加大对单株前期花盘影响较小，对中后期花量影响较大，因而常使盛花期有所提前。初花期遇短期干旱、低温或长日照处理亦能使开花数减少，盛花期推迟。

花生的胚珠受精后，胚乳核细胞立即开始分裂形成多核胚乳，而受精卵则在受精后约有24小时的休止期，再开始分裂，经3次细胞分裂形成具有5—8个细胞的球形原胚。此时位于子房基部的子房柄居间分生组织不断进行细胞分裂，而新生的细胞又不断伸长，在开花后3—6天，即可长成肉眼可见的果针（子房柄）。花生果针具有与根相似的向地生长习性；果针生长最初略呈水平，不久即弯曲向地生长入土。在果针迅速伸长期间和入土初期，原胚（胚细胞和胚乳核）暂时停止分裂，入土后达一定深度，果针停止伸长，原胚恢复分裂，子房开始膨大，并以腹缝向上横卧发育成荚果。在同一子房内，位于前端的胚发育慢于位于基部的胚，并且有许多败育，这是形成单室果的重要原因。花生一生中开花很多，但有相当大一部分未能形成果针。开花总数中形成果针的百分比称为成针率，一般情况下成针率只有30%—70%。早熟品种成针率略高，在50%—70%，晚熟品种成针率可能低到30%或以下。不同时期所开花的成针率差异很大，前、中期开的花在温湿度条件适宜时，成针率可达90%以上，而后期所开的花成针率不足10%。

（二）开花下针对环境条件的要求

1.温度

此期最适宜的日温度为22—28℃，低于20℃或高于30℃，开花量明显减少，低于18℃或高于35℃，花粉粒不能发芽，花粉管不伸长，胚珠不能受精或受精不完全，叶片的光合效率显著降低。

2.水分

此期需水量逐渐增多，耗水量占全生育期耗水量的21.8%。其最适宜的土壤水分为0—30 cm 土层的含水量占田间最大持水量的60%—70%，根系和茎枝得以正常生长，开花增多。如遇伏前旱，土壤含水量低于田间最大持水量的40%，叶片停止生长，果针伸展缓慢，茎枝基部节位的果针也因土壤板结不能入土，入土的果针也停止膨大。如果土壤含水量高于田间最大持水量的80%，茎枝徒长，由于土壤孔隙的空气窒息，造成烂果，根瘤的增生和固氮活动锐减。空气相对湿度对开花下针也有很大影响，当空气相对湿度达100%时，果针伸长量日平均为0.62—0.93 cm；空气相对湿度降至60%时，果针伸长量日平均仅为0.2 cm；空气相对湿度低于50%，花粉干枯，受精率明显降低。

3.光照

最适日照时数6—8小时，每日光照少于5小时或多于9小时，开花量都会降低。光照强度对花的开放更为敏感，早晨或阴雨光照强度少于815 lx/m^2，开花时间推迟。光照强度在2.1万—6.2万 lx/m^2的幅度内，叶片的光合效率随光照强度增加而提高，大于6.2万 lx/m^2，光合效率有所降低。

四、结荚期

自10%的植株开始出现定形果至10%的植株开始现饱果，主茎展现16—20片真叶为结荚期。早熟品种需40—45天，中晚熟品种需45—50天。

（一）生育进程

此期为花生营养生长和生殖生长的最盛期，生殖生长和营养生长并行。根系的增长量和根瘤的增生及固氮活动、主茎和侧枝的生长量及各次各对分枝的分生、叶片的增长量均达高峰。花生果针入土到一定深度即停止伸长，子房随即膨大，荚果发育 开始。从果针入土到荚果成熟，早熟小粒品种需50—60天，大粒品种需60—70天，整个过程可粗略分为两个时期， 前一时期称荚果膨大形成期，需时30天左右， 主要表 现为荚果体积的迅速膨大，此期结束时荚果体积已达一生最大。

据山东省花生研究所观察，中熟大果品种果针入土后7—10天，即可形成鸡头状幼果，10—25天体积增长 最快，25—30天达到最大值，此时称为定型果。定型果壳木质化程度低，果壳网纹特别是前室网纹尚不明显，果壳表面光滑、黄白色（白色成分重），荚果幼嫩多汁，含水量高，一般为80%—90%，籽仁刚开始形成，内含物以可溶性糖为主，尚属幼果，无经济价值。在正常条件下，前期有效花形成的幼果多数能结为荚果，此期所形成的荚果约占单株总果数的80%以上，果重增长量占总量的40%—50%。

（二）结荚期对环境条件的要求

1.温度

此期需要的适温为25—33℃，结果土层适温为26—34℃，低于20℃或高于40℃对荚果的形成、发育都有一定的影响。

2.水分

此期气温高，叶面蒸腾量大，耗水量也最大，约占全生育期总量的50.5%。要求的适宜土壤含水量为田间最大持水量的65%—75%。结果层土壤含水量为田间最大持水量的65%—75%，结果层土壤含水量高于最大持水量的85%，易造成烂果，低于最大持水量的30%， 荚壳内皮层与籽仁相连的胎座脱落，荚果不能充实饱满。

五、饱果成熟期

此期是荚果充实饱满，以生殖生长为主的阶段。即从10%的植株始现饱满荚果至单株饱果指数早熟种达80%以上，中晚熟种达50%以上，主茎鲜叶片保持4—6片的一段时间。饱果期需时30天左右。

（一）荚果的生长与变化

主要是荚果干重迅速增长，籽仁充实，荚果体积不再增大。此期间果壳的干重、含水量、可溶性糖含量逐渐下降，种子中油脂、蛋白质含量，油脂中油酸含量，油酸/亚油酸（O/L）比值均逐渐提高，而游离脂肪酸、亚油酸、游离氨基酸含量不断下降。果针入土后20—25天至50—55天，果重增加迅速，以后增重逐渐趋缓；入土后65天左右，荚果干重和籽仁油分基本停止增长，此时果壳逐渐变薄变硬，网纹逐渐明显清晰，种子体积不断增加，种皮逐渐变薄，显现出品种的本色。

（二）营养器官的变化

此期根的活力减退，根瘤菌停止固氮活动，并随着根瘤的老化破裂而回到土壤中营腐生生活。茎枝生长停滞，绿叶变黄绿色，中下部叶片大量脱落，落叶率占总叶片的60%—70%，有30%—40%绿叶行使光合功能，维持植物体生命，加快营养器官的光合产物向荚果转移的速率。

（三）对环境条件的要求

1.温度

此期平均气温低于20℃，地上部茎枝易枯衰，叶片易脱落，光合产物向荚果转移的功能期缩短；结实层平均地温低于18℃，荚果停止发育。如果高于上述界限，营养体功能期延长，荚果产量显著增高。

2.水分

此期根系的吸收力减退，蒸腾量和耗水量明显减少，其耗水量约占全生长期总量的18.7%。此外，荚果充实饱满需要良好的通气条件。因此，最适宜的土壤含水量为田间最大持水量的40%—50%。如果高于最大持水量的60%，荚果籽仁充实减慢，低于最大持水量的40%，根系易受损，叶片早脱落，茎枝易枯衰，影响荚果的正常成熟。干旱等因素能加速植株衰老，缩短饱果期，而肥水过多或雨水过频，或弱光条件，均能延长饱果期。

（四）早衰与贪青

营养生长衰退过早过快，冠层干物质积累少，荚果充实速度慢且时间短，容易早衰，产量低，干旱、土壤肥力不足或叶部病害严重等常会发生此种现象。另一种情况是营养体没有明显下降衰退迹象，茎叶继续保持一定的生长势头，冠层叶面积较大，干物质积累较多，但运往地下生殖体（特别是荚果）的部分较少，生育后期肥水过多或地下荚果严重腐烂或地下害虫对荚果为害严重等，易出现此种现象，对产量不利。

较为理想的状态为营养体生长缓慢衰退，既保持较多的叶面积和较高的生理功能，产生较多的干物质，又能使这些物质主要用于充实地下荚果，形成产量。在正常年份和一般生产条件下，生育后期延缓叶片衰老脱落速度，维持植株具有较多的叶面积，是产生较多干物质的基础，也是最终取得花生高产的重要保证。因此，在正常情况下，后期保叶是确保花生高产的一项重要措施。

第四节 花生生殖生物学

一、花芽分化

花生单株花芽较多，花芽分化的全过程是指从花萼原基出现至开花。崔澧等（1985）以我国栽培的4个类型花生品种的研究为基础，将其分成9期。

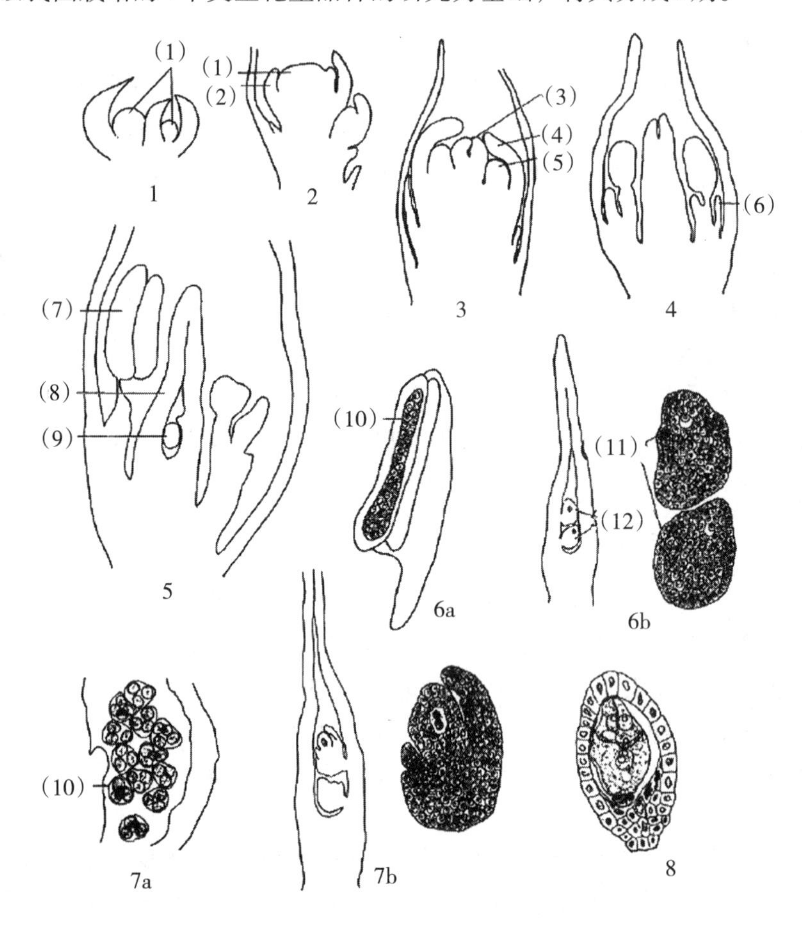

图6-15 花生花芽分化进程示意（山东花生研究所，1982）

l.花芽原基形成期；2.花萼原基形成期；3.雄蕊及心皮分化期；4.花冠原基形成期；5.胚珠和花药分化期；6.大小孢子母细胞形成期：a.花药中的小孢母细胞，b.胚珠中的大孢母细胞；7.大小孢子形成期：a.花药中的小孢四分体，b.胚珠中大孢子二分体；8.胚囊及花粉粒发育成熟期；具有7个细胞8个核的成熟胚囊：(1）花芽原基；(2）花萼原基；(3）心皮原基；(4)萼片；(5)雄蕊原基；(6）花冠原基；(7）花药；(8）心皮；(9）胚珠；(10）花粉母细胞；(11 ）是（12）的放大；(12）大孢子母细胞

（一）花序及花芽原基分化期

连续开花型品种在成熟种子中或出苗前，交替开花型品种在出苗时，即分化成第一个花芽原基。花芽原基出现前先出现花序原基。花序原基出现时与一般营养枝原基不易区别，其后进一步分化出两片苞叶原基，在第一苞叶原基内出现一突起，为第一花芽原基，其第二个苞叶原基内有一花序本身的生长锥。以后第一芽原基两侧出现两个并列的苞叶原基，将来发育为下部愈合的内苞叶或称二叉苞原基，而在花序的第二个苞叶内出现第二个花芽原基（图6-15）。

（二）花萼原基分化期

连续开花型品种在出苗前后，交替开花型品种在出苗后2—3天，主茎上有3片展开叶，亦即花芽原基出现后1—2天，在其二叉苞相对方向首先出现花萼原基，不久即包被整个花芽的大半部。镜下观察，可见花芽已成为具有两个二叉苞突起的锥形体；镜检切片则可见花芽两侧各有一个较短的凸起和一个花萼凸起及中间顶宽而较平的花芽原基（图6-15-1）。

（三）雄蕊（心皮分化期）

外苞叶及二叉苞显著伸长，萼片尚未完全包被整个花芽，萼片内侧出现雄蕊原基，圆锥体的顶部分化为心皮原基，心皮原基表现为一顶部有凹陷的凸起，其体积略大于雄蕊原基（图6-15-2）。连续开花型品种主茎有2—3片展开叶，侧枝尚未伸长，交替开花型品种主茎有4—5片展开叶，侧枝开始伸长时，花芽分化进入心皮分化期。

（四）花冠原基分化期

心皮基部开始膨大，雄蕊稍有伸长，此时在萼片与雄蕊原基之间出现花冠原基突起。花冠原始体出现后生长比较缓慢，较长时间处于萼片与雄蕊底部（图6-15-3）。从外部形态上看，此时，连续开花型品种主茎有3片展开叶，交替开花型品种主茎有4—5片展开叶。

（五）胚珠、花药分化期

心皮显著伸长，下部膨大，分化出花柱与子房，随着心皮的闭合，在心皮腹缝线上出现胚珠原始体，顶部的胚珠原始体发生早，基部的发生晚。雄蕊明显分化成花药与花丝两部分，并能区别出长短、大小不同的花丝与花药（图6-15-4）。连续开花型品种主茎有4—5片展开叶，交替开花型品种主茎有4—6片展开叶时，花芽分化进入此期。

（六）大、小孢子母细胞分化期

连续开花型品种主茎有5片展开叶，交替开花型品种主茎有5—6片展开叶时，在药室表皮下出现一些小孢子原细胞，其细胞核明显增大，胞质浓厚，染色较深，小孢原细胞经几次分裂，发育成小孢子母细胞（花粉母细胞），开始为多角形，充满花药室内，随着药室长大，小孢子母细胞间出现细胞间隙，并逐渐呈圆形（图6-15-5）。

在小孢子母细胞分化形成的前后，胚珠原基的外层细胞分裂较快，围绕着胚珠原基形成圈，即内珠被凸起，并逐渐向上生长，当内珠被产生不久，其外又产生一层外珠被。珠被以内为珠心细胞。珠心细胞在发育初期，大小均匀一致，以后在靠近珠心的顶端，有一细胞及其核均明显增大，染色较深，即为雌性孢原细胞。雌性孢原细胞再分裂形成大孢子母细胞，即胚囊母细胞（图6-15-6）。这一时期内，整个花器明显增大，萼片已明显伸长并包被整个花器。

（七）雌、雄性生殖细胞（大、小孢子）分化期

花器进一步长大，花萼迅速伸长形成筒状。花粉母细胞进入减数分裂期，先形成4个核，然后同时产生胞壁，形成四分体，为四面体状，不久彼此分离成为单核花粉粒（小孢子）（图6-15-7）。这时内外珠被进一步生长，包被整个胚珠，珠孔形成，大孢子母细胞经减数分裂成为线形的四分体，在减数分裂开始和分裂过程中，大孢子母细胞的细胞质即已明显集合到近合点部位，使近合点的大孢子明显大于近珠孔的大孢子，并集中了大量细胞质，以后近珠孔的3个大孢子都相继退化消失。连续开花型品种主茎展开5—6片叶，交替开花型品种主茎展开6—7片叶时，花芽分化进入该期。

（八）胚囊及花粉粒发育成熟（配子体分化）期

连续开花型品种主茎展开6—7片叶，交替开花型品种主茎展开7—9片叶时，花器更加膨大伸长，花冠呈淡黄色，花药也开始现黄色，单核花粉粒一次分裂形成二核花粉粒，外壁加厚，出现明显的三孔沟网状纹饰，外形椭圆。在合点的大孢子开始活动，体积扩大，连续经过3次分裂，形成7个细胞8个核的胚囊（雌配子体）。第一次分裂后形成的两个子细胞核移向两端，在胚囊中间形成一明显的中央大液泡，每一子细胞又经两次分裂，在胚囊的两端各有4个核，以后每端各有一个核移向胚囊中央，并互相靠近，即为极核，后来融合成中央细胞。近合点一端的3个细胞为反足细胞，近珠孔一端的3个细胞中两个为助细胞，一个为卵细胞，合称卵器。卵细胞体积较大，并有较大的液泡（图6-15-8）。以后胚囊又进一步分化，反足细胞和助细胞相继消失，到开花前，成熟的胚囊中只剩下两细胞

三核，即卵细胞和具有两个极核的中央细胞。

（九）开花期

花芽分化完成后只待开花。花生植株的各分枝、各节位和各个花序上的花，通常均按照自下而上，从里到外的次序开放。整个群体开花延续的时间，因品种和环境条件的影响而有极大差异，一般栽培条件下长达60—120天。如果条件适应，有的品种收获时还能看到少数花在开放。

二、花粉生命力及其发芽

Oakes（1958）研究认为，在田间情况下，花生花粉散粉的时间，夏季一般在早晨5:00—6:00时。而冬季在温室里，散粉时间则在早晨6:00—7:00时。因此，花生花粉最高生理发育时间为早晨5:00—7:00时。如果在5时收集的花粉，在干燥器中置于7—8℃的条件下，花粉生活力可保持6天，同样上午7:00时收集的可保存8天，说明收集贮藏花粉的最恰当时间很短。

花粉管的萌发和温度有密切关系，花生花粉的最适发芽温度18.3—35℃，过高或过低的温度都将影响发芽。在25℃左右时花粉管的早期生长速度为5—25 μm/min，当气温上升达30℃时生长速度有增大的趋势，但当达到35℃则有下降的趋势。其最适温度为24—32℃，在此范围内生长速度和花粉管总长度均随温度的升高而增加。

中国农业科学院油料作物研究所（1964）曾在实验室用B氏培养基进行花粉发芽试验：开花前一天20:00时少数花粉已经成熟，有一定的萌发能力；开花当天早晨2:00—5:00时，花粉在迅速成熟过程中，萌发率显著上升；早晨5:00时花粉萌发率最高，花粉管生长速度最快，生活力最强，花粉已经完全成熟；10:00时以后萌发率显著降低；14:00时的花粉已基本丧失了生活力，萌发率极低。

总之，通过各方研究结果发现，花生开花前一天18:00时的花粉尚无萌发能力，在此时间以前进行去雄，很少会有自花受精情况发生，开花当日5:00—7:00时是花粉萌发率最高的时期，需要抓紧进行人工授粉。

三、开花与受精

（一）开花过程

花生开花的前一天16:00时左右，花蕾即明显增大，傍晚花瓣开始变大，撑破萼片，微露黄色花瓣，至夜间，花萼管迅速伸长，花柱亦同时相应伸长，次日早晨开放。花生开花期较长：每天开花数变化很大，但总的趋势是由少到多，又由多到少，将开花最多的一段时间称为盛花期。盛花期的早晚、长短因品种和栽培条件而异，早熟、连续开花型品种，在始花后10—20天即可达盛花期；晚熟、交替开花型品种则在始花后20—30天或30天后才进入盛花期，有些晚熟的蔓生品种盛花期不明显，常出现好几个开花高峰。晚播（夏播）、密植或地膜覆盖条件下，盛花期明显提前。盛花期大体与营养生长盛期同时，因此，盛花期是花生植株进入营养生长盛期的一个标志。

花生开花的适宜温度为23—28℃，气温低于21℃或高于30℃，开花数则减少。适宜花生开花的土壤水分为田间持水量的60%—70%，降至30%—40%时，开花就会中断，但土壤水分过多，开花数亦会减少；弱光条件能减少花生的开花数，当开花期遮阳使光照强度减至自然光照强度的1/3左右时，花生开花量减少30%以上。苗期弱光条件对开花数亦有一定影响，并使始花期和盛花期有所延迟。若遮阳程度轻、时间短，开花在短期内即能得到恢复和补偿。短日照处理能使盛花期提前，总花数略减，但24小时连续光照对开花亦有抑制作用。氮、磷、钾、钙等各种营养元素不足都会阻碍花芽分化，影响营养生长，从而影响开花数。花生开花在很大程度上受可利用的光合产物的影响，在一定范围内，营养生长好开花也多，但营养生长过旺也会影响开花数。

（二）授粉与受精（图6-16）

花瓣开放前，长花药即已开裂散粉，圆花药散粉较晚。有的花被埋入土内，花冠不能正常开放，亦能完成授粉和受精。授粉后，花粉粒即在柱头上萌发，花粉管沿花柱的诱导沟伸向子房的胚珠，在花粉管开始伸长时，生殖细胞又进行一次分裂形成两个精子。在授粉后的5—9小时，花粉管可达花柱基部，以后通过珠孔到达胚囊，花粉管靠近卵细胞，放出精子，一个精子与卵细胞结合成为合子（受精卵），另一个精子与两个极核结合成为初生胚乳细胞。花生一般都为双受精，有时也可发生单受精现象，即只有卵子结合而极核未受精或极核受精而卵未受精，这种单受精的胚珠不能发育成种子，这可能是造成花生荚果空壳的主要原因之一。

通常授粉后12—16小时进行受精，受精后8—12小时内胚乳核开始分裂，36小时后受精卵分裂成两个胚细胞，在10—12天时胚及胚乳的生长很缓慢。对于花生胚发育的进展情况了解的不多，胚柄是由两列细胞组成的，顶部原生质稠密的小细胞就是胚，胚柄是由两列细胞组成的，顶部原生质稠密的小细胞就是胚，胚柄伸长为棍棒状而向珠心伸入，同时，它还有运输和贮藏营养物质的生理作用。

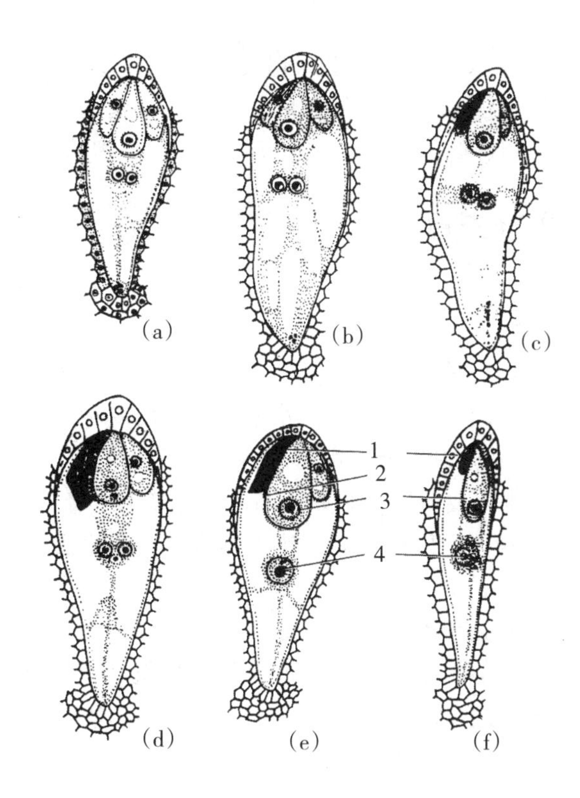

图6-16 花生栽培种受精过程(Rao and Murty, 1994)

(a)—(f)为配子配合及三核并合的不同时期
1.退化的助细胞；2.初生胚乳核；3.花粉管；4.合子

四、果针形成与发育

Jacobs（1974，1951）发现花生子房的基部有个特殊构造（一群表皮细胞），称这为“子房柄”当花生受精以后，这个部位首先急剧进行细胞分裂，将花生从基部向前推出，形成一个突起的、坚实的保护冠，大约10天左右可见已萎缩的受精花的基部受一短柱组织结构的顶托向外延伸，这个结构，包括子房柄以及位于先端的子房，合称之为“果针”，呈向地性生长。

生长旺盛而尚未入土的果针，其子房位于果针顶端至0.8—1.0 mm处，相距0.9—1.9 mm处是细胞分裂区，2.0—4.5 mm处是延长区。花生的果针具草本茎的结构特点。幼嫩的果针包括表皮、皮层和维管束三部分。表皮细胞呈长方形，排列成稍有规则的纵行，个别细胞含有矩形的棱状结晶。一些表皮细胞含有较多的花青素，所以局部呈暗紫红色。

受精后第六天前后果针产生向地性弯曲，入土后6天左右可穿入土壤5—6 cm停止延长，此时子房胎座的一侧向上弯曲，荚果缝线与土表呈平行状态，子房开始膨大。果针入土8天以后荚果迅速膨大发育，不久于原胚先端呈现双顶突起，此即分化出的子叶原始体，进而伸长形成子叶。于两子叶间原胚先端的中央形成真叶原始体的生长圆锥体，同时在其相反方向形成原根体。

五、荚果和种子发育

（一）荚果发育

花生荚果由果壳与种仁两部分组成。果壳由子房壁发育而成，自外向内，分为外果皮、中果皮和内果皮三部分。外果皮包含表皮和周皮层；中果皮含薄壁细胞、纤维 管束；内果皮由内薄壁细胞和内表皮组成。成熟时，内薄壁细胞干缩，受挤压成为膜状，中果皮薄壁细胞亦逐渐由白色变为黄色、橘色、棕色以至黑色。内果皮亦相应出现褐色、黑色斑块。花生荚果在土中横卧而生，腹缝向上，种子着生在腹缝线上。

从子房开始膨大到荚果成熟，整个过程大致可分为两个阶段，即荚果膨大阶段和荚果充实阶段。前一阶段主要表现为荚果体积急剧增大。后一阶段主要为荚果干重（主要是种仁干重）迅速增加，糖分减少，含油量显著提高，在入土后50—60天，干重增长基本停止。

（二）种子发育

在荚果发育的同时，种子幼胚亦随着发育，其发育过程大体上分为如下8个时期。

1.原胚分裂期

果针入土后4—6天，子房开始膨大，受精核已成多细胞胚球，极核在与精子结合后成为多核胚乳。

2.组织原分化期

果针入土后7—10天，子房膨大成鸡头状幼果，果皮纵脉可见，原胚迅速发育成棍棒状，原表皮、皮层及中心柱已分化，能明显区分出胚柄部分，子房柄的维管束通过胚胎进入胚珠合点区。

3.子叶分化期

果针入土后10—15天，荚果生长进入旺盛期。果壳生长较快，种子生长较慢，原胚先端稍成扁平，原表皮、皮层及中心柱愈加发达，不久，原胚先端成双顶突起，子叶原始体开始生长，胚乳核继续分裂。

4.子叶伸长期

果针入土后15—20天，荚果生长加快，种子生育也开始加快。子叶原始体已长成子叶。两子叶间原胚先端出现真叶原始体，在其相反方向形成圆形的胚根原始体。

5.真叶分化期

果针入土后20—25天，果皮脉纹逐渐清晰，真叶原始体开始分化出第一、第二真叶，在真叶与子叶间分化出子叶节分枝原始体，在胚根原始体上形成根冠，根内原生维管束分化。

6.真叶伸长期

果针入土后25—30天，荚果组织逐渐变硬，水分逐渐减少，内果皮薄壁细胞中的营养物质大量运往种子，本身逐渐变薄，第一、第二真叶已分化出四片小叶，第三真叶原始体出现，子叶节分枝圆锥体形成。此时，种子发育极快，并开始充满荚果。

7.子叶节分枝生长期

果针入土后30—35天，子叶节分枝已分化出鳞片及真叶原始体；主茎第一、第二真叶托叶之间分化出短的叶柄，胚根的根冠稍呈尖形。

8.子叶节分枝形成期

果针入土后35—50天，子叶节分枝分化出真叶原始体，胚根中明显看到中柱维管束、生长点及根冠。维管束向胚芽和子叶方向伸展。这时种子已具发芽能力，能正常发芽。

第五节 花生高产栽培的生理基础

一、花生产量的构成因素

花生一生的前3个时期是成苗、初步建成营养器官、形成生殖器官（开花、成针）的时期。进入结荚期之后开始形成经济产量。因此，结荚期和饱果期合称产量形成期。

单位面积株数、单株果数、果重是构成花生产量的3个基本因素。

花生单位面积荚果产量（kg）＝果重×单株果数×单位面积株数

三因素间既相互联系，又相互制约。通常情况下单位面积株数起主导作用。随着单位面积株数的增加，单株果数和果重相应下降。当增加株数而增加的群体生产力超过单株生产力下降的总和时，增株表现为增产，密度比较合理。花生单株结果数，因密度、品种和栽培环境条件不同，一般花生高产田，要求单株结果数15—20个；果重的高低取决于果针入土的早晚和产量形成期的长短。在生产实践中，每公顷果数可达675万个，单果重可达3 g，但二者不可能同时出现。单位面积果数和果重是一对矛盾，单位面积有一定数量的果数是高产的基础，较高的果重是高产的保证。花生从低产变中产或中产变高产，关键是增加果数。但要想高产更高产，就必须在有一定果数的基础上提高果重。一般疏枝大粒花生品种，产量为6 000 kg/hm^2左右的花生田，每公顷果数应达到300万左右；7 500 kg/hm^2以上的花生田，要有400.5万—450万个花生果作保证。

二、花生环境及抗逆生理

环境因子（光照、水分、营养元素等）既是作物生长发育的依赖条件，也是作物生长发育的限制因素，尤其是在自然（大田）条件下，诸因子往往难以全面满足或保障作物生长的正常生理需求。光照、水分、营养元素等因子不仅可单方面胁迫作物的生长发育，而且多数情况下是综合影响作物的生理生化反应。对环境胁迫的研究已经引起重视，并在作物抗旱遗传、营养遗传、抗病虫遗传等多方面取得了显著进展。

（一）光照

在同一区域内，花生栽培品种通常对光周期不敏感，因而一般不把光照时间作为影响花生生长发育的胁迫因子加以考虑。但是随着栽培种频繁的异地交换，比如因采用新的种植制度或因育种目标变化而利用异地种质，以发掘品种产量潜力、增强抗性，这一问题就可能凸显出来。据报道，许多品种或种质对光周期表现敏感，尤其在花生营养生长与生殖生长的分期变化上最为明显，弱光能在一定程度上延迟花芽分化过程，减少花芽分化数量。张开林（1984）和姚君平（1992）的研究表明，弱光条件下花生光合速率降低，干物质积累降低，主茎高度增加，侧枝发育受抑，分枝数减少，第一对侧枝节数减少，侧枝短，花芽分化少，叶片小而薄，单株叶面积减少，植株细弱。

（二）干旱

随着全球温室效应的日趋严重，干旱逐渐成为影响花生生长发育、产量和品质的主要胁迫因子之一。干旱可发生于花生生长发育的不同阶段、不同季节，并对花生的水分代谢、能量代谢和营养代谢构成综合影响。如果气温高于或接近理想值，热胁迫将伴随干旱而发生，此时蒸腾速率降低，花生植株温度升高（可高于当时的气温5℃以上），叶片萎蔫。

干旱往往引起营养胁迫，尤其影响到花生对钙的吸收和对氮素的生物固定。当荚果区域缺水时，荚果对钙的吸收很敏感，Ca^{2+}移动受限，最终导致荚果干瘪；

同样由于干旱，花生根瘤大多分布在较浅的土层，影响了氮的生物合成。但Devries等研究表明，花生对干旱比其他豆科作物的敏感程度低。花生荚果充实期，具有高产潜力的品种对干旱特别敏感，较高的产量潜力依赖于大量光合产物向荚果运输，由于干旱影响了营养体的正常生长，进而没有足够的光合产物保证生殖体生长。而在花生结荚期，因品种间的差异，干旱对花生产量潜力造成不同程度的影响，主要是与不同品种对干旱胁迫造成影响的恢复程度不同有关。

（三）营养胁迫

营养胁迫通常使碳素固定受限并因此限制花生的整个生长过程。营养元素的缺乏将影响光合作用，缺氯、锰，影响水的光解作用；缺氮、镁、铁、锰等，影响叶绿素的生物合成；缺铁、铜、磷等，影响光合磷酸化的电子传递；而缺钾、磷、硼，则影响光合产物的运输和转化。有些元素如钙、硼的缺乏，则影响荚果的成熟和饱满度。硼与钙的吸收与运转相关。缺钙时，种子胚芽变黑，根系小、粗短，呈黑褐色，荚果发育减退，空、批果增多，籽仁不饱满，严重时植株死亡。硼缺乏时，植株矮小，分枝多，开花很少，荚果、籽仁形成受影响。

（四）病、虫、草

病虫对花生的影响主要是使植株坏死，或使叶片局部坏死或脱落，影响花生的光合作用进而影响产量。Bourgeois、Boote等（1992）曾探讨了花生落叶的生理学依据，并认为花生大部分病害源于自身环境因素的影响。因虫害而落叶的一个副效应是能够刺激花生叶片再生。

杂草对花生的危害程度取决于杂草密度和与花生共生时间的长短。杂草密度大、共生时间长，则对花生危害严重。不同密度的杂草对花生光照影响不同。徐秀娟等（1991）研究表明，随着杂草密度的增加，杂草对花生的荫蔽也增加，在同一密度下，对花生光的影响因杂草与花生共生时间长短而不同。花生出苗50天内，杂草对水、肥的竞争构成对花生的水肥胁迫。

三、花生高产栽培的光合生理

花生属于C_3植物，但其光合潜能却相当高，远超过同一条件下的其他植物，与一些C_4植物接近。

（一）花生的光合作用性能

花生通过光合作用所制造光合产物的多少取决于光合面积、光合能力、光合时间和呼吸消耗四个因素，而最终荚果产量的高低，不仅取决于光合产物积累的多少，同时与光合产物分配到荚果中的比例（即经济系数）也有很大关系。也就是说，花生荚果最终产量取决于光合面积、光合能力、光合时间、光合产物的消耗和光合产物的分配。这五个方面称为光合性能，其相互关系可用下式表示。

荚果产量＝［（光合面积×光合能力×光合时间）— 光合产物的消耗］×
经济系数＝生物产量×经济系数

由此式可知，适当增加花生叶面积，提高单位叶面积光合强度，延长光合作用时间，减少无效消耗，促进光合产物向地下荚果分配，都可以提高花生产量。归根结底，花生栽培中的一切增产措施，都是围绕改善光合性能而起作用。

1.光合面积

花生光合面积主要指能进行光合作用的绿叶面积，是光合作用五项因素中与产量关系最密切、变化最大，同时最易受控制的因素，95%以上的干物质源于绿叶面积的光合作用。花生生产中的许多措施，如合理密植、平衡施肥、适时灌溉、合理使用植物生长调节剂等，其目的就在于适当地扩大和调节叶面积。叶面积大小与花生群体光能利用和干物质生产关系密切。在一定范围内，花生群体冠层光截获及干物质生产量随叶面积的增加而增加。目前花生生产中，中低产田花生产量不高的主要原因是群体叶面积不足。但叶面积也并非越大越好，叶面积过大，叶片过分重叠郁蔽，株丛间通风透光性差，反过来会影响光合能力，进而影响到最终产量。土壤肥力基础好，肥水充足的高产田，如果其他的调控措施不当，则易出现植株生长过旺，叶面积过大现象。

群体叶面积的大小通常以叶面积系数（LAI），即绿叶面积与所占土地面积的比值来表示。花生一生中叶面积系数的消长基本呈抛物线变化。幼苗期由于苗株小，叶面积系数增长缓慢，进入花针期后，随着植株叶片的不断增加，植株光合速度加快，叶面积系数迅速上升，在结荚期前后达到高峰，高峰期过后，随着中下部叶片的不断脱落，叶面积系数也随着下降，收获时叶面积系数一般为峰值时的1/2左右。栽培措施，如播期、密度和种植方式等，对叶面积系数的消长过程有一定影响。夏播花生由于苗期温度高，前期叶面积增长快，叶面积峰值出现早，一般在结荚中期或末期。大垄宽幅麦套种花生前期由于受小麦遮光等影响，前期叶面积增长慢，峰值出现迟，一般在结荚末期或饱果初期。春播花生介于上述两种方式之间。

花生不同生育时期，确保有一个合理的叶面积系数，是花生高产的基础。不同种植方式和产量水平对花生叶面积系数有一定的要求。据王才斌等对多块每 hm^2 荚果产量为4 500—6 000 kg的花生田测定，幼苗期、花针期、结荚期和饱果期平均叶面积系数，春花生分别为0.38、1.53、3.03和2.62，大垄宽幅麦套种花生分别为0.26、0.94、2.54和2.94，夏播花生分别为0.60、2.41、3.94和2.73。最高叶面积系数峰值，春播、麦套和夏直播分别为4.21、3.72和4.66。不同生育时期叶面积系数与荚果产量相关分析表明，春花生产量与幼苗期叶面积系数无明显相关性，而与产量形成期（结荚期+饱果期）的叶面积系数呈显著正相关。无论哪种种植方式，均需要有一个较高的叶面积峰值，每 hm^2产量在4 500 kg以上的田块，叶面积系数峰值最好能达到4—5.5，最少不低于3.5，但一般不要超过6，以免发生倒伏。

2.光合能力

光合能力指单位绿色面积的光合效率，是决定光合产物高低的重要因素。光合能力的强弱，一般以光合强度或光合生产率为指标。光合强度通常用单位叶面积在单位时间内同化二氧化碳的数量来表示，亦称光合速率。但测定时，直接得到的结果是净光合或表观光合，即光合与呼吸之差。真正的光合强度应为净光合与呼吸之和。通常所称的光合强度一般指净光合。光合生产率亦称净同化率（NAR），通常用每平方米叶面积在一段时间内（一昼夜或一周或更长）增加干物重的克数来表示。花生光合能力受多种因素的影响，既受其自身内在因素的影响，也受光照强度、CO_2浓度、温度、湿度、肥水等外界条件的影响。

（1）影响花生光合能力的内部因素

①基因型：花生不同基因型品种间光合能力存在显著差异。花生单叶光合效率的高低与群体光合产物的积累以及最终荚果产量无明显相关关系，而群体光合效率高低与花生干物质积累量相关密切。据万勇善等测定，花生群体光合速率的高低与同期植株干物质积累速率呈显著正相关。因此，群体光合能力高低比单叶更为重要。

②叶龄：花生叶片在发育过程中，随叶龄的增加，光合能力也在不断发生变化。据Jamadagni测定，花生叶片在发育初期光合能力增加很快，叶片出现后第2天，光合速率便达到最大值的1/3，第四天光合速率达到最大值的1/2以上，第8—12天，光合强度达到最大值，最大值维持10天左右后，光合速率逐渐下降，80天以后，光合速率降低至盛期时的1/3左右。

③叶位：花生植株不同叶位光合能力也存在显著差异。据Jamadagni测定，花生在始花前出生的基部7片复叶光合速率较高，花针期形成的第8—11片复叶光合速率居中，而最后出生的6片复叶，光合速率较低。不同生育时期，花生不同节位叶片由于叶龄等因素的影响光合能力存在一定差异。一般说来，在每个生育时期，倒数第3—5片复叶光合能力最为旺盛。

（2）影响光合作用能力的外部因素

①光照强度：光合作用是光能所驱动的光生物化学反应，光的强弱对光合强度影响很大。光是光合作用能量的来源，是叶绿素形成的条件，光照还影响气孔

开闭，从而影响CO_2进入。此外，光照还影响大气温度和温度的变化。故光照条件与光合强度关系极为密切。

在光照强度较弱时，光合强度随光照强度的增加而增加，当光照强度增加到光合强度不再随光照强度的提高而增加时，此时的光照强度称光饱和点，花生虽属C_3植物，但其具有较高的光饱和点，光照强度较高时，花生的光合强度高于呼吸强度，净光合强度大于零，当光照强度下降时，光合强度也随着下降，当光照强度减弱到光合作用吸收的CO_2与呼吸放出的CO_2相等，净光合强度为零时，此时的光照强度称为光补偿点。花生的光补偿点一般在800 lx左右。

花生是比较耐阴的作物，在弱光下花生的光合强度比大豆、玉米高。在4万lx照度条件下，约为相同光照条件下大豆的2倍。这为花生与其他高秆作物间套复种奠定了基础。不同生育时期花生对弱光的反应有一定差异。姚君平等用花37试验了分期遮光对花生植株净同化率的影响，每次连续遮光10天，遮光后光强度为自然光强的26.7%，结果遮光对植株光合强度的影响随生育进程的推进而加重。其中苗期植株净同化率较自然光降低47%—79.7%，花针初期降低77.9%，花针中期以后净同化率则出现负值。

②大气中CO_2和O_2浓度：CO_2是光合作用的原料之一，环境中CO_2浓度的高低，明显影响光合速率。空气中CO_2的浓度约为0.032%，从花生光合作用需要来说，是不足的，特别是中午前后光照强度充分时，株间CO_2浓度很低，CO_2不足，往往限制光合速率的提高。高产群体表现更为突出。当CO_2浓度降低到光合作用强度与呼吸强度相等，净光合强度为零时，此时环境中的CO_2浓度称为CO_2补偿点。据Bhagari报道，花生的CO_2补偿点为（40—60）$\times 10^{-6}$。CO_2浓度在（0—600）$\times 10^{-6}$范围内，花生净光合强度随$C0_2$浓度的增加呈线性增加。所以，要满足光合作用对$C0_2$的需求，生产上要求花生田通风良好。

Pallas等报道，当花生叶片暴露在低0_2条件下（1%—2%），净光合强度增加。因为在C_3植物中，O_2能抑制CO_2吸收而刺激光呼吸进行。在正常空气条件下，由于O_2的存在而引起净光合强度降低约30%。

③温度：温度是影响花生光合能力的重要因素。多数研究认为，花生光合作用最适宜的温度为20—25℃，也有试验结果认为30℃左右最为适宜。在20℃以下，花生光合强度随温度降低而急剧下降。在温度达到30℃以上时，叶片光合强度随温度的升高也急剧下降。当温度达到40℃时，光合强度为30℃时的3/4。

④土壤水分：适宜的水分是花生进行旺盛光合作用的必要条件。只有叶片含水量接近饱和状态时，才能进行正常的光合作用。花生虽是较耐旱的作物，但干旱时，光合作用仍会因干旱的程度而受到影响。严重干旱时，光合作用甚至会停止。据王才斌等试验，当土壤含水量低于最大持水量的50%（0—30 cm土层）

时，花生群体净光合速率随土壤含水量的减少迅速下降。水分是光合作用的原料之一，但植物吸收的水分绝大部分用于蒸腾作用，用于光合作用的不足1%。因此，水分缺乏引起光合作用下降，主要是因为缺水叶片发生萎蔫使气孔关闭，影响CO_2进入叶内造成的。土壤水分过多，通气性变劣，根系吸水功能减弱，也会降低光合作用强度。只有保持合理的土壤水分，才能提高花生的光合作用能力。

⑤矿质元素：矿质元素直接或间接影响光合作用。氯、锰对水的光解有影响；氮、铁、锰等是叶绿素生物合成所必需的矿质元素；铁、铜、磷对光合磷酸化电子传递起重要作用；氮对酶的含量等能产生直接的影响；而钾、磷、硼对光合产物的运输和转化起促进作用，从而对光合作用产生间接影响。在一定范围内，营养元素增多，光合速率就加快。因此，生产上要注意花生平衡施肥。

3. 光合作用时间

延长作物生育期，尽可能地利用作物生长季节内的光热资源，是增加花生光合作用产物积累的有效途径。Brower研究结果认为，延长作物营养生长期是提高产量的途径之一。但更多的研究表明，延长作物子籽充实期，对提高经济产量更为有效，因为，这一时期的光合产物主要用于产量形成。

光合作用时间通常用光合势（LAD）来表示，光合势是指单位面积上花生全生育期或某一生育阶段中有多少绿叶面积在进行干物质生产，是群体叶面积与其持续光合时间的乘积，单位为（$m^2 \cdot d$）。光合势、净同化率（NAR）和生物产量三者关系如下：

光合势＝叶面积（m^2）×天数（d）；生物产量＝光合势×净同化率

光合势随叶面积的增加而增加，而净同化率则随叶面积的增加而降低，两者间存在一定的矛盾。花生要有足够的光合积累，提高生物产量，必须使两者协调发展，不能顾此失彼。

大量试验和生产实践证明，在适宜的叶面积范围内，降低生育后期叶面积下降速率，尽可能地延长叶面积盛期所持续的时间，是增加花生光合势和荚果产量的一条有效途径。据王才斌等测定，无论哪种种植方式，花生产量形成期的光合势与荚果产量均呈显著或极显著正相关。

4. 光合产物的消耗

花生在进行光合作用制造光合产物的同时，也以呼吸、器官脱落及病虫危害等方式消耗光合产物，其中以呼吸消耗为主。据测定，成长叶片的正常呼吸强度一般为0.5—2 mg CO_2/（$dm^2 \cdot h$）。根据花生呼吸消耗能量的性质不同，呼吸可分为生长用呼吸作用和维持用呼吸作用。前者主要用于植株生长消耗，后者主要用来维持生命活动消耗。维持用呼吸作用的消耗量相当大，正常条件下，约占光合作用的1/3。呼吸作用虽然消耗一些光合产物，但在呼吸的同时，释放出的能量和形成的一些中间产物是花生生命活动不可缺少的。但过多的呼吸消耗则不利于有机物的积累。高温、密度过大、干旱或缺乏某些必要的矿质元素，可使花生正常呼吸过程受到破坏，形成了所谓的“无效呼吸”，生产上应尽量避免。花生在结荚封垄后，如白昼晴天，夜晚降雨，雨量适宜，昼夜温差大，荚果膨大就快，产量就高。因此，栽培上建造合理群体结构，防旱、防涝、防病虫、防徒长、防早衰，控制无效枝、叶、花、针，对增加花生有效积累、减少无效消耗量是十分必要的。

5.光合产物的分配

光合产物分配是否合理，通常用经济系数（HI），即经济产量与生物产量之比值作为衡量指标。增加光合产物向生殖体的分配比例，是提高经济系数的前提。在相同的环境条件和栽培措施下，不同类型品种的经济系数存在一定差异。一般说来，直立型>半蔓型>蔓生型。品种间分配系数也存在较大差异，且分配系数与产量呈显著正相关。Duncan等在研究花生品种产量差异生理机制时，认为新育成的品种之所以较老品种高产，最主要的原因之一是干物质分配发生了变化，在产量形成期，高产品种干物质向生殖体分配率为98%，而老品种的分配率仅有41%。因此，提高花生光合产物向生殖体的分配比例，是进一步提高花生产量的有效途径。

栽培措施对光合产物的分配也有很大影响。同一品种，栽培措施不同，经济系数也不同。如海花1号高产田的经济系数可达0. 55，而一般田只有0.4左右。珍珠豆型品种辐矮50高产栽培条件下经济系数可达0. 67，较一般大田提高40%—30%。但经济系数并非越高越好，过分追求经济系数，易导致营养体发育不良，绿叶面积少，总生物产量低。研究表明，在正常条件下，花生荚果产量与总生物产量成正比。因此，提高经济系数，必须以提高总生物产量为前提。目前我国栽培的疏枝型品种，经济系数以0.5—0.6为宜。

总之，光合性能的五个方面，既相互独立，又相辅相成，各有其特殊作用。光合面积、光合能力、光合时间和光合产物的分配利用均与产量有密切关系。在不同的具体条件下，其作用有主次之分和大小之别。因此，在实际生产中，必须针对具体情况作具体分析。

（二）花生群体的光能利用

1.冠层结构与光照分布

花生冠层结构是进行光合作用的主体，冠层的光合速度和生长量与群体结构关系密切。花生冠层由茎和叶构成。随生育进程的推进冠层结构不断发生变化。据王才斌等用大田切片法测定，在花生叶面积盛期（7月下旬至8月上旬），叶片在群体冠层上层分布稠密，叶密度明显高于中下层。花生田间光照分布主要指花生群体不同生长层或不同行间所受光照的程度。大田中叶片所处的高度和层次不同，其受光量和光照程度也不同。群体光照强度的日变化随太阳高度角而变动，仰角增大，则光照强度增强，仰角小，则光照强度减弱。在花生群体表面，全部叶片均呈向光状态，而在群体内层，则向光部分与背光部分呈水平方向交错分布。来自冠层上方的太阳光在穿过冠层时，由于被叶片的吸收而不断减弱。

2.群体光能利用率及提高途径

（1）花生群体的光能利用率：单位时间内，单位面积上花生群体对照射在其上的太阳总辐射量或光合有效辐射量的利用百分率，称为花生群体的光能利用率。

作物光能利用率的高低取决于群体干物质积累速度和单位干物质所储存的能量。花生属于含热量较高的作物，比大豆籽仁高20%，比小麦籽仁高39%。花生茎蔓中含的热量与大豆茎蔓相近，比小麦秸秆高8.7%。在目前栽培水平条件下，花生的光能利用率高于小麦C_3植物，但低于玉米等C_4植物。

据理论推测，作物光能利用率最高可达到12%，而花生目前光能利用率一般不足1%， 高产条件下也不足2%。目前花生生产光能利用率低的原因主要有以下四个方面。

一是漏光损失：花生幼苗期植株较小，日光大部分漏射到地面上而损失。

二是呼吸量大：一般认为，花生在进行光合作用的同时，光呼吸和暗呼吸不断进行，约消耗全部光合产物的50%，即约有1/2的光合产物被用于呼吸而消耗。

三是光强分布不合理与光饱和浪费：群体过大，互相遮阳严重，限制了光在群体内部的透射和均匀分布，下部叶片多数时间处于光补偿点以下，因而群体的光能利用率不高。

四是不利条件的限制：花生在自然条件下对光能的利用率，不仅取决于花生本身的光合能力和光照条件，而且还受其他环境条件的影响。如温度过低或过高，水分亏缺与涝害，无机营养缺乏或失去平衡，CO_2供应不足等。这些不利因素，一方面限制了适宜的光合面积、光合时间、光合强度，另一方面可使呼眼消耗增加、光合产物的分配利用不合理等，使光能利用率降低。

上述几个方面，很难同时得到克服和解决。但这并不意味着花生光能利用率没有继续提高的余地。合理的农艺措施，如合理密植、合理运用肥水、增施有机肥料、提高CO_2浓度、调节温度、防治病虫危害等，对调节花生群体结构，增强群体光合能力，确保光合产物合理分配利用，均有积极的作用和明显的效果。在良好的栽培条件下，花生的光能利用率达到3%—5%是有可能的。

（2）提高群体光能利用率的途径

①增加叶面积，提高群体光合积累：适当增加光合面积是提高光能利用率的重要途径。目前多数中低产田的产量限制因素是叶面积不足。

②改善外界条件，延长光合时间：花生生长发育受到温度高低、水分多少、肥料丰缺、CO_2供应量、病虫危害等环境条件的影响。这些不利因素，制约着花生的生长和发育。在生产中，通过科学耕作、覆膜栽培、选用增产潜力大的品种、增施有机肥、配方施肥、调控植株生长、控制开花下针、防止早衰等措施，改善植株生育条件，延长光合时间，具有良好的效果，可使花生产量形成期始终处于适宜的生育条件之下，从而增加产量。

③降低无效消耗，增加积累：花生在进行正常呼吸的同时，还进行光呼吸，把光合作用形成的乙醇酸氧化分解成CO_2而放出，从而使光合产物的50%被消耗掉。另外还有植株徒长、后期无效花针的形成、器官脱落、病虫危害等均造成了光合产物的无效消耗。所以在生产过程中应注意采用适时排灌、根外追肥、防病治虫以及化控等措施，降低消耗，增加积累。

第七章 四川花生的栽培技术

第一节 四川花生的标准化种植技术

一、播前准备

（一）整地

花生种子较大，脂肪含量高，发芽出苗需要较多的水分和氧气，因而播前整地的总体要求是土壤疏松、细碎、不板结，含水量占田间最大持水量的50%—60%，高于80%或低于40%，花生都不能正常发芽出苗。因此，花生播种前要及时精细整地，使土壤含水量处在合适的范围内，水分多时要能顺利排水，播种后使种子处于适宜的土壤环境中。

四川春季花生播种期常有低温阴雨天气出现，常造成烂种缺苗。整地时间和质量是确保一播全苗或苗齐苗壮的重要因素之一。春节前后，宜在天气好的时间抓紧犁耙地，挖好花生地四周排水沟，起垄种植的，按种植规格整垄；如果在雨季来临前未整好地，遇上连续阴雨，则影响花生及时播种或影响整地质量。

整地时结合犁耙地施足基肥，全部的钾肥、过磷酸钙、2/3的农家肥和1/2的尿素可结合冬耕或早春耕地时全田铺施。为了提高磷肥肥效和减少优质农家肥的氮素损失，施肥前将过磷酸钙和农家肥一起堆沤15—20天。

（二）种植方式

1. 平作

一般旱薄地花生常常采用的一种种植方式，在无灌溉条件，土壤肥力低的旱地或山坡地，土壤保水性差，水分容易流失，花生不易封行，采用平作和密植，有利于抗旱保墒争取全苗，在土地多而分散、劳力少的情况下采用该方法可以减少整地工作量，但是不利于机械的应用。

2.垄作

垄作是肥力较好土地选用的一种种植方式。在地势平坦、土层深厚、排灌条件齐全的大田，垄作有利于花生合理密植，有利于田间通风透光，以充分发挥品种的生产力和群体效应，获得高产。花生垄作需要在播前整地时起垄，在垄上开沟或开穴播种，垄种根据具体操作方式分为单行垄作和双行垄作两种。

3.高厢种植

对于位置比较低矮的漕坝地，为了能排能灌，防止花生田积水，最好采用开厢种植。一般厢宽80—160 cm，其中厢沟宽30—40 cm，沟深以能顺利排水为宜，一般20—25 cm，厢面略呈中间高两边低的龟背形，以利排水。每厢种植2—4行，等行距种植，根据土壤肥力和品种特性，行距30—40 cm，窝距20—25 cm，每窝播两粒。也有每窝播1粒的，则窝距为10—13 cm，每 hm^2 保苗27.0万—30.0万株。

（三）种子处理

1.播前晒果、剥壳及种子分级

若春种，剥壳前最好连晒2—3天，以降低种子含水量，增加种皮的透性，提高种子的渗透压，从而增强种子在土中的吸水能力，有利于种子的萌动发芽，晒种还有杀菌作用，减少种子上的病菌。花生剥壳有机械剥壳和手工剥壳两种方式，作种用的花生最好采用手工剥壳，以减少对种皮的损伤。在四川春季空气潮湿，花生仁极易吸水回潮，剥壳应在计划播种前一个星期内进行，剥壳后应尽快播种，以避免种子的生活力降低，影响种子发芽出苗；剥壳后的花生种子如果需要存放一段时间，可将种子密封保存，以保持种子的生活力。花生种子剥壳后应按种子大、中、小分级，并把有损伤的、霉变或瘪小的种子选出作他用。经过分级的种子在田间出苗整齐，幼苗均匀一致，减少大苗压小苗的现象，有利于提高花生产量。

2.浸种催芽或浸果

花生种子在播种前进行浸种催芽可以筛选具有发芽力的种子播种，缩短种子出苗时间，使种子出苗快而齐，并有利于在干旱或低温情况下种子出苗。但浸种催芽并不是花生播种前必须采取的措施。贮藏条件好，活力高的种子也可以直接播种。浸种催芽的具体技术有下列几种：

（1）温室催芽：先将种子放在35℃左右的温水中浸泡2—4小时。种子初浸入水中，出现皱纹时不要翻动，以免弄掉种皮，要使种子一次吸足水分。当检查子叶横断面尚有1/3— 1/4未浸透的硬心时，捞出放在筐或篓内，上面覆盖湿草帘，置于25—30℃室温下催芽，中间喷水2—3次，保持种子湿润，一般经过24小时左右就可出芽。

（2）室内薄膜覆盖催芽：在室内用土坯垒一个高1 m左右的长方形槽，槽底和周围放上16 cm左右厚的麦秸草，用热水喷湿，然后把浸好的种子放入槽中，上面覆盖塑料薄膜保温，经20—24小时就可出芽。

浸种催芽须注意以下几点：一是浸种催芽前必须分级粒选、分级浸种，才能使种子吸水均匀，发芽整齐；二是催芽时间不宜过长，以刚“露白”为宜，如果芽（胚根）过长，养分消耗大，播种后出土能力减弱，幼苗不健壮。同时，播种时还容易损伤胚根。芽尖太长如成弯钩状，则主根易出现伤断或盘卷窝苗现象，出苗不齐又不壮。

（3）浸果：花生带壳播种可以抢时早播，壳内种皮及荚果内壁褐色斑片处所含的丹宁溶出，形成有利于种子周围灭菌的环境。如播种种仁，在土壤温度较低，可能烂种的情况下，带壳播种有利于全苗。近年结合覆膜早播防春旱，颇受生产上重视。果播先要选用成熟饱满的大果，用冷水浸泡60小时，如用温水，则只需浸泡20小时，荚果内的种子便可吸足水分。捞出后稍加晾干果壳，将双仁果撇成单仁果。独粒果也要捏开果嘴，以利播种后种子继续由土壤吸收水分，一旦土温适宜时便能发芽出苗。带壳播种是抢时早播延长生育期的措施。

3.药剂拌种和包衣

（1）药剂拌种：花生种子用杀菌剂拌种，能有效地减轻和防止烂种。常用的有可湿性多菌灵粉剂，用量为种子量的0.3%—0.5%；可温性菲醌，用量为种子量的0.5%—0. 8%。将种子用清水浸润后与药粉拌匀，种皮见干后播种。杀虫剂拌种可防治某些苗期地下害虫。如50%辛硫磷乳剂，用量为种子重的0.2%；25%七氯乳剂，用量为种子量的0.25%—0.50%；50%氯丹乳剂，用量为种子量的0.1%—0.3%。施用时应切实注意用药安全。

对于鼠害严重的地方，可用灭鼠药如磷化锌适量拌种，拌种时要注意安全，拌药和播种过程中均要戴塑料手套，进食前要用肥皂洗净手等部位。

（2）种衣剂包衣：近年来花生种衣剂很多，好的花生种衣剂高效、持久防治花生地下害虫，如蛴螬、蝼蛄、地老虎、金针虫、地蛆等地下害虫对花生的危害，完全替代撒毒土、灌药、叶面喷施、防治地下害虫等传统方式，省工省力，减轻了农民的负担。适用于花生的剂型主要有毒死蜱、高巧种衣剂、吡虫啉等。种衣剂的适宜用量，要根据说明书确定。经过种衣剂包衣的花生种子，发芽速度减慢。因此，要选用生命力强、发芽率高的种子，以免浪费种子和药剂。种衣剂含有剧毒物质，包衣和拌种时都要戴乳胶手套，操作结束后用肥皂洗手。洗刷包衣用具和种子容器的废水，要选择远离水源的地方排放。种子包衣后及时晾干，务必妥善保存，严防人畜误食中毒。

（3）保水剂拌种：农用保水剂是一种优良的保水材料，可吸收种子自身重量数百倍的水分。花生播种前用其拌种，能改善种子周围的水分状况，提高种子发芽率，有很好的抗旱、节水、保苗效果。此外，它还能吸附保持氮肥，具有一定的保肥作用，适于春旱严重的花生产区和旱薄地应用，可增产10%左右。根据用量及保水剂的吸水率，计算并量取清水，把保水剂缓慢加入水中，不断搅拌，保水剂吸水后迅速膨胀，直到水与保水剂混合成糨糊状，再把花生种子随倒入随搅拌均匀。拌好的种子摊开晾干后，即可播种。

（4）抗旱剂拌种：目前我国推广应用的主要是抗旱剂1号（代号FA），据试验，花生用其拌种，能增强抗旱性，增产8.4%。拌种用量为种子重的0.5%，加水量为种子重的10%。先用少量温水将抗旱剂1号调成糨糊状，再加清水至定量，不断搅拌使其完全溶解，倒入花生种子拌匀，堆闷2—4小时即可播种。如果不立即播种，要将种子晾干。

（5）微量元素拌种：钼酸铵或钼酸钠拌种，能提高种子的发芽率和出苗率，增强固氮能力，促进植株发育和果多果饱。每公顷用钼肥90—225 g，先用少量40℃温水溶解，兑清水22.5—30.0 kg，配制成0.3%—1.0%的溶液，用喷雾器直接喷到花生种子上，边喷边拌匀，晾干后播种。或者每公顷用钼肥225—375 g，兑水187.5—225.0 kg，浸泡花生种3—5小时，捞出后晾干播种。

土壤缺硼能导致花生种仁不饱满，子叶空心等症状。据山东等省多年试验，施用硼肥的增产率约为10%。常用的速效硼肥有硼酸和硼砂等，用量为每千克花生种子拌0.4 g。根据种子用量称取硼肥，每公顷的用量加清水30 kg，溶解后直接喷洒种子，拌匀晾干后播种。

花生种子用钼肥或硼肥拌种，要严格掌握用量，过多会导致毒害，造成减产。总之，提高种子活力的处理方法较多，在安全贮藏的基础上，播前种子渗透调节，结合采用适宜的种衣剂包衣处理适合大面积推广应用。而在种子活力不高的情况下，应避免采用任何形式的浸种催芽处理。

二、播种

（一）播种时期

1.播种期的确定

遵循“两够一不长”的原则：即温度够，春播地膜花生在日平均气温稳定在12℃以上，开花期气温不低于23℃；水分够，要求表土10 cm土层充分湿润；与前作物共生期不宜太长，宽行（幅）套作花生共生期（从出苗期算起）不超过

15天。

2.适宜的播种期范围

甘薯休闲地、甘蔗换蔸地、蔬菜地花生，在3月中旬至4月上旬（春分至清明）；麦套花生在麦收前25—30天（即4月20日左右）。川东南（宜宾等）可偏早，川西北宜偏迟。小春连茬夏播花生在小春收后抢时播，并用清粪水浸窝，能促进早生，或采用育苗移栽，力求晚中争早。播种时遇干旱“宁迟勿早”采用等雨播或灌窝播种的方法。

四川省春播花生随着耕作制度改革的深化，复种指数的提高，茬口夏播花生面积逐步增加，比原来推迟1—2个季节。这样花生苗期常遭夏旱，不易全苗、壮苗；下针期又遇伏旱，造成干针，降低果针入土率；成热收获期，往往又遇秋雨绵绵，造成荚果发芽霉烂，致使花生产量低而不稳。针对这种状况，因地制宜适时提早花生播期，其具体做法是改茬口花生为预留行套作花生，实践证明预留行套种不仅前作产量不受影响而且花生可提早25—35天播种，延长了有效生长期，既有利躲过伏旱及秋雨的不良影响，又充分利用了光温资源，促进了花生增产，一般亩产提高30%以上。

（二）播种技术

1.播种方法

花生的播种方法按照栽培方式分，可分为覆膜播种和露地播种。覆膜播种又可以分为先播种后覆膜和先覆膜后播种两种方式。按作业方式分，可分为机械播种和人工播种。无论哪种播种方式，均要通过开沟、放种、覆土三道工序。开沟要按照行株距的要求，开好沟，施种肥（注意尿素、碳胺不能作种肥），肥料与泥土拌匀。放种有随机放种（习惯种法）、两粒并放、插芽播种（胚根向下）三种方法。插芽播种要特别注意不能倒置。因花生种子两片子叶肥大，如在土中的放置方向不当，对种子的顺利出苗影响很大。子叶朝上，胚根朝下最易出苗；反之，子叶在下，胚根朝上，则整个种子颠倒了，与种子出苗生长的方向相反，则种子的主根需要弯曲向下生长，子叶往往很难弯曲向上生长，即使能掉转过来，也非常慢，因此颠倒的种子不容易出苗，长出的幼苗也较细弱。

2.播种粒数

包括每窝播种粒数和单位面积播种粒数。每窝播种粒数因土壤肥力、种植习惯、生产需要而异。一般瘠薄地宜单株密植，肥沃地宜双粒减窝。繁殖良种则应单粒播种。每窝播种1粒或2粒，只要单位面积株数合理，均可获得高产。单位面积播种粒数则因品种、土壤肥力而异，一般中间型和普通型直立品种，在中等肥力土壤种植，每公顷9万—13.5万窝，每窝2粒。珍珠豆型品种每公顷13.5万—15

万窝，每窝2粒。

3.播种深度

花生播种深度影响种子的出苗质量和幼苗的齐壮程度。其适宜播种深度应根据土质、当时的气候、土壤含水量及栽培方式确定。花生种子较大，并且主要依靠种子下胚轴的伸长把子叶送到土表层，出苗顶土较困难，如果播种过深，种子出苗消耗较多的营养，出苗慢，而且长出的幼苗较弱，严重的出不了苗。因此，花生播种宜浅不宜深，露地栽培一般5 cm左右为宜，播种较早，地温较低，或土壤湿度大，土质紧，可适当浅播，但最浅不能浅于3 cm；反之，可适当加深，但最深不能超过7 cm。过浅种子在晴天和空气干燥的天气容易失水落干，不能保全苗。地膜覆盖栽培因有地膜保护，播层温湿度适宜，应适当浅播，一般以3 cm左右为宜。

（三）带壳播种技术

1.花生带壳播种的优点

（1）提高种子活力：荚果在浸种过程中，由于水分进入荚果的速度较慢，浸种时间长达60小时左右，种仁在荚果中均匀缓慢地吸收水分，水分对种仁细胞的膜系统损伤少，种仁细胞中膜系统修复快，有利于恢复各种生命活动。另一方面，种仁膜系统半透性功能的较快恢复，可减少种子中内容物的外渗，从而提高了种子活力，播种后种子的萌发速度、出苗整齐度、生长势都比种仁播种有较大的优势。

（2）增强花生种子的抗性：从播种至出苗，是种子最易遭受不良环境条件包括病虫害侵袭的时期。种仁在荚果中不易因低温阴雨而引起烂种；整荚播种时，种仁不易受土壤中病原微生物和害虫的危害，因而可减少烂种缺苗现象的出现；果壳隔开了种仁和种肥，可避免种子因接触种肥而烧种；不怕土壤墒情不佳而引起种子落干；播种后遇到长期低温阴雨种子也不容易缺氧。

（3）早播借墒保全苗：四川省花生多种植于丘陵旱地，无浇水条件，春季十年九旱，给花生适时播种出苗带来很大困难。带壳覆膜播种，播种期可提前到3月上旬，比常规仁播提前半个月。由于播种早，空气温度低，根系生长快，茎叶生长慢，花生容易蹲苗壮棵；另一方面，基部节位短，增加了有效花的数量，使单株总果数、单株生产 力都有所增加。特别对于鲜食花生，可以抢早上市，明显增加种植效益。

（4）提高花生群体的光合能力：由于果播有利于花生一播全苗，促进苗全、苗壮，单位面积株数较常规仁播有所增加，叶面积系数增大，光合势增强，净光合生产率提高，植株干物重和荚果干物重都有所增加。

花生果播本来是一项原始的播种技术，人们对其效果的认识也遵循辩证发展的规律。由于直接果播不利于花生种子吸水和出苗，而被剥壳播种所代替。进入20世纪70年代，湖南省安化县（1973）以62—64℃水浸荚果1小时，可提早播种并增产10%。后因荚果前后粒发芽不一致，而使效果不佳，故改成单粒荚果。同一时期，山东、河北、辽宁等省的部分县、市先后试验带壳播种，浸种方法从热水到冷水，浸种时间1—50小时不等，都有较大的增产效果。后来发展到果播覆膜栽培。到20世纪90年代，花生果播的增产效果得到进一步明确，认为单荚播种和整荚播种都有显著的增产效果，浸种方法进一步改进为冷水浸泡荚果，浸种时间增加到60小时以上。当种子的活力高、环境条件适宜时，果播的增产效果并不明显，说明果播的作用主要表现在可提高种子的活力，增强种子的抗逆性，适当早播可体现出果播的增产作用。另外，花生荚果在土中的摆放位置也影响出苗情况，以侧放和背朝下的方式出苗更好。

2.带壳播种技术。

（1）严格挑选荚果：对用来作种的花生荚果进行仔细挑选，选择果形一致、大小均匀、成熟度好、色泽正常的两粒荚果，为达到一播全苗、齐苗和壮苗打好基础。

（2）晒果：在晴天把选好的花生果晾晒2—3天，可提高种子的渗透压，杀灭荚果表面的病原微生物。

（3）播前浸种：提前3—5天浸种。实践表明：浸种的水温越高，种子吸水越快，种子内膜系统修复慢，种子内容物外惨越多，不利于种子活力的提高。所以浸种水温宜低，浸种时间宜长。具体要求凉水浸种60小时以上，每天早晚各换水1次。

（4）适时早播：由于果播具有抗御低温冷害等不良环境条件的能力，为了延长生育期，露地栽培果播播种期较仁播可提早半个月左右。凉水浸种60小时以上，捞出后稍加晾干果壳，将双仁果撇成单仁果。独粒果也要捏开果嘴，以利播种后种子继续由土壤吸收水分。

（5）播深与镇压：果播覆土厚度宜为7—9 cm，以增加覆土压力。在花生种拱土时，进行镇压，以弥合土壤裂缝，形成黑暗条件，促使下胚轴继续伸长，达到顺利出苗，并使土壤压力增大，让果壳留在土中。出苗前镇压宜在午后进行。出苗后田间管理同常规。

（四）播种密度

1.合理密植的作用

花生产量的高低，是由单位面积上的窝数和单窝生产力（果重）构成。花生植株矮小，群体内产量因数的自动调节能力很弱，密度对产量的影响很大。在一定的栽培条件和密度范围内，随着密度的增加，单窝分枝数相应有所减少，而群体内第一、二对分枝的总数则随密度增加而增多，产量也随之提高。据1994和1995年渠县、乐至、顺庆、宜宾用天府10号、中花2号品种试验结果，当每公顷90 000窝增加到150 000窝时，每窝果数仅减少2.9个，而每公顷果数却增加了132万个，产量提高28.6%。适宜密度是创造合理群体结构的中心环节。适宜的密度范围，随自然条件、品种类型、土壤条件、种植方式、栽培技术的差异而不同。

2.确定密度的原则

（1）根据品种特性：晚熟品种宜稀，早熟品种宜密；植株高大宜稀，株丛矮小宜密；分枝多、叶片大、株型松散的品种宜稀，分枝少、叶片小、株型紧凑的品种宜密。

（2）根据土壤、肥力、气候条件：土层较厚、土质好、肥力高宜稀，土层瘦薄、土质差、肥力低宜密；气温高、雨水多的区域宜稀，反之宜密。

（3）根据栽培条件、前作生长状况：施肥数量多宜稀，施肥数量少宜密；前作长势旺宜稀，长势差宜密。

四川省花生的种植密度变幅较大，在75 000—150 000窝/hm^2。

3.种植方式与密度的关系

恰当的种植方式，是合理密植的重要内容，在安排花生种植方式时，应考虑以下两点：

（1）有利通风透光：宽行密窝是比较好的种植方式，行间稀（宽）可推迟封行，有利通风透光，窝间密能保证足够的窝数。行距40 cm，窝距16.7—20 cm为宜。

（2）有利于排水防涝：在四川省的花生生长季节中，虽常有夏旱、伏旱发生，但总雨量仍偏多，前期和后期常常积水（或胀水）成涝，影响花生植株生长和荚果发育，甚至造成烂果。采取垄作（垄高10 cm左右）栽培，既可增厚土层，增强抗旱性，发挥边行增产的优势，又利于排水防涝。

三、大田管理技术

1.出苗期管理

（1）捡土揭盖（破膜）：开始出苗后，发现压苗的大土块，土壳应及时捡掉，盖上细土，以免“盘芽、闷芽”，若为地膜覆盖的，要及时破膜引苗，以免“烧苗”。

（2）查苗补缺、治虫保苗：春播花生常常遭小地老虎（土蚕）危害，咬食嫩枝、叶片，造成缺窝、幼苗生长差，发现缺窝立即采取催芽补种或育苗移栽，保证苗全，并及时用药防止虫害。

（3）清棵促枝：将花生幼苗基部的土刨开，晾出两个子叶瓣叫清棵。在花生基本齐苗时进行清棵，有抑制主茎生长、促进结果枝早生快发的作用。在一般条件下，对子叶出土的苗窝可以不清棵，但在高产栽培条件下，则必须普遍刨窝晾脚，使子叶下轴露出0.5 cm左右，才能起到良好的蹲苗促根、增枝壮苗的作用。在清棵后15—20天（出苗期）后，结合中耕掩土填窝。

2.苗期、中期管理

这是花生根系、枝叶迅速生长和大量开花、下针的时期，栽培重心是保持土壤疏松、灭茬清除杂草，争取多开花、多下针、多结果，主要措施是中耕除草。在四枝期（团棵）前后，或套作花生麦收后出茬进行第一次中耕，初花期进行第二次中耕，要求做到行间深、窝边浅、草除尽，不伤苗、不压枝；第三次中耕可以在开花后25—30天进行，清理厢沟，培植厢边，清除杂草，为花生下针结果创造良好环境。在大雨后，最好浅中耕破土面，以免水分急剧蒸发，造成表土板结。花生下针期进行人工除草，易将入土的果针或结成的幼果带出土面，对花生产量影响很大，在香附子和杂草严重的地块，可用药剂防除。

3.中后期管理

此期花生生长的生育特点是，地上部茎叶生长茂盛至逐渐减慢直到衰老，地下荚果形成，籽仁迅速充实至成熟。栽培管理的中心任务是抗旱排涝防烂果，控制徒长保稳长，治虫保果夺丰产，防病保叶促果饱。可以采取以下措施：

（1）抗旱排涝防烂果：花生开花下针期对缺水最敏感，若遇到严重干旱，最好用清粪水灌窝，待土干后立即中耕破土。荚果充实期最怕水涝，对胀水地块应做好理沟排水，避免黄苗或烂果。

（2）控制徒长保稳长："茎叶嫩绿节间稀，植株高大叶柄长，雨后天晴萎搭搭，六月底前早封行"是花生徒长的标志，对发生徒长的地块，每公顷用300—450 g多效唑兑水750 kg喷施，可抑制植株徒长，促使茎叶硬健。

（3）治虫保果夺丰收：为害花生的地下害虫主要有金针虫、蛴螬，在6月底或7月上旬，每公顷用3%辛硫磷或甲基异硫磷颗粒剂45—60 kg拌细土撒窝，或用乳剂7.5 kg兑水6 000—7 500 kg灌窝防治。防治金针虫时间应提早。若用毒死蜱等种衣剂包衣再播种的花生，基本不需要再用药剂防治地下害虫。

（4）防病保叶促果饱；在7月中下旬至8月上旬。每公顷用50%多菌灵750 g、磷酸二氢钾2 250—3 000 g（或用过磷酸钙37.5 kg、草木灰45 kg分别浸泡一昼夜，取其澄清液）、尿素7.5 kg，兑水750 kg叶面喷施，以防治叶斑病，保持足够的绿色叶面积，促进荚果饱满。

四、收获

1.花生成熟的标志

植株中下部叶片呈黄绿色，地下荚果果壳坚硬、网纹清晰，70%以上荚果成熟饱满，籽仁种皮呈品种固有颜色。或按生育期来确定成熟收获期：春播135—145天，夏播110—125天。凡做种用的种子，最好单收单晒，并要求及时晒干(含水量10%以下)，切勿堆捂，晒至咬成脆响、脱衣散瓣，即可贮藏。

2.挖掘方法及注意问题

花生挖掘方法因各地的栽培习惯、土壤墒情、质地及品种类型等不同而不同。主要方法有拔收、刨收、犁收、机械收获等方法。刨收、犁收的关键是掌握好刨、犁深度。过深既费力，花生根部带土又多，造成拣果抖土困难，且易落果；过浅，易损伤荚果或将部分荚果遗留在土中。机械收获，适于面积较大的地块，如果种植面积较大，则应考虑机械收获。发达国家机械收获比较普遍，我国近年也开发生产了许多类型的花生收获机械。机械收获能显著提高效率，但应注意尽量减少花生的机械损伤。

3.摘果

摘果方式主要有手工摘果、人工摔果、打谷机脱果、摘果机摘果等。手工摘果比较费工费时，效率不高，但荚果质量保持较好，基本不受损伤，比较适合于种用花生脱果以及小面积种植的农户。人工摔果，在北方比较普遍，是用手握住花生植株梢部，向筐篓等器具上摔打，使果柄折断、荚果振落，剩下的部分批果用手摘下，每人每天一般能摘果150—200 kg。南方有用人力或电动打禾机脱果的，效率较高，但多用于榨油的花生，留种花生还是以手摘能保证质量。国内新制造的一些花生摘果机，据介绍能在花生植株尚较绵软，果柄半干时进行脱果，荚果基本无破碎，茎蔓也较完整，每小时可摘荚果1 000—1 250 kg。

在美国、澳大利亚多采用大型康拜因拣拾摘果，为利于清选和下一步的气流干燥，一般强调在籽仁含水量20%—25%时进行拣拾摘果。

五、荚果干燥

1.商用荚果干燥法

新收获的花生，成熟荚果含水量50%左右，未成熟的荚果60%左右，必须及时使之干燥，才能安全贮藏。经过田间收晒的花生，还有比较高的含水量，摘下后仍须继续干燥。四川花生收获季节多在每年的8—9月，气温高且经常有雨。随收随摘的荚果运回晒场时，由于含水较多，应及时在阳光下摊晒；傍晚将荚果堆成条状或小圆堆，遇雨盖草帘，次日继续摊晒。遇阴雨天要在室内晾开，不能堆积，有条件的可用风机吹干，以免发热霉变，至晴天及时晒干。晒至六七成干后，间歇晒果，即晒1—2天，堆放1—2天，使种子逐步干燥，均匀一致。

鉴定花生种子干燥度，一般经验，用手搓种子，种皮易脱，或用手折断子叶有清脆感觉，断口齐平．即表明种子已经干燥。准确测定种子干燥度可用烘干法测定其含水量。

美国花生脱果、干燥广泛采用机械化联合作业。在花生收获后，至种仁含水20%—25%时，采用花生脱果机械进行脱果。该机将条铺在田间的植株送进摘果部分，然后把摘下并处理干净的荚果贮入干燥车里，运至催干棚内催干。催干是指花生荚果的人工干燥。催干后的荚果，种子不易脱皮或发生裂瓣，并具有较好的味道。催干时送入的热空气，相对湿度须低于85%而高于50%，气温为35—38℃。花生层的厚度，荚果含水量30%时，应为120—152 cm。待花生平均含水量降到8%—10%时，应停止干燥。

2.种用及芽用的荚果干燥法

花生的晒种质量好坏直接影响花生种子的生活力。过高的晒种温度、阴雨天在室内堆放时间过长，均能降低花生种子的发芽势及出苗率。特别在四川地区，收获时间正值高温干旱或秋季多雨季节，种用或芽用（专门用于花生芽生产）荚果的干燥技术及过程显得尤其重要。

李正强研究了南方地区几种常见的干燥方式（自然风干、泥地院坝曝晒干燥、水泥或泥地晒席隔离干燥，以及水泥地曝晒干燥）对次年播种的花生种子活力的影响。结果表明，不同品种对不同晒种方式的敏感度有所差异，但水泥地干燥种子对所有品种的种子活力均有不良的影响。因而种用花生应尽量避免或禁止在水泥地上暴晒，提倡泥地或晒席隔离晒种。自然风干对种子活力和产量亦有较大的负效应，因而只有在多雨年份方可采用，且不应悬挂太久。

在四川攀西等河谷干旱一年可以种植两季花生的地区，对于春植花生收获后直接用于当年翻秋的种子，由于相隔时间较短，带棵晾干对保证种子质量有很好的效果。温仕英研究认为，采用带棵晾干作为秋植用种，方法简便，出苗率达98.7%，比摘果晒种4天、5天、6天、7天分别提高19.9%、25.2%、32.3%和36%：由于出苗率高，收获株数比较多，因而荚果产量比较高。

广东省农业科学院经济作物研究所研究表明，花生荚果在室内堆放时间长短对种子生活力及田间发病率也有很大影响。种子收获后在泥地（最高温度53℃左右）连续晒干的，贮藏后翌年田间出苗率达90.7%，发病率7%；收获后如果将种子在室内摊放，摊放时间越长，翌年出苗率越低，而发病率越高。摊放1天的田间出苗率为79.2%，发病率25%；摊放3天的田间出苗率为70.7%，发病率34%。收获后将种子在室内堆放，则种子质量更差，堆放1天下年田间出苗率仅为58%，发病率36%；堆放3天的田间出苗率为52.4%，发病率57%。因而在实际生产中，收获后如遇下雨，要把种子在室内摊开，晴天应立即移到室外将种子晒干，如继续阴雨，则这批荚果不宜做种用。

六、花生贮藏

花生荚果内含籽仁，籽仁脂肪含量高。脂肪是热的不良导体，传热慢，因此贮藏的花生堆，热传导能力差。在外温上升时，花生堆内仍可较长期保持一定的低温，但在堆内霉变发热时，产生的热量亦不易散发。另外，花生脂肪酸在适宜的温湿度下易氧化水解，产生酸败现象。

（一）影响荚果安全贮藏的主要因素

1.贮藏前荚果状况

荚果贮藏前应充分晒干，去净幼果、瘪果、荚壳破损果及杂质，是荚果安全贮藏的第一步。

荚果含水量低时，种子内的水分与蛋白质、碳水化合物等牢固结合在一起，成为束缚水，水分在这种状态下，不能在细胞内移动，几乎不参与新陈代谢反应。随着种子含水量的增高，细胞内便会出现能够移动的游离水，花生荚果的安全含水量应在10%以下，大花生种子应在8%以下，小花生种子应在7%以下。南方气温高，广东农业科学院研究认为，当地作种用的花生荚果的安全贮藏含水量应在6%以下，否则贮藏中代谢作用旺盛，游离脂肪酸含量会迅速增加，所带菌类也会繁殖迅速，种子的生活力就会显著降低。四川省花生产区的种用花生荚果的安全含水量应在7%以下。

据朱诚等研究，超干花生种子（含水量2.11 %）在常温条件下贮藏8年，种子发芽率仍保持在95%。荚果中的幼果、瘪果、果壳破损果及其他杂质，带菌多，易吸湿，是贮藏过程中霉变发热的重要根源。贮藏期间外界条件不适宜，则会增加荚果的呼吸作用，引起堆内发热，致使荚果霉变酸败而降低品质。

2.贮藏温度

温度高低，对贮藏期间的呼吸代谢活动有很大影响。低温条件下，酶的活性弱，呼吸热积累少，游离脂肪酸增加很少，霉菌和害虫活动停止。在21.1℃下，荚果可保持优良品质6个月，种子可保持优良品质4个月，时间再长，花生会受虫害，种皮变琥珀色，渐渐酸败。在18.3℃下，荚果可安全贮藏9个月，种子可安全贮藏6个月；0—2.2℃下，种子可安全贮藏2年；-12.2℃下，可安全贮藏10年。荚果的贮藏期，一般可比种子延长50%。充分干燥的花生荚果，在自然贮藏条件下，花生的温度随着气温的升降而变化。但因花生荚果油分很高，脂肪的导热性不良，堆内温度变化较气温变化迟缓得多，但两者变温基本一致。因此，如果堆外温度下降而堆内温度反而上升时，说明是不正常情况，花生可能发热霉变。据测定，含水约8%的种子，堆温20℃以内时，脂肪酸含量的变化不大；但在20℃以上时，温度愈高，酶的活性愈大，故堆温超过20℃时，酸价便要显著增高。所以6月份以后，堆温增高时，分解作用加强，种子内的游离脂肪酸便要增加。

3.环境湿度

荚果的安全贮藏，除荚果本身的含水状况外，受贮藏环境的大气湿度影响很大。当空气环境中的水蒸气分压（相对湿度）大于种子内部所产生的水蒸气分压时，即种子含水量较低时，种子便要吸收空气中的水分而变潮湿；反之，则散失水分而变干燥。环境中相对湿度稳定不变时，种子便逐渐达到每单位时间内吸收的水蒸气分子和放出的水蒸气分子数量相等，这时即成为吸湿平衡，种子的含水量便稳定在一定的水平上，这时的含水量称为平衡水分；据研究，风干后原始水分为6.35%的伏花生种子，在密闭的容器内，其空气相对湿度为40%时，花生种子平衡水分为5%—6%，达到平衡需15天：随着相对湿度的增加，花生种子的平衡水分逐步增高，吸湿达到平衡的天数也逐渐增加。

四川空气湿度大，贮藏种子容易回潮。据广东省农业科学院经济作物研究所研究，贮藏中大气相对湿度超过60%时，花生种子便会不断地从空气中吸收水分，迅速回潮变坏；而在60%以下时，花生贮藏期间的含水量则随之降低。此外，据试验，各种不同处理花生，在温度20℃、相对湿度75%的条件下贮藏48周后，测定种子的发芽率，以荚果贮藏的由95.5%降至79.5%，手工剥壳的由93.0%降至64.5%，机械剥壳的则由93.0%降至36.5%。足见留种用花生，应以荚果在温度低于20℃、相对湿度低于75%的条件下贮藏。早剥壳的种子则应在5—10℃和40%—50%的相对湿度下贮藏较为妥当。

4.通风条件

贮藏期间应保持通风良好，以促进种子堆内气体交换，起到降温散湿作用。花生晒干、凉透后，贮于干燥通风处。在高温高湿的季节贮藏花生则应尽可能隔绝大气与种子堆或贮藏库的气体交换，以利于保持种子堆内干燥和低温，故应采取密闭贮藏的方法。

（二）贮藏方法

1.室内贮藏

室内贮藏是一种广泛采用的花生荚果贮藏方法。春花生收获时，正值高温潮湿季节，有条件的把花生囤藏在干爽的木阁楼或水泥楼面上，有的农户用编织袋把干燥的荚果包装后堆放于楼上、盖好薄膜密封保存。囤贮于地板上的，一般用沙或其他铺垫物垫底，使荚果与地面距离30 cm左右。种用花生贮藏，由于量少，有用带盖瓦缸或不透气的容器，放到凉爽的屋子里，下面垫石隔潮，容器内先铺些石灰或草木灰等吸温物，随后装入荚果，加盖密闭贮存。适宜种植秋花生的地区，基本推广秋植留种。春花生收获后到播种秋花生时间较短，做种用的荚果，临时以小堆或装袋贮放在干燥、凉爽的室内即可。

2.仓库贮藏

仓储花生在入库贮藏前，先进行临时露天贮藏，可以充分降温散湿。初期，由于尚未完成后熟，呼吸作用比较旺盛，通风散热散湿条件不好，容易引起种子发热，而造成闷仓，甚至严重影响发芽力。

度夏贮存的荚果或种子，可以采用保温库藏。保温库为双层墙壁，双层屋顶，两层之间空隙65 cm左右，其中充填稻糖、干海草及玻璃纤维等物，隔温隔潮。冬季入贮后，将库门密闭，只有进出荚果种子或需检查时才开启。库温常年保持在18℃以下，最高不超出20℃。

外贸公司采用冷风库贮存花生出口，主要是为了度过夏季，达到周年供货的目的，这对保证出口花生的水分、色泽、质量稳定不变，起到了重要作用。要达到最好的贮存效果，应注意以下几点：

（1）入库时间在4月下旬至5月初为好。早了，作用不明显，又增加费用，晚了，内外温差大，花生仁入库猛然收缩，易造成种皮离层脱落。

（2）库内要有严格的防潮设施，温、湿度适当（温度8—10℃，相对湿度70%）。

（3）货物在高温季节出库，首先要平衡温度，消除花生表面的冷汗（结露），然后备货装船出口，否则在船舱内易生霉变质。

（4）冷风库的主要作用是保持商品现状。

为确保出口花生的终点站质量，关键在于入库前的基础质量。首先，色泽要正常，如果花生仁已变色，入库后也不会再变好；其次，花生仁表面损伤要轻或无。

3.其他贮藏方法

花生种子在超干状态下可以贮藏较长时间。据段乃雄等试验，在武汉气候条件下，花生种子处于3.2%—3.3%的超干状态下至少可安全贮藏11年。为了科学研究工作的需要，对少量种子采用磨口瓶密封贮藏，也有很好效果。庄伟建等试验研究了药剂保护处理春花生种子后的贮藏效果，结果表明，无论是处理荚果还是籽仁，其经室温贮藏7个月后，田间发芽出苗率皆明显高于常规保存的春花生种子，也高于秋花生种子。

（三）贮藏期间的管理

花生贮藏期间，必须注意贮藏环境条件的变化及荚果的生理变化，以保证荚果的优良品质和种子旺盛的生活力。要及时检查、加强管理，一旦发现异常现象，要采取有效措施，妥善处理。

1.贮藏中的检查

种子含水量和贮藏中的堆温是安全贮藏的主要因素。贮藏期间应定期检查堆温、水分及种子发芽率。如发现超过安全界限（当水分含量为7%、8%、9%、10%时，其对应的临界温度为28℃、24℃、20℃、16℃），须立即通风翻晒。翻仓摊晒时，应选择晴朗而温度不过高的天气。由于翻晒可能增加破伤，次数应尽可能少些。

测定游离脂肪酸的变化，是判断花生种子贮藏是否安全的标准之一。贮藏过程中，花生游离脂肪酸变化有明显规律。据试验，在花生入库初期，由于后熟作用，游离脂肪酸有微量降低，以后趋向升高，其升高速度随水分和温度的高低而异。当水分为8%，温度为20℃时，基本保持稳定；当温度升高到25℃时，游离脂肪酸就明显增加。受机械损伤、冻害及虫蚀粒，脂肪酸增高更为明显。但如温度降至20℃时，又会在已有的基础上处于比较稳定的状态。当游离脂肪酸增加到一定程度时，就会引起酸败变质。

2.防止霉变

霉变是指花生发霉变质的现象。其发生是由于荚果或种子带菌，又在贮藏中具备了适合菌类繁衍增殖的环境条件。这些真菌在花生上生长并分泌水解酶，引起干重损失、含油量降低、游离脂肪酸增加，进而使种子酸败，损害生活力。菌类是入库前荚果及种子上带有的，但是带菌量的多少则因种种情况有所不同。例如重茬地花生、收获过迟或收刨、摘果、晒干过程中受损伤的花生，带菌量就较多。这些菌类不仅附着在果壳上，并且容易侵入壳内，但不易侵入完整的种皮。因此，破伤粒要比完好种子容易霉变。霉变的发生需要一定的温度和水分。含水量8%以下的种子，温度20℃以下不易发生霉变。毒菌活跃繁殖的环境一般是空气相对湿度在80%以上，温度在20—25℃。贮藏中霉变危害的另外严重结果是产生污染花生的真菌毒素，主要有黄曲霉毒素（aflatoxin）、圆弧青酶菌酸（cyclopiazonicacid）、褚曲梅毒素（ochratoxin）、橘霉素（citrinus）、赤霉烯酮（zearalenone）等。黄曲霉毒素是公认的强致癌物质，对人畜危害极大。黄曲霉菌生长的最低温度为6—8℃，适温为36—38℃，最高为44—46℃。种子含水量12%—20%时，菌生长最快；9%—11%时生长很慢。空气相对湿度70%、种子含水量8%时，该菌不能生长。据报道，在花生收获后采取各种措施如日晒、风干、烘干等，迅速降低花生的含水量，4—5天内降到安全含水量（8%）以下，可大大减少黄曲霉菌侵染机会。由于霉菌生长需要氧气，有人试验用聚氯乙烯薄膜袋贮藏花生，能大大降低氧气浓度，贮藏9个月基本上不受黄曲霉污染。

3.防止虫害

花生贮藏期间的害虫，主要是印度谷膜（*Plodia interpunctella* Hbn.），在河北、山东等省一年发生3代，南方一年可发生4—6代。虫害发生部位多集中在花生米堆表层30 cm深处。印度谷螟有吐丝结网的习性，严重时造成“封顶”现象。此外，据青岛动植物检疫所资料，花生贮藏期间发生比较普遍、危害比较严重的还有拟谷盗（*Tribolium* sp.）、锯谷盗（*Oryzaephilussurinamensis* L.）、玉米象（*Situphilus zeama* Motsch.）、黑皮蠹（*Attagenuspiceus* Oliv.）、粉斑螟（*Ehestiacautell* JWalker）、地中海粉螟（*Ephestia sericarium* Scott.）、紫斑谷螟（*Pyralisfarinalis* L.）、一点谷蛾（*Aphoη1iagularis* Zeller）、粗脚粉螨（*Alarussiro* L.）等。害虫的活动季节一般是3—4月开始至11月份，而以8—9月份危害最严重。

花生贮藏害虫的主要来源和传播途径有三：一是装运过程中带入虫源，二是贮藏场所有害虫潜伏，三是贮藏期间感染。我国北方冬季严寒下，在-15— -10℃低温下，潜在虫源可基本消除。南方密封贮藏，或秋植花生荚果于冬季低温干燥季节短期贮藏，虫害危险一般较少。但对于需要度夏的库存花生，需切实注意。

为了减少外界不良气候影响，除了密闭仓库门（仓库具有防潮、隔热性能）、保持干燥低温环境外，还可在花生种子堆上压盖席子或麻袋等物，再压盖麦糠，以保持低温干燥状态，减少外界病虫害侵入。

防治贮藏期间的虫害，主要是确保入库前的花生在收、晒、运过程中不带虫源，并要做好入库前的仓库消毒。已入库的花生，不宜采用库内熏蒸，以免因虫尸水分多，留于种子内招致生霉。倘若贮藏中发生虫害，应及时翻仓消毒，筛除害虫并喷洒适当农药，检查确实无虫后重新入库，或移入其他安全仓库。

第二节　四川花生的施肥技术

一、花生的营养吸收与转化规律

（一）花生生育所需的主要营养及其生理功能

1.花生所需的营养元素

与其他农作物一样，花生必需的营养元素有碳、氢、氧、氮、磷、钾、钙、镁、硫，硼、钼、铁、锌、锰、铜、氯16种。其中碳、氢、氧、氮、磷、钾、钙、镁、硫9种元素需要量大，被称为大量元素，其余7种元素称为微量元素。近来已有试验证明花生需要钴，它可以改善花生的生长和光合作用。镍、钛、硒、稀土等元素对花生有一定的增产效果，而铝、镉等元素对花生有害。

2.花生所需营养元素的来源

花生所需的碳、氢、氧主要来自空气和水，其余元素绝大部分通过花生的根系、花针等营养吸收器官从土壤中吸取，氮素除从土壤中吸收外，有相当一部分通过共生根瘤菌固定空气中游离分子态氮获得。所以土壤不仅是花生生长的介质，而且是其所需营养的主要供给者。土壤养分的丰缺直接关系到花生产量的高低。土壤养分主要来自五个方面：一是土壤矿物颗粒风化以及晶格离子交换释放出的养分，一般细土供给矿物质养分如钾、钙、镁、磷等元素的能力强于粗土，由花岗岩、片麻岩、玄武岩发育的土壤，其微量元素含量高于砂岩、页岩、冲积物发育的土壤；二是土壤有机质分解释放的养分；三是土壤微生物代谢如固氮作用等形成的养分；四是降雨带来的养分；五是施肥补充的养分。

3.花生所需营养元素的生理功能

简单而言，上述必需元素在花生体内主要有三大方面的基本功能，即：构成花生作物体的结构物质和生活物质，催化花生作物体内代谢过程，刺激花生作物的生长。但具体来讲，这些元素都有各自特定的生理功能。只有这些元素相互协同作用，才能保证花生的正常生长发育。

（1）碳、氢、氧：碳、氢、氧3种元素在花生植株体中含量最多，占花生植株干物重的90%以上，是花生机体的主要组成成分。碳、氢、氧通过叶绿素在光能的参与下进行光合作用，首先合成简单的碳水化合物糖类，然后进一步形成淀粉、纤维素、蛋白质、脂肪等重要有机物，最终形成花生生物体。氢、氧不仅参与碳水化合物的合成，而且在合成有机物生化过程的氧化还原反应中起重要作用。由于碳、氢、氧主要来自二氧化碳和水，因此一般不考虑作为肥料施用的问题。但随着科学技术的发展，二氧化碳气肥的施用，可能成为花生高产的技术途径之一。

（2）氮：氮是构成蛋白质和核酸的主要成分。蛋白质中含氮为16%—18%，是生命活动的基础，是构成细胞原生质的基本物质。核酸也是含氮有机化合物。在作物生长发育过程中，作物细胞的生长和分裂，必须有蛋白质和核酸的参与，否则一切作物生长发育和生命活动就无法完成。氮也是叶绿素的重要成分，叶绿素a（$C_{55}H_{72}O_5N_4Mg$）和叶绿b（$C_{55}H_{70}O_6N_4Mg$）都含有氮素。叶绿素含量的多少，直接关系碳水化合物形成的数量，与花生生长发育和产量密切相关。花生缺氮时，叶绿素的形成会受到抑制，作物叶片表现出缺绿症状，从而导致光合作用减弱，碳水化合物合成数量减少。氮还是酶和多种维生素的组成成分，花生生命中各种代谢过程都必须有酶的参与才能完成。花生体内许多维生素（维生素 B_1、B_2、B_6等）以及某些激素、生长速、生物碱等物质中也含有氮元素。

花生是富含蛋白质的作物，每生产100 kg花生荚果需氮（N）5—6 kg，比生产相同数量的禾谷类籽粒高1.3—2.4倍。氮素供应适宜时，蛋白质合成量大，细胞的分裂和增长加快，花生生长茂盛，叶色深绿，叶面积增长快，光合强度高，荚果充实饱满。氮素不足时，蛋白质、核酸、叶绿素的合成受阻，花生植株矮小，分枝少，叶片黄瘦，光合强度弱，产量降低。氮素是植株体内可再利用的元素，所以花生缺氮时，下部叶片首先受害，老叶片中的蛋白质分解，运送到生长旺盛的幼嫩部位供再生利用。此外，由于蛋白质的合成减弱，花生植株体内的碳水化合物相对过剩，在一定条件下，这些过剩的化合物可转化为花青素，使老叶和茎基部呈现红色；氮素过多，尤其是磷、钾配合不当时，会造成植株营养失调，营养体徒长，生殖体发育不良，叶片肥大浓绿，植株体内的碳水化合物过多地消耗在蛋白质合成上，用于加固细胞壁的部分减少，组织柔软，植株贪青晚熟或倒伏，结果少，荚果瘪，同时共生的根瘤菌生长受阻。

（3）磷：磷的生理功能主要有3种。一是构成作物体中许多重要有机化合物的组成成分，如核蛋白、核酸、磷脂、植素、磷酸腺苷和许多酶的组成成分中，都含有大量的磷，而这些物质在作物生长和繁殖中起着重要作用；二是参与作物的各种代谢过程，作物体内糖和淀粉的合成，含氮化合物及脂肪的代谢都需磷的参与；三是促进作物花芽分化，缩短花芽分化时间，缩短作物生长发育期，同时可增强作物的抗旱能力和耐寒能力。

花生是喜磷作物，对磷素吸收能力也较强。磷素通常以磷酸态被花生吸收。磷对光合作用、呼吸作用、蛋白质形成、糖代谢和油分转化起着重要作用。磷素在荚果中含量最多，占全株总磷量的62%—79%。磷充足时，可以促进花生根系和根瘤的发育，有利于幼苗健壮和新生器官的形成，延缓叶片衰老。缺磷地块花生主茎和侧枝明显较正常植株低矮，分枝少，叶色变得浓绿，生育推迟。施用磷肥，花生的主茎和侧枝显著增高，分枝和叶片数目明显增多，花芽分化和成熟期提前，受精率、结实率和饱果率提高。施用磷肥对提高花生产量、改善品质有明显的作用。

磷对提高花生抗逆能力的作用也非常明显。一是提高花生的抗旱耐涝能力，这与其促进根系发育，提高原生质肢体保持水分的能力密切相关。二是促进花生碳水化合物的代谢，增加植株体内可溶性糖的含量，使细胞原生质的冰点下降，从而增加抗寒能力。三是提高花生的耐盐、耐酸能力。因为花生体内的磷酸盐以磷酸二氢钾和磷酸氢二钾的形态存在，它们在细胞中具有重要的缓冲作用，使原生质的pH保持在比较稳定的状态，维持正常的生长发育。所以在盐碱土和碱性土施用磷肥，可增强花生的适应能力。

磷能显著增加根瘤的数量，提高根瘤菌的固氮能力和培肥地力，达到以磷增氮的效果。据山东省花生研究所测定，施磷花生田的根瘤菌固氮量为309 kg/hm^2，较未施的增加1.7倍。根瘤菌固定的氮素，除供当季花生需要外，还有一部分遗留于土壤。据测定，施磷处理遗留氮比不施磷的对照增加5.8倍。

（4）钾：钾与氮、磷不同，虽不是有机化合物的组成成分，但因拥有高速通过生物膜的特性，是多种酶的活化剂，广泛地影响着花生的生长与代谢。钾与光合作用、碳水化合物的积累有关，日照不足时，施钾效果大。钾能促进低分子化合物（氨基酸、单糖、脂肪酸）转变为高分子化合物（蛋白质、淀粉、脂肪、纤维素），减少可溶性养分，加快同化产物向贮藏器官运输。缺钾时，双糖和淀粉则水解为单糖，滞留在叶片中，影响花生的光合效率和荚果饱满度。钾有利于蛋白质的合成，供钾充足，花生植株吸收的氮素多，合成蛋白质的速度快。

钾能增强花生的抗逆性，如通过维持细胞的膨压即提高原生质胶体对水分的束缚能力而调节水分，调控气孔开关，减少蒸发，增强细胞对干旱、低温等逆境胁迫的适应能力；钾参与作物茎秆的纤维素合成，促进维管束发育，提高抗倒伏能力；代换出土粒吸附的铀离子，使其流失，减轻钠离子对根的危害；平衡氮、磷素营养，部分消除因氮、磷施用过多而造成的不良影响。钾还能抑制花生白绢病和减轻锈病、叶斑病的为害。钾在花生植株体内流动性大，所以缺钾的外观症状较缺氮、磷稍晚，直到开花结荚期，植株含钾量下降到1%以下时，才显露出来。首先从下部老叶开始，叶片呈暗绿色，叶缘变黄或棕色焦灼，随之叶脉间出现黄萎斑点，逐步向上部叶片扩展，直到叶片脱落或坏死。

（5）钙：钙对作物生长发育及新陈代谢都有一定作用，其生理功能表现在：①以果胶酸钙的形态存在于细胞壁的中胶层中，可以加固细胞，并促进细胞壁的形成；在根系发育过程中，缺钙时根尖细胞受到破坏，细胞壁发生黏性，根系停止生长，不能形成根毛，影响作物对水分和养分的吸收。②它可使细胞原生质脱水浓缩，增加原生质黏滞性；与钾离子在这方面的功能恰好相反，正是钙、钾的这种拮抗作用，才能使细胞质保持生命活动所需的正常状态。③钙是某些酶的活化剂，可增强碳水化合物的代谢，对促进作物的有氧呼吸具有一定的作用。④钙在作物体中可与作物代谢过程中的有机酸结合，起到中和过多有机酸的作用，从而具有调节作物体内pH的功效。⑤钙与某些离子产生拮抗作用，消除营养环境中其他过多离子的毒害作用。钙与铵离子拮抗，消除土壤溶液中过多的铵毒害，与氢、铝、钠离子拮抗，减少酸性土壤中氢、铝离子和碱性土壤中钠离子因积累过高对作物产生的毒害作用。钙对碳水化合物转化和氮素代谢有良好的作用，钙充足时有利于花生对硝态氮的吸收利用，缺钙时花生只能利用铵态氮。

钙素在花生叶部含量最多，占全株总钙量的50%—55%，其中水溶性钙、草酸钙及磷酸钙、果胶钙和硅酸钙分别占30%、20%和50%；其次茎部占26%—32%。缺钙诊断的临界指标为每千克鲜重1.7 g钙（花生9叶期上5叶的水溶性钙含量）。缺钙时，种子的胚芽变黑，植株矮小，地上部生长点枯萎，顶叶黄化有焦斑，根系弱小、粗短而黑褐，荚果发育减退，空果、秕果、单仁果增多，种仁不饱满；严重缺钙时，整株变黄，顶部死亡，根部器官和荚果不能形成。

对于花生缺钙的土壤临界值，早期研究认为，当土壤交换性钙含量低于1.4摩尔（＋）/kg时施钙增产。也有报道，土壤耕层总钙的临界含量为1.35 g/kg，低于这一水平施钙至少可增产10%以上。近年来发现，土壤中Ca^{2+}与其他离子的平衡状况比交换性钙含量能更好地反映土壤施钙 的有效性，并提出土壤饱和浸提液中Ca^{2+}与阳离子总量（Ca+Mg+K+Na）摩尔之比Ca/TC可用于作物钙营养诊断。

（6）镁：镁主要存在于植物幼嫩组织器官中，植物成熟时则集中转移存在于种子中。其生理功能表现在：①镁是叶绿素的重要成分。叶绿素a和叶绿素b都是含镁化合物，因此镁对作物的光合作用具有重要影响，没有镁的参与，叶绿素不能形成，光合作用就无法完成。缺镁时常出现叶脉之间失绿现象。②镁是植素的组成成分，作物在开花期缺镁，植素形成受阻，无法在作物种子贮藏磷，因而使幼苗生长时供磷能力受阻，幼苗因缺磷而生长迟缓。③镁是许多酶的活化剂，特别是对磷酸激酶、磷酸葡萄糖转移酶起着显著的辅助作用，能加速酶促反应，促进碳水化合物的代谢和呼吸作用，所以镁的丰缺与花生籽仁的含油量有关。④镁能促进植物合成维生素A和维生素C，改善花生的保健品质。

缺镁叶片失绿与缺氮叶片失绿不同，前者是叶肉变黄而叶脉仍保持绿色，且失绿首先发生在老叶上；后者则全株的叶肉、叶脉都失绿变黄。

（7）硫：硫是构成蛋白质和酶的组成成分。其生理功能表现在：①促进蛋白质的合成。尽管一般植物只有3种氨基酸即半胱氨酸、胱氨酸、蛋氨酸含硫，但花生是富含蛋白质的作物，体内的许多蛋白质都含有硫。花生蛋白态N与蛋白态S的比率约为15∶1，即花生合成蛋白质时，每同化15份氮，就需要1份硫。花生施硫既可提高荚果产量，又能提高蛋白质与油分含量。因此花生缺硫时，氨基酸合成蛋白质受阻，影响其产量、品质和生长发育过程。②硫在作物体内通过氧化还原过程，参与有机物的形成。缺硫时，呼吸作用受阻，有机酸形成减少，进而影响蛋白质的合成。③虽然叶绿素中不含硫，但硫对叶绿素形成具有一定作用，缺硫时叶绿素形成减少，严重时叶片失绿。④硫对花生的根瘤形成具有促进作用，可增加根瘤形成的数量和质量，进而影响花生的生长与产量。⑤硫还能增强子房柄的耐腐烂能力，使花生不易落果和烂果。

花生缺硫与缺氮难以明显区别，所不同的是缺硫症状首先表现在顶端叶片。

（8）铁：植物体内铁含量一般占干重的0.3%，呈有机化合物存在。其生理功能为：①铁是植物光合作用不可缺少的元素。虽然铁不是构成叶绿素的成分，但有相当一部分铁存在于叶绿体中，叶绿素必须有含铁的酶进行催化才能合成。②铁对植物的有氧呼吸具有重要作用。作物体内许多重要的呼吸酶如细胞色素氧化酶、过氧化氢酶、过氧化物酶等都是含铁有机化合物，因此铁通过化合价的变化或作为酶的成分，参与花生细胞内的氧化还原反应和电子传递，影响花生的呼吸作用以及与能量有关的生理活动。③铁对花生的生物固氮具有重要作用。近年来的研究发现，生物固氮过程中起重要作用的固氮酶组分中含有铁，铁在固氮作用过程中通过铁氧蛋白传递电子，从而影响花生植株体内硝酸还原过程。对根瘤菌共生固氮的影响则存在着菌种间差异。

花生缺铁时，叶肉和上部嫩叶失绿，叶脉和下部老叶仍保持绿色；严重缺铁时，叶脉也失绿，进而黄化，上部嫩叶全呈黄色，久之则叶片出现褐斑坏死组织，直至叶片枯死。铁在花生体内与铜有拮抗作用。

（9）硼：硼在植物体中一般多集中于幼嫩分生组织和生殖器官，柱头、子房、花药中都富含有硼。硼的生理功能表现为以下几个方面：①硼对作物生殖器官的形成具有重要作用。硼能促进柱头萌发、花粉管伸入子房以及种子的形成，缺硼时造成花药和花丝退化。②硼对植物体内的碳水化合物运输具有良好的促进作用。研究表明，缺硼影响细胞壁的果胶形成和输导组织的功能，使蔗糖的运输速度明显下降，因为硼可与糖类形成络合物，这种络合物通过细胞膜的速度比单一的糖分子更快。③硼对光合作用有一定的影响。叶绿体内的硼含量较高，缺硼时叶绿体容易发生退化现象。④硼能提高花生根瘤菌的固氮量。缺硼时影响花生根中维管束正常发育，阻碍碳水化合物运输，使根瘤菌碳源不足，根瘤形成少，固氮能力下降。⑤硼可提高作物抗性。作物细胞壁中含硼较多，它可提高作物细胞原生质的黏滞性，增强原生质胶体与水的结合能力，从而起到控制水分的作用，提高作物抗旱、抗寒能力。

花生植株的含硼量以苗期最高，为需硼临界期，苗期叶片含硼量的临界指标为50—70 mg/kg。缺硼的花生植株，其输导组织易遭破坏，叶内的碳水化合物大量积累，影响新生组织形成，因而植株变态，尖端发白，生长点死亡，同时叶柄变粗，叶片变厚、变红，常呈烧焦斑点。在缺硼条件下栽培花生，植株矮小瘦弱，分枝多，呈丛生状，心叶叶脉颜色浅，叶尖发黄，老叶色暗，最后生长点停止生长，以至枯死；根尖端有黑点，侧根很少，根系易老化坏死；开花很少，甚至无花，荚果和籽仁的形成受到影响，花生荚果出现有壳无仁的空果。

土壤有效硼临界值为0.5 mg/kg，低于这些数值，施硼效果良好。我国南方红壤、北方黄土及黄河冲积物发育的土壤为主要缺硼区。

（10）锰：锰是多种酶的组成成分，又是氧化还原酶的活化剂，其生理功能主要有：①锰参与光合作用，施用适量的锰，有利于提高花生体内的抗坏血酸含量，而抗坏血酸可有效促进光合作用，其作用机理尚待研究。②锰能提高花生的呼吸强度。对糖酵解过程中的许多酶有活化作用，同时也是三羧酸循环中某些酶的活化剂，因此，它影响着花生体内的氧化还原作用，适量的锰对花生的呼吸作用具有重要意义。③锰可提高氮素利用率。猛是硝酸还原酶的活化剂，缺锰时花生对硝酸盐的吸收和同化能力下降，从而降低其对硝态氮的吸收能力。

花生叶片含锰量通常在50—100 mg/kg，低于20 mg/kg时即出现缺锰症状。花生属较耐锰的作物，叶片中锰含量达4 000 mg/kg时，叶片上才有坏死斑。

（11）锌：锌的生理功能主要有：①锌参与植物的光合作用和呼吸作用。锌是作物体内碳酸酐酶的组成成分，碳酸酐酶可催化二氧化碳和水分子作用而形成碳酸，这个过程与光合作用、呼吸作用及碳水化合物的合成关系密切。②锌对作物体内某些酶具有活化作用，使作物保持正常的氧化还原势。③锌对植株生长和种子形成有重要影响。在作物体内参与生长素（吲哚乙酸）的合成，花生体内锌的含量与生长素的分布有很高的相关性。锌能促进花生对氮、钾、铁的吸收利用，缺锌土壤施锌后，花生植株中氮、钾含量较不施锌的对照高1倍以上，但与铁、锰有拮抗作用。缺锌时，作物体内色氨酸形成受阻，从而影响生长素的合成，导致植株生长矮小，种子形成受到影响。

花生锌不足时，叶片会发生条带式失绿，植株矮小；严重缺锌时，花生整个小叶失绿。缺锌还降低花生油的生化品质。

（12）钼：钼的生理功能主要表现在参与氮代谢作用，①钼对生物固氮具有重要作用。钼是固氮酶活性部位组成成分，它可使作物获得固氮活性。花生缺钼时固氮作用明显下降。②钼能促进花生吸收利用硝态氮。钼是硝酸还原酶的组成成分，参与硝态氮的还原过程。缺钼时，花生体内的硝酸根积累增加，蛋白质合成减少。③钼还可改善花生对磷素的吸收，并可消除过量铁、锰、铜等金属离子对花生的毒害作用，使花生健壮生长。④钼与维生素C的形成有关。花生缺钼时，根瘤发育不良，结瘤少而小，固氮能力减弱或不能固氮，因而植株矮小，根系不发达，叶脉失绿，老叶变厚呈蜡质。一般认为土壤有效态钼的临界含量为0.15 mg/kg。

（13）铜：铜主要存在于作物体的幼嫩部分，是许多氧化还原酶的组成成分和某些酶的活化剂，其生理功能主要体现在影响花生的氧化还原过程和光合作用。①铜对作物的氧化还原过程有重要作用。铜是作物体内许多酶如多酚氧化酶和抗坏血酸氧化酶的组成成分。②铜影响作物的光合作用。多酚氧化酶是一种含铜酶，这种酶是叶绿体的组成成分，它影响着叶绿素的合成。同时，铜参与叶绿体内光化学反应生成氧气。铜也参与氮素代谢，影响固氮作用。铜还促进花器官的发育。铜与铁、锌、锰、钼有交互作用。花生缺铜时植株出现矮化和丛生症状，叶片出现失绿现象，在早期生长阶段凋萎或干枯。小叶因叶缘上卷而呈杯状，有时小叶外缘呈现青铜色及坏死的缺铜症状。

（14）氯：氯大量存在于作物茎和叶尖部分，氯的生理功能主要体现在它对作物光合作用的影响。氯参与花生光合作用的水光解过程，在叶绿体正常光合作用受阻时起活化光合反应的作用。氯调节细胞液渗透压和维持生理平衡，对气孔的开闭也起着调控作用。适量的氯有利于碳水化合物的合成，并可抑制某些病虫发生；氯可以促进作物对阳离子的吸收和促进作物成熟。过量则抑制种子发芽和根瘤菌的固氮作用，加重土壤酸性，对钙流失亦有一定影响。

（二）花生营养吸收器官及其特点

花生吸收养分的器官主要是根系，但叶片、果针、幼果也具有较强的营养吸收能力。这些器官的吸收特点分别是：

1.根系的吸肥特点

花生的根系呈圆锥形生长，根群主要分布在0—20 cm的耕层中。除氮素外，花生生长所需要的其他矿质养料主要依靠花生根系很强的吸收能力从土壤中吸取。花生根表有许多共生根瘤菌，这些根瘤菌在着生初期依靠花生供给的少量碳水化合物作为生活能源，并由花生供给氮、磷等营养元素促进其发育繁殖；至初花期，开始大量固定空气中的氮素，制造花生生长发育所需的氮素养料。据研究，花生一生中所需的氮素营养，近1/2—2/3是由根瘤菌提供的，但其比例受化学氮肥的品种和施用量的影响。山东省花生研究所以 ^{15}N 示踪，在中等肥力土壤（全氮0.55 g/kg）上分别施用等量氮（75 kg/hm^2）的硫酸铵、尿素、碳酸氢铵、氯化铵4种氮素肥料，结果表明，土壤的供氮率分别为25.4%、21.4%、31.0%和50.3%，根瘤菌的供氮率分别为64.6%、60.7%、60.1%和39.7%，氯化铵对根瘤菌供氮有明显的抑制作用。

根系吸收的养料首先由根转运到茎叶，然后再输送到果针与荚果中。同列向侧根吸收的养分，有优先供给地上部分同列向侧枝需要的特点，运往与侧根相反方向侧枝的养分，数量很少。

2.叶片的吸肥特点

花生叶片也有直接吸收矿质养分的能力，并能在植株体内进行同化和运转。因此，利用叶面喷肥可以补充花生某些营养不足，矫正某些缺素症状，或在特殊情况下急需补充某些养分。叶部吸收营养能力的强弱与代谢作用有密切关系，代谢作用旺盛时，叶部吸收养分的强度就愈大，所以，在花针期和结荚期这两个生长旺盛阶段进行叶面喷肥，增产的效果显著。花生叶片对氮素有良好的直接吸收能力，喷施到叶片的氮素，通过叶片角质层上裂缝和从表层细胞延伸到角质层的胞间连丝快速地吸收到植株体内。花生对叶面喷施的氮素利用率高，吸收利用率可高达60%以上，生产上已被作为补充根部营养不足的有效手段。不仅如此，而且吸收的氮素向荚果运转的比率也明显高于根系吸收的氮素。

同位素示踪的结果表明，主茎与侧枝上的叶片吸收的磷素有互相运转的能力。在生育前期，吸收的磷素主要供应自身生长的需要，到结荚期，大部分磷开始从营养器官运往生殖器官。在结荚期至成熟期，花生中下部叶片脱落前，有43%—73%的磷素被运往荚果中去。说明生育前期营养体中积累的磷素是后期荚果充实饱满的基础。

花生叶片也有直接吸收钙素营养的能力，但吸收后大部分运往茎叶中，运往荚果中很少。花生叶片与根系一样，侧枝叶片吸收的养分，优先供应本侧枝荚果的需要。

3.果针与幼果的吸肥特点

花生的果针和幼果能直接吸收土壤中的营养物质，但这种吸收能力较弱，随荚果的发育而逐渐减退。果针和幼果能直接吸收氮素营养，当耕层土壤含氮量较高时，主要靠根系吸收，果针和幼果则吸收较少，而当在土壤含氮量较低时，果针和幼果直接吸收结实层土壤的氮素增多。果针和幼果从土壤中吸收磷素的强弱，与荚果发育程度相关，越是幼龄吸收能力越强，即果针＞幼果＞初成型果。果针、幼果和荚果所需的钙素，主要靠荚果本身直接从土壤中吸收，由根系吸收转化的很少。

（三）花生营养的吸收转化

1.氮素的吸收运转

（1）氮素的吸收：花生对氮素营养的吸收主要是以铵态氮（NH^{+}-N）和硝态氮（NO^{-}_{3}- N）进行的。铵态氮被吸收后，可以直接利用，与有机酸作用合成氨基酸和蛋白质。硝态氮被吸收后，经硝酸还原酶还原成铵态氮。花生由根系吸收的氮素，首先运转到茎叶，然后再输送到果针、幼果和荚果。

气候、土壤条件（地力、质地、水分等）、肥料（种类、用量、施用期等）、花生品种类型等影响花生根系对氮的吸收利用。

①氮肥品种。据山东省花生研究所的研究，在中等肥力的砂壤土（全氮含量0.55 g/kg，pH值7.0）施用等氮量（75 kg/hm^2）的硫酸铵、尿素、碳酸氢铵、氯化铵4种氮素化肥，花生的氮吸收利用率分别为60.5%、57.0%、55.1%和

53.3%，即以硫酸铵较好，尿素和碳酸氢铵次之，氯化铵较差，但差异不显著。另外，在施用氮肥的同时，配合施用磷肥，可显著提高花生对氮素的吸收利用率。

花生对有机肥料中氮素的吸收利用与有机肥料的含氮率、氮素存在形态等多方面因素有关。其总的趋势是，吸收利用率较氮素化肥显著降低，在土壤中的残留率显著提高，损失率显著降低。据山东省花生研究所研究，以粉碎的花生营养体和生殖体分别作有机肥，施用量均设置相当于氮 75 kg/hm^2 和 225kg/hm^2 两个水平，结果表明花生对不同用量营养体有机肥中氮素的吸收利用率分别为 19.3% 和 15.7%，对生殖体有机肥中氮素的吸收利用率分别为 28.1% 和 28.1%，较硫酸铵中氮素的吸收利用率（52.75%）显著降低

②花生品种类型。不同类型花生品种，由于其遗传特性的不同，其植株体内的氮素来源比例也显著不同。山东省花生研究所对分属于 5 个类型的代表品种鲁花 3 号、花 17、花 37、四粒红、西洋生植株体内的氮素来源进行了研究，其肥料供氮率为 7.7%—16.7%，以多粒型四粒红最高，龙生型西洋生最低。土壤供氮率为 33.4%—77. 6%，还是多粒型四粒红最高，龙生型西洋生最低。根瘤菌供氮率为 5.7%—58.9%，以龙生型西洋生最高，多粒型四粒红最低。

（2）氮素的分配积累：花生对氮素的吸收总量，不论早熟品种还是晚熟品种，均表现为随生育期的推进和生物产量的增加而增多。但各生育期吸氮量占全生育期吸氮总量的比，早熟种以花针期最多，晚熟种以结荚期最多，幼苗期和饱果期较少。花生所吸收的氮素在各器官的分配比率，不同生育期也不相同。幼苗期和开花下针期，氮的运转中心在叶部，叶部干物质中氮的含量分别为 3.94% 和 3.86%。结荚期氮的运转中心转向果针和幼果，其干物质中氮的含量为 3.15%—3.82%；饱果期的运转中心转向荚果，其干物质中氮的含量为 3.53% — 3.88%。

2.磷素的吸收运转

（1）磷素的吸收：花生对磷素的吸收通常以正磷酸盐（H_3PO_3）形式进行。磷进入花生植株体后，大部分成为有机物，一部分仍保持无机物形态。花生植株体中磷的分布不均匀，根、茎生长点较多，嫩叶比老叶多，荚果和籽仁中很丰富。

磷肥施入土壤后，在酸性土壤中易为铁、铝所固定，形成磷酸盐，在石灰性土壤则易形成磷酸三钙而被固定。因此，花生根系对当季所施磷素化肥的吸收利用率比较低，一般在 15% 以下（5.0%—25.0%）。花生叶片也能吸收利用磷素，因此，生产上采用叶面喷施磷酸二氢钾来补充花生磷素不足的问题。入土后的果针、幼果、初成型的荚果均可直接从土壤中吸收磷素，主要供荚果自身发育的需要。其吸收能力的强弱，与荚果的发育状况有关，越是幼龄吸收能力越强。

（2）磷素的分配积累：花生根系吸收的磷素，首先运转到茎叶，然后再输送到果针、幼果和荚果。同列侧根吸收的磷，优先供应同列侧枝。花生根系吸收的磷素有相当数量供给根瘤菌的需要，因而有“以磷增氮”之说。

花生吸收的磷素，幼苗期的运转中心在茎部，含磷0.44%；开花下针期运转中心由茎部转向果针和幼果，果针和幼果含磷0.53%；结荚期运转中心仍集中于果针和幼果，含磷0.44%—0.64%；饱果期的运转中心为荚果，含磷0.54%—0.73%。花生主茎叶片和侧枝叶片所吸收的磷素，在生育前期主要供各部位本身需要，相互运转的数量较少，随着生育期的进展，主茎叶片吸收的磷，在饱果期有79.5%运转到其他部位，而侧枝叶片所吸收的磷素，则优先供应本侧枝荚果的需要，运转到其他部位的较少。

3.钾素的吸收运转

（1）钾素的吸收：钾素以离子态（K^+）被花生吸收，且多以离子状态存在于植株体内，部分在原生质中处于吸附游离态。花生生育期植株含钾量可高达4%，主要集中在花生最活跃的部位，如生长点、幼针、形成层等。花生对钾的吸收以开花下针期最多，结荚期次之，饱果期较少。

（2）钾素的分配积累：钾在花生植株内很易移动，随着花生的生长发育从老组织向新生部位移动，幼芽、嫩叶、根尖中均富含钾，而成熟的老组织和籽仁中含量较低。花生吸收的钾素，幼苗期的运转中心在叶部，开花下针期的运转中心由叶部转入茎部，结荚期和饱果期的运转中心仍在茎部。

4.钙的吸收运转

（1）钙的吸收：花生是喜钙作物，需钙量大，仅次于氮、钾，居第三位。与同等产量水平的其他作物相比，需钙量约为大豆的2倍，玉米的3倍，水稻的5倍，小麦的7倍。花生主要以钙离子从土壤钙盐中吸收，在花生植株体内则以离子态、钙盐形式或与有机物结合的形式。钙在花生体内的流动性差，在花生植株一侧施钙，并不能改善另一侧的果实质量。花生对不同肥料钙的利用率为4.8%—12.7%。钙促进花生对氮、磷、镁的吸收，而抑制K的吸收。

花生根系吸收的钙素，除根系自身生长需要外，主要输送到茎叶，运转到荚果的很少。花生叶片也可直接吸收钙素，并主要运往茎枝，很少运至荚果。荚果发育所需要的钙素营养，主要依靠荚果本身自土壤和肥料中吸收。

（2）钙的分配积累：花生不同生育期对钙的吸收量以结荚期最多，开花下针期次之，幼苗期和饱果期较少。花生吸收的钙素在植株体内运转缓慢，幼苗期的运转中心在根和茎部，开花下针期果针和幼果开始直接从土壤中吸收钙素，结荚期根系吸收的钙素主要随蒸腾流在木质部中自下向上运输，果针和幼果对钙的吸收量明显增加，饱果期吸收钙量减少。

5.镁、硫的吸收运转

镁以离子状态被花生根系吸收，在体内移动性较强，可向新生部位转移。花生生育初期镁多存在于叶片，到结实期又转入籽仁，并以核酸的形式贮藏起来。

硫以硫酸根离子状态被花生吸收，进入花生植株体后，一部分保持不变，大部分被还原成硫，进一步同化为含硫氨基酸。硫也能被花生荚果吸收，且荚果吸收更快。硫的吸收高峰在开花盛期，此前硫主要集中在茎叶里，根部较少；成熟期荚果中占50%左右，其他各器官中分布比例相近。花生植株体内的含硫量与含磷量大致相当，一般占干物质重的0.1%—0.8%。据报道开花盛期叶片含硫量迅速增加，峰值达0.4%，其余时期叶片含硫量均在0.2%左右。

6.微量元素的吸收运转

花生对微量元素的需要量极小，一般只占花生植株体干物重的千分之几到百万分之几。花生对硼、钼、锰、铜、锌、氯多是以离子状态吸收，对于铁主要吸收形态是氧化亚铁。花生对硼、钼、铁、锰比较敏感，尤其是石灰性土壤，施用效果较好。花生是需硼中等的作物，硼在花生植株体内的含量一般为干物重的0.01%—0.03%。硼比较集中地分布在茎尖、根尖、叶片和花器官中。花生一生中对硼的吸收，以苗期最多，占46.9%，花期占31.2%，饱果成熟期占21.9%。

花生对钼的需要量极少，是微量营养元素中最“微量”的元素。花生所吸收的钼，用于固氮作用的量大于用于植株其他代谢反应的量。花生对钼的吸收量与土壤中的有效钼有关，土壤中的有效钼随着土壤pH值的升高而显著增加，如pH值增高一个单位，花生籽仁中的钼含量加倍。花生根、茎、叶的含钼量以初花期>结荚盛期>收获期。钼素主要积累在籽粒中。

铁离子进入花生植株体内处于被固定的状态，流动性很小，老叶中的铁不能向新叶转移。锌、锰、铜对铁有拮抗作用。

花生对锰的吸收量随土壤pH值的升高而降低，在pH值高的土壤中花生容易因其利用率低而达到缺素状态。在酸性土壤上，活性锰含量很高，很易被吸收利用，因此可能发生毒害。

（四）花生营养吸收运转规律

1.主要营养元素的吸收量及其来源

（1）氮、磷、钾三要素的吸收量：随着花生荚果产量的提高，花生对氮、磷、钾主要营养元素的需求量也随之增加，对三要素的需求比例也有所变化，特别是钾素的需求量明显增加。据山东省花生研究所测定，每公顷产荚果7 500 kg的高产群体植株的氮素总吸收量为412.5 kg，磷素总吸收量为82.5 kg，钾素总吸收量为240 kg，折合每100 kg荚果的需氮量为5.5 kg，需磷量为1.1 kg，需钾量为3.3 kg，氮、磷、钾的比例为5∶1∶3。

（2）花生植株体内主要矿质营养元素的来源：花生所需要的部分氮素和全部磷、钾、钙等大量元素及各种微量元素均来自于土壤和肥料。在高产栽培条件下，土壤和根瘤菌供氮量占花生植株体总氮量的84.6%—91.5%，土壤供磷量占植株体总磷量的81.2%—84.9%，土壤供钾量占株体总磷量的65.4%—79.9%。而对当季所施肥料的吸收利用率很低。由此可见，土壤肥力对花生高产的重要性。

2.吸收运转规律

（1）氮、磷、钾、钙在植株体的分布：据山东省花生研究所对大量单产7 500 kg/hm^{2}以上高产田的完熟植株测定表明，氮在荚果中的含量最高，占全株总量的56%—76%，其次是叶片，占12%—30%；磷素也在荚果中含量最高，占全株总磷量的62%—79%；钾素在茎中含量较高，占全株总钾量的33.3%—39.3%，荚果中含量次之，占全株总量的30.0%—36.1%；钙素以叶部含量最高，占全株总钙量的50.0%—55%，其次是茎蔓，占26.0%—32.0%。

（2）氮、磷、钾、钙的吸收分配动态：高产花生对氮、磷、钾、钙的吸收积累量均随植株的生育进程而增加，至饱果成熟期达到最大。氮、磷、钙的吸收积累高峰均出现在生长最旺盛的结荚期，钾素相对有所提前。

花生开花下针期是根际营养吸收的最盛期，也是营养吸收重新分配的转折点。氮、磷、钾在花针期以后，营养体的阶段积累量相继出现负值，生殖体（花针、幼果、荚果）的急剧增加，至结荚期，氮由3.62%增加到49.29%，磷由5.33%增至55.9%，钾由5.1%增至29.0%。钙在花针期以后营养体阶段的吸收量虽也减少，但不是负值，生殖体阶性的吸收量仅由花针期的2.3%增至结荚期的7.10%。这说明花生生殖体的氮、磷、钾营养主要是在花针期以后由营养体运转分配来的，而钙素则主要是由果针、幼果和荚果自身吸收的。

二、与花生施肥有关的因素

（一）需肥特性

完成作物生长发育过程必需碳、氢、氧、氮、磷、钾、硫、镁、钙、铁、锰、锌、硼、铜、钼、氯等16种元素。由于不同作物的植物学和生物学特性的差异，对这些元素的需要量是不同的（表7-1）。

表7-1　主要作物需要的养分数量

作物	产量（t/ hm^2）	需要的养分量（kg/ hm^2）				
		氮	磷	钾	镁	硫
禾谷类作物						
玉米	6	120	50	120	40	25
水稻	6	100	50	160	20	10
小麦	6	170	75	175	30	30
油料作物						
花生	3	255	45	165	30	22.5
油菜	3	165	70	220	30	65
大豆	3	220	40	170	40	20

花生在生长发育过程中，需要不断地吸收大量的氮、磷、钾等多种营养元素，除需要较多的氮、磷、钾外，花生对钙、镁、硫、铁等元素的吸收量要高于其他作物。

与其他作物相比，花生的需肥特点非常明显。概括起来主要有以下几点：①花生吸收养分的器官。花生主要通过根系吸收营养，但叶片、果针、幼果也具有较强的吸收矿质营养的能力。②花生根瘤菌固氮特点，花生通过根瘤菌的固氮作用对花生氮素营养具有重要意义，花生所需氮素主要来自根瘤固氮，在一般栽培条件下，花生所需氮素的1/2—2/3来自根瘤菌固氮。花生体内氮素的来源中，肥料供氮率为6%—40%，土壤供氮率为22%—57%。在无肥条件下，中等肥力的砂壤土根瘤菌固氮率达79%；随着氮肥施用量的增加，根瘤固氮量减少，肥料和土壤的供氮率会提高。增施磷肥可促进根瘤发育，固氮量增加。③花生对氮、磷、钾的需要呈现两头少中间多的特点，即幼苗和饱果期少，开花下针期和结果期多。④花生需钙量大，每生产100 kg荚果，需钙量为1.9 kg左右。其量高于磷，接近于钾，与同等产量水平的其他作物相比，花生需钙量是大豆的2倍，玉米的3倍，水稻的5倍，小麦的7倍。

（二）土壤条件

土壤既是植物生长的基质，也是植物所需营养元素的主要来源。土壤养分的丰缺情况关系到作物产量的高低。因此，土壤肥力水平、土壤养分的来源和形态、土壤的各种条件包括生物、物理和化学条件，不仅影响土壤中养分循环、转化、贮存与供应，也是制约作物产量的主要因素。化肥施入土壤，一部分被作物吸收，一部分被土壤保蓄起来，土壤类型繁多，在不同土壤中肥料养分的固定和损失程度不同，直接影响着施肥效果，所以在施用化肥时必须考虑土壤条件。

土壤肥力水平与养分含量是农业生产的物质基础，而肥力是土壤的基本属性和品质的特征。高的土壤肥力不仅能有效地供应作物充足的养分，而且其结构和功能具有相互协调和易于调节的能力，也是获得作物高产的根本保证。诸多研究证明，即便在供应充足肥料的基础上，作物从土壤中吸收的养分比例即作物对土壤养分的依存率仍在40%以上，高的可以达到70%—80%，甚至更高。作物对土壤养分的依存率随产量或肥力的提高而提高。高肥力土壤自身供肥能力强，作物主要靠从土壤中获取养分，地力对产量的贡献大。长期的试验还证明，施用同样的肥料，有丰富营养贮备的土壤比贫瘠土壤更容易得到高产。因而，施肥应结合土壤肥力状况，以土壤因素为前提，不同肥力土壤施肥的措施与侧重点有所不同。不考虑土壤条件也就谈不到真正意义上的合理施肥。

1.我国土壤肥力基本情况

我国地域辽阔，不同地区土壤肥力的差异很大（表7-2），就全国范围而言，我国农田土壤氮素肥力较低的土壤占全国土壤的65%，磷素、钾素肥力中等的土壤占50%以上。即便同一区域同一肥力水平的土壤，其养分组成也有所不同，因而考虑土壤肥力状况，有针对性地补充必要的养分是非常必要的。另外，由于气候、土壤成土母质等的巨大差异，土壤中微量营养元素在全国范围变化极大。南方高温多雨的地区土壤中的硫素营养容易分解淋失，土壤有效硫较低，类似的还有钙、镁，缺镁和缺钙土壤也大多分布在南方。中国缺硼土壤主要分布在东部和南部的红壤、黄壤和黄潮土地区和黄土高原土壤以及由黄河冲积物发育的土壤地区。北方黄土发育的各种土壤含钼量较低，而南方的各种红壤全钼含量高，但有效钼含量也较低。锌在碳酸钙含量高的石灰性土壤中含量较低。而锰的缺乏主要

表7-2 全国不同地区土壤氮、磷、钾素肥力分布

地区	氮素（碱解氮）				磷素（速效磷）				钾素（缓效钾）			
	mg/kg	不同肥力水平所占比例（%）			mg/kg	不同肥力水平所占比例（%）			mg/kg	不同肥力水平所占比例（%）		
		低	中	高		低	中	高		低	中	高
华北地区	192	33	67	0	10.4	0	67	33	82	60	67	33
西北地区	63	100	0	0	9.3	0	100	0	1030	0	0	100
黄淮海地区	66	40	60	0	5.6	20	80	0	714	0	80	20
长江流域	128	71	29	0	11.1	14	29	57	268	0	57	43
华南地区	132	100	0	0	11.4	0	67	33	180	33	67	0
平均	119	65	35	0	9.7	9	59	32	569	3	56	41

分布在北方的土壤，南方酸性土壤很少有缺锰的现象。

2.四川花生种植区土壤养分特点

四川省土壤养分含量总体处于中等水平，有机质、全氮、全磷、全钾的平均含量分别为23.2 g/kg、1.44 g/kg、0.76 g/kg、17.6 g/kg；含量处于中等以上水平的比例分别为54.19%、79.9%、65.53%、79.65%。碱解氮、有效磷和速效钾的含量分别为137 mg/kg、14.55 mg/kg、87 mg/kg。有效铜、锌、铁、锰、硼、钼的含量分别为2.71 mg/kg、1.55 mg/kg、102.95 mg/kg、30.72 mg/kg、0.25 mg/kg、0.17 mg/kg。碱解氮含量中等以上水平的比例为76.69%，有效磷的含量中等以上水平所占的比例为46.13%，有效钼的含量主要集中在很缺与缺乏水平之间，有效硼和速效钾仍大面积缺乏。四川省农田土壤有效铜、锌、铁、锰的含量绝大部分都处于很丰富水平。四川省土壤养分丰缺及不同含量所占比例详见表7-3。

表7-3　四川省土壤养分丰缺情况

项目	极缺比例(%)	很缺比例(%)	缺乏比例(%)	中等比例(%)	丰富比例(%)	很丰富比例(%)
有机质	1.06	6.39	38.37	29.91	16.22	8.06
全氮	0.68	4.58	14.82	40.44	26.16	13.3
全磷	0.45	10.29	23.73	27.11	22.07	16.35
全钾	1.37	3.63	18.31	49.1	25.57	2.02
碱解氮	0.2	4.75	15.39	20.33	22.79	36.53
有效磷	16.3	12.11	25.46	24.41	14.16	7.56
速效钾	2.34	15.05	54.93	19.98	4.74	2.96
有效铜		0.11	0.39	22.09	21.38	56.03
有效锌		1.56	0.4	32.92	47.17	8.95
有效铁		0.1	2.9	12.51	6.74	77.75
有效锰		0.08	5.36	39.38	21.17	34.01
有效硼		43.3	51.63	5.07		
有效钼		31.28	24.37	17.01	17.49	9.86

四川省地形地貌变化很大，不同的生态区域农田土壤养分含量分布的区域特征非常明显（表7-4）。花生分布较广，下面5个区域中前4个区域均有分布，其中以川中丘陵区分布最多，其次为成都平原区，盆周山区和川西南山区有少量花生种植，川西北高原区基本没有花生。

表7–4　四川省不同区域土壤养分含量情况

养分	成都平原区（样本数2 056个）			川中丘陵区（样本数6 242个）			盆周山区（样本数999个）			川西南山区（样本数1 171个）			川西北高原区（样本数70个）		
	平均值	最小值	最大值	平均值	最小值	最大值	平均值	最小值	最大值	平均值	最小值	最大值	平均值	最小值	最大值
有机质（g/kg）	29.4	2.2	61.6	19.6	1.9	46.6	26.3	4	67.4	27.5	1.4	81.9	37.3	10.8	69
全氮（g/kg）	1.71	0.17	3.2	1.29	0.08	2.5	1.63	0.34	3.53	1.59	0.2	3.95	2.15	0.76	4.2
全磷（g/kg）	0.84	0.02	3.3	0.71	0.07	3.03	0.67	0.07	4.14	0.92	0.16	2.87	0.98	0.53	1.7
全钾（g/kg）	15.7	0.9	32	18.2	0.2	35.4	18.6	2.4	45.6	16.6	1.8	57.1	19.7	1.1	25.6
碱解氮(mg/kg)	161	16	308	125	10	286	156	15	336	143	23	347	161	66	267
有效磷(mg/kg)	21	0.1	90	12.3	0.1	66.5	13.1	0.1	95.2	16.5	0.1	87.1	17.7	2.2	56.8
速效钾(mg/kg)	74	8	211	84	11	209	97	15	2.89	106	16	345	203	43	592
有效铜(mg/kg)	3.82	0.08	11.3	1.87	0.08	5.9	2.02	0.08	6.33	3.26	0.06	40.3	1.53	0.56	3.91
有效锌(mg/kg)	1.79	0.15	9.85	1.33	0.11	5.58	1.51	0.03	4.98	2.34	0.05	42.2	1.59	0.22	5.66
有效铁(mg/kg)	142	2.09	447	86.4	1.96	345	116	1.51	410	116	2.01	473	23.9	8.14	75.1
有效锰(mg/kg)	22.3	0.79	105	29.5	0.16	127	39.5	2.57	154	45.1	0.9	171	19.2	10	41.9
有效硼(mg/kg)	0.35	0.05	0.77	0.22	0.02	0.61	0.23	0.02	0.59	0.22	0.02	0.64	1.43	0.17	0.73
有效钼(mg/kg)	0.22	0.02	0.77	0.14	0.01	0.34	0.19	0.02	0.8	0.22	0.01	2.73	0.16	0.07	0.42

注：

①成都平原区包括四川盆地的西部，东抵龙泉山脉，北到安县，南至邛崃，地势由西北向东南倾斜，成复核扇状，其面积约占全川面积的3.44%。

②川中丘陵区位于四川盆地的东部，介于龙泉山与华蓥山之间，北抵广元，南至阀中，北部台陷、中部台拱，东部褶皱，呈菱形斜向构造，其面积约占全川面积的20.02%。

③盆周山区即为环绕盆地周边的中、低山地区，海拔在1 000—2 500 m，北部较高，其面积约占全川面积的24.21%。

④川西南山区位于四川西南部，即整个攀西地区，区域内山脉多呈南北走向，海拔从1 700 m到4 000 m以上，形成高山山原地貌，山地间间架很多盆地和谷地，河流众多，水能资源非常丰富，其面积约占全川面积的12.10%。

⑤川西北高原区位于四川西北部，包括高山山原和高山峡谷，地势由西北向东南倾斜，江河汇集，水能资源极其丰富，其面积约占全川面积的40.23%。

（1）成都平原区：有机质含量属于中等含量水平，高于全省的平均含量。全氮和全磷属于较丰富含量水平，高于全省的平均含量。全钾属于中等含量水平，低于全省的平均含量。有效铜和有效铁属于丰富含量水平，有效锌和有效锰属于较丰富水平，有效硼属于较缺乏含量水平，高于全省的平均含量，有效钼属于较丰富水平，低于全省的平均含量。

（2）川中丘陵区：有机质含量属于较缺乏含量水平，低于全省的平均含量。全氮、全磷、全钾的含量均属于中等含量水平，除有效磷外均高于全省的平均含量。碱解氮属于较丰富含量水平，有效磷属于中等含量水平，速效钾属于较缺乏含量水平，均低于全省平均含量。有效铜和有效铁属于丰富含量水平，有效锌和有效锰属于较丰富水平，均低于全省的平均含量。有效硼和有效钼的含量均属于较缺乏含量水平，低于全省的平均含量。川中丘陵区农田土壤微量元素含量变化强度整体较高，且高于成都平原区。其中，有效铁和有效锰的变异最高。而在全量养分和速效养分中，全磷和有效磷含量的变异系数较高，与成都平原的情况相似。

（3）盆中山区：有机质含量属于中等含量水平，高于全省的平均含量。全氮含量属于较丰富水平，全磷和全钾均属于中等含量水平，除全磷外高于全省平均水平。碱解氮属于丰富含量水平，有效磷属于中等含量水平，速效钾属于较缺乏含量水平，除有效磷外均高于全省平均水平。有效铜、有效铁和有效锰属于丰富含量水平，有效锌属于较丰富水平，除有效锌外均高于全省的平均含量。有效硼属于较缺乏含量水平，低于全省的平均含量，有效钼属于中等水平，高于全省的平均含量。

（4）川西南山区：有机质含量属于中等含量水平，高于全省的平均含量。全氮和全磷属于较丰富含量水平，全钾属于中等含量水平，除全钾外均高于全省的平均含量。碱解氮属于较丰富含量水平，有效磷和速效钾属于中等含量水平，均高于全省的平均含量。有效铜、有效铁和有效锰属于丰富含量水平，有效锌属于较丰富水平，均高于全省的平均含量。有效硼属于较缺乏含量水平，低于全省的平均含量，有效钼属于较丰富水平，高于全省的平均含量。

（5）川西北高原区：有机质含量属于较丰富含量水平，高于全省的平均含量。全氮属于丰富含量水平，全磷属于较丰富含量水平，全钾属于中等含量水平，均高于全省的平均含量。碱解氮和速效钾属于丰富含量水平，有效磷属于中等含量水平，均高于全省平均含量。有效铁属于丰富含量水平，有效铜、有效锌和有效锰属于较丰富水平，除有效铁外均低于全省的平均含量。有效硼属于丰富含量水平，高于全省的平均含量，有效钼属于中等水平，低于全省的平均含量。

3. 土壤保肥供肥特点

在植物的整个营养期中，要求土壤能够稳定地、持续不断地、适时足量地供应养分，才能满足优质高产的需要。一种好的土壤，应当是保肥与供肥协调、吸收与释放养分自如的土壤。土壤保肥性和供肥性与土壤有机质，特别是腐殖质的品质、数量及矿物类型、数量有关。一般而言，有机质含量高，土壤有机质组成中胡敏酸含量高，则阳离子代换量增加，保肥性好。同时，土壤有机质作为良好的胶结剂，可促使形成团粒结构，改善土壤孔隙状况，调节水气比例，使土壤中的好气性微生物和厌气性微生物各得其所，从而协调土壤养分的吸收与释放，使土壤的保肥性和供肥性有效地统一起来。黏粒矿物是土壤矿质颗粒中最为活跃的部分，不仅本身含有较多的矿质养分，而且比表面大，并带有大量的电荷，因此，黏粒矿物中 2∶1 型含量越多，比表面就越大，所带电荷数量就越多，吸附和保存养分的能力也就越强。但是黏粒矿物对氮、磷、钾元素都有固定作用，使其成为植物不能吸收利用的形态。因此，黏粒矿物含量多的土壤，虽然保肥性好，但供肥性差。

施肥过程中，大凡质地黏重、以2∶1型黏粒矿物为主，以及腐殖质含量较高的土壤，供肥力一般较佳，即使一次施得多，养分也不致流失，因而要特别注意防止植株前期疯长和后期贪青晚熟；反之，土壤质地较轻，有机质含量又少，则保肥能力较弱，施肥时宜采取少量多次的办法来满足植物营养需要，以防生长后期脱肥早衰。另外，对质地黏重的土壤，应多施有机肥料，以增加土壤团粒结构，改善土壤保肥供肥特性，提高土壤肥力。

4. 土壤酸碱反应

土壤酸碱反应直接影响植物的生长和养分的转化与吸收。在酸性反应条件下，作物吸收阴离子多于阳离子；在碱性条件下，作物吸收阳离子多于阴离子。土壤酸碱反应对养分有效性的影响也是十分明显的。因为土壤酸碱反应既能直接影响土壤中养分的溶解或沉淀（化学作用），又能影响土壤微生物的活动（生物作用），从而影响养分的有效性。

土壤中的氮多数是有机态的，需经微生物分解才能被植物充分利用，另一方面，固氮微生物也能增加土壤氮素，因此，土壤酸碱度在pH值6—8范围内时，土壤中有效氮含量最多。pH值6—7.5时，根系分泌的有机酸和微生物分解有机质产生的碳酸促进了难溶性磷酸盐向可溶性转化，土壤中的磷一般有效性较高。在pH值>7.5的石灰性土壤中，可促使水浴性磷转变成难溶性磷，难溶性磷则变得更加难溶。当pH值<6时，土壤中有效性钾、钙、镁含量急剧减少；硫在酸性土壤上常表现出短缺；土壤微量元素营养与土壤酸碱度关系密

切，酸性土壤铁、锰、锌、铜等有效含量较多，且当pH值<5，铁离子过多，往往造成毒害，而有效钼含量较低。同时，在低pH值时，土壤中的铝离子也游离出来，不仅使土壤中的磷素成为难被植物利用的形态，而且植物细胞内外的磷也会成为沉淀，直接影响代谢。在石灰性或碱性土壤中，有效铜的含量增加，这时却影响硼的有效性。

总之，土壤酸碱度是土壤重要的基本性质之一，对土壤养分存在的形态和有效性都有很大的影响。土壤酸碱反应对于合理选择肥料、科学配方是一个非常重要的参考因素，如酸性土壤上施碱性或生理碱性肥料，石灰性土壤上施酸性或生理酸性肥料，铵态氮肥不撒施地表，酸性土壤撒施钙镁磷肥都可提高肥效等。

人类不同的施肥和耕种方法又影响和改变土壤的酸碱性，由表7–5可知，10多年间四川酸性土壤所占的比例由第二次土壤普查的4.38%上升到现在的2008年的18.7%，强酸性土壤所占的比例也升高了128%，而中性土壤所占的比例从第二次土壤普查的39.29%降至13.94%，中性土壤酸化的现象非常明显。

表7–5　四川土壤pH值等级分布状况

项目	强酸性（≤4.5）比例（%）	酸性（4.5—5.5）比例（%）	微酸性（5.5–6.5）比例（%）	中性（6.5—7.5）比例（%）	微碱性（7.5—8.5）比例（%）	碱性（>8.5）比例（%）
2008年检测	1.56	18.7	24.33	13.94	39.78	1.69
1993—1998年第二次土壤普查	0.028	4.38	24.95	39.29	31.33	0.017

（三）气候条件

气候条件（光、水、热、气）对植物的生长发育，产量及经济效益都有着深刻甚至是决定性的影响。在施肥中，应充分了解当地气候条件的变化情况，对栽培植物的制约程度和影响效果及其与土壤肥力，施肥效应之间的关系。雨量和气温是施肥应考虑的主要气候条件，高温多雨使土壤有机质分解快，淋溶作用强，因此有机肥料不宜过早施用；矿质肥料按“多次少量”的原则施用，以免淋失。低温少雨地区，或早春土温低，水分少，为了及时地供给作物养分，有机肥应提早施用，或施用充分腐熟的有机肥料；矿质肥可适当增加，宜在阴雨天或雨后施，旱季傍晚施。此外，气温高时肥料的浓度应低些，气温低时，浓度可略高。

1. 温度与施肥

温度状况不仅影响作物的生长发育，而且影响养分的存在形态及其转化、移动速度，从而影响施肥效果。温度的季节性变化对土壤中养分的转化、活性变化存在较大影响，必须在施肥中予以考虑。

2. 降水与施肥

降水影响着不同肥料中不同养分的吸收、挥发、淋失以及在不同土层中的分布改变，在施肥时应加以注意。如在降水大而集中的地区和季节，选择化肥品种时就应避免施用硝态氮肥，以防随地表径流流失或进入地下水造成养分损失和水质污染。在肥料的分配上，也不应将硝态氮肥分配到低洼易涝区，因为一旦降水过多，就会造成土壤中的还原条件，使硝态氮素经反硝化作用而大量损失。在四川花生生长期间高温多雨的年份，土壤中的硫素营养容易分解淋失。

（四）肥料种类

肥料施入土壤后，都会发生一系列变化，这些变化在不同程度上影响肥料的使用效果。不同肥料品种的性质不同，施入土壤后的转化也不一样，对植物的营养效果当然也不一致。

1. 氮肥种类

主要包括铵态氮肥、硝态氮肥和酰胺态氮肥。

（1）铵态氮肥：主要品种有碳酸氢铵、硫酸铵、氯化铵。其特点是易溶于水，施入土壤后很快溶解于土壤中并解离释放出铵离子，为作物直接吸收利用，铵离子可与土壤胶粒上原有的各种阳离子进行交换而被吸附保存，免受淋失，故肥效相对较长。但其遇到碱性条件或遇热易分解挥发。在旱作农田，土壤通气良好，在微生物作用下发生硝化作用而转变成硝态氮，增大在土壤中的移动性。被作物吸收后的剩余阴离子，可与土壤中的钙、镁离子结合，生成碳酸钙、硫酸钙和氯化钙。而碳酸钙和硫酸钙溶解度很小，存留于土壤孔隙中，造成土壤板结。氯化铵、硫酸铵属生理酸性肥料，长期施用会导致土壤变酸。铵态氮肥可作基肥，也可作追肥，其中硫酸铵还可作种肥，施入土壤后未转化为硝态氮之前移动性小，应施于根系集中的土层中。铵态氮肥不宜施于地表，以免挥发损失，尤其是石灰性土壤上更应深施并立即覆土。

（2）硝态氮肥：常见的硝态氮肥有硝酸钠、硝酸钙、硝酸铵和硝酸钾等。硝态氮肥的共同点是易溶于水，可直接被植物吸收利用，肥效快。硝态氮肥吸湿性强，易结块，在雨季甚至会吸湿变成液体，给贮存和运输造成困难。硝酸根离子带负电荷，不能被土壤胶粒吸附，易随水移动，当灌溉或降水量大时，往往会发生淋失或流失。嫌气条件下可经反硝化作用转变成为分子态氮和氧化态氮气体而损失。硝态氮受热时能分解并释放出氧气，与易燃物同存同放，易引起火或爆炸。硝酸钠、硝酸钙等属生理碱性肥料，长期施用会导致土壤酸性降低。硝态氮肥不宜做基肥或种肥，只作追肥施用。也不宜施于水田土壤。硝态氮肥也不宜与有机肥料混合施用或用于积制堆沤肥，因为有机物质分解时形成的还原环境可引起反硝化作用

（3）酰胺态氮肥：尿素是目前施用的主要酰胺态氮肥，在土壤溶液中可呈分子态存在，植物可以直接吸收少量尿素分子。尿素施入土壤后，在脲酶的作用下转变成碳酸铵或碳酸氢铵，才能被植物大量吸收利用和被土壤吸附保存。尿素转化后的性质则与碳酸氢铵完全一样，具有铵态氮的基本特性。因尿素需要这个转化过程，所以肥效比一般化学氮肥慢。尿素有效养分含量高，但在制造过程中由于受高温的影响，一般都含有少量缩二脲，对种子有毒害作用，特别是幼根、幼芽更易受害。尿素可作基肥，也可作追肥，一般不作种肥。尿素不含副成分，对土壤性质没有多大影响，适宜在各类土壤上施用。尿素用作追肥时应比其他氮肥品种提前3—5天，以利其转化利用。

2.磷肥种类

根据磷肥的溶解性，可以分为水溶性磷肥、弱酸溶性磷肥和难溶性磷肥。

（1）水溶性磷肥：包括普通过磷酸钙（简称普钙）和重过磷酸钙（简称重钙）以及硝酸磷肥等。目前最常施用的是普通过磷酸钙。水溶性磷肥的特点是，肥料中所含磷素养分都是以磷酸二氢盐形式存在，能溶解于水，施入土壤后能离解为磷酸二氢根离子和相应的阳离子，易被植物直接吸收利用，肥效快。但是水溶性磷肥在土壤中很不稳定，易受各种因素的影响而转化成为植物难以吸收的形态。如在酸性土壤中，水溶性磷能与铁、铝离子结合，生成难溶性的磷酸铁、铝盐而被固定，失去对植物的有效性；在石灰性土壤中，除少量与铁、铝离子结合外，大部分与钙离子结合，转化成磷酸八钙和磷酸十钙，很难被植物吸收利用。水溶性磷肥中的有效养分虽然能溶解于土壤溶液中，但移动性很小，一般不超过3 cm，大多数集中在施肥点周围0.5 cm范围内，因此，其施用的基本原则是：减少肥料与土壤固相颗粒的接触，避免水溶性磷酸盐被固定，尽量将其施入根系密集的土层，扩大肥料与根系的接触面，以利吸收。

为了提高水溶性磷肥的营养效果，在施肥措施上可采用如下方式：一是集中施用，即水溶性磷肥既可作基肥，也可作追肥和种肥。追肥应采用根外追肥；水溶性磷肥应尽量避免撒施，以条施、沟施或穴施为宜，同时注意施肥深度，尽量施在根系密集的土层中，达到在空间上的集中施用；二是与有机肥料混合施用，利用有机质对水溶性磷的保护作用，减少与土壤固相颗粒结合，减少固定。

（2）弱酸溶性磷肥：弱酸溶性磷肥是指难溶于水，但能溶解于弱酸（如柠檬酸）的一类肥料。它包括钙镁磷肥、沉淀磷肥、脱氟磷肥和钢渣磷肥等。弱酸溶性磷肥中所含磷酸盐不能被植株直接吸收利用，在酸性土壤中能逐步转化为植物可以吸收的形态。而在石灰性土壤中则向难溶性磷酸盐方面转化，逐步丧失其有效性。因此，该类磷肥宜在酸性土壤上施用。在弱酸溶性磷肥的施用中，酸性土壤上可采取撒施的办法，尽量扩大与土壤的接触面，以充分利用土壤溶液中的氢离子；而石灰性土壤上应尽量避免施用，必须施用时，则应高度集中。弱酸溶性磷肥肥效缓慢，适宜作基肥。因其不含有游离酸，又不溶于水，对种子损伤小，是作种子包衣的最佳磷肥品种。水田中有较多的游离腐殖酸和其他有机酸，也适宜施用弱酸溶性磷肥。另外，与有机肥混合或堆堆沤后施用可显著提高肥效。

（3）难溶性磷肥：难溶性磷肥的主要品种为磷矿粉，其他还有骨粉、矿质海鸟粪等，它具有不溶于水，也不溶于弱酸，只能溶于强酸的性质，因此，大多数植物不能利用，只能用于解磷能力较强的作物如油菜、豆类等。其肥效缓慢，后效长，当季作物利用率低，因此，不宜在石灰性土壤和一般作物上施用，更不宜做追肥施用。

3.钾肥种类

目前广泛施用的钾肥有氯化钾和硫酸钾，它们的许多性质是相同的：①都溶于水，是速效性肥料，且养分含量较高；②都是化学中性、生理酸性肥料，施入土壤后，由于植物对钾需要量大，吸收快，而留下氯离子和硫酸根离子，增加土壤酸度，因此，适宜在中性或石灰性土壤中施用。在酸性土壤上应配合施用石灰，施入土壤后，钾离子能被土壤胶粒吸附，移动性小，不易随水流失或淋失。它们之间的不同点在于阴离子：氯化钾含有氯离子，不宜在盐碱地或忌氯作物上施用。硫酸钾含有硫酸根离子，虽可为植物提供硫素营养，但与钙结合后会生成溶解度较小的硫酸钙，长期施用会堵塞土壤孔隙，造成板结，应注意与有机肥配合。作物对钾肥需求特点为：豆科作物最大（花生为豆科植物），薯类、棉花、烟草、油料次之，禾谷类作物中只有玉米反应较好，水稻、小麦增产幅度较小。在多数作物上，钾肥一般作基肥施用效果好，在速效押含量低的土壤上施用效果显著，在施用氮、磷化肥多且生产水平高时效果显著，喜钾植物效果显著。

4.钙肥种类

花生生产上用的钙肥主要有石灰、石膏、贝壳粉等。近年试验表明，水溶性钙肥硝酸钙增产效果更好。

（1）石灰：有生石灰和熟石灰之分。生石灰的主要成分为氧化钙，含量90%—96%；熟石灰为氢氧化钙。两者都是生理碱性，适用于酸性缺钙土壤。红黄壤酸性土壤施用石灰增产效果非常明显。

（2）石膏：主要成分是硫酸钙（$CaSO_4 \cdot 2H_2O$），含CaO 31%左右，是一种含硫和钙的生理酸性肥料，施在缺硫和钙的花生田里，有显著增产效果。石膏施在盐碱地上，不仅补充了土壤中的活性钙，还可调节土壤的酸碱度，减轻土壤溶液中过量的钠盐对花生根系的危害，而且改良土壤物理性状。石膏最适宜作基肥施用，每公顷用量750—1500 kg。据江苏省徐州地区在黄泛平原石灰性砂土上试验，平均增产23.5%，每千克石膏增产荚果1.6 kg。石膏作追肥应在花针期施用，每 公顷追施375 kg左右，增产效果也较明显。

（3）硝酸钙［$Ca(NO_3)_2$］：含Ca 19%，含N 15.5%，是水溶性钙肥，可作基肥和追肥施用，以分次施用效果较好。

5. 复合肥料

复合肥养分比较全面，能同时供给花生2—3种营养元素，避免了单一化肥容易造成的养分失调；养分含量高，便于贮运和施用；副成分少，对土壤的不利影响少；配合比例多样化，便于不同类型土壤选择施用，可降低生产成本，节省开支。

（1）化成复合肥：目前花生生产上施用的化成复合肥有磷酸铵、硝酸磷、硝酸钾、磷酸二氢钾等，多属二元复合肥。

①磷酸铵［$(NH_4)_3PO_3$J］：系磷酸一铵和磷酸二铵的混合物，简称磷铵。一般含N 12%—18%，P_2O_5 46%—52%。磷较易溶于水，呈化学中性，在潮湿的空气中易分解，使氮挥发损失。磷铵可作花生的基肥、种肥和追肥。作种肥时应避免直接接触种子，每公顷用量40—60 kg为宜；作基肥时每公顷用量150—300 kg。磷酸铵不能与草木灰等碱性肥料混施，以免造成氨的挥发和磷的有效性降低。磷酸铵含有效养分高，氮、磷比例也较适宜于花生需要，因而在花生上施用增产效果十分明显。据山东花生所试验，每千克磷酸铵增产15.7 kg荚果，效果稍高于等量磷和等量氮的混合肥料。

②硝酸磷［$P(NO_3)_3$］含N、P_2O_5各20%。其中氮素铵态和硝态各占一半，磷素中，水溶性磷占2/3，弱酸溶性磷占1/3，均为花生吸收的形态。硝酸磷可作花生的基肥、种肥和追肥，适宜于各种土壤。作基肥时一般每公顷用量150—300 kg，作种肥时每公顷45—60kg。因硝态氮易随水流失，用于旱地花生效果更好。在低肥力花生田施用，每千克硝酸磷可增产荚果5—8 kg。

③硝酸钾（KNO_3）含N 13%，K_2O 46%，氮、钾比为1∶3.5。吸湿性小，不易结块，不含副成分，属化学中性和生理中性肥料，易溶于水。在旱地花生，可作基肥和种肥，用量不宜多，并应补充适量的磷、氮养分。根外追肥效果也很好，喷施浓度为0.6%—1%。

④磷酸二氢钾（KH_2PO_4）一般含P_2O_5 52%，K_2O 34%，吸湿性较小，易溶于水，是速效肥料，水溶液呈酸性（pH值3—4）。由于价格昂贵，目前多用于花生叶面喷施，喷施浓度0.1%—0.2%，增产率18.2%—26.9%。

（2）混成复合肥：属二次加工的复合肥（亦叫复混肥）。按我国部颁标准要求，混成复合肥中氮、磷、钾三要素有效养分总量不能低于25%。目前花生生产上应用的主要有硝磷钾肥、氨磷钾复合肥、多元素颗粒肥、花生专用肥等。

①硝磷钾肥；含N、P_2O_5、K_2O各为10%，是在混酸法制硝酸磷肥的基础上添加钾盐而制成的三元复合肥。硝磷钾肥中的氮、钾都是水溶性的，而磷30%—50%水溶性，50%—70%弱酸溶性。

②多元素颗粒肥：是一种含多种元素的混配肥料，含N 9%，P_2O_5 7.5%，K_2O 2.8%，钙13%，镁7%，铁2.1%，并配有1%的硼、锰、锌、铜、钼等微量元素，用2.5%的腐殖质作黏合剂制成颗拉肥料，兼有化肥的通性和有机肥的优点，作基肥施用，每公顷用量150—225 kg，有良好的增产效果。

③花生专用肥：由山东省花生研究所根据花生本身的需肥特点配制而成的多元复合肥，莱州化工总厂生产，其氮、磷、钾配合比例合理，并含有钙、硫、钼、硼、锌等元素。适合于各种类型土壤施用，每hm^2施600—750 kg作基肥，增产花生荚果15%以上。

6.微量元素肥料

随着花生产量的大幅度提高，有机肥料施用量的减少，加之含大量元素的化肥普遍施用，致使微量元素日益缺乏。微量元素在植物体内，多数是酶和一些维生素的组分，其生理作用有很强的专一性。大多数微量元素被花生植株吸收利用后，在体内不能转移利用，所以微量元素的缺乏常常首先表现在新生的组织上，这是区别微量元素与大量元素缺素症的重要标志。

（1）钼肥：常用的有钼酸铵（含钼50%—54%）、钼酸钠（含钼35%—39%）。易溶于水，属速效钼肥。此外还有三氧化钼、含钼工业废渣、含钼玻璃等。它们含钼低，难溶解，为缓效钼肥。速效钼肥一般用于拌种、浸种和叶面喷施，缓效钼肥用于基施。叶面喷施度为0.1%—0 2%，喷施以苗期、花针期各喷一次效果好。钼酸铵每公顷用量不宜超过300 g，否则易引起蛋白质中毒，使花生减产。

（2）硼肥：目前施用的硼肥主要有硼酸（含硼17.5%）、硼砂（含棚11%）。硼酸易溶于水，硼砂在40℃热水中易溶。硼肥以作基肥施用最好，一般每公顷用易溶性硼肥7.5 kg，与有机肥料充分拌匀或混入部分土壤后，撒施并耕翻于土中，或开沟条施。拌种用时，一般每千克种子用0.4 g硼酸或硼砂加少量水溶解后，均匀拌种。叶面喷施每公顷用1.5 kg硼肥兑成0.2%的水溶液，于花生始花期和盛花期各喷一次。

（3）铁肥：在花生上常用的铁肥有硫酸亚铁（含铁19%—20%）、硫酸亚铁铵（含铁14%）、螯合态铁（含铁5%—14%），均为易溶于水的速效铁肥。施用方法多为浸种和叶面喷施，浸种用0.1%的硫酸亚铁溶液浸种12小时。叶面喷施一般用0.2%的硫酸亚铁于新叶开始发黄时喷施，连续喷洒两次。叶面喷施，可减少土壤固定，效果比较明显。在缺铁地块种花生，最好采用浸种和叶面喷施两种方法施用铁肥。

（4）锌肥：主要有硫酸锌（含锌35%—40%，另一种含结晶水多的含锌仅有23%—24%）、氯化锌（含锌40%—48%）、氧化锌（含锌70%—80%），其中氧化锌难溶于水，其余都易溶于水。花生生产上以施硫酸锌较为普遍，作基肥时一般每公顷施用15 kg，撒施、条施均可。作种子处理时一般用0.1%—0.15%的溶液浸种12小时。

（5）锰肥：主要有硫酸锰（含锰26%—28%）、氯化锰（含锰27%），都是粉红色晶体，易溶于水。常用的是硫酸锰，基施一般每公顷用22.5—45 kg，随耕地施入土中。叶面喷施多用0.1%水溶液，于花生播种后30—50天开始，每隔10—14天喷一次，直到收获前15—20天停止。

（6）铜肥：目前主要有硫酸铜（含铜24%—25%），一般每公顷基施7.5—15 kg，每隔3—5年施用一次。石灰性土壤和有机质含量高的土壤易发生缺铜现象。土壤中有效铜含量低于1 mg/kg时，施铜即有较好的增产效果。

（7）多元微肥：由多种微量元素混合而成。目前用于花生的多元微肥主要有花生增产剂、肥料精、花生增产灵、植物动力2003等。

①花生增产剂：由北京市农林科学院土壤肥料研究所用多种微量元素和超微量元素混配而成。每公顷用225—450 g兑水7.5—15 kg拌种，或每公顷每次用225 g兑水600 kg，于花生初花期和结荚期喷施，一般增产10%—15%。

②肥料精：是集营养、调节、抗逆于一体的新型植物高效复合肥，富含氮、磷、钾、锌、硼、锰、钼、铜、铁等多种元素和稀土元素，还含有植物激素和抗生素。已在十几个省（市）大田试验，施用肥料精的较不施的增产花生荚果23.5%—25.8%。肥料精主要用于花生花针期和结荚期叶面喷施，每公顷每次用3.75 kg兑水750 kg，共喷3—4次。

③花生增产灵：是贵州省生物研究所选取花生生长发育所必需的硼、钼、锌等微量元素配制而成。主要用于花生浸种，每公顷花生种子用750 g兑水195—225 kg，浸10小时，可增产10%。

④植物动力2003：又名PP2003，系从德国引进的高效叶面肥，除含有植物所需的多种营养元素外，还含有从深海植物中提取的植物生长所需的140多种活性

物质。花生喷施时根系发达，叶面积增大，叶绿素含量提高，单株结果数、饱果率、双仁果率增加，产量提高17.9%—19.8%。可分别在苗期、初花期叶面喷施0.1%水溶液。

（8）稀土：是由化学性质十分相近的镧、铈、镨、钕等15种镧系元素和钪、钇元素组成，能提高花生种子活力，促进发芽出苗，根系发达，提高叶绿素含量和净光合强度，增强根瘤固氮活性、叶片硝酸还原酶活性，提高叶片铵态氮和全氮含量，降低硝态氮含量，从而改善花生的碳氮代谢。农用稀土产品（商品名称“农乐”）是以水溶性稀土化合物为主体的复合产品，通常以硝酸斓、硝酸铈为主要成分，有粉末和液体两种剂型。农乐主要用于花生浸种、拌种和叶面喷施。浸种浓度以500 mg/L为宜。拌种时，每千克花生种仁用4g农乐加水50g溶解后，均匀拌种，晾干后当天播种。叶面喷施时，苗期浓度0.01%，初花期为0.03%。据全国协作试验，大面积生产中增产概率达93.4%，平均增产12.0%。

（9）钛微肥：是南开大学研制的以钛为主要成分的复合微肥，亦叫NK-P植物营养素。除含有钛的螯合物外，还配有植物必需的微量元素及少量可激发植物细胞代谢活动的有机物。可用于花生浸种、拌种和叶面喷施。浸种用量为100 ml原液浸20 kg花生种，加水量以刚刚浸没种子为度，水温25—28℃，浸泡18—24小时。拌种用量与浸种相同，原液加少量水稀释，水量以沾满种子表面为度。叶面喷施每公顷每次用原液1 500 ml，兑水750 kg，均匀喷洒于叶的正反两面，最好苗期喷两次，初花期再喷一次。

7.生物肥料

（1）花生根瘤菌肥：花生根瘤菌肥中所含的根瘤菌，是人工选择的侵染力强、固氮能力高的菌种。一般肥力较低的砾质砂土和粗砂壤土的施用效果好于肥力较高的粉砂壤土，生茬地好于重茬地。根瘤菌最适宜的土壤pH值为7左右。因此，在酸性土地上施用根瘤菌肥要结合施用石灰，在石灰性砂土盐碱地上施用要结合增施有机肥料和石膏。施用时，先将菌肥盛入清洁无油的容器里，按每公顷用量加入清水2.25—3.75 kg，与花生拌匀，使每粒种子都沾上菌肥，即可播种。最好随拌随播，以免降低根瘤菌的成活率。播种时要防止风吹日晒，不可与农药、杀菌剂等混用或接触。生产上施用的花生根瘤菌肥多以草炭为吸附剂，呈粉状，每克含菌数5 000万以上，一般每公顷花生种仁用325g拌种即可。花生根瘤菌肥要贮存在阴凉黑暗处，一般有效期半年。

（2）生物钾肥：也叫硅酸盐细菌肥，能增加土壤中钾细菌的密度，从而强烈快速地分解土壤中花生根系不能吸收的硅酸盐类钾，使其转化为可吸收利用的有效钾。生物钾肥以基施效果最好，拌种次之，追肥效果较差。基施每公顷用15 kg生物钾肥与300—450 kg有机肥或细土混匀，结合播前整地，随撒随耕；或作种肥，播种时撒入播种沟内，及时覆土，使菌肥与土壤广泛接触，提高根际速效钾含量。拌种用，因菌肥与土壤接触面积较小，分解速效钾的数量相对较少；追肥因菌肥处于土壤表层，与土壤接触面小，分解时间短，其增产效果都较差。生物钾肥应首先施在高产田，低产田供钾问题一般不突出。生物钾肥不宜和农药、生理酸性或碱性肥料直接混合施用。

三、花生的施肥技术

（一）花生的施肥原则

1.有机肥料和无机肥料配合施用

栽培花生的土壤多为山丘砂砾土、平原冲积砂土和红黄壤土。这些土壤结构不良，肥力较低，应施用有机肥料以活化土壤，改良结构，培肥地力，再结合施用化学肥料，以及时补充土壤养分。有机肥料含多种营养元素，特别是微量营养元素的重要来源，肥效持久，施入土壤后，经微生物分解可源源不断地释放各种养分供花生吸收利用，还能不断地释放出二氧化碳，改善花生的光合作用环境。有机肥料在土壤中形成的腐殖质，具有多种较强的缓冲能力，并能改善土壤结构，增强土壤蓄水保肥能力和通透性能。有机肥料分解产生的各种有机酸和无机酸，可以促进土壤中难溶性磷酸盐的转化，提高磷的有效性。有机肥料是土壤微生物的主要碳素能源，能促进微生物的活动，特别有利于根瘤菌的增殖，增强其活力，增加花生的氮素供应。有机肥料的这些作用是化学肥料所不能代替的。当今社会对农业的生态问题日益关注，市场对绿色食品、有机食品的需求量日益增加，更应加强有机肥料的生产和施用。

但是，有机肥料也有一定的缺陷，养分含量低，所含养分大多是有机态的，肥效迟缓，肥料中的养分当季利用率低，在花生生长发育盛期，常常不能及时满足养分需求，而化学肥料具有养分含量高、肥效快等特点，则可弥补有机肥料的不足。所以，为了保证花生的高产优质，提高施肥效益，并达到用养结合，必须贯彻有机肥料和化学肥料配合施用的原则，做到两者取长补短、缓急相济，充分发挥肥料的增产潜力。此外，根据养分的最小限制因子原理，要注意大量元素与中、微量元素的平衡施用 。

2.施足基肥，适当追肥

基肥足则幼苗壮，花生稳健生长，为高产优质多抗奠定坚实基础。对于花生而言，增加氮、钾肥基施比重可满足幼苗生根发棵的需要；而氮肥追施比重过高，则易引起徒长、倒伏和病虫害，钾肥追施比重过高，则易引起烂果。肥效迟缓、利用率低的有机肥、磷肥更应以基施为主。因此，在花生生产上如能一次施好施足基肥，一般可以少追肥或不追肥。特别是地膜覆盖花生或露栽花生种在蓄水保肥能力好的地块和大面积机械化种植，应做到一次施足。在漏水漏肥的砾质粗砂土地块，为避免速效化肥一次基施用量过多造成烧苗和肥料损失，可留一部分用来追肥。根据花生生长发育情况，若需追肥，宜施用速效肥料，并掌握“壮苗轻施、弱苗重施，肥地少施、瘦地多施”的原则。

（二）基肥和种肥

花生基肥用量一般应占总用量的80%—90%，并以腐熟的有机肥料为主，配合氮、磷、钾等化学肥料。一般肥多撒施，肥少条施。土杂肥用量在3万 kg/hm^{2}以下时，可结合播种起垄开沟集中条施，以利发苗；3万 kg/hm^{2}以上时，可采取集中和分散相结合，即2/3的用量结合播前整地作基肥撒施，1/3结合播种时集中沟施。草木灰或钾素化肥结合播前耕地时施，耕翻埋入耕层内。氮肥或复合肥用量如在225 kg/hm^{2}以上时，应播前撒施后翻入耕作层，用量在75 — 150 kg/hm^{2}时，可结合播种集中作种肥，效果较好，但应做到肥、种隔离，防止烧种。过磷酸钙或钙镁磷肥施用量以300—450 kg/hm^{2}比较经济有效，施用前最好和圈肥混合堆沤15—20天，起到活磷保氮的作用。目前磷素化肥用量为450—750 kg/hm^2，可于播种前撒施后翻入耕作层。

土壤肥力低时，提倡用根瘤菌剂拌种，以扩大花生的氮素营养来源，降低化肥成本，减轻化学氮素对环境的污染。采用0.2%—0.3%钼酸铵或0.1%硼酸等水溶液浸种，可补充微量元素。在我省多数的酸性红黄壤土壤花生种植区，结合耕地或播种施用熟石灰375—750 kg/hm^2，在微碱性土壤施用生石膏75—112.5 kg/hm^2，以调节土壤酸碱度，促进土壤有益微生物的活动和补充花生的钙质营养，提高花生品质。同时钙肥的施用宜与有机肥料配合，以防止过量施钙引起的不良后果。

（三）追肥

花生追肥应根据地力、基肥施用量和花生生长状况而定。

1.苗期追肥

肥力低或基肥用量不足，幼苗生长不良时，应早追苗肥，尤其是麦套花生，多数不能施用基肥和种肥，幼苗又受前茬作物的影响，多生长瘦弱，更需及早追肥促苗。夏直播花生，生育期短，前作收获后，为了抢时间播种，基肥往往施用不足，及早追肥也很重要。苗肥应在始花前施用，一般施用硫酸铵75—150 kg/hm^2，过磷酸钙150—225 kg/hm^2，与优质圈肥3 750 kg/hm^{2}混合后施用，或追草木灰750—1 200 kg/hm^2，宜拌土撒施或开沟条施。

2.花针期追肥

花生始花后，株丛迅速扩大，前期有效花大量开放，大批果针陆续入土结实，对养分的需求量急剧增加。如果基、苗肥未施足，则应根据长势长相，及时追肥。花针期追施氮肥可参照苗期追肥。此外，根据花生果针、幼果有直接吸收磷、钙营养的特点，每公顷可追施过磷酸钙150—300 kg，优质圈肥2 250—3 750 kg，改善花生磷、钙营养，增产十分显著。

3.根外追肥

花生叶片吸磷能力较强，而且很快就能运转到荚果内，促进荚果充实饱满。因此，在生育中后期叶面喷施2%—3%的过磷酸钙水溶液1 125—1 500 kg/hm^2，每隔7—10天喷一次，连喷2—3次，可增产荚果7%—10%。如果花生长势偏弱，还可添加尿素33.8—45 kg/hm^{2}混合喷施。叶面喷施钾、钼、硼、铁等肥，均有一定的增产效果。钾肥可采用5%—10%的草木灰浸出液，或2%硫酸钾、氯化钾的水溶液，每次喷液900 kg/hm^2。花生结荚期可用磷酸二氧钾2.25—3.00 kg/hm^2，兑水750 kg喷施，最好连喷3次，每次间隔7天。

（四）四川花生种植区施肥技术及肥料配方推荐

1.施肥用量的计算

$$\text{施肥量}(\text{kg/hm}^2)=\frac{\text{目标产量所需养分量}(\text{kg/hm}^2)-\text{土壤供肥量}(\text{kg/hm}^2)}{\text{肥料中养分含量}(\%)\times\text{肥料利用率}(\%)}$$

（1）目标产量所需养分量

$$\text{目标产量所需养分量}(\text{kg})=\frac{\text{目标产量}(\text{kg})}{100}\times 100\text{ kg经济产量所需养分量}(\text{kg})$$

目标产量：按前3年平均产量×1.15计算。

（2）土壤供肥量。可以通过测定基础产量、土壤有效养分校正系数两种方法估算，即：

$$\text{土壤供肥量}(\text{kg/hm}^2)=\frac{\text{不施肥区产量}(\text{kg/hm}^2)}{100}\times 100\text{ kg经济产量所需养分量}(\text{kg})$$

或　$$\text{土壤供肥量}(\text{kg/hm}^2)=\text{土壤有效养分校正系数}(\%)\times\text{土壤养分测定值}(\text{mg/kg})$$

$$\text{土壤有效养分校正系数}(\%)=\frac{\text{不施肥区产量}(\text{kg/hm}^2)}{\text{土壤养分测定值}(\text{mg/kg})\times 2.25}\times 100$$

（3）肥料养分含量：无机肥料和商品有机肥中含量按照肥料标示养分含量。自制不同类型有机肥量的养分含量可以参照当地不同类型有机肥量养分平均含量获得。

（4）肥料利用率

$$肥料利用率(\%)=\frac{施肥区吸收养分量(kg/hm^2)-不施肥区吸收养分量(kg/hm^2}{肥料施用量(kg/hm2)\times 肥量养分含量(\%)}\times 100$$

利用通过测试获得的土壤养分数据及施肥模型，它是土壤养分属性与施肥推荐的桥梁，通过它能够建立起土壤养分属性数据库与施肥推荐数据库的相互连接。目前施肥模型种类繁杂、形式多样，但从本质上属于3个层面，即：以生物学统计为主的统计模型，以数据库建设和数学关系式为基础的施肥决策系统以及侧重于生物养分吸收和土壤养分转化过程的模拟模型。针对不同养分的吸收特点以及土壤养分的供应特征，选择合适的施肥模型，建立适合某区域的专家决策施肥。

2.四川花生具体施肥及用量的推荐

通过四川省花生试验站2006—2015年十年的工作，得到以下结论：

（1）在四川每生产100 kg花生需要吸收纯N 5.73 kg，P_2O_5 1.38 kg，K_2O 2.86 kg。

（2）从根瘤菌固氮自给率和土壤供肥能力考虑，四川花生的配方施肥，可按每产100 kg花生施纯N 2.5—3.0 kg；P_2O_5 2.2 kg；K_2O 0.15—2.5 kg。坡台地重氮轻钾，新积土重钾轻氮。通过南充农科院2009—2012年多年多点试验表明，以每公顷施有机肥2 250 kg+N 135 kg+$P_2O_5$75 kg+K_2O 30 kg，平均产量达到5 385—6 412.5 kg/hm^2。

（3）基肥施用量及方法：

①坡台地用量：每公顷施堆渣肥1.5万—3.0万kg、尿素225—300 kg（或碳铵600—750 kg）、过磷酸钙600—750 kg（酸性土施用钙镁磷肥750—900 kg）、氯化钾120—150 kg（或草木灰1 500—1 800 kg）；在四川的酸性黄沙土和酸性红沙土严重缺钼，应在播种时用钼酸铵225 g+碳铵225 g，兑水7.5 kg拌种或浸种。

②坝地用量：每公顷施堆渣肥1.5万kg、尿素150—225 kg、过磷酸钙600—750 kg（酸性土施用钙镁磷肥750—900 kg）、氯化钾150—225 kg（或草木灰1 800—2 700 kg）。

③施用方法：施深：施肥深度为入土10—13 cm，有利于根系吸收，减少浪费。施早：空地或覆膜栽培、宽窄行麦套花生，可一次性作底肥施用；油菜、小麦茬口抢时播种的夏播花生，应在出苗后开花前及时追施。

（4）追肥施用量及方法

①在台位较高的紫色土上，花生常在幼苗期至荚果膨大期发生缺铁性黄叶症状，可每公顷用3 kg硫酸亚铁+食用醋7.5 kg，兑水600—750 kg喷洒叶片进行矫治。

②在荚果膨大和籽仁充实阶段，施用植物调节剂对花生产量都有一定的增产效果，对控制植株徒长，有利于荚果饱满、防止倒伏、收获方便，施用壮饱安

450 g/hm^{2}为宜。

第三节　花生的化学调控

一、休眠与发芽的调控

成熟的花生种子都具有休眠特性，休眠期与品种类型有关，普通型和龙生型花生品种的休眠期较长，为110—120天，个别品种可达150天以上，以致到播种时还未完全打破休眠而不能整齐发芽。珍珠豆型和多粒型花生品种休眠期较短，有的品种甚至无休眠期，成熟后若收获过晚时，常在植株上大量发芽，造成产量损失。

（一）打破休眠促进发芽的调控

1982年陈虎保等对花生做了打破休眠试验，其打破休眠的主要方法及效果见表7-6。另外，2，4-D、赤霉素、吲哚乙酸和油菜素内酯等植物生长促进剂均可促进花生种子萌发，提高种子的发芽势和发芽率。据研究，影响花生种子发芽的抑制物质可能是脱落酸，用脱落酸处理种子，能使已解除休眠的种子恢复休眠。

表7-6　打破花生种子休眠的生长调节物质

药剂名	处理浓度	处理方式	效果
乙烯利	3.2×10^{-6}	1 kg种子用3.2×10^{-6}乙烯利与杀菌剂或杀虫剂混合，沾着或浸泡种子均可	很好
6-卡氨基嘌呤	10^{-5}—10^{-2} mol/L	浸泡种子	很好
6-呋喃氨基嘌呤	10^{-5}—10^{-2} mol/L	浸泡种子	好
赤霉素	0.1 mg/L	浸泡种子（除种皮）	好

注：陈虎保等，1982。

（二）诱导休眠的调控

种子休眠期很短或无休眠期的花生品种，成熟种子常于收获前在植株上发芽，降低产量和品质。在收获前诱导种子进入休眠，可减少收获前田间发芽的损失。据印度报道，对无休眠的品种TMV2在播后70—80天叶面喷施15 000×10^{-6}的青鲜素（MH_{30}），能诱导种子进入休眠，减少发芽损失。Nagarjum报道，于花生播后60—75天叶面喷洒1 000×10^{-6}的马来酰肼，可诱发种子休眠，使种子发芽率降低60%—80%。

植物生长延缓剂和抑制剂处理花生种子显著抑制萌发，降低发芽率，浓度越高抑制性越强。王铭伦试验，用（0.5 —1.0）$\times10^{-6}$ 的多效唑浸种，明显抑制花生种子萌发，10×10^{-6} 浸种则不能出苗。诸函素等（1986）报道，叶面喷施 500×10^{-6} 的调节膦，对下一代花生种子的发芽产生明显影响，表现为发芽势明显降低。因此，具有延缓和抑制花生生长的植物生长调节剂在生产上不宜用来处理种子。

二、营养体生长的调控

花生营养体生长对其他器官的生长和产量形成具有重要作用。花生只有营养器官发育良好，生长协调，才能形成合理的株型和群体结构。在花生生产中，营养体的生长往往和整株协调生长不相适应，出现营养体过大或过小、地上部和地下部营养生长不协调等问题。应用植物生长调节剂调控地上部和地下部生长以及营养生长和生殖生长的关系，使更多的光合产物分配到产量器官中去，对于促进果多、果饱，增加产量，具有重要意义。

（一）根系生长调控

壮苗先壮根，花生要生长发育良好，获得高产，必须有发达的根系。生根粉对花生种子内营养物质的转化有明显的调节作用。

1.（10—40）$\times10^{-6}$ 的ABT生根粉浸种，能促进花生幼苗主根和侧根的生长，提高根系的整齐度，利于壮苗。

2. 200×10^{-6} 的784-1浸种，能刺激花生根的形成，提高花生对N、P、K等营养元素的吸收利用率。

3.花生幼苗期用不同浓度的 PP_{333} 溶液处理，减弱了根部过氧化物酶和吲哚乙酸氧化酶的活性，控制了吲哚乙酸的分解，使其提高到适宜浓度，促进了根的生长。三唑酮、抗倒胺、烯效唑和油菜素内酯等均可促进花生幼苗根系生长，使主根和侧根的长度、根系鲜重和干重增加（陈玉珍，1993；严晓华，1992；沈成固，1996）。

（二）茎枝生长调控

花生的分枝数主要受遗传因素所控制，受环境条件影响较小，而茎的高度变化受环境条件影响较大。茎枝的生长对花生群体结构构成产生重要影响，而且与根系生长和荚果发育密切相关。采用植物生长调节剂调控花生茎枝生长已被广泛用于大田生产，对控制徒长和防止倒伏发挥了重要作用。

（1）B_9：在始花期和盛花期叶面喷施（1 000—6 000）$\times10^{-6}$ 的 B_9，能有效地延缓花生茎枝的生长，且对主茎、侧枝的效应一致，使节间缩短，株高矮化，茎枝粗壮，株型紧凑。其抑制程度在施用范围内，随浓度的加大而增强。受抑制的节间位置和数目与施用浓度和时期有关，浓度低时，抑制2—4个节间伸长，浓度高时，抑制4—6个节间伸长。施用浓度相同，早施受抑制的节间数目多。B_9药效的持续时间一般在20天以内，20天后植株可恢复生长。甚至较低浓度处理的，药效期后植株生长速度反而加快，出现生长“反跳”现象，施用时期越早，“反跳”越明显。在生产上，为避免出现“反跳”，可施用两次，以延长药效期。

（2）多效唑：多效唑可有效地抑制花生主茎和侧茎的伸长，从而降低株高。叶面喷施40×10^{-6}的多效唑可明显抑制茎的伸长，随施用浓度的增大，抑制效应加强。较早施用抑制效果明显。多效唑的药效期一般为30天左右。多效唑基本不影响花生的分枝数量。对花生主茎解剖研究表明，多效唑处理的横切观察，皮层和髓细胞直径明显变小，皮层细胞层数和皮层厚角组织加厚，层数增多。纵切观察，表皮细胞、皮层细胞和髓细胞长度明显缩短，导管壁厚度增加。多效唑明显减少茎皮层厚度，使维管束长度受到明显抑制，而维管束的宽度则有明显增加，这对提高茎的强度具有重要作用。

（3）茉莉酸甲酯：可使花生幼苗茎表皮和皮层细胞壁加厚，角质层发达，细胞排列紧密。处理后的茎部韧皮纤维更为发达，细胞层数增多，木质部各组成也均发达。茉莉酸甲酯可明显提高花生幼苗茎中的纤维素和木质素含量。这是茎部机械组织发达的表现，对壮株防倒是有利的。

（4）2，3，5-三碘苯甲酸（TIBA）和2，3，5-三氯苯甲酸（TCBA）：可使花生植株节间缩短，抑制植株顶端生长，降低地上部干重。

（5）调节膦：对花生茎枝生长抑制效果更强，500×10^{-6}的调节膦于花生开花盛期叶面喷施，喷后40天主茎生长高度仅为对照的10.4%。调节膦不仅使地上部茎节节间变短，而且抑制了顶部新生茎节的产生，节数减少，从而使高度下降。叶面喷施调节膦对后代影响也十分明显。大田试验，缺苗率较对照增加，植株生长势弱，主茎高度下降，第一对侧枝和总分枝数均比对照减少。

（6）壮饱安：对花生茎枝的生长也有明显的抑制作用，矮化株高，具有控制徒长和倒伏的作用。

（7）油菜素内酯（BR）：可促进花生幼苗主茎的伸长，三叶期用［（0.01—1.0）$\times10^{-6}$］的BR处理幼苗，处理后10天主茎高度增加15%左右。低浓度的助壮素有促进花生植株生长的作用，（50—100）$\times10^{-6}$于开花盛期喷施，可明显促进主茎生长。ABT生根粉和赤霉素等植物生长促进剂对花生茎枝生长也有促进作用。

（三）叶片生长调控

叶片是进行光合作用制造有机物质的重要器官，直接影响花生的生长发育和产量形成。植物生长调节剂对花生叶片的发生、大小、结构和功能均有明显的调节作用。

（1）B_9：叶面喷施B_9后3—5天花生叶片变浓绿，叶色差异可持续1个月以上。叶色加深主要是B_9增加了叶片叶绿素的含量，也与叶片增厚有关，但对花生叶片数量没有影响。施B_9叶片增厚的程度与叶片的老嫩有关，主要是嫩叶增厚，正在成长的叶次之，老叶则不增厚。经B_9处理的花生叶片的表皮细胞、贮水组织和同化组织都增厚，但主要是同化组织增厚，叶肉细胞层数增多，排列紧密，维营束外围的机械组织也较发达。还促进嫩叶气孔的分化，单位面积气孔数增加6.8%—13%。

（2）多效唑：对花生叶片结构有影响，主要是促进叶片栅栏组织和海绵组织发育，厚度分别比未施用对照增加31.9%和59.5%，上、下表皮细胞的厚度不受影响，而贮水组织厚度减少了10%，整个叶片的厚度较对照增加了10%。潘瑞炽等（1988）和杨德奎等（1994）研究了花生施用多效唑叶片超微结构的变化，多效唑处理的基粒片层数目减少，贯穿于其间的基质片层也相应稀疏，认为多效唑有抑制叶绿体发育的作用。

（3）生根粉：杨德奎等（1994）较详细地观察了生根粉对花生叶柄和叶片结构的影响，生根粉可使叶柄维管束长度增加，而宽度减少，叶柄机械组织厚度增加160%，叶柄中维营束数目不受影响。扫描电镜进一步观察发现，生根粉处理的叶片表皮细胞密度增大，细胞表面积缩小，叶绿体基粒片层密集，数目增多，基质片层也相应增多，促进了叶绿体发育。

（4）壮饱安、调节膦、三唑酮、抗倒胺和青鲜素：这些制剂均能使花生叶片的颜色变深、厚度增加而面积减少，但缩节安对叶片的形态没有明显影响。茉莉酸甲酯能减少花生叶片中叶绿素的含量，使叶片颜色变浅。油菜素内酯促进花生叶片生长，叶面职增大，出叶速度加快。赤霉素促进叶柄伸长，叶面积增大，叶片厚度减少，叶色变浅。

三、生殖生长的调控

（一）开花下针

利用植物生长调节剂可有效地调控花生的开花时间、时空分布以及开花数量。在田间栽培条件下，（10—20）$\times 10^{-6}$的生根粉浸种，可使花生提前4天进入盛花期，日开花量显著高于对照，单株花量明显增多，同时也影响开花动态，使前期（始花后25天）花量增加10.8%—16.8%，对前期有效花的形成十分有利。

抑制或延迟花生开花的植物生长调节剂较多，常用的有乙烯利、脱落酸、化控灵（HWPA）、马来酰肼、多效哇、B_9、三氯苯甲酸等，化控灵抑制开花效果最为明显。

施用植物生长调节剂可以促进花生果针伸长。研究表明，低浓度（10^{-7} mol/L）的吲哚乙酸（IAA）涂抹果针后第一天就使果针伸长增加51.7 %，而较高浓度（10^{-5} mol/L和10^{-3} mol/L）的IAA则略抑制果针的伸长。10^{-5} mol/L的赤霉素（GA）在处理后的1 d、2 d、3 d果针长度均比对照增加50%左右；10^{-3} mol/L处理的则比对照增加150%左右；而低浓度（10^{-7} mol/L）GA不影响果针伸长。在花生结荚期以10^{-4} mol/L GA喷施花生植株基部，不同节位的果针均显著伸长，使之提早入土，良好结实。一定浓度的细胞分裂素类物质同样具有促进果针伸长的作用。B_9、三碘苯甲酸、矮壮素、多效唑等生长调节剂均不同程度地抑制花生果针的伸长。

（二）荚果发育

花生荚果的生长发育受内源激素的控制，可以通过施用植物生长调节剂来影响内源激素系统，从而调控花生荚果的生长发育。

（1）B_9：研究表明，花生盛花期叶面喷施B_9，可增加同化产物向荚果中的分配比例，加快荚果发育进程，缩短发育时间，最终表现为饱果率提高，果重增加。B_9同时调节了营养物质在荚果内的分配，使较多的营养物质向籽仁中运输，从而提高了花生的出仁率。而提早施用B_9，虽单株结果数和饱果率均有增加，但荚果发育受到抑制，导致果型变小，果重降低，果壳增厚。进一步研究指出，B_9可促进光合产物的积累与转化，在荚果发育初期，籽仁中糖类物质的积累明显增加，在荚果发育中后期，则又促进了糖分的转化，表现为蛋白质和脂肪的积累增加。

（2）缩节胺：王铭伦（1991）详细研究了缩节胺对花生荚果发育及营养物质积累的调节作用，花针期和结荚初期喷施（150—200）$\times10^{-6}$的缩节胺，明显促进荚果发育，荚果膨大10天后，其体积的增长速度明显加快，较对照提前7天达到最大值，最终使荚果体积增大。缩节胺明显提高荚果发育前中期干物质的积累强度，在荚果发育的前28天，处理的干物质日积累量平均为26.4 mg/果，同期对照为21.0 mg/果。处理的荚果膨大58天干物质积累达最大值，荚果成熟，此后对照干物质仍在增加，但最终果重较低。缩节胺具有提高干物质积累强度，缩短荚果发育时间，提早成熟的作用。缩节胺明显加快籽仁中蛋白质的积累，而对果壳中氮含量的影响则是中期较高，而后迅速下降，至成熟一直保持较低水平，说明缩节胺促进了荚果发育中后期含氮物质向籽仁中转移，有利于籽仁发育和蛋白质积累。缩节胺处理在药效期内明显加快籽仁中脂肪的积累。

（3）油菜素内酯：花生结荚期用（1—10）$\times10^{-6}$的油菜素内酯涂抹果针，可促进所形成荚果的发育，荚果体积、荚果干重以及籽仁脂肪、蛋白质、碳水化合物的积累均有不同程度地增加（李娘辉等，1993）。油菜素内酯可吸引同化物质向荚果运输和积累，加强“库”的功能。

（4）生根粉：（10—20）$\times10^{-6}$的生根粉浸种或（10—30）$\times10^{-6}$叶面喷施均可

促进花生荚果发育，果重和饱果率显著增加。

（5）三十烷醇：可显著促进荚果中营养物质的积累与转化，使花生籽仁的脂肪和蛋白质迅速增加，至种子成熟一直保持较高水平。

（6）784-1：采用200×10^{-6}的784-1浸种或400×10^{-6}叶面喷施，一般增产10%以上。

另有报道，适时喷施一定浓度的多效唑、壮饱安、三唑酮、快丰收和花生素等，均能促进荚果发育，提高饱果率和出仁率。

四、籽仁品质的调控

植物生长调节剂不仅可以调控花生生长发育过程，影响产量，而且能有效地调节籽仁的营养品质，较好地协调高产和优质的矛盾。

王铭伦等（1993）研究指出，花生不同时期喷施缩节胺均能提高籽仁蛋白质和氨基酸的含量。处理的籽仁中8种人体必需的氨基酸含量都有增加，其中蛋氨酸增加最显著，结荚初期处理较对照增加43.8%。花生蛋白质的氨基酸构成比例和人体所需的比例比较，蛋氨酸含量明显不足，缩节胺改善了花生籽仁氨基酸构成比例，进一步提高了花生的营养价值。另外对籽仁糖分含量也有影响，随施用时间的推迟，含糖量呈增加趋势，对脂肪含量没有影响。

生根粉通过调节脂肪合成而提高花生籽仁的脂肪含量。王铭伦等（1993）用（10—40）$\times10^{-6}$的生根粉拌种或叶面喷施，花生籽仁脂肪含量均有提高。不同生育时期叶面喷施提高1.9%—2.9%，喷施时期较早（初花期）更有利于脂肪积累。浸种浓度较高时（40×10^{-6}），饱果率低，籽仁成熟度差，但脂肪含量仍提高0.86%。生根粉处理的籽仁蛋白质含量有所下降，降幅为0.18%—1.79%，喷施时期较早降幅较大，恰与脂肪含量的增加相互补。生根粉可普遍提高蛋氨酸、赖氨酸、异亮氨酸、组氨酸和半胱氨酸的含量，显著降低脯氨酸的含量。

花生不同生育时期喷施（40—200）$\times10^{-5}$的多效唑可提高脂肪中油酸含量，降低亚油酸含量（陈玉珍等，1993），油酸和亚油酸比值提高，油脂的稳定性增加。盛花末期施用200×10^{-6}的多效唑，油亚比值可提高13%。花生下针期喷施1×10^{-6}和5×10^{-6}的三十烷醇，可使籽仁脂肪含量提高3.02%和3.89%，蛋白质含量提高0.93%和1.91%，而糖分含量则明显降低（陈敏资等，1981）。

五、花生常用的植物生长调节剂及其使用技术

（一）多效唑

多效唑（PP_{333}）又名氯丁唑，纯品为白色结晶，难溶于水，水中溶解度只有

35×10^{-6}。易溶于有机溶剂，贮藏期间稳定性好，在50℃时纯品能稳定6个月以上。稀溶液在任何pH下均较稳定，不易光解。国内生产的多效唑为含有效成分15%的可湿性粉剂，其溶解度和稳定性均可保证农业应用的需要，常温条件下至少5年不减效。

多效唑为植物生长延缓剂，可被植物的根、茎、叶所吸收，能抑制植物体内赤霉素的生物合成，减少植物细胞分裂和伸长，有抑制茎秆纵向伸长，促进横向生长的作用，还能使叶片增厚，叶色浓绿。另外，多效唑还有抑菌作用。在植物体内降解较快，在旱田土壤中降解较慢，因土壤质地不同，半衰期一般为6—12个月，对人、畜低毒，慢性试验结果无癌变毒性。皮肤几乎不吸收，无过敏反应，对眼睛不产生明显的刺激作用，使用较安全。

多效唑适用于肥水充足，花生长势较旺或有徒长趋势，甚至有倒伏危险的地块。生长正常的花生地块不宜施用。施用时期，春花生为结荚前期，夏花生为下针后期至结荚初期，或者主茎高度为35—40 cm时。每公顷用15%多效唑可温性粉剂450—750 g（具体用量视花生长势而定）兑水600—750 kg，叶面喷施，做到不重不漏，一般情况下，只喷一次即可。

多效唑用量过大或过早施用会严重影响花生荚果发育，使果型变小，果壳增厚。多效唑可加重花生叶部病害发生，使叶片提前枯死、脱落，引起植株早衰，用量加大，早衰现象严重。花生种子萌发及幼苗出土对多效唑特别敏感，用（0.5—1.0）$\times10^{-6}$的多效唑浸种，即可抑制发芽，使出苗期推迟3—4天。因此，在生产上不宜用多效唑处理花生种子。多效唑性质稳定，在土壤中半衰期长，残留量较大，如连茬施用会使土壤中含量增加，将对花生及其他双子叶作物种子萌发和幼苗生长造成不良影响，应引起高度重视，在生产上应谨慎施用。

（二）烯效唑

烯效唑（S_{3307}）又名优康唑、高效唑，纯品为白色晶体，难溶于水，可溶于丙酮、甲醇、氯仿、乙酸乙酯等有机溶剂。国内生产的烯效唑多为含有效成分5%的可溶性粉剂，常温条件下保存两年开始减效。

烯效唑为植物生长延缓剂，对植物的作用和多效唑类似，但药效较多效唑强烈，一般用量相同，药效可为多效唑的5—10倍。烯效唑在植物体内和土壤中降解较快，基本无土壤残留，对人、畜低毒。烯效唑用量少，作用效果明显，在生产中有逐步取代多效唑的趋势。烯效唑适用于肥水充足，花生植株生长旺盛的田块施用。施用时期以花针期或结荚期为适，施用浓度以（50—70）$\times10^{-6}$为宜，每公顷叶面喷施600—750 kg药液，花针期喷施，主要提高单株结果数，结荚期喷施主要增加饱果率，一般可以增产10%以上。

（三）壮饱安

壮饱安是莱阳农学院作物化控研究室研制的复合型植物生长调节剂，是含多效唑成分的粉剂，易溶于水，性质稳定。本品易吸潮，潮解后不降低药效。常温条件下保存至少5年不减效。壮饱安为植物生长延缓剂，能抑制植物体内赤霉素的生物合成，减少植物细胞的分裂和伸长，抑制地上部营养生长，使植株矮化，叶色变深，促进根系生长，提高根系活力，改善光合产物的运转与分配。壮饱安对人畜毒性很低，对皮肤和眼睛无明显的刺激作用，施用安全。尽管壮饱安含多效唑成分，但因含量很低，在土壤中的残留量不会对后作产生不良影响。

壮饱安适用于各类花生田，施用适期为花生下针后期至结荚前期，或主茎高度35—40 cm时，用量为每公顷300 g左右，兑水450—600 kg，叶面喷施，植株明显徒长，用量可略增加或施用两次，但总量不宜超过每公顷450 g。生长不良的花生田可适当减少用量。壮饱安药效较缓，即使用量较大也不会因抑制过头而产生副作用。施用时可向药液中加少量黏着剂，以利药液黏着和叶片吸收。该药剂性质稳定，可与杀虫剂、杀菌剂和叶面肥料混合施用。壮饱安不宜处理种子。

（四）缩节胺

缩节胺又名助壮素、调节啶，纯品为白色结晶，工业品为含有效成分≥97%的白色或微黄色结晶体，极易溶于水，在水中的溶解度大于100%，微溶于乙醇，难溶于丙酣、乙酸乙酯等。缩节胺在酸性溶液中稳定，对热稳定，不易光解，易潮解，潮解后不变质，常温保存稳定期在两年以上。

缩节胺为植物生长延缓剂，易被植物的绿色部分和根部吸收，抑制植物体内赤霉素的生物合成，促进根系生长，提高根系活力，提高叶片同化能力，改善光合产物运转与分配，促进开花及生殖器官发育，提高产量，改善品质。缩节安在土壤中降解很快，无土壤残留。对人、畜、鱼类和蜜蜂等均无毒害，对眼和皮肤无刺激性。

缩节安适用于各类花生田，在花生下针期至结荚初期施用效果较好，下针期和结荚初期两次施用效果更好。一次每公顷用缩节胺原粉90—120 g，先将其溶于少量水中，再加水600 kg，均匀喷洒于植株叶面。施用时可向药液中加少量黏着剂，以利药液黏着和叶片吸收，可与农药和叶面肥混合施用。

（五）ABT生根粉

ABT生根粉是中国林业科学研究院ABT研究开发中心研制的复合植物生长调节剂，在花生上主要应用4号剂。本品为白色粉末，难溶于水，易溶于乙醇，易光解，光解后颜色变红，长期保存应避光并置于低温（4℃）条件下，以免活性降低。ABT生根粉为植物生长促进剂，可提高植物体内生长素的含量，从而改变了体内的激素平衡并产生一系列生理生化效应，能有效地促进植物根系生长，提高根系活力，改善叶片生理功能，延缓叶片衰老。本品无毒、无残留，施用安全。

生根粉适用于各类花生田，既可用作浸种又可用作叶面喷施。浸种和叶面喷施的适宜浓度均为（10—15）$\times 10^{-6}$，叶面喷施宜在下针期至结荚初期进行，每公顷药液用量为600—750 kg。两种施用方式以浸种简便易行，用药量少，是生产上普遍采用的方式。生根粉为粉剂，不溶于水，用时需先将药粉溶于少量酒精中，再加水稀释至所需浓度。

（六）油菜素内酯

油菜素内酯，又称芸苔素内酯或苔素（BR），纯品为白色结晶粉末，难溶于水，易溶于甲醇、乙醇、丙酮等有机溶剂，国产商品剂型为可溶性粉剂。

油菜素内酯为植物生长促进剂，极低浓度（10×10^{-11}）即能显示其生理活性，主要生理作用是促进细胞分裂和伸长，提高根系活力，促进光合作用，延缓叶片衰老，提高植物的抗逆性，特别对植物弱势器官的生长具有明显的促进作用。本品对人畜低毒，在植物体内和土壤中均无残留，施用安全。油菜素内酯用量小，效果明显，具有广泛的应用前景。

油菜素内酯适用于各类花生田，可用作浸种和叶面喷施。浸种适宜浓度为（0.01—0.1）$\times 10^{-6}$，叶面喷施适宜浓度为（0.05—0.1）$\times 10^{-6}$。叶面喷施宜苗期至结荚期进行，每公顷药液用量为600—750 kg。

（七）矮壮素

矮壮素（CCC）又名氯化氯代胆碱，纯品为白色结晶，有类似鱼腥气味，易溶于水，在水中的溶解度为100%，矮壮素在50℃下贮藏两年无变化，105℃加热24小时不分解，本品极易吸潮，其水溶液性质稳定，但在碱性介质中不稳定，对铁和其他金属有腐蚀性。

矮壮素为植物生长延缓剂，可由叶片、嫩茎、芽、根和种子进入植物体，抑制赤霉素的生物合成，抑制细胞伸长而不抑制细胞分裂，抑制茎部生长而不抑制性器官发育。它能使植株矮化、茎秆增粗、叶色加深，增强抗倒伏、抗旱、抗盐能力。矮壮素在植物体内和土壤中降解均很快，进入土壤后能迅速被土壤微生物分解，用药5周后残留量可降至1%以下。对人畜低毒。

矮壮素适用于肥水充足，植株生长旺盛的田地，以花生下针期至结荚初期叶面喷施效果较好。施用浓度以（1 000—3 000）$\times 10^{-6}$为宜，每公顷药液用量为600—750 kg。

（八）调节膦

调节膦又名蔓草膦，化学名称为氨基甲酰基磷酸乙酯铵盐（分子式为$C_3H_{12}N_2O_4P$，分子量为170.1），纯品为无色结晶，极易溶于水，在水中的溶解度为170%，微溶于甲醇和乙醇，不挥发，不燃烧。工业品为琥珀色液体，在中性和碱性介质中稳定，在酸性介质中易分解。

调节膦为植物生长抑制剂，只能通过植物茎叶吸收，根部基本不吸收，它能作用于植物分生组织、抑制细胞的分裂与伸长，破坏顶端优势，矮化株高。调节膦进入土壤后，可被土壤胶粒和有机质吸附或被土壤微生物分解，很快失去活性，在土壤中的半衰期约为10天，本品对人畜低毒。

调节膦适用于肥水充足，花生植株生长旺盛的田块施用。以花生结荚后期喷施为适。施用浓度以500×10^{-6}为宜。每公顷药液用量为600—750 kg。因使用调节膦影响后代出苗率，降低植株生长势和主茎高度，影响结实，所以花生种子田不宜喷施。

（九）其他植物生长调节剂

花生上进行过试验并且效果比较明显的植物生长调节剂种类较多，如植物生长促进剂赤霉素、增产灵、2,4-D、三十烷醇、784-1、氨基腺嘌呤等，它们均具有刺激花生生长，调节生理生化功能，增加干物质积累，提高产量的作用。

植物生长延缓剂有比久（B_9）、化控灵、乙烯利、三唑酮、壮丰安和抗倒胺等，这些物质可抑制花生节间伸长，矮化株高，协调营养生长和生殖生长，控制后期无效花。植物生长抑制剂有青鲜素、三氯苯甲酸和茉莉酸甲酯等，均可抑制花生顶端生长，矮化株高，同时对开花有抑制作用，施用技术得当，可增加产量。另外，快丰收、FL8522、花生乐、花生宝等，对花生生长均有一定的调节作用。

上述各种植物生长促进剂多具有促进花生生长、增加前期有效花的数量、加快植株体内需养物质的运转、促进荚果发育的作用。据试验，在花生盛花期叶面喷施10×10^{-6}的增产灵两次，可增产荚果12.8%，以肥力较差的瘠薄地增产效果明显。用（10—20）$\times10^{-6}$的2,4 D浸种，增产8.4%—12.4%，浸种浓度不宜过高，达50×10^{-6}时，则对幼苗生长产生明显的抑制作用。用200×10^{-6}的784-1浸种，可增产10%以上。

上述植物生长延缓剂和抑制剂多具有抑制花生地上部营养生长，使植株矮壮，促进生殖生长，提高荚果产量的功能。如在花生开花后40—50天叶面喷施$1\,000\times10^{-6}$ B_9，可显著抑制花生茎枝伸长，高产田块可增产10%以上。20世纪70年代曾被广泛应用于控制高产花生的徒长，但80年代中期发现残留于花生仁中的B_9有致癌作用，生产上已严禁使用。花生始花后25—30天叶面喷施三唑酮，对花生营养生长有一定的抑制作用，可提高花生的抗旱性，中高产田块可增产10%。花生播种后70—80天叶面喷施（5 000—20 000）$\times10^{-6}$青鲜素，可诱发无休眠期的种子进入休眠，提高花生荚果质量，减少经济损失。花生盛花或盛花末期叶面喷施（200—300）$\times10^{-6}$三氯苯甲酸，花生产量可增加9.5%—11.6%。花生开花后20—45天叶面喷施（1 000—2 000）$\times10^{-6}$乙烯利，可控制花生后期花量。

第四节　花生地膜覆盖栽培技术

一、花生地膜覆盖的作用

（一）改善田间生态环境

1.增温调温促进花生生育进程

塑料地膜透明度高，一般透光率≥80%。在春花生生长的低温阶段，白天太阳辐射热透过地膜传到土壤中去，由于地膜的不透气性，阻隔减少了膜内热量向外辐射和水平流动带走热量，保蓄了辐射热能。晚上由于地膜的阻隔，减少了热量的散失。所以地膜覆盖白天蓄热多，夜间散热少，覆膜的土温显著高于露栽，起到了增温作用。山东花生所通过研究得出：覆膜花生与露栽平均地温（0—5 cm）相比，出苗期高1.5—4.8℃，幼苗期高2.2—4.7℃，花针期高1.1—1. 2℃，结荚期高0.6—0.8℃，饱果期高0.6—1.5℃，全生育期高1.4—1.9℃。全生育期总积温增216.7℃。所以覆膜促进了花生生育进程。覆膜比露栽花生早出苗6—8天，早开花6—10天，成熟期提前7—9天，全生育期提前7—10天。覆膜花生果多果饱，比露栽增产13.75%—22.9%。促进了花生的生育进程，缩短了生育期，促进了花生早熟、高产和稳产。

同时，地膜的调温效果也很明显。据广西测定，在高温季节的烈日下，平均气温高于26℃时，覆膜花生5 cm土层日平均地温反而比露栽低0.3—0.6℃，15 cm地温低0.1—0.5℃。覆膜减少了高温对花生生长的不利影响，相对保持了花生适宜的生长发育温度。

2.保墒提墒和控水防涝增强花生的抗旱耐涝能力

花生地膜覆盖栽培，由于地膜的不透气性和阻隔作用，白天土壤水分汽化为水蒸气到达地膜下面，形成小水珠附着在膜面上，不能随即散失在空气中。到夜间气温降低时，水蒸气凝结成的小水珠越来越多，体积由小变大，又从膜面滴回到垄面土壤中。这样往返蒸上滴下，保持了膜内土壤湿润，这就是地膜的保墒作用。当久旱无雨，膜内耕层水分因花生吸收减少时，由于土壤温度上层高于下层，土壤深层的水分，通过毛细管作用逐渐向地表运动，不断补充耕层的土壤水分，始终维持膜下土壤的湿润，这就是地膜的提墒作用。

若遇汛期或涝害，由于覆膜花生排水良好，土壤相对含水量则较露栽为低。据山东省花生研究所1980年和1981年测定，汛期降大雨后，土壤含水量两年分别保持在77.9%—83.3%和37%—63%，比露栽分别减少5.5—8.5个百分点和10.3—20.2个百分点，维持了土壤适宜的水分和通透性，起到了防涝作用。由于地膜覆盖栽培具有抗旱防捞的显著效果，所以我国中西部干旱地区的新疆、陕西、山西等黄土高原花生产区和长江流域花生产区的安徽、江苏等省，地膜覆盖栽培均取得了显著的增产效果。

另外，覆膜花生在利用降雨或灌溉时与露栽明显不同，必须通过垄沟下渗，再横向浸润到膜下垄内至花生根部。所以，降雨量≤15mm时为无效降雨，只有降雨或灌水量≥20 mm时，对覆膜花生才有效，为花生灌溉和排涝提供了良好的条件。

3.改善了土壤物理性状，促进了根系和果针入土结实

地膜覆盖栽培的花生地，无论是壤土或黏土，从种到收始终保持土壤疏松不板结，给地上开花地下结果的花生创造了适宜的土壤环境。其原因有三：一是地膜覆盖花生在生育期间，除了垄沟锄草中耕外，垄面处于免耕状态，减少避免了人畜田间作业的践踏。二是地膜覆盖花生，地膜本身能承受9 m/s雨点的冲击。因而降大雨时，能减小降雨的冲击力，再加上覆膜花生易排涝不积水，即使是黏土地干旱时也不板结，保护了土壤的土层结构。三是覆膜栽培的花生干旱时，主要采取沟灌和小水浸灌的灌溉方式，水分只能从垄两侧渗透到垄间花生根系部位土壤中，防止了露栽花生大水漫灌造成的土壤板结，始终保持了花生结果层土壤疏松。

通过大量研究证明：覆膜花生区与露地栽培区相比，土壤三相分布固态减少，液态增加，气相增加。3—20 cm土层土壤硬度显著降低，土壤容重明显减小。有效地促进了花生根系发育、根瘤形成及果针入土结实。所以，覆膜栽培花生根系发育好、根瘤多，双仁果率和饱果率高，千克果数减少，出仁率高。0—50 cm土层单株总根干重比露栽增加54.83%，根瘤数始花期增加88.65 %，结荚期增加70%，饱果成熟期增加27.5%。单株结果数多，双仁果率和饱果率增加。

4.活化了土壤微生物，释放了土壤养分

花生覆盖地膜后，地表养分不会因降雨或灌水而引起流失，养分向下层土壤渗透现象大为减轻，保蓄了土壤养分。同时，覆膜后的土壤湿度增加，温度升高，透气性增强，改善了生态环境，促进了土壤中好气性微生物的活化和各种酶的活性，加速了土壤中营养物质的分解与转化，使土壤中速效态氮、磷、钾等养分增加。

根据大量研究测定：覆盖地膜后，土壤硝化细菌、好气性细菌、放线菌、真菌等生理群数都高于露栽土壤。蛋白酶、过氧化氢酶活性增强，硝态氮含量和铵态氮含量比露地栽培高30倍和2倍。覆膜花生对氮、磷、钾的吸收量分别比露栽增加45%—110%、20%—126%、45.6%—201%。

5.改善了近地小气候，提高了花生光合效率

花生覆膜后，膜与膜下附着的细微水滴对阳光辐射具有反射能力，可增加花生株间及行间的光照强度。据测定，晴天中午，覆膜栽培距地面15 cm高处的光反射率为15%，露栽仅为3.5%。在花生生长中期，距离地面30 cm处光反射率覆膜为5.3%—13%，露栽为2.4%—4.0%，覆膜较露栽提高2.9—9.0个百分点。另外覆膜栽培由于地膜表面光滑，可减少空气流动的阻力，加快风速。据测定，覆膜花生田的风速比露栽增加0.01—0.03 m/s，从而加快了空气中CO_2的循环。加之覆膜栽培温度高，光照足，湿度适宜，因而提高了花生的净光合率。

（二）促进花生生长发育

1.出苗早而整齐均匀

覆膜栽培花生，由于地膜的增温保墒效果和精细整地播种，种子发芽势增强，发芽率提高，出苗时间缩短，因而出苗早、齐、全、匀、壮。据中山大学傅家瑞等试验，花生播种质量中最重要的指标——活力指数，覆膜较露栽显著提高，从而为苗全、苗齐、苗壮打下了基础。

2.根系发育好

地膜覆盖栽培首先为花生种子胚根的生长创造了较好的条件，据中山大学傅家瑞等试验观察，覆膜栽培花生的胚根长度和重量均显著高于露栽，为根系的发育奠定了基础。加之地膜覆盖栽培保持了土壤疏松，又为根系生长发育创造了条件，所以覆膜花生主根向下扎得深，侧根水平方向伸展宽。根据大量的研究测定，覆膜花生的总根量比露栽增加54.83%，根瘤数增加88.65%—27.5%，主根长4.6 cm，侧根多13.6条。

3.营养生长快

地膜覆盖栽培花生营养生长速度快，数量多。据多地、多单位调查研究，覆膜花生与露栽花生相比，主茎高、侧枝长、分枝数、单株叶片数、叶面积系数、单株营养体鲜重、单株叶绿素含量等均有显著提高。

4.促进生殖体发育

地膜覆盖栽培花生的生殖生长提早，发育加快，质量提高，干物质积累增多。据华南师范大学生物系1987—1988年观察分析，花生覆膜栽培，可以使花芽早分化、多分化，而且花芽发育饱满；单株饱果数和饱果率均比露栽高。另外，覆膜花生的果形大，饱果的体积比露栽增大6.31%；籽仁体积比露栽增大12.33%。平均单株结果数增加1.3个，双仁果率提高4.3个百分点，饱果率提高10.3%，出仁率提高2.3%。另外，覆膜栽培花生营养体与生殖体的比率（V/R）降低，经济系数大。

二、地膜的选择

（一）类型、规格及质量

1.宽度

花生地膜覆盖为全覆盖，地膜宽度以垄宽而定，如春花生起大垄种双行花生覆膜，垄宽为85—90 cm，花生膜宽以85—90 cm为宜，垄宽为100 cm或200 cm的地区，则选用相应宽度的地膜。

2.厚度

地膜过厚成本高，而且果针难以穿透，厚度大于0.018 mm，就会影响低节位有效果针入土结实。地膜过薄，厚度小于0.004 mm，不仅保温保湿效果差，易破碎，而且会失去控制无效果针入土的能力。花生地膜的适宜厚度为0.007±0.002 mm。但是，现在市场上畅销的厚度为0.004±0.001 5 mm的超微膜，如果原料好，吹塑质量高、成本低、增产效果好，也可选用。

3.透光率

地膜的颜色有黑色、乳白色、银灰色、蓝色和褐色，但增温效果仍以透明膜最好，其透光率≥90%。一般花生地膜的透光率≥70%为宜，若透光率＜50%，会显著影响太阳辐射热的透过。

4.展铺性能

地膜应不黏卷，容易覆盖，膜与垄面贴实无皱褶。膜断裂伸长率纵横≥100%，确保覆膜期间不碎裂。

5.地膜用量

花生地膜用量可采用下式计算

地膜用量(kg/hm^2)= 0.91×覆盖田面积(hm^2)×地膜厚度(mm)×理论覆盖度

式中：0.91为聚乙烯塑料膜的相对密度。

理论覆盖度＝［地膜宽度 / 平均行距（mm）×2］×100%

（二）当前花生覆膜栽培常用的几种地膜

1. 高压常规膜

宽度80—90 cm，厚度0.014 mm，用量150 kg/hm^2 。该膜机械物理强度大，耐老化，覆膜时不破裂。透明度≥80%，增温保墒效果好，能控制高节位无效果针入土，果针有效穿透率在50%以上。

2. 低压超薄微膜

该膜宽度85—90 cm，厚度0.006mm，用量60 kg/hm^2 。优点是强度高，用量少，对无效果针控制较好。缺点是透明度低，透光率＜60%，增温保湿效果差，横向拉力小，易裂，展铺性差。

3. 线型超薄微膜

该膜宽度为85—90 cm，厚度0.007 mm，每捆9 kg，用量为67.5 kg/hm^2 。优点是透明度好，透光率≥80%，不易破裂。缺点是膜卷易粘连。

4. 共混超薄微膜

该膜规格及优点同上述超薄微膜，展铺性好，增温保墒效果好，果针有效穿透率为50%，用量67.5 kg/hm^2。

5. 超微地膜

该膜宽度为85—90 cm，厚度为0.004 mm，每捆5kg，用量为37.5 kg/hm^2。其物理性能和农艺性能均达标。目前，大部分采用此膜覆盖花生。

6. 除草膜

该膜是利用含有除草剂的树脂，经过吹塑或喷涂工艺加工而成的抑制杂草的地膜，除草效果一般在90%以上。使用时，将有除草剂的一面接触地面，除草剂分子从聚乙烯分子间隙或膜面上释放出来，同膜下水滴落到地面，形成一个药剂处理层，杂草接触到药剂便被杀死。用量为45 kg/hm^2 。

7. 可控光降解地膜

该膜是将一定量的光降解母料加入聚乙烯中吹塑而成。在一定的时间内可自行分解，能减少残膜的污染。另外，还有生物降解膜、淀粉膜、草纤维膜等。

三、覆膜播种技术

（一）精细整地

花生地膜覆盖栽培，应培创一个深松平的土体结构，这样既有利于覆膜、又有利于根系下扎和荚果发育。因此，覆膜栽培花生田必须做到精细整地，深耕细耙，整平地面。否则覆膜粗糙，膜碎封闭不严，风吹地膜扇动，杂草丛生，不保温不保墒，降低覆膜增产效果。因此，春花生地冬（春）要深耕30—40 cm，并结合早春耕将地面耙平耕细，清除残余根茬、石块等杂物。为提高覆膜花生抗旱耐涝能力，在整平地面的基础上，结合起垄搞好三沟配套。即漕平洼地要注重修好条田沟或台田沟，结合起垄整好垄沟，挖好横截沟；丘陵坡地结合冬整地挖好堰下沟，结合起垄覆膜作好垄沟 和打好拦腰沟。使覆膜花生田沟沟相通，厢垄相连，保证旱能浇、涝能排，为覆膜花生高产奠定基础。

（二）起垄标准

地膜覆盖栽培的花生，应提倡适时早起垄，规格起垄。早起垄有利于沉实土壤、保持水分和调节劳力。规格起垄是提高覆膜质量和确保密度规格的关键。所以，起垄时要掌握好以下几个要点：

1.底墒要足

覆膜前起垄时有墒抢墒，无墒造墒。墒情充足是覆膜栽培成败的关键，切不可无底墒起垄。因为尽管覆膜有保墒作用，但地干无墒可保，即使播种时浇底水，幼苗出土后也会因底墒不足而吊干死苗。播后靠天等雨，因薄膜阻隔，小雨无效；播后润墒，小水浇不透，大水漫灌，降低地温，影响壮苗；而且无墒起垄影响起垄规格和覆膜质量，因此一定要足墒起垄。无水浇条件的地区，要有墒抢墒，起垄早覆膜，保墒打孔播种。有水浇条件的地区，遇旱要适时喷灌或开沟浇水造墒，耙平耢细，起垄播种覆膜。

2.垄高要适宜

垄的高度（垄沟底至垄面）以12 cm左右为宜。如果起垄过高，不仅垄面不能保宽，而且覆膜时垄坡下面盖不严、压不紧，膜易被风刮掉，影响增温保墒效果。同时，垄过高，易造成果针下滑，有效果针入膜内土壤结实的数量减少。起垄过低，不利于排涝，且易使多余的膜边盖死垄沟，影响水分下渗。因此机械起垄时，要调好扶垄器的高度；畜力起垄，要注意耙平垄面，掌握垄高。

3.垄面要宽且平

垄面的宽度因地力、品种、密度和膜宽而定。一般中等肥力种早熟花生品种，垄距为80—85 cm，垄沟宽30 cm，垄面宽50—55 cm；中、高肥力种中晚熟大花生品种时，垄距为85—90 cm，垄沟宽30 cm，垄面宽55—60 cm。起垄后，要将垄面耢平压实，确保无石块等杂物。这样有利于薄膜展铺，能使膜面与垄面贴实压紧。如垄面不平而拱形垄面梯形坡，易使覆膜花生靠垄边的果针下滑坡底，不能结果，浪费养分，单株结果数减少。

（三）覆膜

覆膜质量直接影响着覆膜栽培的增产效果。覆膜最好在无风天进行，三级风以下时应顺风向覆膜，大风时停止作业。覆膜花生一般为全覆盖，即垄距与膜宽应相适宜。人工覆膜时，当垄面平整后，先由两人用小锄头沿垄的两边开沟搂边，后由一人沿垄面和垄边沟喷除草剂，再由一人在膜筒中串根棍，在棍的两端拴绳拉膜卷，使其转动拉紧，最后由两人在垄两边脚踩膜边，并用锄头提土压膜边。为确保除草剂的效果，要边喷除草剂边覆膜。膜破碎处应用湿土压严。为防止被风吹起地膜，要每隔4—5 m横压一条土带，两膜边用土压紧踩实。机械覆膜时，要调好膜卷的松紧度、除草剂的气压及其他农艺性能，确保覆膜质量。不管人工或机械覆膜都应做到趁墒、铺平、拉紧、贴实、压严、无皱褶、破损小、保温保湿效果好。使之日晒膜面不鼓泡，大风劲吹刮不掉。倘若垄面不平，膜面日晒膨胀松弛，膜边封土干燥，易被风掀起膜边。应经常查看，及时重新覆好地膜。

（四）播种

1.先覆膜后打孔播种

于播前5—7天趁墒覆膜，起到保温保湿和调节劳力的作用。播种时采取打孔、浇水、放种、施药、封孔盖土5道工序连续作业。打孔时，可用木制打孔棒或铁制打孔器，孔径4—4.5 cm，深3—3.5 cm，并在其土横装一标尺，以控制孔深和穴距。按密度规格在膜面上打两排播种孔。将孔膜取出，逐孔用水壶浇水，待水下渗后，插播或平放两粒处理过的种子，注意使种子播深保持3—3.5 cm。用湿土封孔按实，防止孔空。再在膜孔上盖厚为3—4 cm的馒头状土堆，封膜保温保湿和避光引苗。此法播种深浅一致，规格合理，能达到覆膜花生规范化要求。缺点是因打孔过多，播后保温保湿效果稍差。遇冷雨低温，土堆易结硬盖和出现烂种现象。

2.先播种后覆膜方式

即在提前起好垄的垄面上，或刚起好垄的垄面上，打孔播种后再覆盖地膜。该法保温保湿效果好，播种速度快，出苗快。但易造成劳力紧张，密度规格不合理，播种深度不一致，出苗不整齐。如开孔不及时，易灼烧幼苗，难以达到覆膜规范化的要求。

3.机械化覆膜播种方式

人工覆膜用劳动力多，劳动强度大，速度慢，践踏严重，质量差，达不到花生地膜覆盖标准化和规范化的要求。有条件的地方应采用机械化覆膜播种，既能提高覆膜质量，又是今后覆膜栽培的发展方向。目前，已经有多家生产厂家生产的多功能花生覆膜播种机械。比如由青岛农业大学研制青岛万农达花生机械有限公司生产的系列机械，设计紧凑、合理、功能齐全。用小四轮拖拉机或手扶拖拉机牵引，能将花生覆膜种植中的松土、起垄、播种、施肥、喷除草剂、覆膜和在膜面两播种沟上覆土等工序一次性完成。

四、地膜花生的大田管理

（一）前期管理

地膜覆盖花生一般10天左右就能顶土出苗，搞好管理是争取苗全苗壮、提高增产效果的关键。

1.开孔放苗和盖土引苗

先播种后覆膜的花生顶土鼓膜（刚见绿叶）时，就要及时开膜孔释放幼苗，切不可待幼苗全出土，更不能出一棵放一棵。否则，一是易闪苗，即开膜孔时，膜下温热空气外溢灼伤幼苗；二是开孔后不能再盖土封膜孔，易散温跑墒，降低了覆膜的增温保湿效果。如果花生出现两片复叶以上再开孔放苗时，一定要在上午9:00以前完成。开膜孔放苗方法是，先用3个手指（拇、食、中）在苗穴上方将薄膜撕开一个小圆孔，孔径4.5—5 cm，随即在膜孔上盖上一把湿土，土厚3—5 cm，轻轻按一下。这样既起到封膜孔增温保墒效果，千万不能只用铁钩开孔放气，不盖土封孔，否则易造成地膜损坏、透风散热跑墒和膜内杂草丛生。

2.适时清棵和抠出膜下枝

先覆膜后打孔播种和开膜孔放苗盖土的，出苗后有两片真叶时，应及时清理膜孔上土堆。因为花生主茎有两片真叶展现时，第一对侧枝已出现，而且茎枝基部节位已开始花芽分化，如果膜孔被过多的土堆覆盖会影响其发育。尤其是先覆膜后打孔的，如遇大雨，压在膜孔上的土堆会结成硬块，影响花生顶土出苗，应及时疏松硬块，去除膜孔上过多的土，并注意盖严膜孔，压紧膜边。既起到覆膜花生清棵蹲苗的作用，又保持其增温保墒效果。

花生出苗后主茎有4片真叶时，要经常检查，将压在膜下的侧枝抠出来。特别是播种时未严格掌握并粒平放或并粒插播的，膜下压的侧枝较多。播种穴和膜孔对不齐，尤其是先播种后覆膜的，膜孔大小难以掌握，开大了不好封盖，开小了就妨碍侧枝全部出膜。第一对侧枝在膜下时间久了会造成减产。因此，必须将膜下侧枝抠出。同时，把膜面上压的土全部清除，净化膜面，提高光的辐射能力。

（二）中期管理

1.浇好关键水

足墒覆膜花生，苗期一般不必浇水，苗后两个月不下雨，也能正常生长。如果久旱不雨，即使降10 mm左右的小雨，因薄膜的阻隔，也不能直接渗入垄中土壤。所以，在开花下针期和结荚期，由于覆膜花生生长旺盛，地下水若不能满足其生长需要，再加上天旱无大雨，在叶片刚刚开始泛白出现萎蔫时，应立即沟灌润垄。有条件的地方也可进行喷灌或滴灌。据试验，覆膜花生在苗期持续干旱50—60天，进入中期又遇干旱，浇一次水，每公顷产荚果6 382.5 kg，浇二次水，每公顷产7 653.0 kg，比露栽分别增产58.5%和78.7%。

2. 防治病虫害

地膜覆盖栽培由于农田生态环境有所改变，花生出苗早，群体大，土壤温、湿度适宜，容易造成病虫害侵袭。所以，苗期的蚜虫、蓟马，中期的青枯病、白绢病、叶斑病、锈病和蛴螬等发生早，危害重，要注意及时防治。

3. 控制徒长

地膜覆盖花生高产田，由于土壤生态环境条件的改善，前期生长发育快中期生长过旺，造成群体郁蔽，通风透光不良，会发生倒伏，影响光合作用导致减产。所以，及时喷施生长延缓剂，控制徒长，是覆膜花生夺取高产的必要措施。当株高和侧枝长超过40 cm，第一对侧枝8—2节平均节距≥12 cm时应叶面喷施100 mg/L多唑和壮饱安等抑制剂加以控制。

4. 不揭膜

中期绝对不能揭膜，揭膜会因为花生生长条件的突然变化而影响生长，造成减产。据考察，花生生育中期揭膜后，对土壤温度、湿度和通透性均造成不良影响，双仁果率、饱果率降低，揭膜的比全期覆盖处理要减产11.5%。

（三）后期管理

覆膜花生在施足底肥、全量施肥的前提下，前期一般不出现明显的脱肥现象。但由于覆膜后，植株生长旺盛，根系吸收养分的功能增强，结果数增加，荚果在膨大时期消耗了大量养分，中后期往往出现脱肥现象，植株出现早衰，叶片早落，影响荚果膨大及产量提高。因此，对于地力薄，施肥量少，出现脱肥现象的地块，在中后期补施关键肥是提高产量的必要措施。主要有三种补施方法。

1. 打孔追肥

可用打孔器在膜上穴距之间打孔追肥，深度5 cm以下，每公顷追施尿素112.5 kg，过磷酸钙225 kg，酸性土壤上可追钙肥187.5 kg，碱性土壤可追石膏375 kg，以调节土壤的pH值，补充钙素，提高饱果率。追肥后用土把膜孔封严，追施的肥料不要撒落在叶片上，以免灼伤叶片。

2. 开沟追肥

对于缺肥的覆膜花生地，也可结合浇水，提前在垄沟内开沟撒施氮磷化肥，然后进行垄沟浇水，使肥料快速渗入垄内土壤中。

3.根外追肥

为防止覆膜花生后期早衰，保住顶部功能叶片，可喷1%的尿素溶液，或0.2%—0.4%的磷酸二氢钾溶液，也可喷1 000倍的硼酸溶液或0.02%的钼酸铵溶液。

五、适时收获、拣拾残膜、防止污染

1.适时收获

覆膜花生比露栽一般提前7—8天成熟，如不及时收获，会使发芽果、烂果数增加，既降低产量，也影响荚果品质，如荚果籽仁色泽变黄褐，含油率降低，导致丰产不丰收，故应及时收获。

2.防止污染

花生收获后有30%的废膜挂在果针和茎枝上，这些残膜被牲畜误食会造成牲畜的死亡，长期下去将对畜牧业的发展造成一定影响。30%的废地膜随风飘扬，刮到树上、电线上、草地上和沟渠里，造成环境污染。40%的废地膜压在耕作层内，严重破坏了土壤耕层结构，阻碍水分的输导和作物对养分的吸收，直接影响下茬作物的生长、发育，造成减产。随着覆膜栽培技术的迅速推广，地膜的用量逐年增加，聚乙烯地膜在自然界不会自行分解，如废旧地膜处理不好，势必造成白色污染，形成社会公害。因此，为了农业持续增产，并给推广花生地膜覆盖栽培技术扫除障碍，必须采取有效措施，消除废旧地膜的污染。

（1）收获时拣拾地膜：覆膜花生收获前，应先把压在垄沟内的地膜拉出来，刨花生时，把垄面上的地膜连同花生一起收出来。花生收获后，可用耙或三齿钩把压在土里的部分地膜扒出拣净。另外，通过耕地和耙地把残留在地里的地膜拣出来，使耕作层和表层无残膜，减少残膜对土壤和环境的污染。挂在花生棵上的残膜，可结合摘果把残膜撕下来，减少对粗饲料的污染。

（2）搞好废地膜的回收和加工：废地膜的回收加工，需做到以下几点：第一，在宣传推广花生地膜覆盖栽培技术的同时，不能只强调增加产量，提高经济效益而忽视和回避残膜污染造成的危害，要使干部群众树立科学态度，提高回收废地膜的自觉性。第二，建立有效的废地膜收购点，及时回收废地膜。第三，制定相应政策，利用价格因素，调动农民回收废地膜的积极性。第四，搞好废地膜的加工利用，防止二次污染。有些地区回收的废地膜有的深埋，有的烧毁，既不能彻底消除污染，又不能获得经济效益，最好的办法是进行深加工利用。如将废地膜洗净后，用相应设备生产加工成各种塑料再生产品。

（3）加速降解地膜的研制和应用：目前，花生覆盖的地膜几乎全是聚乙烯膜，若遗留在土壤里，因不易分解，危害极大。为了解决这一问题，中国科学院应用化学研究所、中国科学院上海有机化学研究所及山东省花生研究所等科研单位，先后试验出花生可控光降解地膜、淀粉膜、生物降解膜、天然草纤维膜、光降解和生物降解双降解膜。这些地膜尽管还存在某些缺点，但对其进一步研究开发，对于彻底解决残膜污染，进一步促进花生地膜覆盖栽培技术的发展具有重要意义。

第五节　花生机械化生产技术

2001年国家制定了农业机械化发展的第十个五年计划，其中“十五”期间重点推广的十大农机化技术中的第七项是“棉花、油菜、花生等主要经济作物播种和收获机械化技术”。这说明花生生产机械化已经受到国家重视，大力发展花生生产机械是十分重要的。我国花生产区既有丘陵山地，也有平原泊地，但大部分分布在丘陵山区旱薄地。特别是四川花生种植区多数在山冈坡地，地块小、土层薄、质地差，加之种植的作物品种较多，耕作制度也较复杂，因此，应坚持从实际出发，有选择地发展适合丘陵山区特点的花生机械。在动力结构上以小型为主，如手扶拖拉机、小马力拖拉机。在发展主体上以户为主，户自购或联办。在发展重点上以配套为主，如起垄覆膜播种机械、摘果机械、剥壳机械等，使主要田间作业实现机械化。在研制上以简易、小型、多用机械为好，以提高农业机械的利用率。从花生这一作物本身的特点而论，应优先发展播种机械、收获机械、摘果机械和剥壳机械，以达到提高花生产量，减轻劳动强度，提高劳动生产率的目的。

一、播种机械

（一）播种机械的经济效果

采用机械播种，速度快、效率高。尤其是近几年配合花生高产覆膜栽培技术发展起来的花生覆膜播种机，比人畜力覆膜播种提高工效几十倍，特别是在干旱之年，有利于抢墒保全苗。同时，还可大大减轻劳动强度，节省劳力，降低作业成本，经济效益高。机械播种能保持株行距一致，下种均匀，确保密度、深浅一致，有利保摘，达到一播全苗。

（二）农艺对播种机械的要求

花生播种质量的好坏关系到能否达到一次播种获得苗全苗齐。花生最基本的要求是定行、定穴、定粒、定深度。四川一般每窝双粒，栽培方式主要有平作、单垄和双垄覆膜三种方式，种子有大、中、小之分。因此，花生播种机械要根据这些特点进行设计，对花生播种机械总的要求是：

播种深度一般在5cm左右，要求深浅一致，误差不超过1cm。保证每窝按规定粒数下种，成窝率达到90%以上，空窝率不超过2%，不伤种皮、胚根，破伤率1%左右。起垄大小、高矮要规范一致，覆膜要拉紧、拉平、压实。播后镇压要轻重适度，并保持土壤表面平整。

（三）几种主要播种机械

我国研制和应用的花生播种机机型较多，主要包括人畜力播种机、机引播种机、覆膜机和播种覆膜联合作业机等。这些机型的性能基本都可以满足花生播种的要求。近年来，由于多功能播种覆膜机其联合作业的优势明显，正在逐步取代播种机和覆膜机。

1.人畜力式花生播种机

结构比较简单，使用方便，很受广大农民欢迎。主要由排种器、开沟器、地轮传动机构、镇压器、扶手等部件组成，可一次完成开沟、排种、覆土、镇压等作业。这种播种机每窝两粒率可达80%以上，窝粒数合格在95%以上，破伤率1%以下。目前只在极少山区小地块上应用，大面积播种基本不使用。

2.机引式播种机

这类播种机一般配套动力为8.8 kW小型拖拉机，生产效率大大高于人畜力播种机，一般每小时可播种0.27—0.47 hm^2，其播种质量均能达到花生播种的农艺要求。排种器除机械式外，还有气吹式和气吸式等形式，一般为两行和四行播种机。主要有机架、排种器、开沟器、起垄装置、种子箱、镇压器、地轮传动装置等部件组成，一次可完成开沟、下种、覆土、镇压、起垄等多道工序。

3.地膜覆盖机械

花生覆膜机是伴随地膜覆盖栽培技术的应用而发展起来的新型机具。由于机播覆膜作业效率高、质量好，效益显著，虽起步较晚，但发展迅速。主要有以下几种类型：

（1）单二覆膜机：这是最早研制应用的一种简易覆膜机，一般有开沟铲、压膜轮、覆土铲、操向杆、吊膜臂、限深轮、挂接机构等部件组成。自1982年开始全国各地主要研制生产这类机型。如2RM系列人力覆膜机和手扶拖拉机牵引覆膜机可一次完成开沟、覆膜、压膜、覆土等工序。在机械覆膜起步阶段为全国花生覆膜机械化发展做出了贡献。

（2）播种覆膜机：这类机型是先播种后覆膜，可二次完成起垄、开沟、播种、覆 土、喷药、覆膜等工序。具有作业质量好、生产效率高、减少生产工序等特点。

(3) 覆膜播种机：该机型是先覆膜后打孔播种的方式，采用垂直圆盘内侧囊种排种器，滚轮式膜上打孔播种装置。主要由机架、起垄圆盘、整形器、低量喷药装置、展膜滚、压膜轮、滚轮种子箱、覆土圆盘等组成。可一次完成起垄、整厢、喷药、铺膜、打孔、播种、覆土等工序。具有传动简单，动力消耗少，播种准确，行穴距、播深易控制，经济效益高等优点。

(4) 多功能播种覆膜机：这类机型是近几年发展起来的一种联合作业机具。能一次完成松土、起垄、播种、施肥、喷药、覆土、展膜、压膜等工序。施肥系统能将化肥定量深施于垄内两行花生之间，覆土板能把种子、化肥盖严，垄面刮平。该机具有铺膜质量高、作业效率高、大大减轻劳动强度等特点。

该机在作业过程中，前端的限深滚筒将土块压碎，其后的筑土铲筑出垄，施肥铲将化肥施于两行花生中间，排种轮将花生种均匀地播入沟内。覆土板将化肥、种子覆土盖严，并将垄面刮平。喷雾系统向垄面喷洒除草剂后，展膜机构将地膜均匀地平展在垄面上，压膜辊及时将地膜压平，扶土盘扶土将膜压实，两个扶土盘中间的集土滚筒将所采集的泥土在地膜的表面播种行上筑出两条宽5—7 cm、高3—5 cm的土带，可压紧地膜，避光引苗出土，可免去花生出苗时开膜孔放苗的工序，同时还可避免大风刮起地膜，造成损失。

二、收获机械

（一）机械收获的效果

花生收获是花生整个栽培过程中最费工时的一项作业，它包括田间挖掘作业与场上摘果作业。仅收获就占花生生产整个用工量的一半以上，劳动强度大，作业效率低，占用农时多，收获损失大，已成为全国大面积种植花生的地区实现农业现代化进程的瓶颈。目前我国北方花生收获大多实现了机械化，但四川因地理条件限制，花生机械化收获还比较少，大部分地区采用人工收摘。多为人工拣拾、抖土、铺放晾晒、人工收集、场院摘果等。机械收获不仅具有明显的优越性，而且已成为农业生产和广大农民群众最迫切的要求。

（二）花生收获工艺

花生收获过程主要有挖掘、土棵分离、铺条晾晒、拣拾摘果等项作业。收获花生的方法有人工收获和机械收获，还可分为分段收获法和联合收获法两种。

我国北方花生产区收获时，气候干燥，一般采用带蔓的分段收获法。挖起的花生先分离泥土，再在田间铺成行晾晒，然后运回场院摘果。南方地区气候潮温，要求采用随收随摘果的联合收获法，一次完成上述各项作业。在美国，花生收获多采用分段收获，先用挖掘机挖掘、抖土、铺放晾晒，用拣拾摘果机拣拾、摘果，收获全程机械化。

（三）花生收获机械的技术要求

花生收获机械，应具有完成挖掘、抖土、铺放、拣拾摘果等功能。对收获机械的要求是：收得干净，落果少，损失率小于3%。机械摘果损失率在5%左右。株棵上泥土抖得净，含土量（按质量计算）应低于25%。铺放时根果一致，厚度均匀整齐。摘果要求摘净率在98%以上，破碎率低于3%，种用花生破碎率要求在1%左右；清洗干净，清洁度达98%以上。

（四）主要收获机械

1.花生挖掘机

我国目前现有的花生收获挖掘机械主要是在20世纪70年代末，80年代初从美国引进的花生挖掘机的基础上发展起来的。比较典型的是4HW系列，一般由机架、挖掘铲、输送分离机构、铺放滑条、地轮、变速箱、万向节传动机构等组成。挖掘机的主要工作过程是：随机组的前进，花生由铲头铲起，连同泥土一起向后推送，经过铲后的栅条上升后，花生棵被不断上升运转的输送分离链的横杆上钉齿挂住，在升运过程中，绝大部分泥土被抖落，花生棵被抛到机后，经铺放滑条，将花生棵放在机具前进方向的一侧地面上，整齐排放成一列。4HW系列机型的花生收获机是目前我国花生机械研制最深入，也是应用最广泛的一种挖掘机。

2.花生联合收获机

联合收获机可实现花生挖掘、果蔓分离、花生荚果装袋、枝蔓抛回地面等作业。有挖掘式花生联合收获机和拔取式花生联合收获机之分。前者悬挂在拖拉机上，挖掘铲将花生连泥土一起铲起，经分土轮将花生植株与泥土分离，再由螺旋输送器、偏心扒杆和刮板升运器等送至摘果、分选装置完成摘果和清选工作。后者拔取式花生联合收割机适合种植在砂壤土上的蔓生型花生的收获。收获时分蔓器将各行花生植株分开、扶起，并将其引导至拔取器的夹持输送带之间，拔起的花生植株经横向输送带和刮板输送器送至摘果装置。目前我国的花生联合收获机还处于研制阶段，近几年某些科研和生产部门对以上两种花生联合收获机进行了初步研制，但基本都是拖拉机牵引式，这种组合一方面增加了动力消耗，另一方面结构复杂，体积庞大，适应性较差。因此未形成成熟的技术和产品，还只是处于试验探索阶段。江苏省研制的花生联合收获机，与拖拉机配套使用，作业过程是先蔓果分离再果土分离，但果土分离效果差，破碎率高，机械结构和作业过程复杂。

联合收获机是较有发展前途的花生收获机具，可以争取农时、减少压地损失、提高单产。就花生收获过程中的损失而言，联合收获也比分段收获好。据山东省农机推广站试验，花生收获后直接摘果掉果率和破碎率分别为1.7%、1.4%；晾晒3—5天后掉果率和破碎率为3.4%、2.3%，而清洁度均达98%以上。

（五）花生摘果机械

花生摘果机的结构和作用与简易谷物脱粒机相似，一般由喂入台、钉齿滚筒、凹板筛、前后滑板、风扇、搅龙、集果箱、机架等部件组成。目前我国生产中使用的花生摘果机，有全喂入式和半喂入式两种。前者主要用于北方花生产区，从晒干的花生植株上摘果，后者干、鲜花生均可使用，主要用于南方地区。

1.全喂入式花生摘果机

一般完成摘果、分离、清选等工序，用于场间固定作业，以花生收获后在田间晾至半干后进行摘果最为适宜。其摘果质量的好坏，主要看其摘净率、清洁率、破碎率。现有的摘果机主要存在分离清选不好，破碎率较高的缺点，所以种用花生和外贸加工出口用花生多不采用。

2.半喂入式花生摘果机

一般也要完成摘果、分离、情选等工序。消耗动力小，摘果后的花生蔓仍整齐，便于贮存及综合利用，摘鲜果的质量好于摘干果，破碎率低。但其结构和传动比较复杂，制造成本较高，工效比全喂入式低。

第八章 四川花生主要病虫草害的发生及综合防治

第一节 四川花生主要病害的发生及综合防治

四川省花生病害按病原菌种类分为细菌性病害和真菌性病害。细菌性病害主要为青枯病，真菌性病害按危害部位分为叶部病害和茎、根和荚果病害。叶部病害有褐斑病、黑斑病、焦斑病、网斑病、疮痂病、灰斑病等；茎、根和荚果病害有冠腐病、白绢病、黄曲霉、茎腐病等。

一、细菌性病害

花生的细菌性病害主要为青枯病（图版8-1）。

花生青枯病

（1）危害症状：花生青枯病是一种细菌性土传病害，俗称“死棵”“地症”“瘟兜”“花生瘟”。发病初期主要表现为主茎顶梢叶片失水萎蔫。随着病情的发展，全株叶片自上而下萎蔫，最终导致植株死亡。因死亡植株叶片保持着暗青绿色，故形象地称之为“青枯病”。拔出发病植株，撕开根部，维管束发褐，表皮容易剥落，用手挤压根或茎基部横切面可溢出白色菌浓，这是花生青枯病的一大特征。花生青枯病从发病至枯死，快则1—2周，慢则3周以上，感病品种几乎全部死亡。

近年来，宜宾、南充、成都等地均发现青枯病，这些发病地区主要是以红沙土、黄沙土为代表的酸性红、黄壤土区的土壤环境。

（2）发生规律：病原菌主要在土壤、病残体以及未充分腐熟的堆肥中越冬，成为主要的初侵染源。青枯病菌在土壤中能存活1—8年。在田间主要靠土壤、流水、农具、人畜和昆虫等传播。在自然条件下，病菌通过花生根部伤口及自然孔口侵入，从根部开始侵染花生植株，通过在根和茎部维管束木质部增殖和一系列的生化作用，使导管堵塞，丧失输水功能，最终使得植株失水而突发死亡。花生青枯病从苗期到整个收获时期均可发生。花生播种后，当气温稳定在20℃以上，5 cm地温在22℃以上时，10天左右即可发病，以开花至初荚期发病最重，结荚后发病较轻。高温高湿及土壤pH值是诱发病害的主要因素，特别是pH值为6以下的酸性壤土发病最重。

（3）防治方法

①农业措施：与禾本科作物，如水稻、麦类、玉米等作物合理轮作（水旱轮作效果最好）。发病严重的田块，应至少轮作4—5年以上。另外，土壤改良、增施腐熟有机肥、改善田间排灌条件、及时清理病株残体等，是防治花生青枯病的重要农业措施。

②药剂防治：目前没有花生青枯病防治特效药，因此花生青枯病的防治要以预防为主。在播种前，可选用多粘类芽孢杆菌等药剂浸种；在花生青枯病发生初期，选用中生菌素、枯草芽孢杆菌、多粘类芽孢杆菌、荧光假单胞菌等生物农药对植株进行灌根；在青枯病的盛发期，可选用噻唑锌、噻唑铜等高效低毒的化学药剂进行应急防控。

③选择抗病品种：抗青枯病品种的推广是防治青枯病最经济有效的方法。在青枯病发病地区，可选择中花2号、中花4号、中花6号、天府11（即粤油200）、中花21、桂油28远杂系列等抗青枯病品种。

二、真菌性病害

花生真菌性病害按危害部位分为叶部病害及茎、根和荚果病害。

（一）叶部病害

花生的叶部真菌性病害主要有褐斑病、黑斑病、焦斑病、网斑病、疮痂病、灰斑病等。

1.花生褐斑病

（1）危害症状：花生褐斑病又称花生早斑病，真菌性病害，在四川花生产区普遍发生。主要危害花生叶片，严重时叶柄、托叶茎秆和果针亦可受害。病菌侵染花生后，叶片开始出现黄褐色小斑点，后发展成圆形或不规则病斑。病斑在叶片正面呈黄褐色或深褐色，背面一般为黄褐色，病斑周围带有黄色晕圈（图版8-2）。发病叶片容易脱落，大发生时可导致全株叶片脱落，植株早衰或枯死。茎秆上的病斑呈褐色至黑褐色，长椭圆形，病斑较多时，可导致茎秆表皮组织严重受损而枯萎。

（2）发生规律：病原真菌以子座、菌丝团或子囊腔在花生病残体上越冬。翌年条件适宜，菌丝产生分生孢子，借风雨传播进行初侵染和再侵染。菌丝直接伸入细胞间隙和细胞内吸取营养，一般不产生吸器。菌丝生长和产孢适宜温度范围为10—33℃，最适合的生长温度为25—28℃，低于5℃或高于40℃病菌即停止生长及产孢。在多雨潮湿的季节，该病害发生较为严重。不同地区和不同年份间病害发生程度差异较大。

（3）防治要点

①农业防治：实行轮作种植，重病田块至少轮作2年以上。避免偏施氮肥，增施磷、钾肥，适当喷施叶面肥。做好清沟排渍工作，降低田间湿度。花生收获后及时进行清园，发现病株需及时拔掉并集中处理，减少传染源。

②选择抗病品种：选用抗病或耐病花生品种是防治花生褐斑病的重要手段。目前我国尚缺乏免疫或高抗花生褐斑病的品种，可选用天府10号、豫花15、鲁花11、花育16等对花生褐斑病具有一定抗性的品种。

③药剂防治：发病初期，可选择百菌清、嘧菌酯、代森锰锌、戊唑醇等药剂进行叶片喷施，每隔7—10天喷施一次，连续喷施2—4次。

2.花生黑斑病

（1）危害症状：黑斑病又称“黑痘病”，真菌性病害，在四川省花生产区普遍发生。主要危害花生叶片，严重时叶柄，托叶、茎秆和荚果均可受害。黑斑病有时单独发生，有时和褐斑病同时混合发生。黑斑病病斑一般比褐斑病病斑小，直径1—5 mm，近圆形或圆形，病斑扩展后融合成大型不规则斑块（图版8-3）。病斑呈黑褐色，正反两面颜色相近，周围黄色晕圈有无与品种有关。在叶片背面病斑上，通常产生许多黑色小点，成同心轮纹状，子座上着生分生孢子梗和分生孢子。严重发病时茎秆变黑枯萎。

（2）发生规律：黑斑病菌以菌丝体或分生孢子座随病残体在土壤中越冬，或以子囊腔在病组织中越冬。翌年以分生孢子作为初侵染和再侵染源，借风雨传播，在合适的温湿度条件下，萌发芽管，直接穿透寄主表皮或从气孔侵入组织内部致病。花生黑斑病在花生的整个生长季节均可发生，病菌生长的温度范围为10—37℃，最适温度为25—28℃，发病高峰期出现在花生生长的中后期。多雨潮湿的季节发病重，干旱少雨的季节发病轻。

（3）防治方法：花生黑斑病的发病规律与褐斑病的相似，防治方法可参考花生褐斑病。

3.花生焦斑病

（1）危害症状：花生焦斑病主要危害叶片，该病通常产生焦斑和胡麻斑两类症状。四川花生产区为零星发生。田间常见的焦斑症状，通常是病菌在叶尖部或边缘侵染而形成楔形病斑。发病初期，叶片褪绿，逐渐变黄、变褐，病斑边缘有明显的黄色晕圈（图版8-4）。当病原菌不是自叶尖端或边缘侵染而是在叶片中心侵染时，便产生密密麻麻小黑点，故名胡麻斑。胡麻斑症状的病斑小（一般直径小于1 mm），不规则至近圆形，有时凹陷。病斑可出现在叶片的正反两面，但正面的症状更常见。当病斑较多时，病斑连成一片，使小叶片表面外观呈网状。

（2）发生规律：病菌以菌丝及子囊壳在花生病残体上越冬。该病原真菌生长温度范围在8—35℃，最适温度为28℃，高温高湿有利于子囊孢子的萌发与侵入。花生生长季节，子囊孢子从子囊壳内释放出，子囊孢子萌发的芽管可以直接穿入花生叶片表皮细胞。子囊孢子扩散高峰期为晨露停息和开始降雨时，当气温达到25—27℃，相对湿度70%—74%，有利于子囊孢子的产生。

（3）防治方法

①农业防治：加强田间管理，增施磷、钾肥，使植株健壮生长，提高抗病力；降低种植密度，及时清除病残茎叶，深翻土地。

②药剂防治：在发病初期，选用甲基托布津、百菌清、代森锰锌等药剂进行喷雾防治，每10—15天喷一次药，病情严重时喷药2—3次。

4.花生网斑病

（1）危害症状：花生网斑病属于真菌性病害，以危害叶片为主，茎和叶柄也可以受害，从开花到收获均可发生，一般先从下部叶片发生。目前发现的网斑病类型有3种：网斑型、类褐斑型及污斑型。各类型的主要特点为：网斑型：病斑大，直径在1—2 cm，在叶片正面形成网状扩展，病斑不规则，一般不穿透叶片；类褐斑型：病斑直径在0.1—0.5 cm，近圆形，病斑中间黑褐色，边缘清晰，可见黄色晕圈，可以穿透叶片，但在叶片背面形成的病斑比正面小；污斑型：病斑黑褐色，较类褐斑型大，周围无黄色晕圈，可穿透叶片（图版8-5）。

（2）发生规律：病菌以菌丝、分生孢子器、厚垣孢子和分生孢子等，在花生病残体上越冬。翌年在适合的条件下，分生孢子借风雨传播，形成初侵染源。阴雨多湿是病害发生的关键环境条件。当条件适宜时，分生孢子借风雨、气流传播到寄主叶片，分生孢子萌发产生芽管直接侵入叶片组织，病害发生严重时，叶片产生大量病斑，失去光合功能或脱落。

（3）防治方法：

①农业防治：加强田间管理，增施磷肥和钾肥；及时清除病残体，科学翻耕土地；合理轮作，可与玉米、大豆、甘薯等作物轮作2年以上。

②药剂防治：发病初期，可用70%代森锰锌可湿性粉剂500倍液喷雾，隔7—10天喷1次药，连续喷药2—3次。

③选择抗病品种：选择对网斑病有较好抗性的品种可以减少病害的发生。

5.花生疮痂病

（1）危害症状：花生疮痂病是一种花生真菌性病害，近年来发病逐渐加重。主要危害花生植株的叶片、叶柄、叶托、茎秆和子房柄，病部表现出疮痂状斑。叶片受害表现出皱缩畸形，叶片正反两面出现大量1 mm左右圆形或不规则形小病斑，均匀分布于整个叶片或集中分布在近中脉处。随着病叶的发展，叶片正面的病斑为淡棕褐色，中间凹陷，边缘突起；叶柄上的病斑呈卵圆形至梭形，病斑褐色，中部凹陷，边缘隆起，呈火山口状开裂；子房柄染病后变肿大，阻碍荚果发育；茎秆病斑形状与叶柄病斑相同。发病严重时，疮痂状斑遍布全株，植株呈烧焦状，矮化严重或扭曲成S形，植株生长受阻（图版8-6）。

（2）发生规律：病菌可在病残体中越冬，成为翌年初侵染源。荚果可带菌且传播率高，种子调运与销售成为该病害传播的主要途径。土壤黏重、偏酸性且多年重茬的田块发病较重。分生孢子通过气流传播，连续阴雨天、日照不足的条件下，有利于花生疮痂病的发生与传播。

（3）防治方法

①农业防治：播种前对种子进行严格筛选，选择健康饱满的种子，剥壳后可选用根瘤粉进行拌种；采用地膜覆盖，加强田间管理，及时清除病残体，科学翻耕土地；合理轮作，施足基肥减少追肥的数量。

②药剂防治：病害始发时喷洒甲基托布津，代森锰锌，爱苗等杀菌剂，间隔7—10天施用1次，施药1—3次，可控制病害蔓延。如遇多雨天气，注意抢晴喷药或雨后及时补喷。

6.花生灰斑病

（1）危害症状：花生灰斑病为真菌性病害。病菌初始侵染受伤害或坏死组织，而后扩散到叶片的新鲜组织。病斑近圆形或不规则形，初为黄褐色，继而变为紫红褐色，后期病斑中央渐变成浅红褐色至枯白色，上面散生许多小黑点，边缘有一红棕色的环，病斑常破裂成穿孔，经常多个病斑连成一片，形成更大坏死斑（图版8-7）。

（2）发生规律：病菌以分生孢子器在田间的病残体中越冬，第二年条件合适时，分生孢子随气流传播到花生植株上，分生孢子萌发侵染叶片。田间分生孢子通过气流传播。

（3）防治方法

①农业防治：加强田间管理，合理施肥，及时清除病残体，科学翻耕土地。

②药剂防治：发病初期，可用三环唑、苯并咪唑等药剂进行叶面喷施，隔7—10天喷1次药，连续喷药2—3次。

（二）茎、根和荚果病害

危害花生茎、根、荚果的病害有冠腐病、白绢病、黄曲霉、茎腐病等。

1.花生冠腐病

（1）危害症状：花生冠腐病又称花生黑霉病，是一种重要的花生真菌性病害，可危害果仁、子叶和茎基部。在湿润的土壤环境下，病原菌侵染花生种子，导致出苗前腐烂，种子被黑色分生孢子堆覆盖。幼苗子叶受侵染时，被侵染的组织变成水浸状，呈淡褐色，被黑色的孢子所覆盖，导致整株快速失水，随着病害的发展，整个根茎区变成暗褐色并溃烂导致幼苗死亡。成株期花生接触土壤表面的茎基部易受侵染，病斑沿主茎或枝条向上扩展。由于成株的木质化，受侵染部位症状一般不明显，全株或部分枝条发生枯萎时才能明显表现出症状。拔起病株时根颈部容易断头、断口，病部周围着生黑色霉状物（图版8-8）。

（2）发生规律：病原菌以菌丝或分生孢子附在病株残体、种子和土壤中的有机物中越冬，种子内外都携带病菌。花生播种后，种子携带的分生孢子萌发，从受伤的胚芽或子叶间隙侵入，也可直接从种皮侵入。花生苗出土后，病菌可以从残存的子叶处侵染茎基部或根茎部。田间分生孢子随风雨和气流传播，进行再侵染。高温多湿、间歇性干旱与大雨交替可促进该病的发生。

（3）防治方法

①选择抗病品种：蔓生型花生较直生型花生抗病，可根据田块发病情况选择不同类型的花生进行播种。

②农业防治：种子质量好坏是影响发病的重要因素之一。播种前先对种子进行筛选，适时播种，播种不宜过深；与玉米等非寄主作物进行轮作2—3年；加强田间管理，合理密植，施用充分腐熟的有机肥，增施磷钾肥，避免偏施氮肥；适时灌溉，及时排除田块积水，降低田间湿度；除草松土时不要伤及根部，及时清除病残体。

③药剂防治：用福双美粉剂进行种子拌种；花生开花前，可用百菌清、甲基硫菌灵进行喷施，间隔7—10天喷施1次。

2.花生白绢病

（1）危害症状：花生白绢病是一种土传真菌性病害，多发生在花生荚果膨大期至成熟期，主要危害根、荚果及茎基部。病菌从近地面的茎基部和根部侵入，受害组织初期出现暗褐色软腐，环境条件适宜时，菌丝迅速蔓延到花生中下部近地面的茎秆以及病株周围的土壤表面，形成一层白色绢丝状的菌丝层，病部菌丝层中形成很多像油菜籽一样的菌核，菌核大小不一。受侵染的植株叶片萎蔫，随后整株枯死。病部组织腐烂，皮层脱落，仅剩下木质部纤维组织，易折断。菌丝也会蔓延到荚果，导致荚果被白色菌丝簇完全覆盖并最终腐烂（图版8-9）。

（2）发生规律。病原菌以菌核或菌丝体在土壤、病株残体或堆肥中越冬；菌丝大部分分布在1—2 cm的表土层中，菌核在2.5 cm以下的土层中萌发率显著下降；果壳和果仁也可能带菌。在合适的环境条件下，菌核萌发长出菌丝直接穿透花生表皮，或从伤口侵入，引起病害的发生。病害在田间的传播主要随地面流水、昆虫以及田间耕作和农事操作而发生。高温、高湿是白绢病发生的重要条件，尤其是连续干旱后遇雨，有利于该病的发生。气温在30—38℃时，菌核3天就能萌发。在酸性及砂质土壤中容易发病；排水不良，肥力不足地块发病重。

（3）防治方法

①农业防治：选用饱满健康的种子进行播种，做到适时播种，避免种子留土时间过长；加强田间管理，进行深翻晒土，增施腐熟的有机肥，及时排除田间积水；及时清除田间病残体；最好与禾本科作物轮作2—3年。

②药剂防治：药剂拌种可选用禾佑、菌核净、灭菌唑等；播种前，可用菌核净、三唑酮等药剂对土壤进行处理；发病初期，可用嘧菌酯和氟酰胺进行喷雾或根部喷施。

③选择抗病品种：目前四川乃至全国还没有一个抗白绢病的花生品种，只有选择综合抗性较好或有一定耐病性的品种。

3.花生茎腐病

（1）危害症状：花生茎腐病是一种真菌性病害，俗称“烂脖子病”，是花生生产上常见的病害，主要危害花生子叶、根、茎等部位，以根茎部和茎基部受害最重，从苗期到成株期均可发生，但有两个发病高峰，即苗期和成株期。幼苗期病菌从子叶或幼根侵入植株，使子叶变黑褐色成干腐状，然后侵入植株根颈部，产生黄褐色水渍状病斑，随着病害的发展逐渐变成黑褐色（图版8-10）。发病初期，叶色变淡，午间叶柄下垂，复叶闭合，早晨尚可复原。随着病情的发展，地上部萎蔫枯死。在潮湿条件下，病部产生密集的黑色小突起（病菌分生孢子器）。成株期发病多在与表土接触的茎基部变黑枯死，引起部分侧枝或全株萎蔫枯死，病株易折断，地下荚果脱落腐烂，病部密生黑色小粒点。

（2）发生规律：花生茎腐病属于中温中湿型病害。气温26—28℃，相对湿度60%—70%，最适宜该病的发生。病菌菌丝和分生孢子器主要在土壤病残体、果壳和种子上越冬，成为第二年初侵染来源。病株和粉碎的果壳、花生秧饲养牲畜的粪便以及混有病残株的未腐熟农家肥也是传播蔓延的重要菌源。种子带菌是远距离和异地传播的主要初侵染来源。病害在田间主要随流水、风雨传播，农事操作中的人、畜、农具等也能传播。

（3）防治方法

①农业防治：加强田间管理，培育健壮植株；深翻改土，合理施肥，减少越

冬菌源；适当轮作。

②药剂防治：播种前用药剂对种子进行消毒处理；发病时，喷施苯并咪唑类杀菌剂具有一定防效。

③选择抗病品种：选用抗（耐）病花生品种。天府3号、鲁花11、白沙、花育16等抗（耐）性表现较好。

4.花生黄曲霉

（1）危害症状：花生受黄曲霉菌侵染的部位一般发生在花生苗茎内及荚果和种子当中。被真菌侵害的子叶和幼芽组织迅速皱缩、呈现干褐色或黑色的病块，上面着生黄色或微绿黄色孢子（图版8-11）。一旦被侵染的种子播入土壤，合适的水分条件下正常发芽后，胚根和胚轴也可以被侵染并很快腐烂。花生出苗后则很少发生新的侵染，但出苗前被侵染的子叶带有微红棕色边缘的坏死病斑，附着黄色或微黄绿色的孢子。这一阶段与黑曲霉引起的曲霉属冠腐病十分相似，并且在某些病株上两种真菌可同时存在。当引起幼苗病害的菌株产生黄曲霉毒素时，病株生长严重受阻，表现为叶片缺绿、叶脉清晰、植株矮小，并且叶尖突出，根基发育及功能受阻。

（2）发生规律：该病菌广泛存在于多种类型的土壤及农作物残体中。可直接侵染花生果针、荚果和种子。侵染受环境温湿度和花生组织水分的影响较大，花生种子（组织）含水量在10%—30%的条件下容易受到侵染，花生生长后期如遇干旱天气，植株容易受到黄曲霉菌的感染。

（3）防治方法：

①农业防治：播种前对种子进行筛选，去除带病种子；适时播种，合理密植，采用覆膜栽培技术，减少花生在收获前被黄曲霉菌侵染的可能性；后期中耕除草避免伤及幼果；注意防治蛴螬等地下害虫，危害花生荚果；适时收获，收获后迅速干燥，妥善保存种子。

②选择抗病品种：目前抗黄曲霉菌的花生品种较少，但在播种的时候可选择对其他病害有一定抗（耐）病性的花生品种，减少花生被黄曲霉菌株侵染的几率。

第二节　四川花生主要虫害的发生及综合防治

危害花生的害虫主要有：蛴螬、蚜虫、卷叶蛾、叶螨、蓟马等。

一、蛴螬

1.危害症状

蛴螬是花生的第一大地下害虫，俗称老母虫，是金龟子的幼虫（图版8-12）。

蛴螬是花生产区主要虫害之一，在地下危害花生，苗期咬断幼苗根茎，断口整齐，使幼苗枯死，造成缺苗断垄；在花生生长的中后期，蛴螬危害果针、荚果和根系，造成花生断针、烂果、虫果，甚至造成死株。

2.主要形态特征

四川省危害花生的蛴螬有32种，全省花生蛴螬的优势种群是暗黑鳃金龟。暗黑鳃金龟幼虫长35—45 mm，头部前顶刚毛冠缝两侧各1根，肛腹板覆毛区无刺毛列，钩状毛排列散乱，但较均匀，占全节1/2。

3.发生规律

暗黑鳃金龟子1年完成1世代，以三龄幼虫在土壤中越冬。翌年4月份中旬至5月份上旬化蛹，5月上旬至5月底成虫开始羽化，6月中旬开始产卵至7月中旬，6月底到7月上中旬，幼虫开始孵化为一龄幼虫，7月中下旬为二龄幼虫，7月底至8月上旬为3龄幼虫，10月中下旬三龄虫下移越冬。

4.防治方法

（1）农业防治：实行水旱轮作，降低虫口密度或成虫基数。

（2）物理防治：蛴螬成虫具有很强的趋光性，采用灯光诱杀成虫具有明显效果。

（3）生物防治：生物菌剂白僵菌、绿僵菌、苏云金杆菌、昆虫病原线虫等对蛴螬有良好的防治效果，属于环境友好型生物农药。

（4）化学防治：用辛硫磷、吡虫啉、氯氟氰菊酯等药剂处理花生种子或土壤后，再进行播种。

二、蚜虫

1.危害症状

蚜虫在整个花生生长期均有可能发生，前期危害重，主要危害花生嫩枝、嫩叶、花蕾、果针等部位。花生幼苗尚未出土时，蚜虫即能钻入土壤内，在幼茎，嫩芽上危害；花生出土后，躲在顶端嫩叶及幼嫩的叶背吸取汁液（图版8-13）。开花后危害花萼，果针。受害花生植株矮小，叶片卷缩，严重影响开花下针和结果。蚜虫猖獗时，排出的大量蜜露黏附在花生植株上，引起霉菌寄生，使茎叶发黑，甚至整株枯萎。

2.主要形态特征

花生蚜虫卵为长椭圆形，初为淡黄色，后为草绿色至黑色。花生蚜虫成虫可分为有翅胎生雌蚜和无翅胎生雌蚜。幼蚜体型小，灰紫色，体节明显。有翅胎生雌蚜成虫体长1.5—1.8 mm，黑色、黑绿色或黑褐色；无翅胎生雌蚜成虫黑色发亮，体长1.8—2.0 mm，体型肥胖，体节明显，有的胸部和腹部前半部有灰色斑，有的体被薄层蜡粉。

3.发生规律

花生蚜虫一年发生20—30代，主要以无翅胎生雌蚜和若蚜在路边的豆科杂草、十字花科等寄主上越冬。蚜虫发生程度主要取决于田间相对湿度、温度、寄主（包括越冬寄主和中间寄主）等因子。通常越冬寄主和中间寄主较多，花生苗期遇干旱少雨，田间相对湿度低，有利于蚜虫繁殖危害。

4.防治方法

（1）农业防治：选择排灌条件好的地块，合理轮作；及时清除田边越冬寄主，减少虫源；进行覆膜栽培，减少病虫害危害，特别是选用银灰膜覆盖，可有效减少花生苗期蚜虫的发生与危害。

（2）物理防治：蚜虫对银灰色具有负趋向性，使用银膜可有效驱蚜；蚜虫对黄色具有正趋向性，可在田间悬挂黄板或黄皿对蚜虫进行诱杀。

（3）生物防治：蚜虫发生时，释放食蚜瘿蚊、烟蚜茧蜂、七星瓢虫等天敌昆虫，对蚜虫都有较好的生物防治效果。

（4）化学防治：苗期花生蚜虫防治宜早不宜迟，播种时可选用内吸性杀虫剂，出苗后即可使蚜虫致死；花生生长期，可选用溴氰菊酯进行喷施。

三、花生叶螨

1.危害症状

花生叶螨俗称红蜘蛛（图版8-14）。以成螨、若螨聚集在叶背面吸食汁液，使花生叶片正常生理功能遭到破坏，水分亏损，叶绿素被破坏，光合作用受阻。受害叶片初期正面失绿，呈灰白色小斑点，后期叶片干枯脱落，严重的造成整株枯死。成螨有吐丝结网习性，通常受害地块可见花生叶片表面有一层白色丝网，且大片的花生叶被黏结在一起，严重影响花生叶片的光合作用，阻碍花生的正常生长，使荚果干瘪，最终导致大量减产。

2.主要形态特征

叶螨有成螨、若螨、幼螨和卵4种虫态。

成螨：雌螨体长0.42—0.52 mm，宽0.28—0.32 mm，梨圆形，体色一般为深红或锈红色，冬季呈橘红色。雄螨体长0.26—0.36 mm，宽约0.19 mm，头胸部前端近圆形，腹部末端稍尖。成螨只有头胸和腹部之分，但分界不清楚，体部有4对足。

若螨：幼螨脱皮后变为若螨，有4对足。雌若螨分为前期若螨和后期若螨，雄若螨无后期若螨，比雌若螨少脱皮一次。

幼螨：由卵初孵出的虫态叫幼螨，只有3对足。

卵：圆球形，直径0.13 mm，半透明、光滑，初产时无色透明，渐变为淡黄色，孵化前呈微红色。

3.发生危害规律

叶螨在四川一年可发生16—18代。以成螨或若螨聚集在向阳处的枯叶内、春花作物、杂草等上越冬。翌年早春气温达7℃时，越冬雌成螨开始产卵繁殖，4月份花生苗出土后，开始转移到花生上危害，花生整个生长期均可能受害。干旱少雨，温、湿度适宜，有利于叶螨猖獗危害。一般5月下旬至8月上旬可发生2—3次高峰，特别以苗期（5月中下旬）发生普遍且严重，管理较差的花生田7、8月份螨害也严重。高峰发生前10—20天，日平均气温26℃左右，相对湿度平均65%左右。发生期间，由于体小，暴风雨能将其有效消灭，控制猖獗发生。

4.防治方法

叶螨寄主广泛，繁殖能力强，世代较多，且抗药性强，因此必须及时防治，最大限度保证花生的品质和产量。

（1）农业防治：秋后清除田间和田边杂草及枯枝落叶，秋播时耕地整地，将越冬成螨深埋地下；春季幼苗出土前，及时铲除田内外杂草，可有效压低虫源。另外，通过合理灌溉和施肥，促使植株健壮生长，增强耐害力，减少损失。

（2）生物防治：捕食性天敌对叶螨的种群消长起着重要的控制作用。捕食花生叶螨的天敌主要有肉食螨、草蛉、肉食蓟马、小花蝽和肉食瓢虫等。

（3）药剂防治：点片发生阶段注意挑治，尽可能控制在点片发生阶段。当发生量大时，采用矿物油、藜芦碱、苦参碱、阿维菌素、高效氯氟氰菊酯、联苯肼酯等药剂喷雾防治，喷雾时药液应重点喷在叶片背面。

四、花生卷叶螟

1.危害症状

幼虫吐丝卷缀花生叶片为害，食成孔洞或缺刻，对豆类多蛀食花蕾和嫩荚，能转移为害，老熟后在花生叶间结茧化蛹，或在土中化蛹（图版8-15）。花生卷叶螟危害时，拨开卷叶的叶片，可以看到虫吐的白丝。成虫日伏夜出，产卵在叶片、叶柄、花蕾和嫩荚上，散生。

2.主要形态特征

成虫体长10 mm，翅展18—21 mm，体色黄褐，胸部两侧附有黑纹，前翅黄褐色，外缘黑色。翅面生有黑色鳞片，翅中有3条黑色波状横纹，内横线外侧有黑点，后翅外缘黑色，有2条黑色横波状横纹。幼虫5—7龄，多数5龄。末龄体长14—19 mm，头褐色，体黄绿色至绿色，老熟时，为橘红色，中、后胸背面具小黑圈8个，前排6个，后排2个。蛹长7—10 mm，圆筒形，末端尖削，具钩刺8个，初浅黄色，后变红棕色至褐色。卵椭圆形，淡绿色。

3.发生危害规律

适宜生长发育温度范围在18—37℃，最适环境条件为气温22—34℃，相对湿度75%—90%。卵期4—7天，幼虫期8—15天，蛹期5—9天，成虫寿命7—15天。

4.防治方法

（1）农业防治：清洁田园，及时清除田间枯枝，减少越冬虫源基数。

（2）物理防治：利用成虫的趋光性，在发生期，采用杀虫灯进行灯光诱杀成虫。

（3）药剂防治：有1%—2%的植株有卷叶危害时开始防治，隔7—10天防治一次。药剂可以选用苏云金杆菌、阿维菌素、球孢白僵菌、茚虫威、氯虫苯甲酰胺、茚虫·甲维盐等，交替用药。

五、花生蓟马

1.危害症状

蓟马的成虫、若虫以锉吸式口器穿刺挫伤植物叶片及花组织，吸食汁液。幼嫩心叶受害后，叶片变细长，皱缩不开，形成“兔耳状”。受害轻的叶片扭曲不平，受害重时，叶片变狭小、皱缩；花器受害后，可导致花朵不孕或不结实，甚至凋萎、脱落（图版8-16）。

2.主要形态特征

雌成虫体长1.6—1.76 mm，体黑棕或黄棕色；触角8节，皆暗棕色，各节有长的叉状感觉锥；下颚须3节；前胸后角有2对长鬃。前翅暗棕色，基部和近端处色淡，上脉基中部有鬃18根，端鬃2根；下脉鬃15—18根。腹部第2—7节背板近前缘有1黑色横纹，第5—8节两侧无微弯梳，第8节后缘仅两侧有梳。雄成虫显著比雌成虫体小而色淡，且触角也细。

3.发生规律

花生田端大蓟马一年发生6—7代，主要寄主除了花生之外，还包括紫云英、四季豆、丝瓜、胡萝卜、白菜、苜蓿等。成虫在这些寄主植物的叶背或茎皮的裂缝中越冬。早播花生受害重，花期前后危害最重，少雨干旱天气危害重。

4.防治方法

（1）农业防治：及时清除田间地头杂草，铲除越冬寄主，减少越冬虫口基数；及时翻整土地，合理灌溉。

（2）物理防治：蓟马对蓝色具有趋向性，且有昼伏夜出的特性，可在田间布置蓝色粘板，粘板高度与作物持平；或者夜晚时，在田间放发蓝光的灯，把蓟马吸引过来集中消灭。

（3）生物防治：投放天敌昆虫，如捕食螨、赤眼蜂、草蛉等。

（4）化学防治：可选用辛硫磷、吡虫啉、高效氯氰菊酯等药剂进行喷雾防治。傍晚打药效果好。

第三节　四川花生主要田间杂草及防除技术

花生田杂草具有发生普遍、种类多，且与花生共生时间长的特点。杂草在生长过程中与花生竞争光照、水分和养料，造成花生产量损失。一般情况下，花生因草害减产5%—15%，严重的田块减产达20%—30%，甚至更多。同时，杂草还是某些花生病虫害的寄主，可以助长病虫害的发生和蔓延。因此，草害问题已经成为花生优质、高效生产中必须高度重视的重要问题之一。人工除草费工、耗时、劳动强度大、生产效益低，且后期影响坐果，近年来生产上主要采用喷施除草剂和地膜覆盖技术防治田间杂草。

一、杂草的分类

（一）按照杂草形态学分类

1.禾草类

禾草类即禾本科杂草。其主要形态特征：茎圆或略扁，节和节间区别，节间中空。叶鞘开张，常有叶舌。胚具1子叶，叶片狭窄而长，平行叶脉，叶无柄。

2.莎草类

莎草类即莎草科杂草。茎三棱形或扁三棱形，节与节间的区别不明显，茎常实心。叶鞘不开张，无叶舌。胚具1子叶，叶片狭窄而长，平行叶脉，叶无柄。

3.阔叶草类

阔叶草类包括所有的双子叶植物杂草及部分单子叶植物杂草。茎圆形或四棱形。叶片宽阔，具网状叶脉，叶有柄。胚常具2子叶。

（二）按照杂草生活型分类

1.一年生杂草

在一个生长季节完成出苗、生长及开花结实的生活史。如马唐、牛筋草、辣子草、铁苋菜、鳢肠和扁穗莎草等相当多的种类。花生、玉米、大豆、水稻等秋熟作物田杂草多属此类。

2.二年生或越年生杂草

在两个生长季节内或跨两个日历年度完成出苗、生长及开花结实的生活史。通常是冬季出苗，翌年春季或夏初开花结实。如棒头草、看麦娘、野燕麦和猪殃殃等。小麦、油菜等夏熟作物田杂草多属此类。

3.多年生杂草

一次出苗，可在多个生长季节内生长并开花结实，通过种子及营养繁殖器官繁殖，并度过不良气候条件。如空心莲子草、刺儿菜、车前和香附子等。

（三）按照杂草生长习性分类

1.草本类杂草

茎多不木质化或少木质化，茎直立或匍匐，大多数杂草属此类。

2.藤本类杂草

茎多缠绕或攀缘等。如打碗花。

3.木本类杂草

茎多木质化，直立。如构树。

4.寄生杂草

多营寄生生活，从寄主植物上吸收部分或全部所需的营养物质。如菟丝子。

二、四川花生田常见杂草种类

据我们在省内各地花生田调查的结果，四川省花生田主要杂草有马唐、牛筋草、繁缕、荠菜、狗尾草、虮子草、辣子草、通泉草、酢浆草、马齿苋、小藜、凹头苋、铁苋菜、鼠麴、雾水葛、莎草科杂草（香附子、碎米莎草、扁穗莎草等），另有荩草、金色狗尾草、无芒稗、光头稗、叶下珠、反枝苋、蚤缀、鳢肠、空心莲子草、地锦、龙葵、苦蘵、小酸浆、多茎鼠麴、打碗花、青葙、碎米荠、卷耳、婆婆纳、千金子、泥花草、漆菇草、狗牙根、猪殃殃、问荆、扬子毛茛等杂草。这其中有一年生杂草、越年生杂草和多年生杂草三种类型，分布普遍而危害严重的是一年生杂草。

（一）禾本科杂草

1.马唐

【学名】*Digitaria sanguinalis*（L.）Scop.

【别名】抓地草、巴地草

【识别特征】一年生禾本科杂草，草本。幼苗第一片真叶卵状披针形，叶缘具睫毛，叶鞘表面密被长柔毛。成株秆基部开展或倾斜，无毛，茎节处着土常生根。叶鞘疏生疣基软毛。叶舌膜质，黄棕色，先端钝。叶片条状披针形，两面疏生软毛或无毛。总状花序3—10枚呈指状排列。小穗披针形，含2小花。颖果和小穗等长，色淡（图版8-17）。

2. 狗尾草

【学名】*Setaria viridis*（L.）Beauv.

【别名】莠、毛毛狗

【识别特征】一年生禾本科杂草，草本。幼苗胚芽鞘紫红色，第一片真叶长椭圆形。植株直立或基部膝曲。叶鞘圆筒状，与叶片交界处有一圈紫色带。叶片扁平，长三角状狭披针形或线状披针形，通常无毛或疏被疣毛，边缘粗糙。圆锥花序柱状，形似狗尾，常直立或微弯曲。数枚小穗簇生，全部或部分小穗下托以1至数枚刚毛。颖果长圆形，具细点状皱纹（图版8-18）。

3. 牛筋草

【学名】*Eleusine indica*（L.）Gaertn.

【别名】蟋蟀草

【识别特征】一年生禾本科杂草，草本。幼苗第一片真叶线状披针形，光滑无毛。全株两侧扁平，茎丛生，根发达，深扎。叶舌薄膜质。穗状花序2—7枚在秆顶成指状排列，小穗成二行排列于穗轴一侧，含3—6小花，无芒。囊果卵形或长椭圆形，有明显的波状皱纹。种子深褐色，有横皱纹（图版8-19）。

4. 金色狗尾草

【学名】*Setaria glauca*（L.）Beauv.

【识别特征】一年生禾本科杂草，草本。第1叶线状长椭圆形，先端锐尖；第2—5叶线状披针形，先端尖，黄绿色，基部具长毛，叶鞘无毛。成株秆直立或基部倾斜。叶片线形，顶端渐尖，基部钝圆，通常两面无毛或仅于腹面基部疏被长柔毛；叶舌退化为一圈长约1 mm的柔毛。圆锥花序紧缩，直立，主轴被微柔毛；刚毛稍粗糙，金黄色或稍带褐色；小穗椭圆形，顶端尖，通常在一簇中仅一个发育。颖果（图版8-20）。

5. 虮子草

【学名】*Leptochloa panicea*（Retz.）Ohwi

【识别特征】一年生禾本科杂草，草本。秆较细弱。叶鞘疏生有疣基的柔毛。叶片质薄，扁平，无毛或疏生疣毛。圆锥花序，分枝细弱，小穗灰绿色或带紫色，含2—4小花。颖果圆球形（图版8-21）。

6. 无芒稗

【学名】*Echinochloa crusgalli*（L.）

【识别特征】一年生禾本科杂草，草本。叶条形。圆锥花序尖塔形，总状花序互生或对生或近轮生状，有小分枝，着生小穗3—10个，基部多，顶端少，无芒，或有短芒，以顶生小穗的芒较长，无色或紫红色，小穗脉上具硬刺状疣基毛。颖果椭圆形，凸面有纵脊，黄褐色（图版8-22）。

7. 光头稗

【学名】*Echinochloa colonum*（L.）Link

【识别特征】一年生禾本科杂草，草本。成株秆较细弱，茎部各节可萌蘖。叶鞘压扁，背部具脊，无毛。圆锥花序狭窄，主轴较细弱，三棱形，通常无毛，分枝数个为穗形总状花序，稀疏排列于主轴一侧，上举或贴向主轴；小穗卵圆形，被小硬毛，顶端急尖而无芒，紧贴较规则地成四行排列于分枝轴的一侧。颖果椭圆形，具小尖头，平滑光亮，其内稃顶端露出（图版8-23）。

8. 荩草

【学名】*Arthraxon hispidus*（Trin.）Makino

【别名】绿竹

【识别特征】一年生禾本科杂草，草本。全体被长纤毛，第一片叶长卵形，先端锐尖，基部抱茎。第2—3叶宽椭圆形，锐尖头。成株秆细弱，基部倾斜或平卧，节处生根。叶舌膜质，边缘具纤毛。叶片卵状披针形，基部心形抱茎，下部边缘生纤毛。总状花序2—10枚，呈指状排列，小穗成对生于各节，披针形，颖近等长，第二外稃近基部伸出膝曲的芒。颖果长圆形（图版8-24）。

（二）莎草科杂草

1. 香附子

【学名】*Cyperus rotundus* L.

【别名】三棱草、莎草、梭梭草等

【识别特征】多年生莎草科杂草，草本。第1叶条状披针形，有明显平行脉5条。第3片真叶具10条明显的平行脉。成株具匍匐根状茎，顶端具褐色椭圆形块茎。秆直立，散生，有三锐棱。叶基生，短于秆。叶状苞片2—3片，长于花序。长侧枝聚伞花序简单或复出，辐射枝3—6枚。小穗条形，3—10个排成伞房花序。小穗轴有白色透明的翅。鳞片紧密，二列，圆卵形，中间绿色，两侧紫红色。小坚果矩圆状倒卵形，表面有细点（图版8-25）。

2. 碎米莎草

【学名】*Cyperus iria* L.

【识别特征】一年生莎草科杂草，草本。第1叶条状披针形，5条平行脉中有3条明显。秆丛生，细弱或稍粗壮，高8—85 cm扁三棱形，基部具少数叶，叶短于秆，叶鞘红棕色。叶状苞叶3—5片，下部的较花序长。长侧枝聚伞花序复出，辐射枝4—9枝。每枝有5—10个穗状花序。穗状花序长圆卵形，有5—22小穗。小穗排列松散，斜展开，长圆形，压扁，有6—22朵花。小穗轴近无翅。鳞片排列疏松，顶端干膜质，有短尖，黄色，3—5脉。小坚果椭圆形，有三棱，褐色，密生突起细点（图版8-26）。

3.扁穗莎草

【学名】*Cyperus compressus* Linn.

【识别特征】一年生莎草科杂草，草本。秆稍纤细，高5—25 cm，锐三棱形，基部具较多的叶，叶短于秆或与秆几等长，叶鞘紫褐色。叶状苞3—5，长于花序。长侧枝聚伞花序简单，具1—7个辐射枝，穗状花序近于头状，具3—10个小穗。小穗排列紧密，斜展，线状披针形，近于四棱形，有8—20朵花。鳞片紧贴的复瓦状排列，顶端具稍长的芒，背面具龙骨状突起，中间较宽部分为绿色，两侧苍白色或麦秆色，有时有锈色斑纹，脉9—13条。小坚果倒卵形，三棱形，侧面凹陷，深棕色，表面具密的细点（图版8-27）。

（三）阔叶类杂草

1.反枝苋

【学名】*Amaranthas retroflexus* L.

【别名】野苋菜、苋菜、西风谷等

【识别特征】一年生阔叶杂草，草本。子叶长椭圆形，先端钝，基部楔形，有柄，紫红色。初生叶1，卵形，全缘，先端微凹。成株茎直立，粗壮，淡红色，稍具钝棱，密生短柔毛。叶互生，椭圆形，顶端具小突尖，两面有柔毛，具长柄。花单性或杂性，圆锥花序顶生或腋生，由多数穗状花序集成。胞果扁球形，包于宿存花被内。种子近球形，棕黑色（图版8-28）。

2.凹头苋

【学名】*Amaranthus lividus* L.

【识别特征】一年生阔叶杂草，草本。子叶椭圆形，先端钝尖，基部渐窄，全缘。初生叶1，阔卵形，先端具凹缺，有长柄。全株光滑无毛。成株茎伏卧而上升，基部分枝。叶卵形或菱状卵形，顶端凹缺，有一芒尖。穗状花序或圆锥花序顶生，花簇腋生。胞果卵形，扁平，不开裂。种子黑色，具环状边缘（图版8-29）。

3. 繁缕

【学名】*Stellaria media*（L.）Cyr.

【别名】鹅儿肠

【识别特征】越年生或一年生阔叶杂草，草本。子叶长卵形，长6 mm，先端急尖，全缘，有长柄。初生叶2，卵圆形，有长柄，柄上疏生长柔毛，基部联合抱茎。成株茎纤细，基部分枝，直立或平卧，茎上有1行短柔毛。叶对生，叶片卵形。先端急尖。中下部叶有长柄，两侧疏生柔毛。花果期4—8月。花单生或成聚伞花序，花梗长0.8—2 cm。萼片5，背部有毛。花瓣5，白色，短于萼片，2深裂。雄蕊10，花柱3。蒴果卵圆形，较萼长，顶端6裂。种子扁肾形，有一缺刻，长约1 mm，黑褐色，密生小突起（图版8-30）。

4.空心莲子草

【学名】*Alternanthera philoxeroides*（Mart.） Griseb.

【别名】水花生、革命草

【识别特征】多年生阔叶杂草，草本。下胚轴显著，无毛；子叶出土，长椭圆形，无毛，具短柄；上胚轴和茎均被两行柔毛，初生叶和成长叶相似而较大，几无毛。茎基部匍匐，节处生根，上部斜升，中空。叶对生，矩圆形或倒披针形，顶端圆钝，全缘，革质，有睫毛。头状花序单生于叶腋，有总花梗。有时不结籽，由根茎出芽繁殖（图版8-31）。

5.牛膝菊

【学名】*Galinsoga parviflora* Cav.

【别名】辣子草、兔耳草、铜锤草

【识别特征】一年生阔叶杂草，草本。茎单一或于下部分枝，分枝斜生，被长柔毛状伏毛，嫩茎更密，并混有少量腺毛。叶对生，卵形至披针形，具柄，两面被长柔毛状伏毛；叶基圆形、宽楔形至楔形，顶端渐尖，基出三脉或不明显的五脉，边缘具钝锯齿或疏锯齿。头状花序于茎顶排列成伞房状，有长花梗。舌状花4—5，舌片白色。管状花黄色。瘦果（图版8-32）。

6.鳢肠

【学名】*Eclipta prostrata*（L.） L.

【别名】墨旱莲、旱莲草、黑墨草等

【识别特征】一年生阔叶杂草，草本。子叶近圆形或阔卵形，先端钝圆，具柄。初生叶2，椭圆形或卵形，先端钝尖，基部宽楔形，全缘，具柄，三出脉。叶下面被糙毛。茎叶有黑色汁液。成株茎直立或平卧，被糙毛，着土后节上生根。叶对生，椭圆状披针形或披针形，全缘或有细锯齿，两面被糙毛，近无柄。头状花序单生茎顶或叶腋，有梗。总苞球状钟形。管状花的瘦果三棱状，舌状花的瘦果扁四棱形，表面有瘤状突起，无冠毛（图版8-33）。

7.鼠麴草

【学名】*Gnaphalium affine* D. Don

【别名】清明草

【识别特征】越年生阔叶杂草，草本。子叶近圆形。全缘，无毛，具短柄。初生叶2，倒卵形，先端急尖，全缘，基部楔形，密被白色绵毛，具1中脉，几无柄。成株全株密生灰白色绵毛。茎直立，簇生。叶互生，基部叶花期枯萎，中、下部叶匙形或倒披针形，先端有小突尖，基部渐狭，无柄，全缘。头状花序多数，常在茎顶端密集成伞房状。花黄色。瘦果，有乳头状突起，冠毛黄白色（图版8-34）。

8.多茎鼠麴草

【学名】*Gnaphalium polycaulon* Pers.

【识别特征】一年生阔叶杂草，草本。除子叶外全株被白色绵毛。子叶小，近圆形，暗紫色，无柄。茎匍匐或直立，基部多分枝，密被白色绵毛。叶互生，稍抱茎，全缘。头状花序多数，在茎、枝顶端或上部叶腋密集成穗状或圆锥状，无梗。小花淡黄色。瘦果，有乳突，冠毛白色（图版8-35）。

9.马齿苋

【学名】*Portulaca oleracea* L.

【别名】马菜、马苋菜、五行草、长命菜、麻绳菜等

【识别特征】一年生阔叶杂草，草本。子叶椭圆形或卵形，无明显叶脉，稍肥厚，带红色，具短柄。初生叶2片，对生，仅见1条中脉。全株无毛。茎平卧或斜倚，伏地铺散，多分枝，圆柱形。叶互生，有时近对生，叶片扁平，肥厚，倒卵形，全缘，上面暗绿色，下面淡绿色或带暗红色；叶柄粗短。花无梗，常3—5朵簇生枝端，黄色。蒴果卵球形，盖裂。种子细小，多数，黑褐色，有光泽，具小疣状凸起（图版8-36）。

10.龙葵

【学名】*Solanum nigrum* L.

【别名】野海椒、石海椒

【识别特征】一年生阔叶杂草，草本。子叶阔卵形，缘生混杂毛。初生叶1片，有明显羽状脉和密生短柔毛。直立，茎无棱或棱不明显，多分枝。叶卵形，先端短尖，基部楔形至阔楔形而下延至叶柄，全缘或每边具不规则的波状粗齿，光滑或两面均被稀疏短柔毛。蝎尾状花序腋外生，有花3—6（10）朵，白色。萼杯状，绿色，5浅裂。浆果球形，熟时黑色。种子扁平，近卵形（图版8-37）。

11.苦蘵

【学名】*Physalis angulata* L.

【识别特征】一年生阔叶杂草，草本。全体近无毛或仅生稀疏短柔毛。无根状茎，茎直立，多分枝，分枝纤细。叶卵形至卵状椭圆形，全缘或有不等大的牙齿。单花腋生。花梗被短柔毛；花冠淡黄色，喉部常有紫色斑纹；花药蓝紫色。浆果球形；种子肾形或近卵圆形，两侧扁平，淡棕褐色，表面具细网状纹，网孔密而深（图版8-38）。

12.小酸浆

【学名】*Physalis minima* L.

【别名】灯笼草、灯笼泡、天泡草

【识别特征】一年生阔叶杂草，草本。根细瘦。茎短缩，顶端多二歧分枝，分枝披散而卧于地上或斜升，被短柔毛。叶卵形或卵状披针形，全缘而波状或有少数粗齿，两面脉上有柔毛。花具细弱的花梗，花梗长约5 mm，生短柔毛；花萼钟状，裂片5片，三角形；花冠黄色，花药白色。果柄细，俯垂。果萼近球形或卵球形，浆果，球形（图版8-39）。

13.铁苋菜

【学名】*Acalypha australis* L.

【别名】海蚌含珠、蚌壳草

【识别特征】一年生阔叶杂草，草本。幼苗除子叶外全株被毛。子叶近圆形，全缘，具长柄。初生叶2片，卵形，边缘有钝齿。成株茎直立，有棱，被毛。叶互生，有长柄。叶片卵状披针形，先端尖，基部楔形，边缘有钝齿。托叶披针形。花序腋生，稀顶生，雌雄同序，无花瓣。雄花生于花序上端，穗状，紫红色，花萼4裂，雄蕊8。雌花在下，生于叶状苞片内，苞片开时三角状卵形，合时如蚌，缘有齿。蒴果钝三角形，表面有毛。种子卵形（图版8-40）。

14. 叶下珠

【学名】*Phyllanthus urinaria* L.

【别名】珠仔草、假油甘、叶后珠

【识别特征】一年生阔叶杂草，草本。茎直立，基部多分枝，带紫红色，具纵棱。叶片长圆形或倒卵形，羽状排列。花雌雄同株，雄花2—4簇生于叶腋，雌花单生于小枝中下部叶腋内。蒴果圆球状，2列着生于叶下（图版8-41）。

15.地锦草

【学名】*Euphorbia humifusa* Willd. ex Schlecht.

【别名】铺地锦。

【识别特征】一年生阔叶杂草，草本。子叶矩圆形，具短柄。初生叶2，倒卵形，顶端叶缘有细齿，无毛。成株茎纤细、匍匐，基部分枝，红紫色。叶对生。叶片矩圆形，长5—10 mm，先端钝圆，基部偏斜，边缘具齿。杯状聚伞花序单生于分枝的叶腋。总苞倒圆锥形，浅红色，顶端4裂，裂片膜质，长三角形，其间有腺体4个，扁矩圆形，具白色花瓣状附属物。蒴果三棱状球形，径约2 mm。种子卵形，长约1 mm，黑褐色，被白色蜡粉（图版8-42）。

16.荠

【学名】*Capsella bursa-pastoris* Medic.

【别名】荠菜、吉吉菜

【识别特征】越年生阔叶杂草，草本。子叶椭圆形，先端圆，基部渐窄至柄。初生叶1，卵形，叶片和叶柄均被贴生的星状毛。成株茎直立，有分枝。基生叶莲座状，大头羽裂，具长柄。茎生叶披针形，抱茎，边缘有缺刻或锯齿。基生叶有柄。茎生叶无柄，长圆状卵形至披针形，边缘具细齿，基部延伸成耳状半抱茎。茎叶疏生单硬毛和星状毛。总状花序顶生或腋生，花瓣4，白色。短角果，扁平，先端微凹。种子2行，长椭圆形，淡褐色（图版8-43）。

17.雾水葛

【学名】*Ponzolzia zeylanica*（L.）Benn.

【识别特征】多年生阔叶杂草，草本。茎有钝棱，被多数白色横出直生毛，多分枝，分枝自下部叶腋间开始发生，可多级分枝。叶对生，卵形或宽卵形，全缘，两面有疏伏毛。花小，多4—10朵呈团伞状簇生于茎枝的叶腋处，但不形成聚伞花序。瘦果卵球形（图版8-44）。

18.蚤缀

【学名】*Arenaria serpyllifolia* L.

【别名】鹅不食草

【识别特征】一年生或越年生阔叶杂草，草本。幼苗矮小，细弱。子叶出土，阔卵形，先端钝尖，叶基近圆形，具长柄，光滑无毛。下胚轴细长，上胚轴短，具有短柔毛。初生叶2，阔卵形，先端突尖，叶基圆形，有长叶柄，两柄基部连合微抱茎，叶上均被有疏生短柔毛。后生叶和初生叶相似。茎簇生，二歧分枝，密被白色短柔毛。叶对生，叶片卵形，无柄，先端渐尖，基部抱茎，两面疏生柔毛。聚伞花序疏生枝端。苞片叶状，小形。花梗细，密生柔毛或腺毛。萼片5，披针形，有3脉，被短柔毛。花瓣5。倒卵形，白色，较萼片短。子房卵形，花柱3。蒴果卵形，与萼片近等长。种子肾形，淡褐色，表面粗糙（图版8-45）。

19.藜

【学名】*Chenopodium album* L.

【别名】灰灰菜

【识别特征】一年生阔叶杂草，草本。幼苗灰绿色，全株布满白色粉粒。子叶长椭圆形，肉质，具柄，初生叶1，三角状卵形。成株茎直立，多分枝，有棱及条纹。叶互生，有长柄，叶片棱状卵形，下面被粉粒。圆锥花序有多数花簇聚合而成。花两性。胞果完全包于花被内或稍露，果皮及种子贴伏。种子双凸状，黑色，有光泽，具浅沟纹（图版8-46）。

20.小藜

【学名】*Chenopodium serotinum* L.

【别名】小灰灰菜

【识别特征】一年生阔叶杂草，草本。子叶条形，肉质，具短柄，初生叶2，条状，基部楔形，全缘，下面紫红色，具短柄。成株茎直立，分枝，有条纹，幼茎常被粉粒。叶互生，长圆形，边缘具波状齿。中下部叶片基部有2个裂片，两面疏生粉粒。花序穗状或圆锥状。花两性。胞果包于花被内，果皮膜质与种子贴生。种子双凸状，黑色，有光泽，表面具六角形细洼（图版8-47）。

21.通泉草

【学名】*Mazus pumilus*（Burm.f）V.Steenis

【别名】花花草

【识别特征】一年生或越年生阔叶杂草，草本。子叶近圆形或阔卵形，先端钝尖，基部圆形，有柄。初生叶1，卵圆形，具柄。成株茎直立或斜升，自基部多分枝。基生叶莲座状，倒卵状匙形，全缘或具疏齿，基部楔形，下延成带翅的柄，早落。茎生叶对生或互生，近似基生叶。总状花序顶生，花梗长，稀疏。花冠淡紫色或蓝色。蒴果球形，无毛，与萼筒平。种子小，多数，黄色（图版8-48）。

22.打碗花

【学名】*Calystegia hederacea* Wall.

【别名】面根藤、打碗碗花

【识别特征】多年生阔叶杂草，藤本。初生叶1，基部稍耳状，叶脉明显。茎缠绕，自基部分枝。叶互生，具长柄。基部叶近椭圆形，中、上部呈三角状戟形，3裂，侧裂片开展，中裂片长圆状披针形。花单生于叶腋。花梗与叶片等长，具细棱。花冠漏斗状，粉红色。蒴果卵圆形，种子倒卵形，黑褐色，表面有小瘤突（图版8-49）。

23.酢浆草

【学名】*Oxalis corniculata* L.

【别名】酸浆草

【识别特征】多年生阔叶杂草，草本。子叶椭圆形，全缘，叶柄短。初生叶1，掌状三出复叶，小叶倒心形，先端微凹，具长柄。叶缘及柄有柔毛。成株根茎细弱。茎平卧。节上生不定根。三出复叶，互生。小叶倒心形。叶柄长，基部有关节。托叶小而明显，与叶柄贴生。伞形花序，腋生，有花1至数朵。花黄色。花瓣5，长圆状倒卵形，先端微凹。蒴果圆柱形，有5棱。种子多数，长圆状卵形，扁平，红褐色（图版8-50）。

24.青葙

【学名】*Celosia argentea* L.

【别名】野鸡冠花、鸡冠花、百日红等

【识别特征】一年生阔叶杂草，草本。全株无毛，茎直立，有分枝，绿色或红色，具显明条纹。叶片矩圆披针形，绿色常带红色，顶端急尖或渐尖，具小芒尖。花多数，密生，在茎端或枝端成单一、无分枝的塔状或圆柱状穗状花序。花被片矩圆状披针形，初为白色顶端带红色，或全部粉红色，后成白色顶端渐尖，具1中脉，在背面凸起。胞果卵形，长3—3.5 mm包裹在宿存花被片内。种子黑色，凸透镜状肾形，直径约1.5 mm（图版8-51）。

三、花生田杂草综合防治技术

杂草防除是将杂草对人类生产和经济活动的有害性减低到人们能够承受的范围之内，并非消灭杂草。从经济学和生态学上讲，“除草务尽”既没有必要也不可能。预防措施是杂草防除中重要的和首要的一环，物理防治、农业治草和化学防治等也是花生田常用的除草方式。各地需要在“预防为主、综合防治”的前提下，综合运用各种适宜的防治方法，才能真正积极、安全、有效的控制杂草，保障花生优质生产。

（一）预防措施

防止杂草种子入侵农田是最现实和最经济有效的措施。避免杂草种子进入农田可从以下几个方面着手：①精选种子：在加强杂草种子检疫基础上，努力抓好播前选种，保证种子质量；②减少秸秆直接还田：大量采用秸秆还田或收获时留高茬，易把大量杂草种子留在田间，应提倡将秸秆堆制腐熟后再施入田间；③施用腐熟的有机肥：有机肥料种类多、组成复杂，往往掺杂有大量的杂草种子，经腐熟的有机肥不仅绝大多数杂草种子丧失萌发能力，还能大大提高肥力；④清理田边、地头杂草：在产生种子之前及时清除田边、路边、水渠边杂草，可大大减少杂草种子通过灌溉水、翻耕等方式进入农田。

（二）物理防治

人工除草：人工拔除、刈割、锄草等措施是一种最原始、最简便的除草方法，对作物和环境安全，无污染，但是费工、费时，劳动强度大，除草效率低。

机械除草：除草机械的出现大大提高了劳动效率。除草机械主要包括直接用于除草的中耕除草机、耕翻兼具除草效果的耕翻机械、三合一（中耕松土、机械除草和化学除草）的除草施药机。机械除草除进行常规的中耕除草之外，还可进行深耕灭草、播前封闭除草、出苗后耕草、苗间除草、行间中耕除草等，在作业方式上灵活多样，在绝大多数作物田都可应用。但是，由于机械轮子碾压土地，易造成土壤板结，影响作物根系的生长发育，且对作物种植和行距规格及操作驾驶技术要求较严，因而机械除草多用于大型农场或大面积田块中。

薄膜抑草：花生生产中使用较多的常规无色薄膜覆盖主要是保湿、增温，能部分抑制杂草的生长发育。近年来，生产上采用有色薄膜覆盖，不仅能有效抑制刚刚出土的杂草幼苗生长，而且通过有色膜的遮光能极大地削弱已有一定生长龄的杂草的光合作用，能有效地控抑或杀灭杂草。除草剂药膜则是将除草剂按一定的有效成分溶解后均匀涂压或者喷涂至塑料薄膜的一面，药膜上的药剂在一定湿度条件下，与水滴一起转移到土壤表面或者下渗至一定深度形成药层，发挥除草作用。花生田可以使用含乙草胺、甲草胺、异丙甲草胺等除草剂的药膜。

（三）农业防治

轮作治草：通过轮作能有效地防止或减少伴生性杂草。轮作可分为水旱轮作和旱作轮作两种方式。水旱轮作通过急剧改变土壤水分、理化性状等，改变杂草的适生环境，从而减少杂草的发生。旱作轮作主要通过改变作物与杂草间的作用关系或人为打破杂草传播生长、繁殖危害的连续环节，达到控制杂草的目的。例如玉米和花生轮作，即禾本科作物与阔叶作物轮作，玉米田阔叶杂草易于防除，花生田禾本科杂草易于防除，可相互补充。

耕作治草：借助土壤耕作的各种措施，在不同时期、不同程度上消灭杂草幼芽、植株或切断多年生杂草的营养繁殖器官，进而有效治理杂草。多数的花生田以一年生杂草为主，浅旋灭茬为宜，也可采用“间歇耕法”，即立足于免耕、隔几年进行一次深耕。

覆盖治草：利用有生命的覆盖物（如花生群体、其他种植的作物）或无生命的覆盖物（如秸秆、稻壳、腐熟的有机肥等）在一定的时间内遮盖地表，可以阻挡杂草的萌发和生长。选择合理的种植方式、选用优质种子、适时播种、合理密植等措施，有利于提高花生群体的竞争优势，从而达到抑制杂草的目的。秸秆和有机肥等覆盖的优点很多，如保温、保湿、增加土壤有机质含量、抑制杂草生长等，但也存在一定的缺陷，例如其中易掺杂大量杂草种子，因此最好将秸秆、有机肥等覆盖物沤制发酵腐熟之后再使用。

（四）化学防治

化学防治是一种应用化学药物（除草剂）有效治理杂草的快捷方法。它作为现代化的除草手段在杂草的治理中发挥了巨大的作用。截至2020年8月，在我国登记的花生田除草剂产品共320个，包含有效成分（或复配配方）44种（表8-1）。24种单剂产品中，登记产品数最多的为乙草胺（66个），精喹禾灵、高效氟吡甲禾灵和异丙甲草胺产品也较多（表8-2）。二元复配产品中，含有乙草胺成分的产品依然最多，主要为乙草胺·扑草净、乙草胺·噁草酮、乙草胺·乙氧氟草醚、乙草胺·噻吩磺隆等。此外，由于甲咪唑烟酸、氟磺胺草醚均为长残留除草剂，易对花生后茬敏感作物产生药害，在四川地区不推荐使用含有这两种成分的单剂和复配制剂。

根据杂草综合防治原则，以选用土壤处理剂比较适合，其优点是防除杂草于萌芽期和造成危害之前，可减少杂草对花生的竞争，危害可降低到最低限度。若苗前土壤处理防除效果不理想，可于苗后用茎叶处理剂补救。

表8-1　已登记的花生田除草剂不同类型产品汇总

		土壤处理剂		茎叶处理剂	
		有效成分种数	产品数量	有效成分种数	产品数量
剂型	单剂	13	133	11	117
	2元复配	12	57	6	11
	3元复配	2	2	0	0
防除对象	仅防治禾本科杂草	0	0	5	80
	仅防治阔叶杂草	2	9	4	23
	防治一年生杂草	25	183	8	25

表8-2　24种单剂信息汇总

农药名称	含量与剂型	登记产品数
丙炔氟草胺	50%可湿性粉剂	4
噁草酮	250 g/L乳油、26%乳油	7
二甲戊灵	330 g/L（或33%）乳油、450 g/L微囊悬浮剂	7
氟磺胺草醚	10%乳油、12.8%微乳剂、250 g/L水剂、75%水分散粒剂	4
氟乐灵	480 g/L乳油	1
高效氟吡甲禾灵	108 g/L（或10.8%）乳油、48%乳油、17%微乳剂	25
甲草胺	43%乳油	1
甲咪唑烟酸	240 g/L水剂	9
甲咪唑烟酸铵（胺）盐	240 g/L水剂	2
精吡氟禾草灵	150 g/L（或15%）乳油	5
精噁唑禾草灵	69 g/L水乳剂、80.5 g/L乳油、100 g/L（或10%）乳油	6
精喹禾灵	50 g/L（或5%）乳油、8.8%乳油、10%乳油、15%乳油、20%乳油	40
精异丙甲草胺	960 g/L乳油、45%微囊悬浮剂	10
灭草松	25%水剂、480 g/L水剂	5
扑草净	40%可湿性粉剂、50%可湿性粉剂、50%悬浮剂	8
乳氟禾草灵	240 g/L乳油	8
噻吩磺隆	15%可湿性粉剂	1

续表8-2

农药名称	含量与剂型	登记产品数
烯禾啶	12.5%乳油、20%乳油	4
乙草胺	50%乳油、81.5%乳油、89%乳油、900g/L乳油、90.5%乳油、40%水乳剂、48%水乳剂、50%水乳剂、900 g/L水乳剂、50%微乳剂	66
乙羧氟草醚	10%乳油、20%乳油、10%微乳剂	9
乙氧氟草醚	240 g/L（或24%）乳油	2
异丙草胺	720 g/L乳油	1
异丙甲草胺	720 g/L（或72%）乳油、960 g/L乳油、50%水乳剂	21
仲丁灵	48%乳油	4

1.土壤处理

土壤处理是在杂草未出苗前，将除草剂喷洒于土壤表层或喷洒后通过混土操作将除草剂拌入土壤中，建立起一个除草剂封闭层，也称土壤封闭处理。除草剂土壤处理除了利用生理生化选择性之外，也利用时差或位差选择性除草保苗。土壤处理除草剂施药时种子要盖好土，不能露籽；施药后田间土壤湿度不能太高，有积水或淹水容易出药害。

（1）乙草胺：

【通用名称】acetochlor

【加工剂型】900 g/L乳油、50%乳油、40%水乳剂，等。

【药剂特点】酰胺类内吸传导型芽前除草剂。敏感植物主要是通过胚芽鞘（单子叶植物）或下胚轴（双子叶植物）吸收药剂，吸收后向上传导。乙草胺主要通过阻止蛋白质的合成而抑制细胞生长，使杂草幼芽、幼根生长停止，进而死亡。禾本科杂草吸收乙草胺的能力比阔叶杂草强，所以防除禾本科杂草的效果优于阔叶杂草。

【防除对象】对一年生禾本科杂草防效好，对部分阔叶杂草也有一定的防效，对多年生杂草无效。

【使用技术】在整地、播种花生后，每公顷用900 g/L乙草胺乳油1 200—1 500 ml，兑水后喷雾使用。

【注意事项】①本品只对萌芽出土前的杂草有效，只能作土壤处理剂使用；②低温、高湿或超量使用易出现药害症状。

（2）异丙甲草胺：

【通用名称】metolachlor

【加工剂型】720 g/L（或72%）乳油、960 g/L乳油、50%水乳剂。

【药剂特点】酰胺类内吸传导型芽前除草剂。药剂被敏感杂草的幼芽吸收后，主要抑制发芽种子的蛋白质合成，其次抑制胆碱渗入磷脂、干扰卵磷脂形成，造成杂草的幼芽和根停止生长，最终死亡。由于禾本科杂草幼芽吸收异丙甲草胺的能力比阔叶杂草强，因而该药防除禾本科杂草的效果远远好于阔叶杂草。

【防除对象】对一年生禾本科杂草防效较好，对阔叶杂草和碎米莎草也有一定的防效。

【使用技术】在整地、播种花生后，每公顷用72%异丙甲草胺乳油1 500—2 250 ml，兑水后喷雾使用。

【注意事项】异丙甲草胺对萌发而未出土的杂草有效，对已出土的杂草无效。

（3）精异丙甲草胺：

【通用名称】s-metolachlor

【加工剂型】960 g/L乳油

【药剂特点】精异丙甲草胺是异丙甲草胺的S活性异构体，二者的药剂特点、防除对象和注意事项均相同，但精异丙甲草胺的杀草活性和对作物的安全性更高。

【使用技术】在整地、播种花生后，每公顷用960 g/L精异丙甲草胺乳油600—1 125 ml，兑水后喷雾使用。

（4）二甲戊灵：

【通用名称】pendimethalin

【加工剂型】330 g/L（或33%）乳油、450 g/L微囊悬浮剂。

【药剂特点】苯胺类除草剂，是具有局部内吸性的触杀型药剂，芽前和芽后早期均可使用。药剂被幼芽、茎和幼根吸收后，与微管蛋白结合，抑制植物细胞有丝分裂，从而造成杂草死亡。

【防除对象】对禾本科杂草的防除效果优于阔叶杂草，对一年生莎草科杂草有一定的防效，对多年生杂草效果差。

【使用技术】在整地、播种花生后，每公顷用450 g/L二甲戊灵微囊悬浮剂1 650—2 250 g，兑水后喷雾使用。

【注意事项】①每季作物最多使用1次。③对甜瓜、甜菜、西瓜、菠菜等作物易产生药害，施药时注意药剂飘移问题。

（5）扑草净：

【通用名称】prometryn

【加工剂型】50%可湿性粉剂、40%可湿性粉剂、50%悬浮剂。

【药剂特点】均三嗪类内吸选择性除草剂。可从根部吸收，也可从茎叶渗入体内，运输至叶片抑制杂草光合作用，受害杂草失绿、逐渐干枯死亡。

【防除对象】一年生阔叶杂草。

【使用技术】在整地、播种花生后，每公顷用50%扑草净可湿性粉剂1 500—2 250 g，兑水后喷雾使用。

【注意事项】①严格掌握施药量和施药时间，否则易产生药害。②有机质含量低的沙质和土壤，容易产生药害，不宜使用。

（6）丙炔氟草胺：

【通用名称】flumioxazin

【加工剂型】50%可湿性粉剂。

【药剂特点】环酰亚胺类触杀型、选择性除草剂。用其处理土壤表层后，在土壤表面形成处理层，杂草发芽时，幼苗接触药剂处理层就枯死。茎叶处理时，可被植物的幼芽和叶片吸收，在植物体内进行传导，在敏感杂草叶面作用迅速，引起原卟啉积累，使细胞膜脂质过氧化作用增强，从而导致敏感杂草的细胞膜结构和细胞功能不可逆损害。阳光和氧是除草活性必不可少的条件。

【防除对象】一年生阔叶杂草和禾本科杂草，对阔叶杂草防效优于禾本科杂草。【使用技术】在整地、播种花生后，每亩用50%丙炔氟草胺可湿性粉剂90—120 g，兑水450—600 kg喷雾使用。

【注意事项】①土壤干燥影响药效，应先灌水后播种再施药。②禾本科杂草和阔叶杂草混生的地区，应与防除禾本科杂草的除草混合使用，效果会更好。

（7）噁草酮：

【通用名称】oxadiazon

【加工剂型】250 g/L乳油、26%乳油。

【药剂特点】含氮杂环类选择性芽前、芽后除草剂，在光的作用下能够发挥除草活性，通过植物幼芽、根和茎叶吸收，使其停止生长，进而腐烂死亡。杂草自萌芽至2—3叶期均对该药敏感，以萌芽期施药效果最好，随杂草长大效果下降。

【防除对象】一年生禾本科杂草、阔叶杂草和莎草科杂草。

【使用技术】在整地、播种花生后，每公顷用250 g/L噁草酮乳油1 500—2 100 ml，兑水后喷雾施用。

2.茎叶处理

茎叶处理是将除草剂药液均匀喷洒于已出苗的杂草茎叶上。茎叶处理除草剂的选择性主要是通过形态结构和生理生化选择来实现除草保苗。

（1）高效氟吡甲禾灵：

【通用名称】haloxyfop-r-methyl

【加工剂型】108 g/L（或10.8%）乳油、48%乳油、17%微乳剂。

【药剂特点】芳氧苯氧羧酸类内吸传导型茎叶处理剂。药剂被敏感植物的叶片吸收后，传导至整个植株，抑制植物分生组织生长，从而杀死杂草。高效氟吡甲禾灵对禾本科杂草具有很好的防除效果，正常情况下使用对各种阔叶作物高度安全。与乙羧氟草醚复配可扩大杀草谱。

【防除对象】一年生和多年生禾本科杂草，对阔叶杂草和莎草科杂草无效。

【使用技术】杂草3—5叶期时，每公顷用108 g/L高效氟吡甲禾灵乳油375—450 ml，兑水后对杂草喷雾处理。

【注意事项】①下雨前4小时内或大风天，不可施药，避免药剂飘移至禾本科作物田。②本品不可与呈碱性的农药等物质混合使用。

（2）精喹禾灵：

【通用名称】quizalofop-P

【加工剂型】50 g/L（或5%）乳油、8.8%乳油、10%乳油、15%乳油、20%乳油。

【药剂特点】芳氧羧酸类内吸传导型苗后除草剂，对禾本科杂草具有很好的防效，药剂被敏感杂草吸收后抑制细胞脂肪酸合成，造成杂草坏死。与本品类似的登记药剂还有精噁唑禾草灵和精吡氟禾草灵。

【防除对象】一年生和多年生禾本科杂草，对阔叶杂草和莎草科杂草无效。

【使用技术】杂草3—5叶期时，每公顷用10%精喹禾灵乳油487.5—600 ml，兑水后对杂草喷雾处理。

（3）灭草松：

【通用名称】bentazone

【加工剂型】480 g/L水剂、25%水剂。

【药剂特点】杂环类选择性、触杀型苗后除草剂。旱田使用时，通过叶片渗透传导到叶绿体内抑制光合作用；水田使用时，还能通过根系吸收，传导到茎叶，阻碍杂草光合作用和水分代谢，使其生理机能失调而致死。

【防除对象】阔叶杂草和莎草科杂草，对禾本科杂草无效。

【使用技术】杂草2—6叶期时，每亩用480 g/L灭草松水剂2 250—3 000 ml，兑水后对杂草喷雾处理。

【注意事项】①高温、晴朗的天气有利与药效的发挥，故应尽量选择高温晴天施药。②因本品以触杀作用为主，喷药时必须充分湿润杂草茎叶。③本品对阔叶蔬菜等作物较敏感，施药时应避免漂移。

（4）乙羧氟草醚：

【通用名称】fluoroglycofen

【加工剂型】10%乳油、20%乳油、10%微乳剂。

【药剂特点】二苯醚类选择性、触杀型苗后除草剂。在光照条件下发挥除草活性。敏感杂草吸收药剂后，原卟啉氧化酶受抑，细胞膜消失引起细胞内含物渗漏。

虽然该药剂芽前施用对敏感的双子叶杂草也有一定活性，但剂量必须高于芽后剂量的2—10倍。该药剂防除窄叶或多年生杂草无效。

【防除对象】一年生阔叶杂草，特别是对马齿苋防效好。

【使用技术】杂草2—6叶期时，每公顷用20%乙羧氟草醚乳油300—450 ml，兑水后对杂草喷雾处理。

【注意事项】晴天施药利于药效发挥，但气温过高或在作物上局部触药过多时，作物上会产生不同程度的灼伤斑，10—15天后可恢复。

（5）乳氟禾草灵：

【通用名称】lactofen

【加工剂型】240 g/L乳油。

【药剂特点】二苯醚类选择性苗后除草剂。敏感杂草通过茎叶吸收药剂后，在体内进行有限的传导，在光照条件下，杂草细胞膜被破坏导致细胞内含物渗漏，最终死亡。

【防除对象】一年生阔叶杂草，对禾本科杂草无效。

【使用技术】杂草2—4叶期时，每公顷用24%乳氟禾草灵乳油345—450 ml，兑水后对杂草喷雾处理。

【注意事项】施药后，作物叶片上会产生接触性药害斑，10—15天后可恢复。

3.化学防除注意事项

（1）一般土壤墒情好、整地精细的地块宜采取苗前封闭除草，干旱、整地差的地块可选择苗后茎叶除草。根据田间优势杂草的种类，选择合适的除草剂。不同的年份，除草剂应轮换使用，避免抗药性产生。

（2）除草剂要在某种花生品种上大面积应用前应先做安全性（敏感性）试验，确认安全后使用。

（3）严格遵守农药安全使用规范，按说明书中规定的使用剂量、施药时期等执行。将药剂稀释均匀，使用扇形喷嘴施药。喷头离靶标距离不超过40 cm，要求喷雾均匀、不漏喷、不重喷。人工背负式喷雾器喷施茎叶处理除草剂加水量一般为每公顷用300—450 L，土壤处理除草剂一般为每公顷加水450—750 L，不推荐机动弥雾机喷施除草剂。喷雾器具在使用后要清洗干净。

第九章 四川花生的栽培制度

第一节 四川花生产区主要栽培制度及发展

一、影响花生栽培制度的主要因素

栽培制度是各花生产区广大农民及科技工作者根据当地的自然条件、生产条件、人民生活及市场需求，通过多年的生产实践形成的，且随着生产条件和市场需求的改变而有所发展和变化。合理的栽培制度既能充分利用光、热、土地资源，提高单位面积的总产量和总效益，又可培养地力，保护生态环境，使花生及其他作物生产持续发展。目前四川花生的栽培制度主要为一年一熟、两年三熟和一年两熟制，并通过轮作、间作和套作等栽培模式实施。各种栽培制度中均有若干不同的栽培模式，各种模式均有其独自的特点，在四川省的花生生产中均发挥了一定的作用。

（一）气候

由于花生生产对自然地理条件有极大的依赖性，所以气候条件是影响花生栽培制度的主要因素。

花生生长发育需要充足的光照、适宜的温度、适量的降水，这些气候因素直接影响着花生的分布区域和生育时间。特别是温度，在一定的温度范围内，低温抑制花生的生长发育，高温促进花生的生长发育。花生种子发芽的最低温度为12℃，最适温度为25—37℃，超过37℃发芽率速度降低。花生播种时，若5 cm土层地温低于12℃，如持续时间较短，则发芽出苗受到影响，出苗时间延迟；如持续时间较长，则会造成烂种。花生出苗后苗期长短与温度关系也很大，在无霜期短、积温少的地区，首先要考虑花生从播种到收获，能否顺利完成各个生育阶段的生长发育。在我国的东北地区、华北北部、云贵高原、黄土高原、西北地区，气温较低，年积温低于3 500℃，栽培制度多为一年一熟制。在黄淮平原、陕豫晋盆地、四川盆地等地区，气候温和，年积温在3 500℃以上，栽培制度多为两年三熟制。在长江下游、东南沿海地区，气温较高，年积温在5 000℃以上，栽培制度多为一年两熟制，部分一年三熟或两年五熟制。四川花生产区栽培制度主要为一年一熟制，但在四川攀西地区的金沙江流域或安宁河谷，因冬季气温高，无霜期长或没有霜，可实现一年两熟。

（二）土壤及降雨

土壤质地、土壤肥力、土壤pH值等，均直接影响花生及其轮作作物的生长发育，从而影响花生的栽培制度。花生属于抗旱、耐瘠、耐酸作物。土层浅的砂砾地、土质差的砂地、pH值低于6.0的酸性土，种植小麦、玉米等禾本科作物将发育不良，产量很低，只能种植花生，这种类型土壤，多数情况只能采用一年一熟制。土层深厚、土壤肥沃、土质疏松的壤土和砂壤土，种植小麦、玉米等禾本科作物及棉花、蔬菜等作物发育良好，种植花生也可获得高产，这种类型土壤，只要气候条件允许，多数情况采用两年三熟或一年两熟、三熟制。在四川攀西地区，河坝地因为可以灌溉，一年可以两熟甚至三熟，但是坡地每年只有6—9月的雨季会降雨，其他时间基本无降雨，所以需要等到6月以后才能播种，因此只能采用一年一熟制。

（三）品种

任何一种栽培制度都必须配套相适应的作物品种，花生品种的生态及形态特性均直接影响着栽培制度的制定及实施。花生不同生态类型品种的生育期及所需积温有显著的差异。据全国20个单位（南起北纬22°49′的南宁，北至北纬46°25′的泰来，东自东经124°26′的呼兰，西至东经88°38′的托克逊）参加的花生品种资源生态分类和引种规律的研究结果表明，多粒型品种生育期122—136天，总积温(3 005.68±217.8)℃；珍珠豆型品种生育期126—127天，总积温(3 147.12±263.16)℃；中间型品种生育期130—146天，总积温(3 261.5±271.27)℃；龙生型品种生育期152—156天，总积温(3 562.96±204)℃；普通型品种生育期155—160天，总积温(3 596.15±143.05)℃。所以，在温带和暖温带地区，若种植生育期长、株型松散、分枝较多的晚熟花生品种只能采用一年一熟制，若种植生育期较短、株型紧凑、分枝较少的早中熟花生品种，则可采用两年三熟或一年两熟制。

（四）栽培技术

栽培技术的变革和进步为花生栽培制度的改革创造了条件。比如旱薄地土壤改良技术，既大幅度提高了花生产量，又为小麦、玉米等禾本科作物的生育创造了条件；地膜覆盖栽培技术，提高了地温，使春花生播种期提早15—20天，提早收获15天左右；花生与其他作物的间作、套作等复种技术，充分利用了光、热、土地资源。这些栽培技术的变革和创新，均促进了花生栽培制度的改革和发展。

（五）市场需求

市场需求的变化，必然导致种植结构的调整，种植结构的调整，势必影响栽培制度的改革。随着我国由计划经济向市场经济体制的转变，传统农业逐渐向现代农业发展，农业生产受市场供求变化的影响越来越大。如随着我国食用油脂的短缺和我国生产的花生仁及花生制品在国际市场的比较优势，我国花生的种植面积不断扩大，从而导致粮油争地的矛盾更加突出，要解决这一矛盾，必须改革栽培制度。

二、四川主要花生产区栽培制度的发展

1949年中华人民共和国成立之后至今70年来，我国花生的栽培制度，随着农田基本条件的改变，栽培技术的创新，早、中熟高产品种的选育及推广，有了很大的变化和发展。全国花生种植面积和单产水平都有较大的提高，这与栽培制度的发展密不可分。主要表现在这几个方面：一熟制向多熟制发展；单作向间套、复种发展；连作面积有扩大的趋势。四川花生栽培制度与全国有一定的差别，主要表现如下。

（一）2000年以前的情况

2000年以前，四川花生产区栽培制度主要有三种，其中春播花生约占16%、麦套花生约占44%、小春茬口夏播花生约占40%。

1.春播花生

四川春播花生包括甘薯（红薯）茬口休闲地花生、甘蔗茬口休闲地花生、早春蔬菜茬口花生和幼龄果（经济林木）园间作花生。播种期在3月中旬到4月中旬。甘薯茬口休闲地很瘠薄，甘蔗茬口地一般连作了三年甘蔗，地力消耗大、地下害虫也很重，这两种春播花生的产量与栽培技术关系密切相关，若施肥太少、地下害虫防治差，则单产较低。早春蔬菜茬口春播花生，不仅播种早，且土层深厚、肥力较高、宜耕性好，花生单产一般在4 500 kg/hm^{2}左右、高产栽培可达6 000 kg/hm^{2}以上。

2.麦套花生

四川麦套花生有四种方式，以小行麦套花生、宽行麦套花生为主，有少部分带状间作麦套花生和分带轮作麦套花生。小行麦套花生带距40—50 cm，种1行小麦，行间套种1行花生，花生套种在麦收前20—25天播种，花生播种后苗期荫蔽

较重，导致早播不能早发。宽行麦套花生带距80—83 cm，种1—2行小麦，预留行套种2行花生，花生套种期在麦收前30 d左右，花生播种后出苗期和幼苗期荫蔽较小，管理也较方便，是四川麦套花生中较好的方式。带状间作麦套花生又称宽幅麦套花生，带距166 cm，其中83 cm种小麦、83 cm预留行套种2行花生，花生播种期在麦收前30—35天，小麦收后栽甘薯或种大豆，或种夏播花生。分带轮作麦套花生，带距332 cm，其中166 cm种植小麦，166 cm预留行冬季间作蔬菜，春季蔬菜收获后套种2垄4行花生，小麦收后种植夏玉米，或夏花生，或大豆，或甘薯；花生带冬季播种小麦，原小麦带种植蔬菜，次年蔬菜收获后套种2垄4行花生。带状间作麦套花生和分带轮作麦套花生又称“麦花苕”“麦花豆”“麦花花”“麦花玉”种植模式，四种模式的产值高低顺序是麦花花＞麦花豆＞麦花玉＞麦花苕。

3.夏播花生

四川夏播花生主要是油菜茬口和麦类茬口花生，也有部分豌豆、蚕豆茬口花生。油菜、大麦、豌豆、蚕豆茬口花生的播种期在5月上旬至中旬，小麦茬口花生的播种期在5月中旬至下旬。四川夏播花生的产量受气候影响很大，在气候正常年份产量较高，在夏旱、伏旱严重年份产量较低，在秋涝年份收获晾晒损失大。总体来看，夏播花生风险较大，产量低且不稳定。

4.晚夏早秋花生

四川在20世纪50年代就针对晚夏早秋花生做了栽培研究。晚夏早秋花生在品种上需选择生育期短的特早熟高产品种，在播期上播种越早产量越高，越晚产量越低。1957年秋花生试验，品种选用熟性早或较早的南充扯兜子、伏花生、罗江鸡窝，7月1—31日进行分期播种，7月1日播种产量达2 250.0—2 625.0 kg/hm^2，7月11日播种产量达1 875.0—2 287.5 kg/hm^2，7月21日播种产量为1 237.5—1 425.0 kg/hm^2，7月31日播种产量仅787.5—1 012.5 kg/hm^2；春玉米套种的晚夏播花生，6月26日玉米收获前24天套种花生产量达2 178.8 kg/hm^2，7月4日玉米收获前16天套种花生产量为2 229.8 kg/hm^2，7月12日玉米收前8天套种产量为2 143.5 kg/hm^2，7月20日玉米收后播种产量为1 734.0 kg/hm^2。由此可看出晚夏播花生随着播种时间的推迟产量下降。1997—1998年，南充市顺庆区、嘉陵区选用特早熟品种天府10号，在地膜花生、早玉米收获后种植秋花生，7月5日和8月3日播种，产量达到3 000—2 500 kg/hm^2，两年10月后期的气温比较高，有效积温基本得到满足。但是，种植秋花生的风险大。日照不足，后期叶斑病严重，对荚果的膨大和籽仁的充实影响大，秋季阴雨多花生晒不干。秋花生的种植面积极少，仅在光热资源相对丰富的攀枝花市仁和区、盐边县有少量种植。德阳在城郊区发展秋季鲜食花生市场前景很好。

（二）2000年以后的情况

2000年以后，四川花生产区栽培制度趋于多样化，总体来看春播花生比例提高，约占50%、夏播花生约占45%、晚夏早秋花生约占5%。

1.春播花生

由于地膜覆盖技术的应用及鲜食花生经济效益高于干果，近年来早播花生比例增加，特别是在几个花生主产区县，如三台县、宜宾县（现叙州区）、金堂县等。四川春播花生6—7月可以收获，气温较高，便于花生晒干，且此时北方花生基本没有上市。四川花生无论以鲜食或干果形式销售，均会有较高的市场价，因此四川应提高春播花生的播种比例。

（1）早春播种的鲜食花生：约占全省面积的10%，主要分布在城郊或花生主产区。利用冬闲或早春蔬菜地，加盖地膜，选择早熟品种，在3月上旬至3月底播种，6月上中旬即可上市。以这种方式为代表的有：川中平原丘陵及沱江流域花生种植区的三台、金堂、简阳等部分乡镇，主要供给成都、绵阳、德阳等鲜食市场；川东北秦巴山区及嘉陵江流域花生种植区的渠县、大竹等部分乡镇，主要供给重庆等鲜食市场；川南乌蒙山区、岷江流域花生种植区的叙州区部分乡镇，主要供给重庆和成都等沿线城市的鲜食市场或出售干果；川西高原及金沙江流域花生分散种植区的会理、会东及仁和区，这里的河谷地带在2月中下旬播种，5月中下旬鲜食花生上市。这一部分花生产量不高，但单位面积的收益最高，一般产花生鲜果7 500—9 000 kg/hm^2，单价一般在5—7元/kg，产值在3.75万—6.3万元/ hm^{2}之间。

（2）春播高产田或间套花生：约占全省面积的40%，播种时期在4月上旬至5月上旬（立夏前后），主产区面积较大。其中净作面积约占30%，花生前作以蔬菜、冬闲、冬季晾烟等为主，这部分单产较高，一般产干果在3 750 kg/hm^{2}左右，高产可达5 000 kg/hm^{2}以上，如宜宾叙州区岷江流域冲击土壤的晾烟-花生-晾烟-花生种植方式。间套作面积约占10%，主要是蔬菜间作花生、玉米间作花生、幼龄果树（经济林木）林下套种花生，麦套花生极少。春播花生收获荚果用于商品销售比例较大，间套花生产量差异较大，间套规格也是多样化，其产品多用于自己食用，商品销售较少。

2.夏播花生

夏播花生是用于四川商品花生加工的主要来源，主要为油菜收获后播种，播期集中在5月中旬至5月底，花生收获后又播种油菜，即油菜-花生-油菜-花生，或油菜-花生-油菜-玉米（红薯、大豆、晾烟）等，这两种种植方式各占15%；另外的10%为花生与其他粮经作物的间套种方式，主要有花生+蔬菜（玉米、红薯、大豆、中药材等）-油菜（豌豆、蚕豆、蔬菜、中药材等）。夏花生总体产量比春花生低，但不同区域及地理位置差异较大，选择早熟油菜和早熟花生品种，在5

月中旬播种花生，8月中下旬收获，仍然可以达到4 000 kg/hm^{2}以上的产量。如宜宾叙州区观音镇采用蜀花3号品种，2018—2019年的油后花生产量在4 000 kg/hm^{2}左右，高的达到5 000 kg/hm^2。

3.晚夏及秋播花生

四川生产上普遍采用的晚夏及秋播花生主要分布在攀（攀枝花市）西（凉山彝族自治州西昌市）地区。该地区位于四川最南边，属于干热河谷地带，光热充足，灌溉条件优良，全年大于10℃的积温6 600—7 500℃，气候与四川花生主产区差异明显。这里花生播种时间与四川主产区花生正好错开季节，最早的在2—3月（能够灌溉的地区），于5—6月收获，作为早春鲜食花生上市，经济价值高；大部分花生播种时间在5—8月，在9—12月收获，结合现代化灌溉措施、晚熟鲜食、休眠性好、耐寒耐旱品种，一般产花生鲜果8 000 kg/hm^2，经济效益较好。错季节鲜食花生的种植已经成为当地农业产业结构调整最好的替代模式。

第二节　花生的轮作

一、轮作的意义

花生轮作是将花生与其他几种作物搭配按照一定的顺序在同一地块循环种植。不论一年一熟制、两年三熟制，还是二年两熟、一年三熟制均可实行轮作。花生与其他作物轮作，对农业持续增产、花生的自身增产、调节农业劳动力等方面均有非常重要的现实意义。

（一）轮作是保证农业持续增产的有效手段

花生与其他作物轮作，可以充分利用花生与其他作物的植物学特征、生物学特性、栽培方法不同，调节土壤养分，改善土壤的物理性状，减轻特殊病虫杂草危害，增加土壤中的有益微生物，从而达到花生和其他作物持续增产的目的。

（二）轮作是解除花生连作障碍的有效措施

花生连作，会造成植株生育不良，从而减产。据山东省花生研究所花生连作盆栽试验，连作2年、3年、4年花生荚果产量较轮作分别减产14.20%、14.29%、23.32%。目前多采取的措施为深翻改土、增施有机肥和磷钾速效肥等。耗费劳力较多，成本投入较高，效果并不理想。多年的试验实践表明，解除花生连作障碍最经济有效的措施是花生与其他作物实行合理的轮作。据山东省蓬莱市农业局调查，实施小麦—玉米—花生两年三作轮作制，花生可增产30%左右；实施小麦—

玉米（或甘薯）—小麦玉米（或甘薯）—小麦—玉米（或甘薯）—小麦—玉米（或甘薯）—花生五年九作轮作制，花生可增产30%—50%。江苏省涟水县农业局试验表明，花生与水稻轮作，单产可达到3 030.75 kg/hm^2，较连作花生增产48.37%。

二、轮作增产的原因

（一）保持提高地力，改善土壤物理性状

与花生实行轮作的作物，其植物学特征、对土壤养分的需求、对栽培管理的要求与花生有所不同，对土壤的理化特性、微生态条件等均会产生不同的影响，从而可以相互促进，相互弥补，用地养地，提高地力，改善土壤物理性状。

花生与禾本科作物轮作有以下好处。

1.可以充分利用地力

花生是圆锥根系，主根入土深度可达1 m，根系在0—30 cm耕作层中占80%—90%。小麦是须根系，0—60 cm土层中的根系占总根量的70%—90%，小麦与花生轮作，有利于花生吸收耕作层的土壤养分和小麦吸收全土层的土壤养分。另外，小麦根系对土壤中难溶解的矿物质利用率很低，只能吸收易溶性磷化物，而花生对土壤中难溶性磷化物的利用率较高，两者轮作，能充分发挥土壤肥力潜力。

2.可以合理利用土壤养分，提高土壤肥力

水稻、小麦、玉米等禾本科作物对氮、磷、钾和硅的吸收量较多，对钙的吸收量较少；花生根部长有根瘤，具有生物固氮作用，对土壤中的氮素吸收量较少，而对钙的吸收量较多。如在同一地块上连作水稻（玉米）或连作花生，均会造成土壤中部分营养元素缺乏，部分营养元素过剩，导致土壤中的营养成分比例失调，影响水稻（玉米）或花生产量。

3.有利于培肥地力，改善土壤理化性状

花生除了残根落叶及茎叶回土经过土壤微生物分解能提高土壤肥力外，其根瘤菌所固定的氮素满足自身需要后还可遗留一部分于土壤中。据山东省花生研究所试验，每公顷产3 750 kg荚果的花生田，其根瘤菌固氮量可达225 kg，在施肥较合理的情况下，花生自身约需氮素157.5 kg，尚有67.5 kg遗留于土壤，可供下茬作物利用。据广东农业科学院试验，花生与水稻多年轮作后，土壤有机质含量由0.96%提高到1.37%，全氮由0.66 g/kg提高到0.86 g/kg。广西壮族自治区合浦县测定，花生与水稻多年轮作田，土壤中的全氮、全磷、全钾、有机质含量较连作水稻田，分别增加0.098 5 g/kg、0.141 2 g/kg、0.07 g/kg和1.9 g/kg，土壤中的速效磷、

速效钾含量，分别增加17 mg/kg和35 mg/kg。水旱轮作，由于栽培条件差异很大，可以明显地改善土壤的理化性状。水稻连作，土壤长期处于积水状态，造成土壤板结，孔隙度小，渗透性差。与花生轮作，由于花生的生育环境和栽培条件发生了极大变化，从而使土壤变得疏松，孔隙度增加，通透性良好。据广东省农业科学院测定，花生与水稻多年轮作后，较水稻连作田土壤容重降低0.15 g/cm^3，孔隙度提高5.7%，土壤团聚体（>0.25 mm）增加17.3%。

（二）减轻或防治病虫危害

任何病、虫都有其最适宜的寄主范围和生活条件，若寄主条件和生育条件不适，则其生长和繁殖就会受到限制甚至死亡。合理轮作使危害单一作物的虫害改变生活条件，对单一作物致病的病原菌失去寄主，从而减轻病虫危害。到目前为止，轮作仍是防治多种病、虫危害的有效措施。

1.轮作可明显减轻花生叶斑病的危害

花生叶斑病的侵染源是在植株残体上越冬的子座或菌丝团、分生孢子、未腐烂的子囊壳等。花生与小麦、玉米、甘薯等作物实行两年以上的轮作，可以明显减轻叶斑病危害。据山东省花生研究所试验，甘薯与花生轮作，花生网斑病的发病率较连作花生降低52.5%，玉米与花生轮作降低46.8%。

2.轮作是防治花生土传病害的有效措施

花生青枯病是一种土壤传播病害，水旱轮作是有效的防治方法。据山东省花生研究所试验，在发病严重的地块，连作花生发病率最高达94.50%，花生基本绝产。水稻—花生轮作，花生青枯病发病率25.6%；水稻—水稻—花生轮作，花生青枯病发病率为6.39%；水稻—水稻—水稻—花生轮作，花生青枯病发病率为1.505%。轮作换茬对于花生茎腐病、根腐病等病害均有良好的防治效果。

3.合理轮作是减轻花生线虫危害的有效措施

花生线虫病在全世界所有的花生产区均有发生，特别是我国北方花生产区，花生根结线虫发病普遍，危害严重，受害花生普遍减产20%—30%，严重地块达70%—80%，目前尚无经济有效且无污染的防治药剂。但根结线虫对小麦、大麦、玉米等禾本科作物没有危害，在甘薯根内难以完成世代发育，利用其这一特性，实行花生与玉米等禾本科作物及甘薯轮作，可以显著减轻花生根结线虫危害。据山东省花生研究所试验，花生与小麦、玉米或甘薯实行2—3年轮作，花生根结线虫的感病指数由连作的63%—100%，降至23.7%—70.0%，花生荚果单产由375—1 065 kg/hm^2，增加到1 125.0—2 572.5 kg/hm^2，虫口密度（以600 g土壤中的线虫条数计）轮作2年为23条，轮作3年为15条，轮作4年为7条，轮作5年为4条，轮作年限越长，效果越明显。

三、轮作应注意的问题

（一）茬口特性

茬口是花生轮作换茬的基本依据。茬口特性是指栽培某一作物后的土壤生产性能，是作物生物学特性及其栽培措施对土壤共同作用的结果。合理轮作是运用作物—土壤—作物之间的相互关系，根据不同作物的茬口特性，组合适宜的轮作方式，做到作物间彼此取长补短，有效提高每种作物产量，持续稳产高产。花生是豆科作物，与禾本科作物、十字花科作物换茬效果较好，与豆科作物轮作效果较差。

（二）作物组成及轮作顺序

在安排轮作时，首先要考虑轮作作物的生态适应性，要适应当地的自然条件和轮作地段的地形、土壤、水利和肥力条件，并能充分利用当地的光、温、水等资源，选好作物组成后，要考虑各种作物的主次地位及所占比例。一般应把当地主栽作物放在最好的茬口上，花生主产区应将花生安排在最好的茬口上，并要做到感病作物和抗病作物、养地作物和耗地作物搭配合理，前作要为后作创造良好的生态环境。在土壤pH较低的酸性土壤和新开垦土壤一般先安排花生，故花生有“先锋作物”之称。

（三）轮作周期

花生是连作障碍比较严重的作物，轮作周期过短，如小麦—花生一年两熟轮作周期和甘薯—花生两年两熟的轮作周期，花生均表现一定的连作障碍，很难高产。所以在花生主产区应尽量创造条件，延长花生的轮作周期，最好实行3年以上的轮作。如轮作周期较短，应选择早熟品种，配套地膜覆盖栽培、育苗移栽、套种等措施，安排好茬口衔接，增加周期内其他作物的数量，以发挥作物的茬口特性，改良土壤的生态环境，解除花生的连作障碍，提高花生的产量和品质。

第三节　花生的间作套种

间作是在同一地块上，同时或间隔不长时间，按一定的比例种植花生和其他作物，以充分利用地力、光能和空间，获得多种产品或增加单位面积总产量和总收益的种植方法。套作是在前作的生长后期，于前作物的行间套种花生，以充分利用生长季节，提高复种指数，达到粮食与花生双丰收的目的。

一、间作套种增产的原因

（一）充分利用光热资源

花生与其他作物间作，增加了全田植株的密度，叶面积系数也随之增加。单作，同品种作物个体之间的生长状况一致，根系分布深度和茎叶伸展高度都在同一水平，对生长环境条件的要求和反应也完全一致，因此其密度和叶面积系数的增加受到较大的限制。间作则不同，花生与其间作作物构成复合群体，彼此间的外部形态不同，植株有高有矮，根系有深有浅，对光照、水分和土壤养分等需求均不相同，其密度和叶面积系数可以超过单作的限度，从而充分利用空间，提高光能利用率。套种一般是在年平均气温较低，无霜期较短，自然热量种一季作物有余，种植两季作物不足的地区提高复种指数的有效措施，可以充分利用有限的光热资源。据考察，一年一作小麦或花生，其光能利用率一般为0.4%—0.5%，而小麦套种花生，其光能利用率可达0.8%—0.9%。如花生与小麦、玉米、西瓜一年四作四收的间套作方式，成熟期玉米的叶面积系数为1.85，高峰期为3.5，西瓜叶面积系数为1.19，峰值为1.4，花生成熟期叶面积系数为1.79，峰值为4.5，因四种作物错期种植，叶面积高峰互相镶嵌，光能利用率大幅度提高，可达1.23%，较小麦、玉米一年两熟提高0.53%。

（二）充分利用土地资源

合理间作可使两种以上植株形态和生育特性有显著差异的作物在同一地块、同一季节良好生长，充分利用土地资源。套种则可以使原来一年一熟的单作花生，改为一年两作两熟，有效地提高了复种指数，巧妙地扩大了粮食和花生的种植面积，提高土地利用率。

（三）改善了作物的生育条件

1.合理间作可改善田间小气候

花生与高秆作物间作，可以改善高秆作物行间的通风透光条件。据山东省花生研究所测定，玉米与花生间作，玉米行间距地面50 cm高处的光照强度比单作玉米高出42.7%，25 cm高处的光照强度比单作玉米高出2.7%。黑龙江省嫩江地区农业科学研究所测定，在距地面50 cm 处，单作玉米的CO_2浓度为228 mg/L，而间作玉米田为247.8 mg/L。

2.合理间作可以调节土壤温湿度，提高土壤养分

花生与高秆作物间作，增加了单位面积的种植密度，提高了地面覆盖度，从

而减少了地表的直接散热和水分蒸发，土壤温湿度有一定程度的提高，有利于土壤养分的转化、分解及微生物的活动，也有利于根系对土壤养分的吸收和利用。据贵州省农业科学院测定，玉米与花生间作，地温较单作玉米高0.2—1℃，0—15 cm土层土壤含水量较单作玉米高1.55%。据山东省花生研究所测定，玉米间作花生田比单作玉米田，土壤中的氮素含量提高3.5%，磷素含量提高23%。

3.合理套种可以充分提升肥水措施的利用效率

花生在其他作物行间套种，两者有一段共生期，特别是大垄麦套种覆膜花生，共生期较长，肥水可以合理运筹，具有一水两用、一肥两用、养分互补、一膜两用的优点。据山东省招远县（现招远市）农业局试验测定，大垄麦套种覆膜花生，花生所覆地膜对小麦亦有良好的影响，麦田内5 cm地温，4月份日均提高1.48℃，5月份日均提高0.96℃。地膜的反光效果同时改善了麦行内光照条件，小麦成穗率明显提高，每公顷穗数较不覆膜对照区增加40.5万穗。

二、间作套种的方式及效果

（一）花生与玉米间作

花生与玉米间作，曾是我国北方大花生产区20世纪60年代中期到70年代末期的主要间作方式，为增加粮食产量发挥了很大作用，但也造成了花生产量大幅度下滑。自20世纪80年代以来，北方已很少有这种间作方式。而目前南方花生产区已开始试验推广，花生与玉米间作基本分为以花生为主和以玉米为主两种类型。在丘陵旱地，多以花生为主间作玉米，间作方式一般为8—12行花生间作2行玉米，种植花生株数接近单作花生，间作玉米为1.2万—1.5万株/hm^2。在平原砂壤土，则多以玉米为主间作花生，种植方式一般为2—4行玉米间作2—4行花生，种植玉米株数接近单作玉米，间作花生为3万—6万穴/hm^2。不同间作比例玉米、花生的产量均随其实际所占面积的大小呈明显的梯度差，花生产量随间作玉米密度的降低而提高，玉米的产量则随间作花生株数的减少而提高。综合考虑花生和玉米的总产量和总产值，多年的生产实践和试验结果表明，在以粮为主的产区，中上等肥力砂壤土，适合以玉米为主间作花生。据研究，采用2∶2的方式，玉米产量较单作减产18.13%，玉米、花生总产值较单作玉米增产5.08%，每公顷多收1 221.0 kg花生，仅减产959.25 kg玉米，总产值较单作玉米高。在花生主产区，丘陵旱地，花生一般不宜与玉米间作，若为增加玉米产量，不得不间作，则应尽量增加花生所占比例，最低采用花生比玉米为2∶12的间作方式，在管理得当的情况下，尽管花生减产25.0%，但可增收玉米2 112.45 kg/hm^2，总产值较单作花生增加1.60 %（江西省红壤土研究所，1999年）。

（二）花生与甘薯间作

花生与甘薯间作是利用甘薯扦插时间晚、前期生长缓慢，而花生播种早、收获早的不同特点，争取季节，充分利用地力与光能，在对甘薯影响较小的情况下，增收一定数量的花生。主要分布在华南及山东、浙江、四川等省的丘陵旱地和沿海沙地。

花生间作甘薯主要有1∶1、2∶2，4∶1、3∶1等方式。1∶1的间作方式，即在每一条甘薯垄（畦）的同侧半腰间种1行花生，花生穴距16—26cm，每公顷间作3.75万穴。2∶2间作方式是每两条甘薯垄（畦）的相邻两侧的半腰各种两行花生，间作密度同1∶1方式，其优点是可将甘薯茎蔓引入未间作花生的垄沟，对花生影响小。4∶1的间作方式是在每一条甘薯垄（畦）的两侧半腰各种2行花生，每公顷间作10万—12万穴。3∶1的间作方式是在每一条甘薯垄（畦）的两侧半腰分别间作1行和2行花生，每公顷间作11.25万—12万穴。无论采用哪种间作方式，均应选择早熟、丰产、结果集中的珍珠豆型花生品种，以便早熟早收，为甘薯后期生长发育创造良好的条件。花生收获后，要加强甘薯管理，保持甘薯垄的原形，以利甘薯膨大。甘薯品种应选择生育期短，能够晚播早收的短蔓型品种。特别是与秋花生间作，由于秋花生播种期受生长季节限制，更应选择生长势强，扦插活快，生长期短而耐寒性强的甘薯品种，以获得花生、甘薯双丰收。

花生与甘薯间作，只要品种搭配合理，技术措施得当，可以获得良好的效果。据原山东省昌雄地区农业科学研究所7处联合试验，采用2∶2、1∶1的间作方式，平均每公顷产花生荚果445.5—732.0 kg，每增产1 kg花生荚果减收2.83—3.63 kg甘薯。

（三）花生与西瓜间作

花生与西瓜间作在山东、河南、江苏等省有较大的种植面积。据江苏省赣榆县农业局试验，花生间作西瓜，每公顷可产花生2 250 kg，西瓜21 000 kg。花生间作西瓜的种植有4∶1和6∶2等规格。4∶1的种植规格是4行花生间1行西瓜，种植带宽1.8—2.0 m，西瓜沟宽50—70 cm，花生小行距30 cm，窝距17 cm，每公顷种植11.7万—13.2万窝，西瓜株距40 cm，每公顷种植12.5万—14.0万株。6∶2的种植规格是6行花生间2行西瓜，花生占地2.6 m，平均行距44 cm，窝距18 cm，每公顷种植8.25万窝。西瓜占地1.4 m，2行西瓜间小行距70 cm，大行距3.3 m，平均行距2 m，株距40 cm，每公顷种植12.0万窝。为保证西瓜和花生双丰收，应于冬前确定间作种植规格，并在种植西瓜处挖50 cm深的沟，宽度大于西瓜小行距，挖出的土堆于两沟之间，经过一冬的熟化，早春埋沟并结合施肥。一般每公顷施有机肥30 000—45 000 kg，饼肥1 125—1 500 kg，整成缓坡式脊型垄。西瓜应选择早熟优质品种，花生应选择早、中熟高产品种。西瓜应提前40天采用营养杯育苗，在4月下旬移栽，并可用薄膜拱棚保护地栽培。花生一般于5月初播种，播种前应施足基肥。

（四）花生与甘蔗间作

在四川、广东、福建、广西、江西等省甘蔗产区适合种花生的地块，利用甘蔗春发较迟，前期生长缓慢的特点，在甘蔗的行间间作花生，在甘蔗基本不减产的情况下，可以获得一定的花生产量。四川省宜宾县（现叙州区）、蓬安县等沿河冲积砂土甘蔗间作花生，一般每公顷产1 500 kg荚果。

甘蔗间作花生的种植规格有1∶1、1∶2、1∶3等，即1行甘蔗间作1—3行花生。甘蔗行距宜在1.0 m以上。花生应选择早熟高产品种，适时早播，适当增加种植密度。花生播种前要重施基肥，增施磷肥，一般每公顷应施土杂肥3万—4.5万kg，普通过磷酸钙450—600 kg。

（五）果林地间种花生

利用果树、桑树、油茶、茶叶及经济幼林间隙间作花生，不仅可以使花生增产，增加收益，而且可以减少土壤冲刷，提高土壤保水保肥抗旱能力，促进果林丰产。如宜宾在荔枝、桑树等，大竹在香椿、核桃等，金堂在柑橘、油橄榄、清脆李、核桃等，阆中在李树、梨树等，攀枝花在杧果树等，会理在石榴树等，南江县在彩叶林等的幼树下间套种花生。花生的种植规格和密度应根据林木空间的大小，树龄和树木生长势的强弱而定。幼林树冠小，根群分布的范围也小，间作花生可离树干近一些，成林树冠大，根群分布范围亦大，间作花生可离树干远一些。一般情况下，幼林间作花生，边行花生可距树干35—70 cm，成林间作花生，边行花生可距树干70—100 cm。间作花生的种植密度因土壤肥力、花生品种而异，一般行距为26—40 cm，窝距为16—20 cm。间作时，花生要施足基肥，果树林木也要根据其需肥规律施足肥料，以解决与花生争肥的矛盾。花生要选择早熟高产品种。

（六）小麦套种花生

小麦套种花生主要有小沟麦套花生、大沟麦套花生、大垄宽幅麦套覆膜花生、小垄宽幅麦套花生等种植模式。小沟麦套花生的种植规格为：小垄麦垄距45—50 cm，垄高7—10 cm，垄宽14—16.5 cm，沟内播两行小麦，麦收前15—25天在垄上套种1行花生。大沟麦套花生的种植规格为：垄距80cm，沟宽26—33 cm，沟内播2—3行小麦，垄宽50 cm左右，垄高7—10 cm，麦收前20—25天在垄上套种2行花生。大垄宽幅麦套覆膜花生的种植规格为：垄距90 cm，垄高10—12 cm，垄沟内播种20 cm宽1幅麦，小麦起身时在垄上套种2行花生并覆盖地膜；小垄宽幅麦套花生的种植规格为：按40 cm开厢，每厢种1行小麦，麦收前20—25天在小麦行间套种1行花生。

小麦套种花生，在2000年以前是四川解决粮经争地、粮经争春矛盾最有效的措施，20世纪90年代末约占四川花生面积的40%以上。四川麦套花生有四种方式，以小行麦套花生、宽行麦套花生为主，有少部分带状间作麦套花生和分带轮作麦套花生。

三、间作套种应注意的问题

间作和套种是花生与其间作套种作物在整个生育期或某一生育阶段在田间构成复合群体，它们之间既有互相协调的一面，也有相互矛盾的一面。处理不好或条件不具备，不仅不能增产，而且还会减产，因此在实行间作套种时应注意以下几个问题。

（一）选择适宜的作物和品种

在作物种类选择上，要从有利于通风透光、肥水统筹、时间和空间的充分利用等方面全面考虑，尽量克服间作套种作物共生期间相互矛盾的一面，充分利用其互相促进和协调的一面。在株型上一般高秆作物和矮秆作物搭配，植株繁茂的和株型收敛的搭配，以便增加密度后仍有良好的通风透光条件；在叶形上做到尖叶与圆叶搭配，尖叶指禾本科作物，圆叶指花生，以便养分统筹互补；在根系分布上要深根与浅根搭配，以便合理利用土壤中的水分和养分；在生育期上要生育期长的与生育期短的搭配；在熟性上要早生早发的早熟作物与晚生晚发的晚熟作物搭配以充分利用时间和空间。

在品种的选择上，要注意间作套种作物间互相适应，互相照顾，花生品种应选择耐荫性强，相对早熟的高产品种，与其间作套种的作物要选择株型不太高大，收敛紧凑，抗倒伏的品种。

（二）确定合理的种植规格及密度

合理的间作套种种植规格是能否发挥复合群体在充分利用光、土地资源的同时，解决间作、套种作物间的一系列矛盾的关键。只有间作套种种植规格恰当，才能既增加间作套种作物密度，又有较好的通风透光条件，既便于间作套种作物田间管理，又能发挥其他技术措施的增产作用。如花生与玉米间作，由于玉米植株高大，叶展较长，需要氮肥较多，对花生生育影响极大。在低肥力地块，整个花生带的长相成凸形，越靠近玉米植株越矮；在高肥力地块，整个花生带的长相成凹形，越靠近玉米植株越高。据山东省花生研究所考察，靠近玉米的第一行花生单株结果数仅为单作花生的55.6%，单株饱果数仅为单作花生的44.1%。所以4—10行花生间作1—2行玉米的种植规格，对花生的产量影响较大，间作得不偿失。只有采用12行以上花生间1—2行玉米，且选用矮秆、叶片上举紧凑型玉米品种，间作才有一定的效益。

密度是在合理的间作套种种植规格基础上取得双高产、高收益的中心环节，密度不合适，不能发挥间作套种的增产作用。尤其是花生的种植密度，应根据间作套种方式及种植规格，尽量加大种植密度。

（三）相应的栽培管理技术

间作套种要获得成功，必须根据间作套种方式及各种种植规格，采取相应的栽培管理技术。重点技术是整地改土、水肥管理、间作套种时期、田间管理等。每种方式和规格均有其独特的关键技术。如丘陵地花生间作玉米，在冬前根据种植规格挖好玉米抗旱丰产沟是减少玉米对花生的影响，获得间作玉米丰收的一项关键技术；花生间作西瓜，冬前挖好西瓜移栽沟是获得西瓜丰收的主要措施。各地在引进或采用新的间作套种方式时，均要根据当地的自然资源和栽培条件，对栽培管理技术进行试验，创建一套适于当地条件的栽培管理技术。

第四节　花生的连作

花生连作，植株发育不良、产量降低是花生产区众所周知的事实。但由于花生具有抗旱耐瘠薄的特性，在老花生产区的丘陵旱薄地，种其他作物收入极低，种花生尚能获得一定的收入，不得不连作。还有不少农户，从农业经营方面出发，种植花生的经济效益较种植粮食作物高，花生面积扩大，必然出现连作。花生集中产区为了本地区花生生产产业化，提倡和鼓励大面积栽培花生，花生种植面积超过耕地面积的50%以上，势必导致连作。

一、连作对花生植株生育的影响

山东省花生研究所通过连续10年的连作试验研究表明，花生连作其生长发育均受到抑制，植株变矮、单株结果数减少、荚果变小，总生物产量和荚果产量显著降低。主茎高度在一定程度上反映了花生个体生长的好坏，是衡量花生生长状况的指标。花生连作1—5年，主茎高度较轮作矮1.8%—12.5 %。结实状况反映了花生产量高低和增产潜力，连作1—5年，百果重将降低5.5%—18.2%，连作第二年开始，单株结果数减少0.5%—18.7%。花生连作对其总生物产量和荚果产量的影响最为明显，总生物产量和荚果产量显著降低是连作花生的综合表现，是判断花生连作障碍最可靠的指标。试验表明，连作2—5年，花生总生物产量降低10.9%—24.2%。连作2年，花生荚果产量平均减产19.8%；连作3年，平均减产33.4%；连作4—9年，平均减产20%以上。可见花生连作2年即减产显著，连作3年减产极其严重，连作年限再增加，花生产量基本维持在一个较低水平上。

作物因连作而引起的生长发育障碍被称为连作障碍，国内外尚无统一的判断指标。有不少研究者认为，连作引起生长量减少2%—3%，即为连作障碍，减少20%即为忌地现象。日本将连作障碍强度分为A、B、C、D、E五类，花生属于连作障碍强度大的A类，这与我国的研究结果基本一致。

二、引起花生连作障碍的原因

引起作物连作障碍的原因有土壤恶化、病虫害增加、有毒物质危害等多种说法，但每种作物均有独特的原因。引起花生连作障碍的原因，20世纪80年代以前未做深入研究，都从感官认识提出了若干看法。有连作使花生叶斑病、线虫病危害加重；连作造成某一种或几种大量元素或微量元素缺乏；前作花生根系分泌物和植株残体抑制后作花生的生育等说法。山东省花生研究所研究认为，花生连作引起土壤微生物类群变化是导致花生连作障碍的主要因子；土壤养分失衡，土壤中主要水解酶活性降低，是引起花生连作障碍的辅助因子。

（一）连作对土壤微生物类群的影响

花生连作，由于根系分泌物，残存在土壤中的残根、落叶等植株践体和相对一致的耕作条件及管理方法，形成了特定的连作花生土壤及根际微生物类群，其突出的特点是，随着连作年限的增加，真菌大量增加，细菌和放线菌大量减少。土壤中的真菌数量，连作2年，较多年轮作增加140%，连作5年，增加220%。根际的真菌数量，以花针期变化较为突出，连作3年，增加37.5%，连作4年，增加181.3%，连作5年，增加212.5%。土壤中的细菌数量，连作3年，较多年轮作土减少41.5%，连作4年，减少54.9%。根际的细菌数量，各生育期的变化基本一致，随着连作年限的增加而减少，连作2年，减少5.1%—15.1%，连作4年，减少14.5%—82.0%。土壤中的放线菌数量，连作2年，较多年轮作减少37.3%，连作4年．减少50%以上。根际的放线菌数量，总的趋势也是随着连作年限的增加而减少，以花针期较为突出，连作3年，较多年轮作减少37.1%，连作4年，减少50%以上。多数学者认为，真菌型土壤是地力衰竭的标志，细菌型土壤是土壤肥力提高的一个生物指标。花生连作，地力逐步衰竭，造成花生生育不良。土壤放线菌中有很多菌种能分泌抗生素，抑制有害微生物的繁衍生长，连作造成放线菌的减少，有可能导致花生病害的加重。随着花生连作年限的增加，土壤中的细菌数量显著减少，其中亚硝酸细菌尤其突出，连作2年，亚硝酸细菌较轮作减少38.1%，硝酸细菌减少33.1%；连作3年，亚硝酸细菌和硝酸细菌均减少80%以上。亚硝酸细菌和硝酸细菌在土壤中担负着硝化作用，硝化作用是土壤中氮素生物学循环中的一个重要环节，对土壤肥力和植株营养起着重要作用。

（二）连作对土壤中速效养分的影响

花生连作，土壤中的速效养分含量发生了明显变化，磷、钾等大量元素及铜、锰、锌等微量元素，随着连作年限的增加而呈递减的趋势。连作2年，速效钾含量减少9.8%，速效磷含量减少19.1%；连作4年，速效钾含量减少40.6%，速效磷含量减少52.97%，硼、锰、锌含量分别减少53.8%、6.7%和12.6%；连作6年，速效钾含量减少48.7%，铁减少30.3%，铜、锰、锌分别减少22.5%、36.6%和33.2%，氮、钙、硫、钼、镁等养分变化较少。

（三）连作对土壤酶活性的影响

花生连作，对土壤中主要水解酶的活性有较明显的影响。随着连作年限的增加，碱性磷酸酶、蔗糖酶、脲酶的活性均会随之降低。以碱性磷酸酶降低最为显著，连作2年降低15.4%，连作3年降低20%以上，连作4年降低29.3%以上，连作5年降低30%以上；蔗糖酶次之，连作4年降低10%以上；脲酶亦有降低，连作4年降低9.8%。连作对过氧化氢酶影响不大，不同连作年限间提高和降低均不超过5%。碱性磷酸酶是重要的磷酸水解酶，在该酶的作用下，磷酸根才能转化为植物可以吸收利用的形态。相关分析发现，碱性磷酸酶活性与土壤中的速效磷、锌呈显著正相关，与速效钾呈极显著正相关。蔗糖酶参与土壤中碳水化合物的生物化学转化（土壤中的有机物质、微生物和植物体中含有大量的碳水化合物及其相近物质），蔗糖酶的活性降低，必然导致土壤中有效养分的降低。脲酶能促进尿素水解，脲酶活性降低，势必影响尿素水解，所以连作花生即使施用较多的尿素，花生植株生长仍较轮作花生差。

三、解除花生连作障碍的对策

为解除花生连作障碍，科研及生产单位做了大量探索、试验和研究，提出了综合改治、土层翻转改良耕地法、模拟轮作等减轻和解除花生连作障碍的措施和方法。

（一）综合改治

综合改治是将冬季深耕、增施肥料、覆膜播种、选用耐重茬品种、防治线虫病和叶斑病等项技术措施组装配套，对连作花生进行综合改治，解除花生连作障碍。连作花生田在冬前深耕30 cm以上，可有效地改善土壤的理化性状，促进土壤微生物的活动。结合冬耕，增施有机肥料，既能提高地力，又有利于土壤微生物的繁衍。据河北省廊坊地区农业局试验，在连作田每公顷分别施9 000 kg、18 000 kg、27 000 kg有机肥，花生荚果产量较不施肥对照分别增产27.0%、63.5%和95.5%。在下年春花生播种前，结合起垄、播种，增施氮、磷、钾大量元素，适当补充硼、钼、锰、铁、锌等微量元素，对连作花生亦有良好的增产效果。据河北省廊坊地区农业局试验，每公顷分别施150 kg、375 kg、675 kg碳酸氢铵，花生荚果产量较不施肥对照分别增产16.6%、31.2%和45.4%。每公顷分别施375 kg、750 kg、1 125 kg普通过磷酸钙，花生荚果产量较不施肥对照分别增产29.4%、47.1%和111.8%。山东省花生研究所根据花生的需肥规律，连作花生土壤养分的变化及多点试验结果，将氮、磷、钾合理配比，适当补充了连作花生土壤中容易缺少的硼、钼、锰、铁、锌等元素，制成了连作花生专用肥，对提高连作花生产量有更显著的增产效果。经过三年四次试验，较连作对照平均增产花生荚果24.03%，较轮作对照增产花生荚果11.46%。覆膜栽培可以促进土壤微生物的繁殖，对连作花生有着最为显著的增产效果。选用耐重茬品种是提高连作花生产量经济有效的手段。据山东省花生研究所试验鉴定，8130、8122等品种较耐重茬，在连作7年花生地块种植，8130较鲁花10号籽仁增产20.1%，8122较白沙1016籽仁增产64.7%。对于有病地块，防治花生根结线虫病和叶斑病，可以减轻病、虫危害，增产效果显著。据栖霞市农技站试验，将冬深耕、增施肥料，覆膜栽培、选用耐重茬品种、防治线虫和叶斑病五项措施组装配套改治连作花生，花生荚果产量较习惯种植法增产179.5%，改变或减去一或二项措施，增产幅度则显著降低。

（二）土层翻转改良耕地法

土层翻转改良耕地法是将原地表向下0—30 cm的耕层土壤平移于下，将其下7—15 cm的心土翻转于地表，并增施有机肥料和速效肥料。该方法既加厚了土层又改变了连作花生土壤的理化性状，为连作花生生长创造了新的微生态环境，同时减轻了杂草危害和叶斑病的发生，使连作花生产量大幅度提高。山东省花生研究所在连作7年的花生田上试验，翻转深耕50 cm，花生荚果产量较常规耕深20cm增产29.6%，花生生育期田间杂草数量减少336.5%，花生网斑病发病时间推迟，病情指数降低，到收获期茎枝不枯不衰。翻转深耕30 cm，花生荚果产量较常规耕深20 cm增产17.1%，较常规深耕30 cm增产12.75%，花生生育期间杂草数量较常规耕深20 cm减少131.2%，较常规探耕30 cm减少92.3%。

（三）模拟轮作法

利用花生收获后至下茬花生播种前的空隙时间，播种秋冬作物，通过生长的秋冬作物分泌的可溶性有机化合物和无机化合物，影响和改变连作花生土壤微生物的活动，并于翌年早春对秋冬作物进行翻压，进一步改善连作花生土壤微生物类群的组成，使之既起到轮作作物的作用，又不影响下茬花生播种。由于所播秋冬作物没有成熟收获故称之为模拟轮作。

山东省花生研究所在连作4年花生的田块上进行了试验，发现以小麦、水萝卜作为模拟轮作作物对解除花生连作障碍的效果较好。可有效地促进连作花生的植株生育，提高连作花生的总生物产量和荚果产量。为确保模拟轮作的效果，必须选择好模拟轮作作物，一般以小子粒的禾本科作物和十字花科作物为好，掌握好模拟轮作作物的播种、翻压时间，播种应在花生收获后抓紧时间抢播，翻压应在封冻前或早春进行。播种方式以撒播或窄行密植为好。翻压时应增施适量速效氮肥（75 kg/hm^2 尿素），以促进模拟轮作作物植株残体的分解。

（四）土壤微生物改良剂

在连作花生土壤中直接施入有益微生物制剂或施入能抑制甚至消灭土壤中有害微生物而促进有益微生物繁衍的制剂，使连作土壤恢复并保持良性生态环境，是解除花生连作障碍最有效的途径。

山东省花生研究所研制了一种具有生物活性的微生物制剂，在连作4年花生的土壤连续进行了3年盆栽试验，取得了较为理想的效果。施用该制剂的处理，花生植株性状、总生物产量和荚果产量均较连作对照显著提高和增加，接近或超过轮作对照。据报道，韩国庆尚大学设施园艺研究所与韩国新安GROW有限公司联合研究生产的超浸透土壤净菌改良剂具有极强的土壤消毒能力和土壤改良能力，能够杀死土传病原真菌，而不杀灭对土壤有益的细菌和放线菌，能够使土壤形成团粒结构，提高土壤的保水保肥能力，还能够活化土壤磷素，提高磷素利用。对解除花生连作障碍的效果如何，尚待进一步试验。

第十章 四川花生产业化生产及产品质量标准化

第一节 花生品质的评价体系

一、花生品质的要求

花生因用途不同对品质的要求明显不同。目前我国所产花生50%以上用于榨油，40%以上作为食用，食用中30%以上加工成各种花生制品，5%—7%直接以花生仁出口。在我国，花生的用途可归纳为油用、食用和出口专用三种。四川省花生消费与全国情况差异较大，80%左右作为食用，只有10%左右用作榨油，还有少量花生仁或加工后的花生制品出口。

（一）不同用途的花生对品质的要求

1.油用花生的品质以籽仁脂肪含量为主要指标，脂肪含量越高品质越好，要求脂肪含量达55%以上，同时考虑脂肪酸组成，不饱和脂肪酸含量越高，营养价值越高。

2.食用与食品加工用花生的品质以籽仁蛋白质含量、糖分含量和风味为主要指标。蛋白质含量高、含糖量高、食味好则品质越好，要求蛋白质含量达28%以上，含糖量6%以上，同时考虑低脂肪含量和油酸/亚油酸比值。

3.出口专用花生的品质以荚果和籽仁形状、果皮和种皮色泽、整齐度等以及油酸/亚油酸比值、口味为主要指标。出口大花生要求油酸/亚油酸比值达1.6以上，含糖量高于6%，风味清、脆、甜；小花生要求油酸/亚油酸比值达1.2以上，种皮无油斑、黑晕、裂纹，其次无黄曲霉毒素污染，激素、农药残留低。

（二）品质的分类

1. 营养品质

花生的营养成分丰富，其中籽仁平均脂肪含量50%左右（40%—60%），蛋白质平均含量25%左右（18%—38%），碳水化合物平均含量15%左右（10%—23%），含有多种维生素、矿物质、与风味有关的挥发性成分等。不同花生品种的营养成分差异很大，需要根据不同的用途选择种植不同营养品质的花生品种。

2. 商业品质

花生作为商品，因不同用途对品质具有不同的要求。这里重点介绍花生出口和进口时的品质要求。

（1）出口优质花生的品质标准及规格：

①外观：对于大花生，花生荚果要求大果、双粒、果腰明显网纹粗浅，果嘴短突，外果皮乳白色。花生仁要求籽仁呈长椭圆形，种皮淡红，无杂色，无裂纹，色泽均匀美观整齐。油酸/亚油酸比值在1.5以上，含糖量高于6%。小花生荚果蚕茧形，网纹细浅，籽仁呈圆形，种皮淡红色，油酸/亚油酸比值在1.2以上。

质量标准中还规定，出口花生果、仁纯度应达到95%以上，异型品种不超过5%，异型粒大花生仁不超过10%，小花生仁不超过5%。

②物理品质：对水分要求十分严格，标准中规定，花生荚果含水量10%以下，花生仁含水量9%以下，高温季节应为8%以下。在国际贸易合同中往往比该标准还要严格。杂质含量为0.5%以内。不完善籽粒，在出口标准中限量5%以下，含发芽果2%。花生仁中不完善粒为4%以下，其中包括发芽粒1%，泛油粒2%，该项还包括破碎、不熟、虫蚀等果仁。霉粒每包（50 kg）不超过15粒；花生机搓受损后，经油炸脱去种皮，子叶表面出现红色斑点的籽粒应在3%以内。

③化学品质：该项目的检验当前以黄曲霉毒素为主，国际贸易质量要求黄曲霉 含量在5 μg/kg以下。对此各国要求不同，如新加坡、马来西亚、丹麦等国家要求进口花生及其制品中不得含有黄曲霉毒素。出口国对出口花生的黄曲霉毒素也提出最低含量保证，南非和马拉维规定B_1型黄曲霉毒素不超过5 μg/kg。中国、美国规定四种黄曲霉毒素（B_1、B_2、G_1、G_2）总量不超过20 μg/kg。目前，低于5 μg/kg黄曲霉毒素的测定还有一定困难，因此低于5μg/kg的检验结果视作无黄曲霉毒素危险。另外韩国、日本等国家，要求进口花生不得含丁酰肼。还有的国家对花生及其制品中要求不得含有农药残留等化学物质。

（2）主要花生进口市场对花生的要求：

①欧盟：欧盟是全球最大的花生进口市场，对进口花生要求最为严格。要求进口的花生没有玻璃、石块等恶性杂质，花生仁、果均匀，色泽好。大花生仁要

求最好是弗吉尼亚型，小花生仁最好是西班牙型。除意大利要求花生果必须是弗吉尼亚型外，其他国家对花生果的类型要求不严，但都要求进口的花生不含黄曲霉毒素，规定人类直接食用或直接用做食品原料的花生、坚果及干果中，黄曲霉毒素 B_1 限量为 2 μg/kg，总限量（B_1、B_2、G_1、G_2）小于 4 μg/kg。

②日本：日本也是全球主要花生进口市场，由于地理位置的关系，日本较喜欢进口山东花生，对规格要求也较高，一般喜欢两粒的。20 世纪 90 年代以来，日本基本不进口花生果，而以进口弗吉尼亚型花生籽仁为主，对不完善粒一般要求在 1%—2%，同时还要求检验斑点、酸价、游离脂肪酸、过氧化值、黄曲霉毒素等。还规定进口花生中不允许检出丁酰肼；对进口小花生仁实施强制检验。

③澳大利亚：澳大利亚虽然也是花生生产国，但由于其生产能力满足不了国内的消费需求，每年仍需进口一定量的花生。除正常的品质要求外，澳大利亚政府对进口花生的重金属镉的限量是世界上最严格的，规定进口花生的镉含量应低于 0.05 mg/kg。

④韩国：韩国订货多是些小规格的、品种类型不限的大粒花生仁，检验证书也只要求水分、杂质、不完善粒、规格等这些常规项目，黄曲霉毒素检验证书也要求证明未检出黄曲霉毒素即可，但韩国政府招标的进口花生则要求检验 40 多种农药残留。

⑤中东地区：中东地区是世界主要进口花生市场，过去对进口花生要求不高，近几年也开始要求进口花生必须检验黄曲霉毒素等，黎巴嫩还要求检验丁酰肼，另外，这一地区对进口花生中游离脂肪酸或酸价、过氧化值、斑点粒的要求也较高。中国的大粒花生仁在中东较受欢迎。

⑥东南亚及中国港澳地区：我国花生出口的另一个传统市场是东南亚及中国港澳地区，除新加坡对黄曲霉毒素检验要求较严格外，其他国家和地区则只要求出示常规品质检验证书。近年来，由于东南亚地区经济萧条，中国出口花生价格相对偏高，越南、印度几乎取代了中国花生在这一市场的地位。

（3）加工品质：

①油用花生：以脂肪含量为主要指标，构成脂肪的脂肪酸组成是决定花生油脂品质的重要因素。花生油脂肪酸组分中含量超过总量 1% 的有 8 种，即棕榈酸、硬脂酸、油酸、亚油酸、花生酸、花生烯酸、山嵛酸、廿四烷酸。其中，亚油酸和花生烯酸是人体必需的脂肪，一般认为花生亚油酸对软化心脑血管有积极意义。但由于花生亚油酸有不饱和双键，易氧化、酸败，降低花生食品的货架期，因而近年将高油酸/亚油酸（O/L）值作为花生育种的主要品质指标之一。同时，因花生油酸含量增加，饱和脂肪酸降低，对人体健康具有很好的影响，因此目前全球

科学家都趋向选择高油酸花生品种。

②鲜食花生：对产量要求略低，但对熟性要求高。一般是越早熟，上市越早，效益越好，生育期80—90天为宜。但是，在四川攀西地区错季生产区域则相反，越晚上市效益越好，因此该区域需要晚熟而生育后期抗寒的花生品种。其种皮颜色以红色或黑色最受消费者欢迎，质地要煮熟后酥而软，蛋白质含量高。

③烘烤花生：对烘烤花生果和花生仁的相关研究发现，花生仁硬度和含糖量与风味品质呈正相关，风味品质与甜度的关系（R=0.88）比与硬度的关系（R=0.63）更密切，且在花生蔗糖含量超过5%时尤为明显。因此，用于烘烤的花生果或花生仁等品种 的质量要求是含糖量和硬度高。

④花生豆腐用品种：花生通过特殊处理，可以加工成豆腐。以花生为主要原料加工成的豆腐，鲜嫩细脆，清香可口，具有不易腐败、变质的特点，是理想的新型食品。对加工豆腐用的花生品种品质要求是蛋白质含量、蛋白质抽提率、凝固率要高。

⑤花生酱用品种：花生酱用品种要求大粒或中粒，蛋白质含量适中，碳水化合物含量高，蒸煮时易软化，即硬度要小，这与烘烤花生正好相反。

⑥花生芽菜用品种：花生芽菜用品种宜选用发芽率高、花生芽生长快、芽长、产出比高（花生仁/花生芽的比值，一般为1∶3—1∶6）、脂肪含量低、蛋白质和碳水化合物含量高、味道佳的品种。

⑦保健型花生：目前认为的保健型花生主要指高亚油酸含量花生、低脂肪花生、富锌富硒花生等。我国生产上应用的花生品种，亚油酸含量多在37%以下，脂肪含量多在45%—54%，而锌硒等含量则相对较低。保健型花生是指脂肪含量在40%以下（美国标准为含油量低于37.5%），或亚油酸、锌、硒等含量较高的品种。

⑧药用型花生：花生用途广泛，除了油用和食用外，在医药上具有降低血压、治疗小孩单纯性消化不良和镇咳祛痰等作用；利用花生红衣（种皮）可制作具有止血等功效的药物，如止血片、止血宁注射液、止血宁糖浆等；利用花生壳中含有皂草苷制作花生壳制剂，如脉通灵等，对动脉硬化、高血压、冠心病及其并发症很有效；利用壳的木质素制造口味甜而不含糖的糖醇，适于糖尿病患者与儿童食用，还可以防龋齿；利用叶片制造天然安眠药等。另外，科学实验证明，从花生中提取的白黎芦醇、单不饱和脂肪酸、贝塔谷固醇等物质具有抑制血小板非正常凝聚，预防心肌梗死、脑栓塞、心脏病、前列腺癌、乳腺癌等功效。

二、中国花生国家标准概况

自1985年以来，国家先后制定并发布实施的有关花生及其产品（包括花生及其产品在内的）标准115项，其中国家标准（即以GB为标识编号）58项，中华人民共和国农业行业标准（以NY为标识编号）13项、检验行业标准（以SN为标识编号）27项、轻工行业标准（以QB或JB为标识编号）16项、粮食行业标准（以LS为标识编号）1项（见表10-1）。纵观现已发布实施的花生及其制品（或含花生及制品）国家及行业标准，大部分是关于花生检验检测方法的，共计53项，占全部标准的46.1%；有关产品质量的标准共计46项，占40%；关于生产检验规程的标准共计9项，占7.8%；花生产地环境技术条件1项、花生机械作业质量标准2项、绿色花生生产技术标准各1项、花生种子生产及检验标准3项。

表10-1　中国花生相关标准

序号	标准编号	标准名称	批准时间	实施时间	标准类型
1	GB 4407. 2-1996	农作物种子质量标准经济作物种子油料类（含花生）	1996-12-28	1997-06-01	国家标准
2	GB 4407. 2-2008	经济作物种子 第二部分：油料类	2008-06-28	2008-12-01	国家标准
3	GB/T 3543. 1-1995	农作物种子检验规程（含花生）	1995-08 -01	1996-02 -01	国家标准
4	GB 1532-1986	花生果	1986-05 -06	1987- 04-01	国家标准
5	GB 1532-2008	花生（含花生果 花生仁)	2009-01-20	2009-01-20	国家标准
6	GB 1533-1986	花生仁	1986-05 -06	1987- 04-01	国家标准
7	GB 1534—2003	花生油	2003 -11 -11	2004-05-01	国家标准
8	GB/T 1534-2017	花生油	2018-04-01	2018-08-02	国家标准
9	GB 9849. 1-1988	花生色拉油	1988-09-20	1989-05-01	国家标准
10	GB 9850. 1-1988	花生高级烹调油	1988-09-20	1989-05-01	国家标准
11	GB/T 8615 -1988	浓香花生油	1988-01-25	1989-06-01	国家标准
12	GB 15197-1994	精炼食用植物油卫生标准(含花 生油）	1994-08-01	1994-08-10	国家标准
13	GB 13103-1991	色拉油卫生标准（含花生油)	1991-06-07	1992-03-01	国家标准
14	GB 2716-2005	食用植物油卫生标准（含花生油)	2005-01-25	2005-10-01	国家标准

续表10-1

序号	标准编号	标准名称	批准时间	实施时间	标准类型
15	GB 19641-2005	植物油料卫生标准（含花生）	2005-01-25	2005-10-01	国家标准
16	GB 7102. 1-2003	食用植物油煎炸过程中的卫生标准（含花生）	2003-09-24	2004-05-01	国家标准
17	GB/T 5009. 37-2003	食用植物活1卫生标准的分析方法（含花生）	2003-08-11	2004-01-01	国家标准
18	GB 16322-2003	植物蛋白饮料卫生标准（含花生）	2003-09-24	2004-05-01	国家标准
19	GB 16565-2003	油炸小食品卫生标准（含花生）	2003-09-24	2004-05-01	国家标准
20	GB 19300-2003	烘炒食品卫生标准（含花生）	2003-09-24	2004-05-01	国家标准
21	GB 5490-1995	粮食、油料及植物油脂检验一般规则（含花生）	1985-11-02	1986-07-01	国家标准
22	GB 5491-1985	粮食、油料检验扦样、分样法（含花生）	1985-11-02	1986-07-01	国家标准
23	GB 5492-1985	粮食、油料检验色泽、气味、口味鉴定法（含花生）	1985-11-02	1986-07-01	国家标准
24	GB 5494-1985	粮食、油料检验杂质不完善粒检验法（含花生）	1985-11-02	1986-07-01	国家标准
25	GB 5497-1985	粮食、油料检验水分测定法（含花生）	1985-11-02	1986-07-01	国家标准
26	GB 5499-1985	粮食、油料检验带壳油料（花生）纯仁率检验法	1985-11-02	1986-07-01	国家标准
27	GB 5520-1985	粮食、油1料检验种子（花生）发芽试验	1985-11-02	1986-07-01	国家标准
28	GB/T 14489. 1-1993	油料水分及挥发物含量测定法（含花生）	1993-06-19	1994-02-01	国家标准
29	GB/T 14489. 2-1993	油料粗蛋白质的测定法（含花生）	1993-06-19	1994-02-01	国家标准
30	GB/T 14489. 3-1993	油料中油的游离脂肪含量测定法（含花生）	1993-06-19	1994-02-01	国家标准
31	GB/T 14488.1-1993	油料种子含油量测定法（含花生）	1993-06-19	1994-02-01	国家标准
32	GB/T 14488.2-1993	油料种子杂质含量测定法（含花生）	1993-06-19	1994-02-01	国家标准

续表10-1

序号	标准编号	标准名称	批准时间	实施时间	标准类型
33	GB/T 9823-1988	油料饼粕总含氮量的测定法（含花生）	1988-07-06	1989-03-01	国家标准
34	GB/T 9824-1988	油料饼粕总灰分的测定法（含花生）	1988-07-06	1989-03-01	国家标准
35	GB/T 9825-1988	油料饼粕盐酸不溶性灰分的测定法（含花生）	1988-07-06	1989-03-01	国家标准
36	GB/T10358-1989	油料饼粕中水分及挥发物测定法（含花生）	1988-12-31	1989-09-01	国家标准
37	GB/T10359-1989	油料饼粕含油量测定法（含花生）	1988-12-31	1989-09-01	国家标准
38	GB/T10360-1989	油料饼粕扦样法（含花生）	1988-12-31	1989-09-01	国家标准
39	GB/T 13383-1992	食用花生饼、粕	1992-02-10	1992-10-01	国家标准
40	GB 10381—1989	饲料用花生饼			国家标准
41	GB 10382 - 1989	饲料用花生粕			国家标准
42	GB 13107— 1991	植物性食品中稀土限量卫生标准（含花生）	1991-06-07	1992-03-01	国家标准
43	GB 7104-1994	食品中笨并（a）芘限量卫生标准（含花生油）	1994-03-18	1994-09-01	国家标准
44	GB/T5009.27-2003	食品中笨并（a）芘的测定（含花生油）	2003-08-11	2004-01-01	国家标准
45	GB/T5009.19-2003	食品中六六六、滴滴涕残留量的测定（含花生及制品）	2003-08-11	2004-01-01	国家标准
46	GB/T5009.21-2003	粮、油、菜中甲萘威残留量的测定（花生及花生油)	2003-08-11	2004-01-01	国家标准
47	GB/T5009.22-2003	食品中黄曲霉毒素B1的测定方法（含花生及制品）	2003-08-11	2004-01-01	国家标准
48	GB/T5009.23-2003	食品中黄曲霉毒素B1、B2、G1、G2的测定方法（含花生及制品）	2003-08-11	2004-01-01	国家标准
49	GB/T5009.25-2003	植物性食品中杂色曲霉素的测定（含花生）	2003-08-11	2004-01-01	国家标准
50	GB/T5009.143-2003	蔬菜水果食用油中双甲醚残留量的测定（含花生油）	2003-08-11	2004-01-01	国家标准

续表10-1

序号	标准编号	标准名称	批准时间	实施时间	标准类型
51	GB/T5009.144-2003	植物性食品中甲基异柳磷残留量的测定（含花生）	2003-08-11	2004-01-01	国家标准
52	GB/T5009.172-2003	大豆、花生、豆油、花生油中的氟乐灵残留量的测定	2003-08-11	2004-01-01	国家标准
53	GB/T5009.174-2003	花生、大豆中已丙甲草胺残留量的测定	2003-08-11	2004-01-01	国家标准
54	GB/T5009.27-2003	稻谷、花生仁中恶草酮残留量的测定	2003-08-11	2004-01-01	国家标准
55	GB 2761-1981	食品中黄曲霉毒素B1允许量标准（含花生及制品）	1981	1982-06-01	国家标准
56	GB/T 18979-2003	食品中黄曲霉毒素的测定，免疫亲和层析净化高效液相色谱法和荧光光度法（含花生及制品）	2003 -02-21	2003-08-01	国家标准
57	GB 14928. 6-1994	花生仁、食用油（含花油、棉籽油）中涕灭威最大残留限量标准	1994-01-24	1994-08-01	国家标准
58	GB/T 14929.2-1994	花生仁、棉籽油、花生油中涕灭威残留量测定标准	1994-01-24	1994-08-01	国家标准
59	NY 662-2003	花生中甲草胺、克百威、百菌清、苯线磷及异丙甲草胺最大残留	2003-04-01	2003-05-15	国家农业行业标准
60	NY/T420-2000	绿色食品 花生（果、仁）	2000-12-22	2001-04-01	国家农业行业标准
61	NY 5303一2005	无公害食品 花生	2005-01-19	2005-03-01	国家农业行业标准
62	NY 5306一2005	无公害食品 食用植物油（含花生油）	2005-01-19	2005-03-01	国家农业行业标准
63	NY/T751-2003	绿色食品 食用植物油（含花生油）	2003-12-01	2004-03-01	国家农业行业标准
64	NY/T1067-2006	食用花生	2006		国家农业行业标准
65	NY/T1068-2006	油用花生	2006		国家农业行业标准

续表10-1

序号	标准编号	标准名称	批准时间	实施时间	标准类型
66	NY/T420-2009	绿色食品 花生及制品	2009		国家农业行业标准
67	NY/T855-2004	花生产地环境技术条件	2005-01-04	2005-02-01	国家农业行业标准
68	NY/T502-2002	花生收获机作业质量	2002-01-04	2002-02-01	国家农业行业标准
69	NY/T2400-2013	绿色食品 花生生产技术规程	2013-09-10	2014-01-01	国家农业行业标准
70	NY/T420-2017	绿色食品 花生及制品	2017-06-12	2017-10-01	国家农业行业标准
71	NY/T 3250-2018	高油酸花生	2018-07-27	2018-12-01	国家农业行业标准
72	SN/T0327.1-1994	出口烤花生果检验规程	1994-12-26	1995-05-01	国家检验行业标准
73	SN/T0327.2-1994	出口油炸花生仁检验规程	1994-12-26	1995-05-01	国家检验行业标准
74	SN/T0798-1999	进出口粮油 饲料检验 检验名称术语（含花生）	1999-12-01	2000-05-01	国家检验行业标准
75	SN/T0799-1999	进出口粮油 饲料检验 一般规程（含花生）	1999-12-01	2000-05-01	国家检验行业标准
76	SN/T0800.1-1999	进出口粮油 饲料检验 抽样和制样方法（含花生）	1999-12-01	2000-05-01	国家检验行业标准
77	SN/T0803.1-1999	进出口油料 粗脂肪检验方法（含花生）	1999-12-01	2000-05-01	国家检验行业标准
78	SN/T0803.2-1999	进出口油料 不完善粒检验方法（含花生）	1999-12-01	2000-05-01	国家检验行业标准
79	SN/T0803.3-1999	进出口油料 粒度检验方法（含花生）	1999-12-01	2000-05-01	国家检验行业标准
80	SN/T0803.4-1999	进出口油料 类型纯度及互混度检验方法（含花生）	1999-12-01	2000-05-01	国家检验行业标准
81	SN/T0803.5-1999	进出口油料 规格及均匀度检验方法（含花生）	1999-12-01	2000-05-01	国家检验行业标准
82	SN/T0803.6-1999	进出口油料 杂质检验方法（含花生）	1999-12-01	2000-05-01	国家检验行业标准

续表10-1

序号	标准编号	标准名称	批准时间	实施时间	标准类型
83	SN/T0803.7-1999	进出口油料 水分及挥发物检验方法（含花生）	1999-12-01	2000-05-01	国家检验行业标准
84	SN/T0803.8-1999	进出口油料 游离脂肪酸、酸价检验方法（含花生）	1999-12-01	2000-05-01	国家检验行业标准
85	SN/T0803.9-1999	进出口油料 粗蛋白质检验方法（含花生）	1999-12-01	2000-05-01	国家检验行业标准
86	SN/T0803.10-1999	进出口油料 出仁率检验方法（含花生）	1999-12-01	2000-05-01	国家检验行业标准
87	SN 0141-1992	出口植物油（花生油）中六六六、滴滴涕残留量的检验方法	1992-10-01		国家检验行业标准
88	SN 0142-1992	出口油籽（花生仁）中六六六、滴滴涕残留量的检验方法	1992-10-01		国家检验行业标准
89	SN 0521-1996	出口油籽（花生仁）中丁酰肼残留量的检验方法	1996-10-01		国家检验行业标准
90	SN 0583-1996	出口粮谷及油籽（花生仁）中氯苯胺灵残留量的检验方法	1996-10-01		国家检验行业标准
91	SN 0586-1996	出口粮谷及油籽（花生仁）中特普残留量的检验方法	1996-10-01		国家检验行业标准
92	SN 0591-1996	出口粮谷及油籽（花生仁）中二恶硫磷残留量的检验方法	1996-10-01		国家检验行业标准
93	SN 0592-1996	出口粮谷及油籽（花生仁）中苯丁锡残留量的检验方法	1996-10-01		国家检验行业标准
94	SN 0637-1997	出口油籽（花生仁）、坚果及坚果制品中黄曲霉毒素的检验方法	1997-08-01		国家检验行业标准
95	SN 0656-1997	出口油籽（花生仁）中乙霉威残留的检验方法	1997-08-01		国家检验行业标准
96	SN 0688-1997	出口粮谷及油籽（花生仁）中丰索磷残留量的检验方法	1997-08-01		国家检验行业标准
97	SN/T 0327.1-2016	进出口烤花生果检验规程	2016-08-23	2017-03-01	国家检验行业标准
98	SN/T 0327.2-2016	进出口油炸花生仁检验规程	2016-08-23	2017-03-01	国家检验行业标准

续表10-1

序号	标准编号	标准名称	批准时间	实施时间	标准类型
99	QB/T 1733.1-1993	花生制品的试验方法、检验规则和标志、包装、运输、贮存要求	1993-04-15	1993-12-01	国家轻工行业标准
100	QB/T 1733.2-1993	花生类糖制品	1993-04-15	1993-12-01	国家轻工行业标准
101	QB/T 1733.3-1993	裹衣花生	1993-04-15	1993-12-01	国家轻工行业标准
102	QB/T 1733.4-1993	花生酱	1993-04-15	1993-12-01	国家轻工行业标准
103	QB/T 1733.5-1993	油炸花生仁	1993-04-15	1993-12-01	国家轻工行业标准
104	QB/T 1733.6-1993	烤花生仁	1993-04-15	1993-12-01	国家轻工行业标准
105	QB/T 1409-1991	花生米罐头	1991-12-31	1992-08-01	国家轻工行业标准
106	QB/T 2439-1999	植物蛋白饮料 花生乳（露）	1999-05-06	1999-12-01	国家轻工行业标准
107	QB/T 1733.3-2015	裹衣花生	2015-10-10	2016-03-01	国家工息行业标准
108	QB/T 1733.4-2015	花生酱	2015-10-10	2016-03-01	国家工息行业标准
109	QB/T 1733.5-2015	油炸花生仁	2015-10-10	2016-03-01	国家工息行业标准
110	QB/T 1733.6-2015	烤花生仁和烤花生碎	2015-10-10	2016-03-01	国家工息行业标准
111	QB/T 1733.7-2015	烤花生	2015-10-10	2016-03-01	国家工息行业标准
112	QB/T 1733.1-2015	花生制品通用技术条件	2015-10-10	2016-03-01	国家工息行业标准
113	QB/T 1733.2-2015	花生类糖制品	2015-10-10	2016-03-01	国家工息行业标准
114	JB/T 13076-2017	花生联合收获机	2017-01-09	2017-07-01	国家工息行业标准
115	LS/T 3311-2017	花生酱	2017-10-27	2017-12-20	国家粮食行业标准

三、有关花生生产品质评价的具体标准

（一）花生种子质量标准

我国现行有效的国家花生种子质量标准为《GB4407.2-2008经济作物种子第2部分·油料类》。该标准于2008年6月28日通过国家技术监督局批准，2008年12月1日正式实施。该标准规定了花生种子的生产质量要求、检验方法、检验规则。具体指标如表10-2。标准规定以品种纯度指标为划分种子质量级别的依据，标准现定的主要指标花生种子发芽率为不低于80%。

表10-2　花生种子质量指标要求（GB 4407.2-2008）

作物名称	种子类别	品种纯度 不低于（%）	净度 不低于(%)	发芽率 不低于(%)	水分 不高于(%)
花生	原种	99	99	80	10
	大田用种	96	99	80	10

（二）花生产品质量标准

《国家标准GB1532-2008 花生》于2009年1月20日发布实施。标准中将花生的质量要求分为花生果和花生仁两类，如表10-3，花生果以纯仁率为定级指标，花生仁以纯质率为定级指标。

表10-3　花生质量指标（GB1532-2008）

等级	色泽、气味	花生果			花生仁			
		纯仁率（%）	杂质（%）	水分（%）	纯质率（%）	杂质（%）	水分（%）	整半粒限度（%）
1	正常	≥71	≤1.5	≤10	≥96	≤1	≤9	≤10
2	正常	≥69	≤1.5	≤10	≥94	≤1	≤9	≤10
3	正常	≥67	≤1.5	≤10	≥92	≤1	≤9	≤10
4	正常	≥65	≤1.5	≤10	≥90	≤1	≤9	≤10
5	正常	≥63	≤1.5	≤10	≥88	≤1	≤9	≤10
等外	正常	< 63	≤1.5	≤10	< 88	≤1	≤9	≤10

（三）食用花生标准

花生按其用途分为食用和油用，但食用和油用的花生在生产和消费过程中，区分不是绝对化的，食用花生主要要求蛋白质含量高、脂肪含量低。目前种植的花生主要品种多数为中间型、珍珠豆型和普通型。花生蛋白质和脂肪含量，不同

品种间有一定差别，同一品种在不同地区间也有差异。此外，不同的栽培方式对花生品质的影响也较大。全国花生蛋白质含量，在其相应产区范围内，与纬度呈负相关。食用花生（包括直接加工食用、调配加工食用、制酱、制粉等）与食品加工用花生的品质以籽仁蛋白质含量为主要指标。食用花生加工企业收购花生原料时，主要考虑花生的蛋白质含量。中国生产的花生约36%用于食用，但四川生产的花生80%用于食用。农业部于2006年发布了《NY/T1067-2006食用花生标准》，标准中将食用花生品质分为感官指标（表10-4）、理化指标（表10-5）和卫生指标（表10-6）。

表10-4　食用花生感官指标（NY/T 1067-2006)

序号	花生果		花生仁	
	项目	指标	项目	指标
1	品种	同一品种，异品种花生果≤5%	品种	同一品种，异品种花生仁≤5%
2	色泽	花生果壳具有正常的色泽，其中的果仁色泽正常，子叶不变色	色泽	色泽正常，子叶不变色
3	气味	具有花生果正常的气味，无异味	气味	具有花生正常的气味，无异味
4	形态	花生果形状匀整，洁净	形态	花生仁形状匀整，洁净，饱满
5	杂质	≤1.0%	杂质	≤0.5%
6	不完善果	≤5.0%	不完善仁	≤4.0%
7	纯仁率	≥67%	纯质率	≥95%
8	限度	异味、虫蛀蚀、果仁病斑、生霉、腐烂≤0.5%	限度	变质率≤1%，其中虫蛀蚀、病斑、生霉、腐烂的籽仁≤0.5%

表10-5　食用花生理化指标（NY/T 1067-2006)

序号	项目		指标		
			一级	二级	三级
1	蛋白质（以干基计）%		>26	23-26	<23
2	水分（%）	花生仁	≤8	≤8	≤8
		花生果	≤10	≤10	≤10

表10-6　食用花生卫生指标（NY/T 1067-2006)

序　号	项　目		指　标
1	无机砷（以As计）	mg/kg	≤0.2
2	铅（以Pb计）	mg/kg	≤0.2
3	镉（以Cd计）	mg/kg	≤0.5

续表10-6

序　号	项　目		指　标
4	汞（以Hg计）	mg/kg	≤0.02
5	铬（以Cr计）	mg/kg	≤1.0
6	氟（以F计）	mg/kg	≤1.0
7	黄曲霉毒素B_1	μg/kg	≤5
8	黄曲霉毒素总量（B_1、B_2、G_1、G_2）	μg/kg	≤15

《NY/T1067-2006 食用花生标准》将食用花生以蛋白质含量>26.0%、23.0%—26.0%和<23.0%分为三个级别。近年的检测结果表明，标准等级的划分符合我国花生品种品质情况。

（四）油用花生标准

目前，我国花生大部分用于榨油，20世纪50年代我国是世界上油脂出口大国，现今我国已成为世界油脂进口大国，进口量占世界总量的50%。因此，发展油用花生已经成为当务之急，油用花生的开发和推广利用已迫在眉睫。花生油加工生产企业收购榨油花生原料时，主要考虑含油量，并不考虑花生蛋白质的含量。农业部于2006年发布了《NY/T1068-2006 油用花生标准》，将油用花生品质一样分为感官指标（表10-7）、理化指标（表10-8）和卫生指标（表10-9）。

表10-7　油用花生感官指标（NY/T 1068-2006)

序号	花生果		花生仁	
	项目	指标	项目	指标
1	品种	同一品种，异品种花生果≤5%	品种	同一品种，异品种花生仁≤5%
2	色泽	花生果壳具有正常的色泽，其中的果仁色泽正常，子叶不变色	色泽	色泽正常，子叶不变色
3	气味	具有花生果正常的气味，无异味	气味	具有花生正常的气味，无异味
4	形态	花生果形状匀整，洁净	形态	花生仁形状匀整，洁净
5	杂质	≤1.5%	杂质	≤1.0%
6	不完善果	≤12.0%	不完善仁	≤10.0%
7	纯仁率	≥65%	纯质率	≥95%
8	限度	异味、虫蛀蚀、果仁病斑、生霉、腐烂≤0.5%	限度	变质率≤2%，其中虫蛀蚀、病斑、生霉、腐烂的籽仁≤0.5%

表10-8　油用花生理化指标（NY/T 1068-2006）

序号	项目		指标		
			一级	二级	三级
1	含油率（以干基计）%		>51	48–51	<48
2	水分（%）	花生仁	≤8	≤8	≤8
		花生果	≤10	≤10	≤10
3	酸价（以脂肪计）	mgKOH/g	≤2.5	≤2.5	≤2.5

表10-9　油用花生卫生指标（NY/T 1068-2006）

序号	项目		指标
1	无机砷（以As计）	mg/kg	≤0.2
2	铅（以Pb计）	mg/kg	≤0.2
3	镉（以Cd计）	mg/kg	≤0.5
4	汞（以Hg计）	mg/kg	≤0.02
5	黄曲霉毒素B_1	μg/kg	≤5
6	黄曲霉毒素总量（B_1、B_2、G_1、G_2）	μg/kg	≤15

《NY/T1068-2006 油用花生标准》将油用花生的3个级别的脂肪含量分别定为：＞51.0%、48.0%—51.0%和＜48.0%。近年的检测结果表明，标准等级的划分符合我国花生品种品质情况。

四、有关花生的生产技术规程(地方标准)

国外花生主要用于食用，而四川天府花生在国际上早有盛名，特别是中国加入世贸组织后，随着其他旱地作物（如玉米、烟草等）面积的压缩给花生生产面积的扩大创造了更多条件，花生产业进入了一个新的发展时期，既具有无限机遇，又面临巨大挑战。要提升花生产品质量和竞争力，全面开拓国际、国内市场，就必须 熟悉和了解花生生产质量标准体系，全面实施花生标准化发展战略，不断壮大四川的花生产业。

四川省在花生的标准化生产及技术规程方面，与国内许多花生主产省相比滞后很多。四川省花生种植面积排在全国第六（2018年统计数据），仅排在河南、山东、河北、辽宁和湖北之后，但是总产却排在了河南、山东、河北、广东、安徽、辽宁、湖北之后，居第8位。单产（2 568.79 kg/hm^2）比全国平均水平（3 657 kg/hm^2）低29.8%，因此其产量水平还有很大的提升空间。

通过表10-10近十年相关省制定的花生栽培技术规程（地方标准）可以看出，四川省近10年来只制定了1项花生相关的栽培技术规程，即《富硒黑花生栽培技术规程》，而同期在全国的花生主产省中，河南有7项，山东9项，广西10项，辽宁10项，河北4项，安徽7项，江苏5项，近几年才开始发展花生的新疆也有2项，所以要提高四川花生产量水平，除了推广新的特色品种以外，规范的标准化栽培技术的提升也还有很大的提升空间，需要花生科技技术人员及相关管理部门给予重视。

表10-10 近十年相关省制定的花生栽培技术规程（地方标准）

序号	标准编号	标准名称	批准时间	实施时间	标准类型
1	DB41/T 775-2012	夏花生有害生物综合防治技术规程	2012/12/18	2013/2/18	河南省地方标准
2	DB41/T 997.13-2014	农作物四级种子质量标准第13部分：花生	2014/12/30	2015/3/1	河南省地方标准
3	DB41/T 1097-2015	麦垄套种花生机械一体化生产技术规程	2015/8/13	2015/11/13	河南省地方标准
4	DB41/T 1098-2015	麦后直播花生起垄种植技术规程	2015/8/13	2015/11/13	河南省地方标准
5	DB41/T 1099-2015	旱薄地花生丰产种植技术规程	2015/8/13	2015/11/13	河南省地方标准
6	DB41/T 1106-2015	高油酸花生生产技术规程	2015/8/13	2015/11/13	河南省地方标准
7	DB41/T 1285-2016	花生一年两熟种子快繁技术规程	2016/8/31	2016/11/30	河南省地方标准
8	DB37/T 1951-2011	花生田中黄顶菊防除技术规范	2011/10/12	2011/12/1	山东省地方标准
9	DB37/T 2048-2012	花生肥料面源污染防控技术规程	2012/3/1	2012/4/1	山东省地方标准
10	DB37/T 2212-2012	花生抗叶斑病品种鉴定技术规程	2012/12/19	2013/1/1	山东省地方标准
11	DB37/T 2213-2012	花生适期晚收高产栽培技术规程	2012/12/19	2013/1/1	山东省地方标准
12	DB37/T 2214-2012	花生系统育种-单株选择法技术规程	2012/12/19	2013/1/1	山东省地方标准
13	DB37/T 2215-2012	花生引种技术规程	2012/12/19	2013/1/1	山东省地方标准
14	DB37/T 2210-2012	花生合理施钙防空秕栽培技术规程	2012/12/19	2013/1/1	山东省地方标准
15	DB37/T 2211-2012	花生抗青枯病品种鉴定技术规程	2012/12/19	2013/1/1	山东省地方标准
16	DB37/T 2587-2014	花生品种（系）抗疮痂病田间鉴定技术规范	2014/9/5	2014/10/5	山东省地方标准

续表10-10

序号	标准编号	标准名称	批准时间	实施时间	标准类型
17	DB37/T 2609-2014	山东大花生等级规格	2014/10/13	2014/11/10	山东省地方标准
18	DB45/T 1054-2014	春花生间作玉米栽培技术规程	2014/7/10	2014/8/10	广西壮族自治区地方标准
19	DB45/T 1052-2014	水旱轮作花生栽培技术规程	2014/7/10	2014/8/10	广西壮族自治区地方标准
20	DB45/T 1210-2015	甘蔗间作花生栽培技术规程	2015/10/30	2015/11/30	广西壮族自治区地方标准
21	DB45/T 1211-2015	花生套种淮山栽培技术规程	2015/10/30	2015/11/30	广西壮族自治区地方标准
22	DB45/T 1212-2015	幼龄橙园间作花生栽培技术规程	2015/10/30	2015/11/30	广西壮族自治区地方标准
23	DB45/T1213-2015	花生甘薯轮作栽培技术规程	2015/10/30	2015/11/30	广西壮族自治区地方标准
24	DB45/T 1215-2015	种用秋花生生产技术规程	2015/10/30	2015/11/30	广西壮族自治区地方标准
25	DB45/T 1216-2015	种用春花生生产技术规程	2015/10/30	2015/11/30	广西壮族自治区地方标准
26	DB45/T 1308-2016	花生质量安全追溯操作规程	2016/5/1	2016/6/1	广西壮族自治区地方标准
27	DB45/T 1308-2016	花生质量安全追溯操作规程	2016/5/1	2016/6/1	广西壮族自治区地方标准
28	DB21/T 1903-2011	花生剥壳机械作业技术规程	2011/7/27	2011/8/27	辽宁省地方标准
29	DB21/T 1976-2012	花生高产栽培技术规程	2012/4/20	2012/5/20	辽宁省地方标准
30	DB21/T 2055-2012	花生种子生产技术规程	2012/12/26	2013/1/26	辽宁省地方标准
31	DB21/T 2067-2013	地理标志产品 红崖子花生生产技术规程	2013/1/14	2013/2/14	辽宁省地方标准
32	DB21/T 2224-2013	出口用小花生高产栽培技术规程	2014/1/7	2014/2/7	辽宁省地方标准
33	DB21/T 2384-2014	花生膜下滴灌栽培技术规程	2014/11/19	2015/1/19	辽宁省地方标准
34	DB21/T 2223-2014	花生主要病害防治技术规程	2014/1/7	2014/2/7	辽宁省地方标准
35	DB21/T 2496-2015	花生储藏技术规程	2015/7/6	2015/9/6	辽宁省地方标准

续表10-10

序号	标准编号	标准名称	批准时间	实施时间	标准类型
36	DB21/T 2531-2015	有机花生生产技术规程	2015/8/27	2015/10/27	辽宁省地方标准
37	DB21/T 2655-2016	花生节本增效栽培技术规程	2016/6/21	2016/8/21	辽宁省地方标准
38	DB13/T 1528-2012	花生地下害虫综合防治技术规程	2012/4/19	2012/4/30	河北省地方标准
39	DB13/T 2024-2014	冀中南冬油菜-花生轮作栽培技术规程	2014/6/5	2014/6/30	河北省地方标准
40	DB13/T 2278-2015	冀中南夏直播花生生产技术规程	2015/12/25	2016/2/1	河北省地方标准
41	DB13/T 2187-2015	彩色花生系列品种栽培技术规程	2015/5/11	2015/7/11	河北省地方标准
42	DB34/T 1576-2011	绿色食品 沿淮地区花生栽培技术规程	2011/12/16	2012/1/16	安徽省地方标准
43	DB34/T 1457-2011	花生地膜覆盖栽培技术规程	2011/7/7	2011/8/7	安徽省地方标准
44	DB34/T 1888-2013	花生蛴螬调查测报规范	2013/5/10	2013/6/10	安徽省地方标准
45	DB34/T 1889-2013	淮北地区夏播花生生产技术规程	2013/5/10	2013/6/10	安徽省地方标准
46	DB34/T 2149-2014	黑花生栽培技术规程	2014/8/28	2014/9/28	安徽省地方标准
47	DB34/T 2280-2014	花生仁储存技术规范	2014/12/29	2015/1/29	安徽省地方标准
48	DB34/T 2514-2015	花生病虫草害防治技术规程	2015/11/10	2015/12/10	安徽省地方标准
49	DB32/T 1878-2011	鲜花生速冻加工技术规程	2011/8/15	2011/10/15	江苏省地方标准
50	DB32/T 2189-2012	泰花4号花生品种	2012/12/28	2013/2/28	江苏省地方标准
51	DB32/T 2190-2012	泰花5号花生品种	2012/12/28	2013/2/28	江苏省地方标准
52	DB32/T 2191-2012	早春双膜覆盖菜用花生栽培技术规程	2012/12/28	2013/2/28	江苏省地方标准
53	DB32/T 2567-2013	花生果辐照杀虫防霉技术规范	2013/12/20	2014/1/20	江苏省地方标准
54	DB65/T 3709-2015	绿色食品 花生（果、仁）林农复合间套作种植起垄覆膜花生栽培技术规程	2015/2/4	2015/3/4	新疆维吾尔自治区地方标准

续表10-10

序号	标准编号	标准名称	批准时间	实施时间	标准类型
55	DB65/T 3710-2015	绿色食品 花生（果、仁）林农复合间套作种植平播覆膜花生栽培技术规程	2015/2/4	2015/3/4	新疆维吾尔自治区地方标准
62	DB52/T 793-2013	贵州铜仁花生生产技术规程	2013/1/5	2013/2/5	贵州省地方标准
60	DB14/T 936-2014	春播花生优质高产栽培技术规程	2014/12/30	2015/1/30	山西省地方标准
61	DB22/T 2176-2014	地膜覆盖花生生产技术规程	2014/11/25	2014/12/25	吉林省地方标准
58	DB36/T 845-2015	花生茬秋芝麻轻简化生产技术规程	2015/4/21	2015/7/1	江西省地方标准
59	DB53/T 688-2015	红皮小粒花生生产技术规程	2015/4/22	2015/7/22	云南省地方标准
56	DB51/T2219-2016	富硒黑花生栽培技术规程	2016/5/25	2016/8/1	四川省地方标准
57	DB11/T 926.2-2016	粮经作物品种鉴定试验规程 第2部分:花生	2016/4/27	2016/8/1	北京市地方标准

第二节　四川花生规模化产业化生产情况

一、四川花生新品种推广体系

由于花生种子属于常规品种，新品种推广后没有可控性，加之繁殖系数低，用种量大（每公顷用种量在225 kg左右），种子油脂含量高，存放时间短，运输和储藏成本高，因此基本没有种业公司愿意经营花生种子。四川花生新品种的推广方式可以分为三个阶段。

（一）2010年以前

主要由育种单位选育出新品种后，在相关项目的资助下，由科研单位到花生主要产区进行示范种植，产区花生种植户根据自己的喜好选择留种，再由种植户之间相互引种扩大种植；或者科研单位在参加区域试验的过程中，各个试验点的农户自己按照自己的喜好会留种、农户间传种。个别花生种植大县，会通过县农业局农技站或经作站等部门配合育种单位的新品种示范，对示范户进行一定数量的农资补贴，一定程度上推动了新品种的示范。总体来看，2010年以前花生新品种的推广没有政府或种业公司的参与，推广速度慢。因不同地区、不同农户选择性留种的差异，同一个品种在不同地方种植出来的产品有一定的差异，甚至品种名称混淆，张冠李戴，造成生产上品种多乱杂现象非常突出，五花八门的老品种多，新品种没有真正应用于生产。

（二）2010—2014年

2010农业部和财政部将四川省列入全国花生良种补贴省份之一，安排四川省每年花生良种补贴面积140 000 hm^2，资金2 500万元，其中大田生产用种补贴133 330 hm^2，每公顷补贴150元，共补贴资金2 000万元。良种繁育补贴6 670 hm^2，每公顷补贴750元，共补贴资金500万元。四川省农业农村厅按照“属优势产区，基本条件好，党政领导重视，农民积极性高，规模连片种植”的原则，在全省选择了三台县、梓潼县、蓬溪县、安居区、东兴区、资中县、南部县、仪陇县、蓬安区、营山区、嘉陵区、渠县、金堂县、中江县、苍溪县、剑阁县、阆中市、宜宾县（叙州区）、邻水县、雁江区、安岳县、乐至县、简阳市共23个县区执行花生良种补贴。2010—2012年连续3年采取企业投标方式，从科研单位或从事花生新品种扩繁的合作社或农业公司采购新品种种子，向花生主要产区定向发放。参与良种补贴的花生新品种主要有天府11、天府13、天府14、天府18、天府19、天府21、天府22等品种。2013—2014年改为每种植1 hm^2花生，补贴150元的花生种子款，由于花生用种量大，按照当时的种子价格，每公顷种子成本在2 250元左右，而补贴150元对农户购买良种的促进作用不大，个别市县根据当地情况，将补贴款提高到750元/ hm^2。

（三）2015年以后

2015年后国家只对粮食作物采取补贴，取消了对花生的良种补贴。但个别市（县）对一些特殊花生种植地区需要更换花生新品种时，采取了由县财政出资金向科研单位的繁殖企业采取招标的方式，购买优良的新品种进行发放，促进了新品种的推广应用。如2019年三台县对鲜食花生生产区域采取了政府招标，购买了天府22和蜀花3号新品种的种子，促进了当地老品种的更换。

二、四川花生种业体系建设及运行情况

如上所述，花生种子经营风险大利润低，全省有几十家种业企业的经营范围有花生种子，但是实际经营的企业不多，根据目前的情况，可以将这些企业分为以下几类（表10-11）。

第一类是与科研单位长期合作或科研单位参股到公司，共同申报一定的各级政府项目资金补助，经营科研单位选育的新品种，这样促进了新品种的推广应用，如四川科茂种业有限公司为南充市农科院的参股公司，长期经营南充市农科院培

育的天府系列花生品种，蓬安县强鸿种业有限公司种植与经营天府10号等花生品种；成都大美种业有限公司、四川银皇食品有限责任公司与四川省农科院合作生产经营四川省农科院培育的蜀花系列品种。

第二类是在政府对花生种子补贴的几年中，办理并参与了部分花生品种的种子生产与经营，但在政府取消了补贴政策后，逐渐放弃了花生种子的经营的企业，如四川荣春种业有限责任公司等。

第三类是只在经营范围中申报了花生种子，但没有经营过花生种子的企业，有些公司表示有合适的品种时愿意考虑经营（如四川台沃种业有限责任公司、四川众望种业有限责任公司、四川比特利种业有限责任公司、四川金百圣农业有限公司等），有些公司表示目前暂时不会考虑经营花生种子（如四川隆平高科种业有限公司等）。

第四类是一些合作社或中小型农业企业，他们以生产和经营特色花生及种子为主。目前四川的特色花生主要有富硒黑皮花生、含糖量高口感好的水果花生、早熟红皮口感好适宜鲜食的红花生、种皮具备各样花纹口感好的彩色花生、口感好颜色独特的白皮花生、蛋白质含量特高适宜作花生奶花生酱加工的高蛋白花生、花生芽口感好产出比高的花生芽专用品种等。有些特色品种由企业与科研单位合作定向选育与生产收购，有些为科研单位选育的审定或登记品种（如四川省益寿农业开发有限公司和金堂三溪绿岛小镇黑花生专业合作社经营的黑花生品种中花9号、天府28、蜀花1号、彩色花生等），有些是企业自己从外地引进的一些特色品种通过适宜性选择与淘汰留下的较适宜品种，有些是过去地方长期种植的特色老品种。

表10-11　四川省与花生种子经营有关的企业

企业名称	企业所属市县及地址	目前花生种子经营情况
四川科茂种业有限公司	南充市南充农科巷137号	南充市农科院参股份公司，主要经营南充市农科院选育的天府系列花生品种
成都大美种业有限公司	成都市锦江区静渝路	与四川省农科院经作所合作，开展蜀花系列品种种子在四川省的生产推广及应用
四川银皇食品有限责任公司	宜宾市叙州区观音镇	与四川省农科院经作所合作，开展蜀花系3号花生种子在宜宾等花生主产区的生产推广及应用
蓬安县强鸿种业有限公司	南充市蓬安县诸家乡	主要经营天府10号种子及花生果，花生果主要销售浙江等省
四川荣春种业有限责任公司	绵阳跃进路北段	以前经营过天府3号等，现在没有经营花生种子了
四川台沃种业有限责任公司	绵阳市江油市棉纺路	有资质，但没有具体开展花生种子经营工作，有打算开展经营工作
四川众望种业有限责任公司	宜宾市长宁县长宁镇	有资质，但没有具体开展花生种子经营工作，有意愿开展花生种子经营工作
四川比特利种业有限责任公司	成都市锦江区静渝路	有资质，但没有具体开展花生种子经营工作，有意愿开展花生种子经营工作

续表10-11

企业名称	企业所属市县及地址	目前花生种子经营情况
四川金百圣农业有限公司	成都市大邑县高新农业产业园区	有资质，但没有具体开展花生种子经营工作，有意愿开展花生种子经营工作
四川隆平高科种业有限公司	德阳市广汉市怀化路	有经营资质，暂未考虑经营
四川省益寿农业开发有限公司	达州市大竹县庙坝镇创业园	与科研单位合作主要生产经营黑花生中花9号，蜀花1号，天府28等的商品及种子等
金堂三溪绿岛小镇黑花生专业合作社	成都是金堂县三溪镇	与科研单位合作主要生产经营黑花生中花9号、蜀花1号、天府28等的商品及种子，彩色花生及种子，水果花生及种子等
绵阳新宇种业有限公司	绵阳市游仙区石马镇	自己选育绵兴1号、绵兴2号、绵兴3号花生品种，申报了专利，绵兴2号为黑花生，绵兴1号为白皮花生，绵兴3号为粉皮花生，自己经营
四川先明农业科技有限公司	遂宁市射洪县金华镇	生产与经营自己培育的彩色花生品种
资中县万农罗汉花生种植专业合作社	内江市资中县公民镇高石坝子村1社	生产和经营罗汉果小花生
合江县富硒红皮花生专业合作社	泸州市合江县石龙乡	生产和经营地方红皮花生

三、四川花生规模化企业种植情况

四川省登记专业种植花生或兼顾种植花生的企业有366家（如表10-12），分布在全省17个地市州，以南充市最多为74个，其次是宜宾为59个，成都排第三有33个，达州和广安均为29个，内江26个，巴中和广元各25个，遂宁22个，绵阳18个，其他7个地市（乐山、德阳、泸州、眉山、资阳、凉山州和雅安）在10个以下。

这其中有农业公司、农民专业合作社、家庭农场等多种形式。其种植花生的规模差异较大，多的几百亩上千亩，少的几十亩，有的种植特色花生，有的种植鲜食花生，也有的种植普通商品花生；最多的县级单位是宜宾的叙州区有45家，其次是南部县有23家。从2018年全省的花生统计面积看，叙州区已经升为全省花生面积最大的县区了，面积达到11 291 hm^2，南部县面积有9 638 hm^2，全省面积排名第三。由此看来，当地规模化种植企业数与面积总数呈正比关系，这些企业大多是合作社，自己带动种植花生，同时发展当地老百姓种植，然后由合作社收购花生果，经过初步筛选后再批发给加工企业或外地收购企业，作鲜食或加工销售。

由于花生具有固氮、植株矮小、生育时间短等优点，目前有许多作果树或经济林木的企业，选择在幼龄树下套种花生的企业较多。另外，还有一些加工企业，因自己加工原料的需要，他们会与相关合作社合作定点生产自己需要的花生品种，如四川新生启航有限公司在金堂生产适宜作花生芽的品种，四川蓝剑集团在简阳市生产适宜作花生奶的高蛋白花生品种，四川百世兴公司在金堂、三台等地生产适宜鲜食的红皮水果花生，四川罗江和宜宾等地的烘烤花生加工企业在全省多地建立生产基地，专门生产天府3号及类似品种等。

表10-12　四川省花生规模化种植登记企业

地市州	区县	生产企业个数	花生生产企业名称
成都市	金堂县	21	成都乡见农业发展有限公司、成都宏得利农业开发有限公司、成都金牧扬农业专业合作社、成都鸿玉农业专业合作社、成都猫儿山果蔬专业合作社、成都市双新瑞凤果蔬农民专业合作社、金堂县玉皇山彩色花生专业合作社、金堂县文洪食用菌种植专业合作社、成都晨曦尚品果蔬专业合作社、金堂县彩柚家庭农场、成都鹏聚农业开发有限公司、成都小易农业专业合作社、金堂县协能农业专业合作社、成都勋东农业专业合作社、四川南国花园生态农业开发有限公司、成都市金宏源农业科技有限责任公司、成都市森态源农业开发有限责任公司、金堂鑫泽源家庭农场、金堂平高家庭农场、金堂伍二姐家庭农场、四川省粤菜公司
	简阳市	11	简阳市泉清生态农业专业合作社、简阳市阳明种植专业合作社、简阳市九里埂花生种植专业合作社、简阳市安尤种植专业合作社、简阳市平息乡世外蜜桃家庭农场、简阳市美好之家种植专业合作社、简阳市顺兴种植专业合作社、简阳市贺氏种植专业合作社、简阳市方家坝花生种植专业合作社、简阳市祥瑞兴农业有限公司、简阳市鑫丰苗木种植专业合作社
	邛崃市	1	邛崃市岳剑琴家庭农场
绵阳市	三台县	10	三台县风帆农业科技有限公司、三台县乐安花生专业协会、三台县乐安镇富乐花生专业合作社、三台县西平镇金桥花生种植专业合作社、三台县刘营镇新乐家园家庭农场、三台县芦溪镇晨曦花生种植专业合作社、三台县金鼓乡春鹏种植专业合作社、三台县前锋镇鲜湿花生种植专业合作社、三台县春凤家庭农场、三台县生茂家庭农场
	盐亭县	3	盐亭县黄甸镇金粱弯家庭农场、盐亭县国胜家庭农场、绵阳市嫘祖酿造食品有限公司
	梓潼县	3	梓潼县佳轩家庭农场、梓潼县快乐怡家庭农场、梓潼县慧生园家庭农场
	江油市	1	江油市顺蔬蔬菜农民专业合作社
	安州区	1	安县花荄镇猫儿嘴家庭农场
德阳市	旌阳区	4	德阳市丰联农业科技有限公司、德阳市三分田农业专业合作社、德阳市旌阳区双东镇泉音花生专业合作社、德阳市旌阳区犁歌种植专业合作社
	罗江区	2	罗江县瑞立凯农业发展有限公司、罗江区德前家庭农场
	中江县	2	中江县兴桥花生专业合作社、中江县精彩人生花生专业合作社

续表10-12

地市州	区县	生产企业个数	花生生产企业名称
南充市	仪陇县	5	仪陇县福临乡建华村九道拐清见种植家庭农场、仪陇县西华花生农民专业合作社、仪陇县黄家花生种植农民专业合作社、仪陇县永乐镇大柏树花生种植农民专业合作社、仪陇县福临乡志明柑橘种植家庭农场
	西充县	11	西充县大全镇吉秀家庭农场、西充建林宫种养殖农民专业合作社、西充县中南雨台山红色杂粮专业合作社、西充县古楼镇冯二垭种植专业合作社、西充县古楼镇珍珠山村种植专业合作社、西充县新时代农场、西充县宏森种植家庭农场、西充县宏桥乡观音殿村红星种植专业合作社、西充兴村种养殖农民专业合作社、西充向阳种养殖农民专业合作社、西充县罐垭乡方山寨种养殖农民专业合作社
	南部县	23	南部县金宝山种养殖农民专业合作社、南部县大王镇坤达果业农民专业合作社、南部县晏氏花生种植农民专业合作社、南部县黑农夫农业专业合作社、南部县金农种植农民专业合作社、南部县太霞乡南山村泽华家庭农场、南部县升水镇小白种植家庭农场、南部县升水镇泽全种植家庭农场、南部县润聚种植农民专业合作社、南部县合和盛种植农民专业合作社、南部县陈家岭大耳羊养殖农民专业合作社、南部县玉寅峰生态农业开发有限公司、南部县山丘人种植农民专业合作社、南部县店垭乡葵花村光选种植场、南部县河坝镇梦思源种植农民专业合作社、南部县定水镇欣旺家庭农场、南部县东景蚕业农民专业合作社、南部县裕祥养殖农民专业合作社、南部县金盘穴种植农民专业合作社、南部县盘龙镇玉龙山村王帅家庭种植农场、南部县容海种植农民专业合作社、南部县金垭富硒农作物种植农民专业合作社、南部县宏厚种植专业合作社、南部县万仕通养殖农民专业合作社
	阆中市	9	阆中市昌凌紫薯专业合作社、阆中市恒兴黑花生种植专业合作社、阆中市金子山家庭农场、阆中市立新家庭农场有限公司、阆中市奉国花青素花生种植基地、阆中市五斗坪家庭农场、阆中市明静花生种植专业合作社、阆中市万之源种养殖专业合作社、阆中市博树蚕石山种养殖专业合作社
	营山县	8	营山县荣发水稻种植专业合作社、营山县骆市镇竹林村光俊水稻种植家庭农场、营山县涌泉乡樊沟核桃专业合作社、营山县黄渡镇兰武村长德蔬菜种植专业合作社、营山县兰武星晨粮油专业合作社、营山欣源花椒种植专业合作社、营山县绿水镇锁口村黑硒花生种植专业合作社、营山鸿瑞农牧专业合作社
	蓬安县	8	蓬安县金玉塘种养农民专业合作社、蓬安县杨家镇八角油菜种植农民专业合作社、蓬安县两路乡惠农供销合作社、蓬安县亿吉种养农民专业合作社、蓬安斑竹林种养农民专业合作社、蓬安县梦圆种养农民专业合作社、蓬安县蓝鹰园林场、蓬安县姚家大湾农业开发有限公司
	嘉陵区	10	嘉陵区金穗种养殖专业合作社、嘉陵区双桂镇广孝寺村洪召家庭农场、嘉陵区双桂镇广孝寺村正芬家庭农场、嘉陵区双桂镇广孝寺村宗宏家庭农场、嘉陵区双桂镇广孝寺村光全家庭农场、嘉陵区双桂镇广孝寺村兴胜家庭农场、嘉陵区双桂镇广孝寺村林恒家庭农场、嘉陵区双桂镇广孝寺村广富家庭农场、嘉陵区双桂镇广孝寺村克树家庭农场、嘉陵区廷东蔬菜种植专业合作社

续表 10–12

地市州	区县	生产企业个数	花生生产企业名称
宜宾市	叙州区	45	宜宾县百盛家庭农场、宜宾县清莲家庭农场、宜宾县双龙镇宜佳种植专业合作社、宜宾县双龙镇大勇种植专业合作社、宜宾县大川花生专业合作社、宜宾县小芳花生专业合作社、宜宾县七里坡种养殖农民专业合作社、宜宾县惠民花生专业合作社、宜宾县德盛花生专业合作社、宜宾县古罗镇诚信花生专业合作社、宜宾县古柏镇大桥种植专业合作社、宜宾县古柏镇华丽家庭农场、宜宾县合什镇万程种养殖专业合作社、宜宾县蜀留香蔬菜种植专业合作社、宜宾县旺优新花生种植专业合作社、宜宾县蔬粮种植专业合作社、宜宾县合什镇皂角山种养殖专业合作社、宜宾县合什镇梦想家庭农场、宜宾县先锋富农种植专业合作社、宜宾县观音镇兵帅花生专业合作社、宜宾县观音镇众鑫花生种植专业合作社、宜宾县金成种植专业合作社、宜宾县观音镇申望花生种植专业合作社、宜宾县观音镇正明蔬菜种植专业合作社、宜宾县观音镇卓诚种养殖专业合作社，宜宾县观音致诚花生专业合作社、宜宾县梦圆种植专业合作社、宜宾县观音镇志博花生种植专业合作社、宜宾县九九花生专业合作社、宜宾县鸿材花生专业合作社、宜宾县泥溪镇崇林种养殖专业合作社、宜宾县加兴花生种植专业合作社、宜宾县柳嘉镇马头家庭农场、宜宾县柳嘉镇盈收种养殖专业合作社、宜宾县柳嘉镇康达花生种植专业合作社、宜宾县柳嘉镇兆阳种养殖专业合作社、宜宾县蕨溪镇硒盛种养殖专业合作社，宜宾县蕨溪镇星茂家庭农场、宜宾县蕨溪镇鑫悦家庭农场、宜宾市叙州区思艺花生专业合作社、宜宾市叙州区古柏镇岷江家庭农场、宜宾市叙州区镇彤家庭农场、宜宾市叙州区忠恕家庭农场、宜宾市叙州区佑兵家庭农场、宜宾县万顺种植专业合作社
	兴文县	6	兴文县连天山家庭农场、兴文县彭梦粮油种植专业合作社、兴文县范家青山种养业专业合作社、兴文县丰盛养殖种植农民专业合作社、兴文县镇鸿生态家庭农场、兴文县金田猕猴桃专业合作社
	珙县	3	珙县孝儿红土花生专业合作社、珙县吉瑞种养专业合作社、珙县孙周黄柏种植专业合作社
	高县	2	高县金担子花生专业合作社、高县金强花生专业合作社
	翠屏区	3	宜宾甘甜种植养殖专业合作社、宜宾市东戈林木种植开发有限公司、宜宾新梓养殖种植专业合作社
乐山市	马边彝族自治县	3	马边彝族自治县下溪镇鱼仓山花生专业合作社、马边下溪镇凉风花生种植专业合作社、马边新农运农牧专业合作社
	井研县	3	井研县小米花生协会、井研县金汇源黑花生种植专业合作社、井研县黄土坎小米花生专业合作社
	夹江县	1	夹江县碧云山蘑菇种植园
	峨眉山市	1	峨眉山市沐之源黑花生专业合作社
	犍为县	1	犍为县民杰黑花生种植专业合作社

续表10-12

地市州	区县	生产企业个数	花生生产企业名称
遂宁市	安居区	10	遂宁市开明花生种植农民专业合作社、遂宁市洪军花生种植农民专业合作社、遂宁市定林花生种植农民专业合作社、遂宁市任均花生种植农民专业合作社、遂宁市易发食品有限公司、四川坤芳生态农业有限公司、遂宁市鑫果果花生种植农民专业合作社、遂宁市安居区聚洋种植专业合作社、遂宁市安居区圆满花生专业合作社、遂宁市安居区花生生产专业技术协会
	射洪县	12	射洪县富硒黑花生种植专业技术协会、射洪县智星缘种植专业合作社联合社、射洪县春沃种植专业合作社、射洪县怡乐家庭农场、射洪县凤来镇倪桥富硒黑花生专业合作社、射洪众鼎种植专业合作社、射洪县先明花花生专业合作社、射洪县庄源养殖专业合作社、四川合众生态农业有限公司、射洪县罗家坝花生专业合作社、射洪华蓉家庭农场、射洪县涪西镇龙垭万源家庭农场
巴中市	平昌县	21	平昌戴安家庭农场有限公司、平昌上信家庭农场有限公司、平昌县泰溪种植专业合作社、平昌县泰溪种植专业合作社、平昌县祥合种植专业合作社、平昌县怡君种植专业合作社、平昌县梁铜汇民农业专业合作社、平昌县高乐种植专业合作社、平昌县大坪梁农业专业合作社、平昌君红农业专业合作社、平昌县环水种植专业合作社、平昌县文江农业专业合作社、平昌县政元农业专业合作社、平昌县红土丫农业专业合作社、平昌道人山农业专业合作社、平昌致富农业专业合作社、平昌红豆坡农业专业合作社、平昌县凉树清容农业专业合作社、平昌县金润农业专业合作社、平昌县乐多农业专业合作社、平昌县鼎昌农业专业合作社、平昌县柏马农业专业合作社
	通江县	2	通江县春在镇建红家庭农场、通江县三溪镇欣旺家庭农场
	巴州区	1	巴州区华剑中药材种植专业合作社
	南江县	1	南江彩叶苗木专业合作社
达州市	大竹县	7	大竹县东江种植专业合作社、大竹县鑫雨种植专业合作社、大竹县益寿黑花生专业合作社、大竹县四合花生专业合作社、大竹县邻山黑色农产品专业合作社、大竹县华丰种植场、大竹县清水镇松林坡花生专业合作社
	万源市	4	万源市明悦种养殖专业合作社、万源市永利中药材种植专业合作社、万源市三合面黑花生专业合作社、万源市兴民种植场
	开江县	3	开江县宣山文家庭农场、开江县宝石湖黑花生专业合作社、开江县喜乐家庭农场
	宣汉县	9	宣汉县红土花生种植专业合作社、宣汉县翔龙种植专业合作社、宣汉县聚福缘种植专业合作社、宣汉县绿康黑花生种植专业合作社、宣汉县宜家农业开发有限公司、宣汉县东林乡中地农产品收购服务部、宣汉县张渊种植家庭农场、四川皓伟农业开发有限公司、宣汉县石牛粱花生种植专业合作社
	渠县	3	渠县佛尔岩家庭农场、渠县和平年代花生种植农民专业合作社、渠县五峰经济作物种植农民专业合作社
	通川区	2	达州市通川区应三红现代农业技术协会、四川省空中乐园生态农业开发有限公司
	达川区	1	达县显义黑花生种植专业合作社

续表 10-12

地市州	区县	生产企业个数	花生生产企业名称
广元市	苍溪县	8	苍溪县八庙镇舜华农场、苍溪县香乐花生专业合作社、苍溪县东青镇德坪家庭农场、苍溪县东青镇德忠家庭农场、苍溪县稼盛粮油专业合作社、四川省苍溪县耕之灵种植有限公司、苍溪县百益黑粮专业合作社、四川兴志特农食品开发有限公司
	剑阁县	7	剑阁县元山普同花生专业合作社、剑阁县花生流通协会、剑阁县蜀南花生专业合作社联合社、剑阁县元山镇爱国花生专业合作社、剑阁县元山镇平桥花生专业合作社、剑阁县国光花生专业合作社、剑阁县金仙镇登皇花生专业合作社
	旺苍县	4	旺苍县货珍真种植专业合作社、旺苍县大山人家养殖专业合作社、旺苍县旺鼓藤椒专业合作社、旺苍县何明海猕猴桃种植家庭农场
	朝天区	3	广元市朝天区彦林核桃种植专业合作社、广元市益得宝种植专业合作社、广元市潜溪河核桃种植专业合作社
	利州区	2	广元市高桥花生种植专业合作社、广元市茎茎种植专业合作社
	经开区	1	广元市顺和种养殖农民专业合作社
广安市	邻水县	15	邻水县半坡花生种植专业合作社、邻水县益寿黑花生种植专业合作社、邻水县桂林槽种养殖专业合作社、邻水县双邻种植专业合作社、邻水县安丰生态家庭农场、邻水县民村康种养殖专业合作社、邻水县伟昌果蔬种植专业合作社、邻水县腾峰农业发展有限公司、邻水县森源蚕桑果蔬种植专业合作社、邻水县林祥种植专业合作社、邻水县柑子镇代容种植场、邻水县宗富水果种植专业合作社、邻水县狮子石种植专业合作社、邻水县万勇种植专业合作社、邻水县满仓农业发展有限公司
	岳池县	7	岳池县石垭石龙庙种植专业合作社、四川万众农业科技有限公司、岳池县蔡家沟农业发展有限公司、岳池县石船沟农业专业合作社、四川金光大道农业发展有限公司、岳池县西溪镇弟兄家庭农场、岳池县鱼峰乡幸福家庭农场
	广安区	3	广安市广安区新合农作物种植专业合作社、广安众享黑皮花生产销专业合作社、广安众享黑皮花生产销专业合作社、广安市广安区龙台镇白桥大蒜种植专业合作社
	前锋区	2	广安市前锋区实惠种植家庭农场、广安市前锋区华江种养殖农民专业合作社
	武胜县	1	武胜县粮山油菜籽种植专业合作社
	华蓥市	1	华蓥市黑三样种植家庭农场

续表10-12

地市州	区县	生产企业个数	花生生产企业名称
内江市	威远县	4	威远县五香田花生种植农民专业合作社、威远县绿帆花生种植农民专业合作社、威远县白坭山种植场、威远黄石板贡米种植农民专业合作社
	东兴区	4	内江市东兴区芳盛种植专业合作社、内江市东兴区长山顶种植专业合作社、内江市东兴区干堰塘种植专业合作社、内江市东兴区鑫茂源种植专业合作社
	资中县	3	资中县高楼李洪友加工店、资中县小川种植家庭农场、资中县铁伏农业发展有限公司
	市中区	1	内江市市中区王新友油菜籽专业合作社
自贡市	荣县	17	自贡市原森现代农业开发有限责任公司、荣县吉发花生种植专业合作社、荣县古文镇老母猪冲种养殖家庭农场、荣县动森生猪养殖家庭农场、荣县乐德镇田坝寺种养殖家庭农场、荣县乐德镇满山红生态水果种植家庭农场、荣县乐德镇绿优农种养殖家庭农场、荣县百果汇水果种植专业合作社、荣县乐德镇绿原蔬菜种植家庭农场、荣县真友丰谷物种植专业合作社、荣县河口镇塘坳山家庭农场、荣县河口镇新农人家庭农场、四川七厢土农业科技有限公司、荣县观音寺乡村旅游开发有限公司、荣县沙溪土花生种植专业合作社、荣县保华镇研溪家庭农场、荣县雷音乡红砂地花生种植专业合作社
	贡井区	8	自贡市贡井区五宝花生协会、自贡市林宜家庭农场、自贡宏杨种植专业合作社、贡井区宏宇家庭农场、自贡市五宝胖大叔手工空心挂面专业合作社、自贡利众种养殖专业合作社联合社、自贡市五宝宏运花生专业合作社、自贡市青草家庭农场
	沿滩区	1	自贡市沿滩区仙市镇小齐花生专业合作社
泸州市	泸县	4	泸县海潮李花生种植专业技术协会、泸县潮河花生专业合作社、泸县云锦山黑花生专业合作社、泸县龙姐花生专业合作社
	合江县	2	合江县张柏坳家庭农场、合江县双漩子花生专业合作社
	古蔺县	1	古蔺县二郎镇沙坝玉米种植专业合作社
眉山市	青神县	2	青神县汉阳镇古镇花生农业专业合作社、青神县李德安种植家庭农场
	仁寿县	2	仁寿县满井镇新花果山家庭农场、仁寿县五龙山蔬菜专业合作社
资阳县	乐至县	3	乐至县穗丰花生专业合作社、乐至县彩乡紫薯专业合作社、乐至县凉水乡星星农场
	雁江区	1	资阳县雁江区蜀友家庭农场
凉山州	会理县	3	会理县鸿远家庭农场，会理县德瑞家庭农场、会理县劳氏家庭农场
	布拖县	1	布拖县牛角湾乡白石滩小花生专业合作社
	盐源县	1	盐源县绿芽种植专业合作社
	雷波县	1	雷波县吉布以沙家庭农场
雅安市	芦山县	1	芦山县龙门乡王花生

第三节　四川花生贮藏及品质情况

一、花生品质及检测方法

1.花生品质

花生品质主要包括外观品质和内在品质。外观品质包括籽仁形状、大小、整齐度、色泽等；内在品质包括水分、油亚（O/L）比、含油量、蛋白质、过氧化值、氨基酸、脂肪、糖度、风味等，以及根据出口要求检测的黄曲霉毒素、丁酰肼含量等。

2.检测方法

花生的外观品质一般可采用机器视觉技术，可一次完成多项外在品质指标检测。花生蛋白质、氨基酸、脂肪、水分等内在品质，可根据国家标准技术要求进行检测。黄曲霉毒素检测可采用紫外荧光分析技术，进行定性或定量判断检测。

二、四川花生主要储藏方式

（一）常规贮藏

贮藏前要充分晒干，使种子含水率降到8%以下。提高种子的净度，清除杂质及没有发育成熟的秕果。贮藏场地要注意防潮、保持库内通风干燥。贮藏器具以编织袋、麻袋为好，避免用不透气的塑料袋贮藏，种子袋摆放在托盘上。不能与农药、化肥同仓存放，因许多农药和化肥都有一定的挥发性、腐蚀性，时间一长，对种子的细胞和种胚具有损害作用。贮藏期间注意受潮或被虫、鼠危害。

（二）CO_2、N_2和真空储藏

在常规贮藏条件下，将种子含水率降到8%以下后，利用真空负压将花生壳内的氧气抽出，然后充氮气或惰性气体花生壳内外隔绝氧气来阻止花生被氧化，或者直接真空保存，从而提高烘烤花生的贮藏期。

（三）低温（4℃）冷藏

种子贮藏最安全的气温是-5℃—8℃。在这样的温度下，种子呼吸作用最微弱，种子里的养分消耗最少，各种酶的活动受到抑制，种子完全处于休眠状态。生产上利用种子低温仓库，人为或自动控制制冷设备保持和控制花生种子仓库内的温度、湿度，使花生长期贮藏于低温干燥的条件下，延长种子的寿命，保持种子活力。

三、不同储藏方式对花生品质的影响

经探索研究，比较常规贮藏、CO_2、N_2、真空及低温（4℃）对花生发芽率、酸价、过氧化氢酶等性状的影响，结果表明：采用常规贮藏方法20个月后，花生发芽率降低58.4%，酸价升高28.18 mgKOH/g，过氧化氢酶降低17.64 mgH_2O_2/g。采用CO_2、N_2、真空及低温贮藏，花生发芽率分别降低9.6%、11.8%、14.7%、8.3%；酸价分别升高9.79 mgKOH/g、10.44 mgKOH/g、12.63 mgKOH/g、8.32 mgKOH/g；过氧化氢酶分别降低10.71 mgH_2O_2/g、12.25 mgH_2O_2/g、14.30 mgH_2O_2/g、8.37 mgH_2O_2/g。在四川地区采用常规贮藏方法，花生发芽率及贮藏品质大幅降低，无法满足生产加工需求。4种贮藏方式中，低温贮藏效果最好，夏季CO_2、N_2及真空贮藏，花生酸价、过氧化氢酶显著变化，品质下降明显。表明温度是影响花生贮藏的关键因素，低温贮藏能保证花生的发芽率及风味品质。CO_2、N_2贮藏优于真空保存，考虑成本因素，N_2贮藏优于CO_2。

第十一章 四川花生消费及加工产品类型

第一节　花生的营养价值及利用情况

一、花生的成分和营养价值

花生籽仁含有约50%的脂肪和约25%的蛋白质，是重要的食用油和植物蛋白质资源，在我国人民的膳食结构中占有重要地位。花生不仅简单加工就可食用，还可深加工制成营养丰富，色、香、味俱佳的各种食品和保健产品，其副产品还可综合利用，加工增值，提高经济效益。合理利用花生资源，必须了解其化学组成、性质和营养价值。花生荚果，果壳重占28%—32%，籽仁重占68%—72%。而在籽仁内，种皮占荚果总重的3%—3.6%，子叶占62.1%—64.5%，胚芽占2.9%—3. 9%。

（一）花生籽仁

1.水分

安全贮存的花生籽仁，水分含量为5%—10%。不同的加工方法，花生及其制品的水分含量高低不同。水煮花生可以使花生及其制品水分升高到36%左右；烘烤或油炸能够使其水分降至2%以下；烘干的花生仁用于制作糖果和点心时，其水分亦会有所增加。水分含量高低影响花生及其制品的贮藏期。花生制品水分含量低，贮藏期长；反之则短。

2.脂肪

花生籽仁含有脂肪40%—60%。在几种主要食用油料作物中，花生的脂肪含量仅次于芝麻（45%—57%），而高于油菜（28%—48%）、大豆（15%—23%）和棉籽（18%—24%）。花生籽仁由于富含脂肪和蛋白质，热值含量很高。不同制法的花生仁，所含热值差异也较大：对于未处理的全脂生花生仁，带皮和脱皮的每100 g热值分别为2 347 J和2 378 J；而焙烤之后，带皮和脱皮的每100 g热值会增加到2 437 J和2 449 J。

3.蛋白质

花生籽仁含有18%—38%的蛋白质。与几种主要油料作物相比，仅次于大豆（41%—53%），而高于芝麻（19%—25%）和油菜（19%—27%）。花生蛋白质溶于10%的氯化钠或氯化钾水溶液。在pH值7.5的稀氢氧化钠溶液，溶解度也很大。花生蛋白的营养价值与动物蛋白相近，蛋白质含量比牛奶和猪肉都要高，且基本不含胆固醇。花生蛋白质中含有大量人体必需氨基酸，比如赖氨酸含量不仅比大米、小麦和玉米都高，且有效利用率更是达到了98.8%。而大豆蛋白中赖氨酸的有效利用率仅为78%。此外，花生蛋白质中还含有较多的谷氨酸和天门冬氨酸，对促进脑细胞发育和增强记忆力有良好的作用。但是，花生由于所含蛋白质的氨基酸和人体有一定差异，其必需氨基酸的利用率不是特别高。从这方面来看，花生蛋白的综合营养价值不如大豆蛋白。这是花生蛋白营养的一个弱点，在开发利用花生蛋白时应予注意。不过，由于花生蛋白质中棉籽糖和水苏糖含量很低，仅相当于大豆蛋白质14.3%，食用花生及其蛋白制品不会产生腹胀嗝气的现象。值得注意的是，花生中某些营养物质比如膜蛋白酶阻碍因子、甲状腺素、植酸等，经过热加工后，容易被破坏而失去活性。总体来说，花生蛋白具有较高的营养价值，在人的食物和畜（禽）饲料中占有很重要的地位。

4.碳水化合物

花生仁含有10%—23%的碳水化合物。但因品种、成熟度和栽培条件不同其含量有较大变化。碳水化合物中淀粉约占4%，其余是游离糖，分为可溶性和非可溶性。可溶性糖主要是蔗糖、果糖、葡萄糖，还有少量水苏糖、棉子糖和毛蕊糖等。蔗糖含量的多少与焙烤花生果（仁）的香气和味道有密切关系。非可溶性糖有半乳糖、木糖、阿拉伯糖和氨基葡萄糖等。

5.维生素

花生仁含有丰富的维生素，其中以维生素E最多，其次为维生素B_2、维生素B_1、维生素B_6等，但几乎不含维生素A和维生素D。维生素B_1易受高温的破坏，因此，花生在高温加工中，维生素B_1会有大量损失。而维生素B_2在加热过程中性质比较稳定，损失轻微。

6.矿物质

花生仁约含3%的矿物质。不同土壤上生长的花生，其籽仁的矿物质含量差异较大。据分析，花生仁的无机成分中含有近30种元素，其中，钾、磷含量较高，其次为镁、硫、铁等。

7.有关花生风味的挥发性成分

目前已从生花生仁中鉴定出187种化学成分，绝大部分属挥发性成分，与花生风味息息相关。这些挥发性成分包括戊烷、辛烷、甲基甲酸、乙醛、丙酮、甲醇、乙醇、2-丁醇酮、戊醛、己醛、辛醛、壬醛、癸醛、甲基吡嗪、三甲基吡嗪和甲基乙基吡嗪等。其中，乙醛是香味的主要成分，辅之以戊醛和其他化合物。许多学者对焙烤花生的挥发性风味成分作了相关研究。美国俄克拉荷马州大学等单位鉴别出焙烤花生的挥发性成分有17类220多种，包括36种吡嗪类化合物、19种链烷类化合物、13种2-链烯类化合物，以及酮类、吡啶类、呋喃类、苯酚类、萜烯类化合物等。其中，吡嗪类化合物浓度最高，对产生焙烤花生香味起主要作用，香味中的甜味与苯乙醛有关。另外，天门冬氨酸、谷氨酸、谷酰胺、天门冬二氨酸、组氨酸和苯丙氨酸等氨基酸也与花生仁的香味有关，而苏氨酸、赖氨酸和精氨酸则与异味有关。

8.其他成分

花生含有少量胰蛋白酶阻碍因子，约等于大豆的20%，并含甲状腺素、凝血素、植酸和草酸等抗营养物质。但是这些抗营养物质经过加热加工处理后，容易被破坏而失去活性，一般不会影响花生及其制品的营养价值。

（二）花生副产物

1.饼粕

花生仁榨油后的饼粕营养成分丰富，含有蛋白质、维生素和多种矿物质如磷、钾、铁、钙等。其中蛋白质含量达50%以上，是花生仁蛋白质含量的两倍左右。但是，花生仁在榨油的过程中，会使蛋白质的性质发生一定的变化，使其溶解度降低。不同的榨油方法使其饼粕蛋白质变性的程度有很大的差异。低温浸出法榨油饼粕的水溶性蛋白质含量（35%）和蛋白质溶解指数（62%）明显高于机榨法榨油的饼粕（分别为11.4%和19.6%—25%）和高温浸出法的饼粕（分别为24.8%和39.5%—41.1%）。应用水剂法或水酶法制取油脂的同时提取花生蛋白是人们关注的生产工艺，可以使蛋白质变性程度变小。

虽然花生饼粕所含营养成分丰富，但是基本用作饲料和肥料，未能充分发挥其经济效益。近年来已经开始逐渐重视开发利用花生饼中的蛋白质，将花生饼柏加工成蛋白粉，并通过挤压膨化制造成具有精肉纤维结构的花生组织蛋白（即人们称的人造肉），受到消费者的喜欢。

2.种皮

花生种皮占花生仁的4%左右，其主要化学组成是纤维素、脂肪、蛋白质和灰分等。另外，花生种皮中含有约7%的单宁等多酚类化合物，还有多种色素。花生种皮有止血的作用，可以防止各种出血，已有用花生种皮制成的止血宁片。

3.花生壳

花生果壳约占花生果的30%，我国每年约产出180万t花生壳，但利用还很不够，除少量用作粗饲料外，大量的花生壳被烧掉或白白扔掉，造成资源浪费。花生果壳中含蛋白质4%—7%、粗脂肪1%—2%，碳水化合物10.6%—21.2%（其中包括单糖、双糖和低聚糖）、淀粉75%，半纤维素10.1%、粗纤维素65.7%—79.3%和灰分1.9%—4.6%。花生壳中的粗纤维含量高，直接用作饲料不易被消化。若经过发酵或化学处理后其营养价值和可消化率会有很大的提高，可以用作饲料。另外，花生是很好的食用菌生产基质，是制造纤维板、生产酱油、化工产品、食用纤维、提取相关药物等的原料。

4.花生藤

花生藤含有蛋白质、脂肪、灰分和大量的碳水化合物，是一种良好的家畜饲料。其中叶的蛋白质和脂肪为20%—23%和3.6%—4.0%，含量最高；上部茎其次，9%—11%和1%—1.5%；下部茎最低，蛋白质和脂肪含量为8%—9.5%和0.9%—1.0%。所以蔓生型花生的蛋白质和脂肪含量略高于丛生型。据测定，1 kg花生茎叶含有可消化蛋白质69.1 g，高于大豆、豌豆和玉米等的茎叶或秸秆，并含有丰富的钙、磷，是家畜的优质粗饲料。花生茎叶粉碎后养猪，可代替一部分粗饲料。如果将花生茎叶进行青贮作为猪饲料，其营养价值更高，效果更好。

二、花生的利用情况

（一）世界花生加工利用概况

花生最开始是作为一种重要的油料作物发展起来的。大约在125年前，法国马赛的油坊从西非进口花生来榨油，此后人们开始大量利用花生制油，出现了花生加工产业，而后遍及全球。在花生油脂工业发展以前，人们将花生煮、炒后直接食用。20世纪40年代以前，约占世界总产量72%的花生用于加工花生油，用于食用的花生仅占3%。20世纪50年代以后，特别是60年代以来，由于开发利用其他各种油料和油脂，人类对食用油的需求相对得到满足。加之现代食品加工技术的迅速发展，花生食用价值和营养价值越来越受到人们的重视，世界食用花生的消费量不断增长。20世纪70年代，世界食用花生已占总产量的31%，榨油花生占比降为58%。据美国的《花生科学进展》介绍，1990年世界食用花生和榨油花生的比重分别为36%和54%。当前，人类生产花生的目的，越来越开始侧重于从中获取高蛋白质营养。

世界主要花生消费国利用花生的模式各不相同，花生用于榨油和食用的比例相差很大。总的说来，发达国家消费花生以食用为主。美国有65%的花生用作食用，英国和日本等国，花生不用于榨油，几乎全部用作食用，而我国大约有55%的花生用作食用。

（二）我国花生加工利用的历史和现状

1. 1949年前花生加工利用简况

1949年前，我国花生主要用作榨油和出口。据《续修平度县志》记载："道光初年，知州周云凤驰豆饼出口之禁，并教邑民试种花生，而油业始盛。"由此推断我国花生用作榨油约有170余年的历史。20世纪初，全部采用旧式油坊榨油，加工设备简陋。主要设备有石碾、蒸炒锅、人工榨和铁榨等，均系土法制造。1910年前后，山东省开始建立新式机器榨油厂（坊），其后机器榨油不断发展。20世纪30年代初，我国花生榨油业有了大的发展，以山东省花生榨油业发展最快，其花生油生产及出口均居全国首位，出口量占全国总出口量的四分之一。

2. 20世纪50年代以来我国的花生加工利用

20世纪50年代和60年代，花生利用仍以榨油为主，推广应用了先进的榨油技术。 20世纪70年代开始发展花生制品。1978年以后，我国花生加工业迅速发展，新型花生加工厂相继建立，花生制品生产逐渐形成产业化，用于食用的花生比例逐年增长。 到80年代末和90年代初，全国用于榨袖的花生约占总产量的60%，食用花生占30%左右。近年来，随着改革开放和外向型经济的不断发展，一批独资和合资花生加工企业建立。这些企业技术设备先进、质量管理严格、深加工产品种类丰富，促进了花生加工业的快速发展。在花生主产区，花生加工厂像雨后春笋迅速发展起来。而进入21世纪以来，我国用于榨油的花生比例下降至大概55%。

（三）花生加工利用的发展前景

1.食用花生市场潜力会被深度挖掘

随着人类社会的发展，人们愈加重视身体健康，花生食品加工以及综合利用有着广阔的市场发展前景。从花生籽仁含有的营养成分看，花生用作食品是科学合理的利用方式。我国是花生生产大国，目前花生仍主要用作榨油，造成大量花生优良蛋白质无法作食品利用。今后食用花生比例将会不断上升，榨油花生比例将会逐步下降。因此，科学合理地开发利用花生资源，提高食用花生比例是十分必要的。

2.花生有机食品、绿色食品将受到青睐

随着人们环保意识和健康意识的增强，消费者对食品的安全性和健康性将更加关注。如何免除黄曲霉毒素对花生的污染，选育抗虫抗病的新品种，研究有机、绿色食品花生高产高效栽培技术，减少化学肥料和农药残留等，将是今后花生科研和生产上优先发展的领域。另外，加工过程则应注意科学、卫生和安全，防止二次污染。

3.国际花生贸易市场竞争将更加激烈

近年来，花生食品加工原料籽仁出口国主要集中在中国、美国和阿根廷三国，这三个国家食用花生仁的出口量占世界出口总量的70%；而花生食品加工业则主要集中于欧洲、美国和日本。近年来，我国的花生食品加工业也有了快速发展。因此，花生原料籽仁和花生食品在国际市场上的竞争日益激烈。国际市场对花生原料籽仁的质量要求很严格，如籽仁中不得含黄曲霉毒素，要求无农药残留和重金属污染。因此，世界主要花生生产国及花生食品加工国都在增加科技投入，注重选育或引进优质、高产、营养、专用和安全性好的花生新品种，改进提高花生食品的加工工艺，加大出口花生制品和深加工产品的力度，扩大出口产品的花色品种，增强出口竞争力。

（四）花生的综合利用

我国花生的应用中，北方主要用于榨油，南方则直接或加工后食用。在加工利用中，存在重视花生籽仁而轻视花生皮壳，重视花生油而忽视花生饼粕的问题。因此，要提高花生的综合价值，需要提升花生皮壳、花生饼粕和花生藤（茎叶）的综合开发和利用，花生及其副产物的综合利用可以汇总成图11-1。四川生产的花生80%以上用于食用，其食用和加工类型最多的是直接鲜食或晒干生食以及烘烤、卤、煮、油炸等，其次是生产花生糖、花生奶、花生芽等。花生综合利用程度较低。

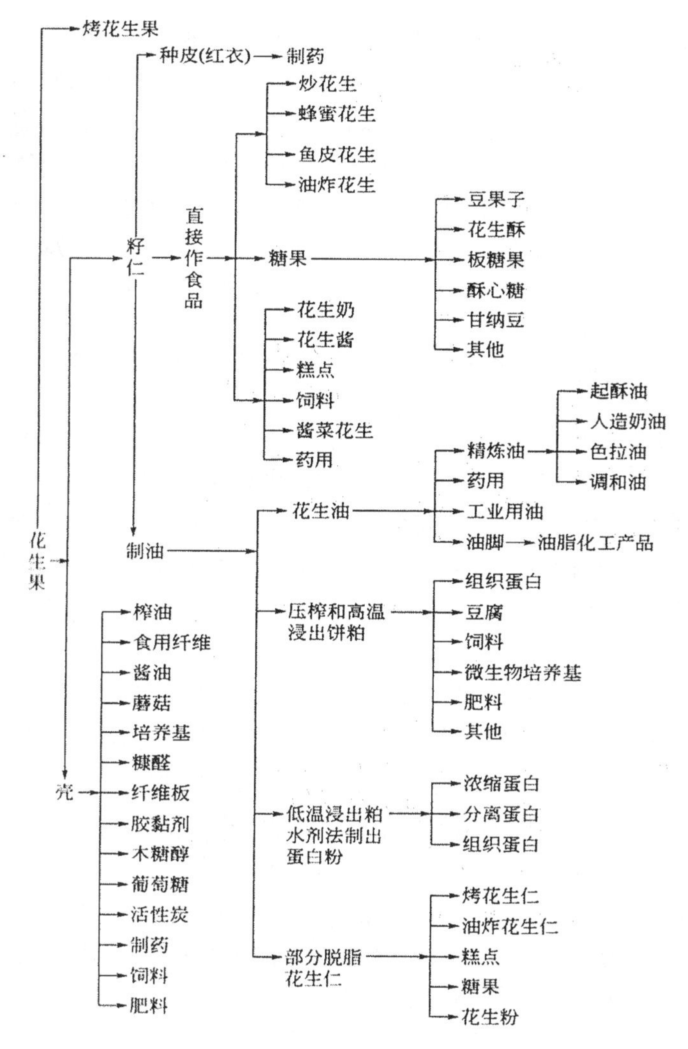

图11-1 花生综合利用途径

第二节 四川花生消费及加工企业情况

一、鲜食及生食类

四川花生用于直接鲜食或晒干后生食比例较大，特别在城市或旅游区，周边农户生产的花生70%—80%被商贩收购用于城市鲜销。如成都市的大部分区县、德阳市旌阳区、绵阳市三台县部分乡镇、遂宁市安居区部分乡镇、南充市嘉陵区及广元市剑阁县等地用于鲜销比例较高。

四川鲜食花生主要由农户从地里收获后，用水洗净泥土，晾晒1—2天，花生含水量在40%左右（折干率在60%—70%），由商贩到农户家里或晒场上收购。常年收购价格在4—6元/kg，产值多在30 000元/hm^2以上。由于农户不需要自己将花生晒干和贮藏，收益也比较高，所以农户种植积极性较高。但是，鲜食花生除了地理条件（城市周边）以外，还需要选择鲜食口感好、种皮颜色鲜艳、上市早或上市晚（即错开大量供应期，在四川大量供应期在8—9月）的品种。目前四川比较受欢迎的品种是早熟的红皮花生，在攀西地区则是晚熟并休眠期长的红皮花生。

二、炒、煮、烘、烤、卤、油炸类

四川花生食用方式中，以花生果炒、煮、烘、烤、卤及花生仁油炸等最普遍。其中烘烤类最多，如出口产品“天府花生”是最具代表性的产品形式，目前，在“天府花生”的基础上又开发了许多相关的产品（表11-1）。通过软件查阅、合作交流、电话咨询、百度查询等多种方式，收集到主要的四川省花生不同类型加工企业（详见表11-1至表11-6）。由于技术限制等各种原因，还有很多企业尚未出现在这6个表格中。

全省有花生炒、煮、烘、烤、卤、油炸类的加工企业几百家，基本每个区县都有几家相关的企业或个体户生产这类产品以供大家购买作休闲食品或餐馆使用。作为品牌生产并进行小袋或精细包装的企业全省共有34家，其包装销售的产品也在百种以上。其中：以德阳的罗江区最多，其次是宜宾的叙州区、成都，然后是南充、绵阳和遂宁（详见表11-1）。

因“天府花生”的加工生产起源于德阳市罗江县（现罗江区），故目前这类花生产品的加工企业仍然以罗江区最多，品牌生产的企业就有13家以上。生产的烘烤类油炸类品牌有乐明、老灶煮、蟠龙、府王、集美、裕万、天府、华雄、正川、酒香、府味源、聚川、三益等，还有十多家生产无品牌的散装烘烤花生的小型企业。

其次是宜宾市的叙州区，该区以没有品牌的小型加工厂最多，仅叙州区观音镇就有不同规模的烘烤类及剥壳类企业14家；古罗镇，蕨溪镇，泥溪镇，龙池乡，合什镇，隆兴乡，柳嘉镇等7个乡镇有11家；另外，翠屏区有6家，高县有4家，南溪区、筠连县、江安县、珙县、长宁县等各有1家。因此，宜宾市登记在册的花生烘烤及剥壳类企业有30多家。但是有品牌的只有观音镇的“银皇”花生。

成都市生产这类花生的企业数量虽然排在第三，但有登记的品牌数量多于宜宾。主要有：酒鬼花生、皇后花生、老八号花生、奇味花生、八号花生、唐记、顶俏等烘烤、油炸等花生加工产品。

川东北秦巴山区及嘉陵江流域花生主产区的南充市、绵阳市、遂宁市等，其烘烤型花生的加工品牌、规模及数量排在第四。南充市有5家相关加工企业，品牌有廷东、虎明，红泥等；绵阳也有5家相关加工企业，品牌有川奇、蜀奇、川东等；遂宁市有4家相关加工企业，品牌有泥脚杆、憨果果、鹰牌等。

其他各市州的相关企业主要为散装的炒货，供当地食用。

表11-1 四川省剥壳、烘烤、油炸、蒸煮型花生果（仁）主要生产企业

地市州	县区市	企业名称	主要花生品牌及商标	生产花生产品类型
德阳市	广汉市	广汉市周公食品有限公司	周公牌系列花生产品	烘烤及油炸类
		广汉市荣裕食品厂	荣裕牌鱼皮花生，龙眼花生	油炸类
	罗江区	德阳市乐明食品有限公司	乐明：香酥花生，盐干花生，果酱脆皮花生，天府花生等	烘烤及油炸类
		四川老灶煮食品有限公司	老灶煮系列花生	烘烤及油炸类
		四川德阳蟠龙食品厂	蟠龙：酱花生，休闲花生系列	烘烤及油炸类
		四川德阳金府王食品有限公司	府王：沙焗原味花生，窑烤香花生等系列产品	烘烤及油炸类
		德阳市集美食品有限公司	集美：盐焗花生，休闲零食熟花生等系列	烘烤及油炸类
		四川德阳罗江裕万食品厂（四川德阳罗江裕万食品有限公司）	裕万牌：鱼皮花生、蜜酥花生等20多个品种的休闲系列食品	烘烤及油炸类
		德阳市罗江区天宇食品厂	天府花生，多味花生，天府酥生等，出口占总销售额约27%	烘烤及油炸类
		罗江县华雄食品厂	华雄：烘烤花生果等产品	烘烤及油炸类
		德阳市正川食品厂	正川：咸干花生/散装/包装、带壳花生果	烘烤及油炸类
		罗江县永辉食品厂	酒香牌：咸干花生，葱香花生，蒜香花生等	烘烤及油炸类
		四川府味源食品有限公司	府味源：炒货食品及坚果制品	烘烤类
		四川聚川食品有限公司	聚川：炒货类及糕点类等	烘烤类
		德阳市罗江三益食品厂	三益：咸干花生批等	烘烤类
		罗江县罗江食品厂，江区龙鑫食品厂，罗江区平川食品厂，罗江区罗庚食品厂，罗江县祖勇农产品加工厂，罗江县刘卓海食品厂，罗江县顺财花生厂等10余家	烘烤类花生果，散装批发销售	烘烤类
	旌阳区	旌阳区彭氏食品厂，德阳市德新镇红国花生加工厂	散装批发销售	烘炒类

续表 11-1

地市州	县区市	企业名称	主要花生品牌及商标	生产花生产品类型
宜宾市	叙州区（观音镇）	四川银皇食品有限责任公司	银皇：蒜香、卤香等系列产品	烘烤花生果类，剥壳花生米
		宜宾市叙州区良康花生加工厂，宜宾丰荣农产品有限公司，宜宾苏泰商贸有限公司，宜宾县裕蓝琨鹏花生销售部，刘文勋，陈禄良，张光洪，郑洪军，官国庆，朱跃君，张玉英等14家	散装批发销售	烘烤花生果类，盐花生，剥壳花生米
	叙州区（古罗镇等7个乡镇）	宜宾县古罗镇怡美味食品厂，宜宾县蕨溪镇劲松食品厂，宜宾市叙州区翔哥农副产品加工厂，宜宾市叙州区牟玖面厂，宜宾县合什镇丽清手工面厂，宜宾县鸿材商贸有限公司，宜宾市文华商贸有限公司，四川省宜宾县金光食品有限责任公司，宜宾县合什镇惠民花生厂，徐清，柳从康等11家	散装批发销售	烘烤花生果类，盐花生，剥壳花生米
	翠屏区	宜宾市翠屏区永顺花生厂，宜宾市翠屏区俞培先花生经营部，宜宾市翠屏区莫氏花生米加工厂，宜宾市翠屏区余氏花生加工，宜宾市翠屏区兄弟食品加工厂，宜宾市翠屏区德天食品加工厂等6家	散装批发销售	烘烤花生果类，盐花生，剥壳花生米
	高县	高县庆符镇新城食品花生厂，高县凤凰富贵花生家庭农场，高县庆符镇正丰面厂，高县庆符镇佳酥花生厂等4家	散装批发销售	烘烤花生果类，盐花生，剥壳花生米
	南溪区	南溪区溯源农产品有限责任公司	散装批发销售	烘烤花生果类
	筠连县	筠连县腾达镇何氏罐子花生店，	散装批发销售	烘烤花生果类
	江安县	江安县水清镇唐陈炒货加工厂	散装批发销售	烘烤花生果类
	珙县	珙县孝儿僰乡花生食品厂	散装批发销售	烘烤花生果类
	长宁县	长宁县铜鼓乡陈贵相副食店	散装批发销售	烘烤花生果类

续表 11–1

地市州	县区市	企业名称	主要花生品牌及商标	生产花生产品类型
遂宁市	安居区	遂宁市开明食品有限公司，四川憨果果食品有限公司	泥脚杆：系列花生；憨果果花生，红泥花生等	烘烤及油炸类
	射洪县	射洪县鹰牌花生厂	鹰牌：五香花生	烘烤花生果类
	射洪县	射洪县万林乡杨子建花生加工作坊	散装批发销售	烘烤花生果类
成都市	龙泉驿区	四川省百世兴食品产业有限公司	酒鬼花生	油炸花生仁为主
	温江区	成都市皇后花生食品厂	皇后花生	烘烤花生果类
	新都区	新都区兴华花生厂	老八号花生，奇味花生，精品咸干花生，卤味花生，煮花生散销	烘烤、卤、煮花生
		新都区三兄炒货食品	散装批发销售	烘炒类
		新都区君成食品厂	裹衣花生、蛋皮花生	油炸类
		新都区华益食品加工厂	散销	炒花生
	彭州市	彭州市濛阳镇方舟星蒸汽花生小作坊，彭州市濛阳镇绿福康蒸煮花生小作坊	散销	蒸煮花生果类，主要煮四粒红花生等
		彭州市金鑫食品厂	散销	油炸花生
	高新区	成都市八号食品有限责任公司	八号花生	烘炒及油炸类
	天府新区	成都唐记食品有限责任公司	唐记	油炸类
	金堂县	成都顶俏食品有限公司	顶俏	烘烤、卤、煮花生
	邛崃市	邛崃市军哥食品厂	散销	油炸花生
南充市	嘉陵区	南充市嘉陵区廷东咸干花生厂	廷东咸干花生	炒花生
	顺庆区	顺庆区芦溪镇赵氏花生厂	虎明咸花生	炒花生
	顺庆区	南充市顺庆区王氏咸干花生食品厂	红泥花生	炒花生
	仪陇县	日兴镇王氏炒货加工作坊	散装批发销售	炒花生果类
	南部县	南隆镇枣儿糖瓜子炒货厂	散装批发销售	炒花生果类

续表 11-1

地市州	县区市	企业名称	主要花生品牌及商标	生产花生产品类型
广安市	岳池县	广安货郎食品有限公司	散装批发销售 散装批发销售	炒花生
乐山市	犍为县	犍为县红兵缘食品厂	散装批发销售	油酥花生
	犍为县	犍为县佳诚食品经营部	散装批发销售	炒花生
眉山市	彭山区	眉山市彭山区鑫都农贸有限公司	鑫都炒制花生	炒制花生
	东坡区	东坡区福华花生加工小作坊，东坡区光荣瓜子厂	散装批发销售	炒花生果类
自贡市	贡井区	自贡添宝花生制品有限公司	五宝	烘烤花生果类
	荣县	荣县七厢土花生有限公司	七厢土	烘烤花生果类
绵阳	涪城区	绵阳市川奇食品有限公司	川奇：煮花生系列	烘烤及煮花生
	江油市	江油市胜香食品厂	散装批发销售	油炸类
	安州区	绵阳市安州区永河镇香香酥食品经营部	散装批发销售	油炸花生
	梓潼县	四川省梓潼县川东花生食品厂	川东咸干花生	烘炒类
	三台县	绵阳市蜀奇食品有限公司	蜀奇香酥花生系列	烘炒类、油炸类
资阳县	雁江区	资阳县雁江龙府食品厂	散装批发销售	烘炒类、油炸类
	安岳县	兰花炒货,方氏炒货,传香炒货	散装批发销售	焙炒花生
	乐至县	陆氏炒货，江苏炒货，龙飞炒货，天天炒货	散装批发销售	焙炒花生
巴中市	恩阳区	巴中市恩阳区玉山镇炒货	散装批发销售	炒花生果类
		巴中市恩阳区柳林镇粒粒香炒货店	散装批发销售	炒花生果类
	南江县	南江县岳氏炒货门市部	散装批发销售	炒花生果类
泸州市	龙马潭区	泸州市龙马潭区金伟康干果食品加工厂	散装批发销售	炒花生果类
	江阳区	赖友华炒货，韩海豹炒货	散装批发销售	焙炒花生
达州市	通川区	达州市安布食品有限公司	散装批发销售	油炸类
	大竹县	大竹县正清炒货经营部，开心炒货，彭城炒货，江苏炒货	散装批发销售	焙炒花生
	渠县	渠县宏俊食品加工厂	散装批发销售	焙炒花生
攀枝花市	仁和区	攀枝花市泰莱丝食品厂	散装批发销售	焙炒花生
	东区	攀枝花市东区兰妹炒货店	散装批发销售	焙炒花生
凉山州	西昌市	西昌西乡文思炒货坊，四川凉山州山东老字号炒货店	散装批发销售	焙炒花生

三、糖果类

花生作为糖果类的主要原料在四川也是比较普遍的，很多区县及场镇都有散装零售的花生糖。全省登记可查的生产花生糖果类相关企业有30家，最多的是在内江市，特别是威远县的黄老五食品股份有限公司生产的“黄老五”花生酥，及资中县的四川根兴食品有限公司生产的“赵老师”花生酥等花生糖果类产品远销国内外。成都的一些花生糖加工企业同时也是烘烤类油炸类花生的生产企业，如成都聚成食品有限责任公司和成都唐记食品有限责任公司，生产老程华和唐记系列花生糖果及烘烤花生等产品（表11-2）。

表11-2 四川省花生糖果类主要生产企业

地市州	县区市	企业名称	主要品牌及商标	生产花生产品类型
内江市	威远县	黄老五食品股份有限公司	黄老五	花生酥
	资中县	四川根兴食品有限公司	赵老师	花生酥
	资中县	资中县川徽食品有限公司	桂康	糖果类
	资中县	资中县花生兄弟食品有限公司	花生兄弟	糖果类
	隆昌市	隆昌市龙市镇黎师傅加工坊	黎师傅	花生糖、米花糖
	隆昌市	隆昌县圣灯镇茂英加工店	散装批发销售	花生糖、米花糖
	东兴区	内江市桂花食品有限公司	桂花食品	糖果类
	市中区	内江市市中区红华康食品加工店	散装批发销售	花生糖、米花糖
成都市	双流县	成都聚成食品有限责任公司	老程华	糖果类，油炸类、烘炒类
	彭州市	成都蜀思奇食品有限公司	蜀思奇花生酥	糖果类
	彭州市	成都市世权食品有限责任公司	陈世权果仁酥	糖果类
	天府新区	成都唐记食品有限责任公司	唐记系列	油炸类，糖果类
	高新区	成都花生兄弟食品有限公司	舞千年，巴蜀土灶	花生酥
绵阳市	安州区	绵阳千佛万鑫食品厂	李氏万兴	蛋酥花生
	梓潼县	梓潼县继特酥饼厂	水晶花生	鱼皮花生
	高新区	绵阳高新区辛小妹蛋酥花生食品加工部	散装食品制售	蛋酥花生
	游仙区	绵阳市游仙区建朝食品作坊	散装食品制售	香酥花生
德阳市	什邡市	什邡市皂角镇永发糖果店	散装食品制售	糖果类
	旌阳区	四川德阳神牛食品有限公司	神牛	蜜酥花生

续表11-2

地市州	县区市	企业名称	主要品牌及商标	生产花生产品类型
遂宁市	安居区	安居区兴琼芝麻花生加工店	芝麻花生	糖果类
	船山区	船山区甘丹丹蛋糕店	花生饼干	糖果类
眉山市	仁寿县	仁寿金莺食品厂	金莺	花生糖
	东坡区	四川茂华食品有限公司	跳跳龙	哪吒花生牛轧糖
自贡市	富顺县	富顺县富世镇黄五爷花生酥门市	散装食品制售	花生糖
	富顺县	富顺县萧兵糖果厂	散装食品制售	花生糖
宜宾市	叙州区	宜宾县柏溪镇江旺食品厂		糖果类
泸州市	合江县	合江县岩湾糖果厂	散装食品制售	花生块糖
广元市	利州区	利州区郑家核桃花生饼店	散装食品制售	花生饼及糕点
甘孜州	康定县	康定县新旺糖果加工点	散装食品制售	花生糖
凉山州	西昌市	西昌市礼州凉胜食品厂	散装食品制售	花生糖

四、饮品类

花生含有丰富的蛋白质，经过一定的加工就可以生产出奶样乳液（花生奶），同时又可以与其他坚果（如核桃等）一起生产蛋白饮品，或与牛奶一起生产牛奶饮品。四川生产花生相关的饮品企业主要在成都和德阳，其中比较有名的企业有：新希望集团公司、四川菊乐食品有限公司、四川蓝剑饮品集团有限公司等。与花生相关的花生饮品品牌主要有：新希望、菊乐、华之润、贝克、乐其多、唯怡、珍旺、旺仔等，其饮料产品有：花生牛奶复合蛋白饮料、核桃花生奶、贡品花生奶、坚果饮品、花生牛奶、花生奶等（详见表11-3）。

表11-3　四川省花生饮品类主要生产企业

地市州	县区市	企业名称	主要花生品牌及商标	生产花生产品类型
成都	武侯区	新希望集团公司	新希望	花生牛奶复合蛋白饮料，核桃花生奶
	青羊区	四川菊乐食品有限公司	菊乐	核桃花生奶
	高新区	成都永佳乐食品有限责任公司	华之润	核桃花生奶
	武侯区	四川贝克食品饮料有限公司	贝克	核桃花生奶，花生奶
	双流区	四川乐其多饮品有限公司	乐其多	贡品花生奶，核桃花生奶
德阳	什邡市	四川蓝剑饮品集团有限公司	唯怡	坚果饮品
	广汉	四川珍旺饮品有限公司	珍旺	核桃花生奶

续表11-3

地市州	县区市	企业名称	主要花生品牌及商标	生产花生产品类型
资阳	雁江区	四川旺鹭食品有限公司	旺仔	花生牛奶
攀枝花市	东区	攀枝花市华山小学豆奶厂		花生奶

五、花生酱类

花生原产于南美洲，在公元900年就有花生酱和可可混合食用的记载。1697年，西班牙在占领海地后开始制造花生酱；1865年，南美洲当地居民开始把花生仁烘烤、粉碎后研磨成糊状，同时加一些食盐做成最原始的花生酱。我国虽然早有生产和食用花生酱的历史，但由于消费习惯和科学技术水平的限制，曾用生产芝麻酱的设备和工艺生产花生酱供应市场。花生酱富含营养，味道鲜美，又是低碳水化合物食品，还具有食物医疗的作用。

人们对花生酱的风味、色泽有不同的爱好，如日本人喜欢甜味和色泽浅淡的花生酱，韩国人喜欢重烤香味很浓的花生酱。目前，我国的上海、北京、广州、深圳、宁波等城市，市民消费花生酱的数量逐年增加。四川目前生产花生酱的企业只有3家（表11-4），其品牌只有喜之郎和滴滴香两个。

表11-4　四川省花生酱类主要生产企业

地市州	县区市	企业名称	主要花生品牌及商标	生产花生产品类型
广安市	邻水县	邻水县依乐花生原酱有限公司	花生酱类	花生原酱
遂宁市	经开区	四川喜之郎食品有限公司	喜之郎	花生酱类
山市	彭山区	眉山市彭山区滴滴香食品有限公司	滴滴香	花生酱类

六、花生芽

花生芽是我们的日常生活中常见的一种食物。花生芽除了自然生长之外，还可以像黄豆芽、绿豆芽一样人工生产，花生芽营养价值高、保健功能强，研究表明，常吃花生芽，会降低心脏病的发病率。许多研究表明花生中有一种叫作白藜芦醇的物质，这种物质能抗氧化、抗衰老、抑制癌细胞、降低血糖血脂，还有保护心脏功能的作用。发芽的花生中这种物质的含量比未发芽的花生要高5倍左右。除此之外，花生发芽过程中还可以把花生中的蛋白质水解为氨基酸，更容易被人体吸收。而花生的油脂也会被转变为热量，大大降低脂肪含量，长期食用也不会发胖。

在四川，很多做豆芽菜的个体商贩都可以生产花生芽，但由于花生在发芽过程中病菌感染的控制要比豆芽的工艺要求更高，很多个体商贩只能在冬季低温条件下才能生产部分产品，所以其他时间市场很少有花生芽销售。

通过芽苗菜工厂化生产的方式，成都市彭州的“四川新生启航农业科技有限公司”正在进行规模化的花生芽生产，并且正与四川省农科院经作所合作，培育与筛选最适宜生产花生芽的花生品种，要求花生芽的出芽率高，芽仁率（花生芽鲜重与花生仁重量的比值，最高已经达到7以上，普通品种一般在3—5）高，口感好（细腻、香、脆甜等），病害少等。另外，在泸州市的龙马潭区的绿国鑫源芽苗菜微工厂也在生产花生芽（表11-5）。

现在，因市面上花生芽机的宣传与销售，许多家庭或蔬菜门市也有少量生产与销售。但是，与市面上的豆芽菜相比，花生芽的市场还很大。

表11-5　四川省花生芽菜类主要生产企业

地市州	县区市	企业名称	生产花生产品类型
成都市	彭州市	四川新生启航农业科技有限公司	花生芽
泸州市	龙马潭区	泸州市龙马潭区绿国鑫源芽苗菜微工厂	花生芽

七、榨油类

花生油是一种比较容易消化的食用油，含不饱和脂肪酸80%以上（其中含油酸41.2%，亚油酸37.6%）。据资料介绍，食用花生油可使人体内胆固醇分解为胆汁酸并排出体外，从而降低血浆中胆固醇的含量。花生油中还含有甾醇、麦胚酚、磷脂、维生素E、胆碱等对人体有益的物质。经常食用花生油，可以防止皮肤老化、保护血管壁、防止血栓形成，有助于预防动脉硬化和冠心病。花生油中的胆碱，还可改善人脑的记忆力，延缓脑功能衰退。

但是，因自然及历史原因，四川人的消费习惯主要还是以菜籽油为主，近年来花生油的食用比例有所提高。四川专业生产花生油的企业很少。虽然有许多企业可以生产花生油，但它们基本都是利用生产菜籽油的设备兼顾生产花生油，也没有建立四川花生油的专门品牌。2018—2020年绵阳辉达粮油有限公司与四川省农科院经作所合作，在四川省科技厅“花生油”产业链项目的资助下，建立了花生油专用生产线，创建并生产了川菜王花生油及川菜王高油酸花生油品牌，现每年有一定的生产量。

表11-6 四川省花生油主要生产企业

地市州	县区市	企业名称
成都市	青白江区	青白江明芬粮油加工坊，青白江勤立谷物加工小作坊，青白江司明香榨油坊
	简阳市	简阳市养马镇老油坊榨油厂
德阳市	罗江区	罗江区李本荣油坊，罗江县云华香油坊
	旌阳区	德阳市区吴氏香油店，旌阳区夏雷鲜榨油坊
	中江县	中江县南华镇文涛粮油加工坊
宜宾市	叙州区	李场镇周五榨油坊，李场镇李逢成榨油坊，李场镇吴文榨油坊，李场镇隆全榨油坊，李场镇有星榨油坊，李场镇忠根榨油坊，高场镇黄加榨油坊，高场镇鑫越粮油加工坊，高场镇佳俊粮油坊，观音镇功夫榨油坊，观音镇荣信油坊，喜捷镇菁源慈榨油坊，金富益，赵昌贵，黄远富
	南溪区	南溪区溯源农产品有限责任公司
	翠屏区	翠屏区高勇粮油经营部
	筠连县	筠连县筠连镇顶峰村贵森榨油坊
	珙县	珙县孝儿镇杨莉榨油坊，罗庆贵，李忠伦
	江安县	江安县江安镇胜杰鲜榨油坊
	南溪县	南溪县南溪镇木兰麻油坊
绵阳市	安州区	绵阳辉达粮油有限公司
	涪城区	绵阳市涪城区蒋红军榨油坊
广安市	华蓥市	华蓥市纯味榨油坊，华蓥市阳和镇富民榨油坊
	武胜县	武胜县街子镇油师傅榨油坊
	岳池县	岳池县秦溪镇龙氏加工坊
遂宁市	安居区	安居区拦江镇田金花生油店，安居区保石镇胡氏榨油坊
	开发区	遂宁市开发区殷菜油作坊，遂宁市开发区杨氏菜油加工坊
	蓬溪县	蓬溪县蓬南镇陈均榨油坊
内江市	开发区	内江经济技术开发区黄家湾油坊
	威远县	威远县新店镇长生油坊
	市中区	内江市市中区徐升油坊

续表11-6

地市州	县区市	企业名称
广元市	苍溪县	苍溪县红源香油料加工坊，苍溪县胡家梁榨油坊
	利州区	广元市利州区遂宁正兴芝麻油店
自贡市	荣县	荣县古文镇利民油房，荣县河口镇陈晓英油房，荣县乐德镇学斌油房，荣县乐德镇曹斌油房，荣县乐德镇曹娟小榨油坊
	大安区	大安区超超油坊，大安区远达花园菜油加工坊
	贡井区	贡井区张超粮油店
	大安区	富顺县兜山镇胜华油坊
泸州市	纳溪区	纳溪区上马镇任华忠菜籽油加工坊，纳溪区上马镇曾令芬菜籽油加工坊，纳溪区护国镇礼红菜籽油加工店
	叙永县	叙永县罗艳油坊，叙永县观兴镇利民鲜油加工坊
	泸县	泸县云锦镇郭氏加工坊
	古蔺县	古蔺县石屏镇佛寿油坊
	合江县	合江县便民榨油坊
	龙马潭	泸州市龙马潭区唐文革食品经营部，万利油坊
乐山市	犍为县	犍为县孝姑维伟榨油坊
达州市	达川区	达州市达川区张家榨油坊
南充市	高坪区	南充市高坪区嘉城油坊
攀枝花市	东区	攀枝花市东区谢明昌菜籽油加工坊
	西区	攀枝花市西区邓氏榨油坊
凉山州	德昌县	德昌县留香榨油坊
	甘洛县	甘洛县康源食品加工车间
	冕宁县	冕宁县沙坝镇胖哥加工坊
阿坝州	九寨沟县	九寨沟县天健榨油房
	茂县	茂县德阳粮油加工坊

从表11-6可以看出，在四川，与烘烤型等花生生产企业一样，花生小型榨油生产企业最多的仍然是在宜宾市，特别是叙州区。

第三节 花生副产物的加工利用

在花生收获、加工或制作食品的过程中，会得到大量的副产品。如田间收获会得到花生藤（秸秆）；脱壳会得到28%—32%的花生壳；花生脱皮可得到约4%的种皮；榨油会得到50%左右的饼粕。这些副产品仍然含有丰富的营养成分可以利用，不仅可以用来生产食品，还可开展其他综合利用。

一、花生藤的利用

四川花生种植多分散在山坡地，所以很多收获后的花生藤没有加以利用。其实花生藤富含粗纤维和粗蛋白，晒干粉碎后就是优质的粗饲料，饲养家畜效果非常好。在众多农作物秸秆中，花生藤的综合营养价值明显高于玉米秸、大豆秸，并且粉碎后质地松软，适口性好，与其他饲料混配后，很受猪、牛、羊、兔等的喜爱。近年在四川西部牧区，很多牧民会到北方（河南、山东花生主产区）购买机械收获花生藤作为牛羊的饲料。因此建议在四川花生规模化种植的地区，利用机械对花生进行摘果以及花生藤收获，可有效提升花生种植经济效益。

另外，花生藤还有一定的药用价值。摘完花生的花生藤，可以采摘其叶晒干泡茶，具有相当好的保健作用。

1. 花生叶是天然的止血良药

花生叶对一些外伤患者疗效突出，可以快速为病人的伤口止血。其用法是把花生叶捣成碎末，涂抹在出血伤口之上。

2. 花生叶是天然的降压良药

花生叶中含的天然叶醇，是一种十分出色的降压良药，在被人体吸收后，分解出大量的黄酮类化合物，这些化合物是具有很好的降压效果。

3. 花生叶是无毒副作用的天然安眠药

将鲜花生叶或干花生叶数枚，水煎代茶，睡前饮用，可缓解失眠多梦的症状，同时也对头胀痛和心悸等症状有缓解作用。

4. 花生叶治疗妊娠综合征效果明显

花生叶可以缓解孕妇出现的高血压和水肿等不适症状。方法是每天晚上取200 g花生叶用水煎制，然后让孕妇饮用，一般5天左右就能见到效果。

花生叶泡水也不能随意喝，体寒湿滞及肠滑便泄者不宜服用。

二、花生壳的利用

（一）制备食物纤维

花生壳中的粗纤维约80%为中性纤维（其中木质素26%、半纤维素18%、纤维素36%）是制作食物纤维的优质原料。先将花生壳碾磨成粉，再将其焙烤处理，至轻微的褐变并出现花生特有的香味时，便制成食物纤维。适合消化不良和便秘者食用。

（二）制酱油

花生果壳是制作酱油的好原料。1 kg壳可得3 kg乙级酱油，其剩渣还可用作饲料。

（三）加工饲料

未经处理或加工的花生壳消化率低，不宜作饲料，但经过化学、生物处理和精加工的壳，可用作畜禽饲料。花生壳经过硝酸处理后，再用一种连锁状芽孢菌分解木质，可使消化率提高到70%。再添加酿造用的酵母进行发酵，蛋白质含量可达15%。这样的花生壳，便成为易消化的好饲料。将花生壳碾碎，拌入10%的麦麸和10%的精糠，加适量水，再送入制粒机制粒，可得颗粒饲料，适用于饲养家畜或鱼虾等。还可将花生壳蒸煮后晾干，拌入一定比例的发酵粉和分解菌种，发酵4天，过筛，去掉没有分解的粗果壳，作牛饲料，其消化率达45%以上。

（四）栽培食用菌

将花生壳浸入20%的石灰水中，消毒24天，捞出后于清水中洗净。把粉碎软化的果壳，放进蒸笼，在常压下蒸8—10小时，使其熟化。按照花生果壳78%、麸皮20%、熟石灰2%的比例配料，然后在菇床上铺平，播上菌种即可。也可将花生壳用沸水煮20分钟，捞出后稍加冷却，待温度降至30℃，再在菇床上铺平，播上菌种进行培养。

（五）制备胶黏剂

将花生壳用氢氧化钠溶液浸提，提取液多元酚、木质素等物质。再将提取液与苯酚、甲醛按一定比例混合加热即可得到类酚醛树脂胶粘剂。用果壳碱提取液取代40%的苯酚所制备出来的酚醛胶，在黏合胶合板时，黏合性能良好，与传统的酚醛树脂相比，热压时间缩短。

三、花生种皮的利用

花生种皮（花生仁外面的红衣）的利用主要是制作止血药。我国已有用花生种皮为原料研制开发的系列产品：血宁片（片剂）、止血宁注射液（针剂）和止血糖浆（糖浆剂）等。

四、花生饼粕(枯)的利用

用压榨法取油后的花生饼粕，即花生油枯，一般不宜直接用作食品。脱脂后的花生饼粕，蛋白质含量高达50%。如何开发利用这种较便宜的蛋白资源，引起了国内外广大学者的极大兴趣。20世纪60年代，美国率先开展了花生饼粕利用的研究工作，并于1965年研制成功脱脂花生粉，从而开始了花生饼粕制作食品的尝试。20世纪70年代以来，我国对花生饼粕的开发利用进行了大量的研究，取得了可喜的进展。

（一）制取食用花生粉

花生粉包括全脂粉、部分脱脂粉和脱脂粉。花生粉的生产方法比较简单，只需将脱脂的饼粕烘干加以研磨或粉碎即可。通常脱脂粉是由直接浸出和低温预榨再浸出粕生产的，而部分脱脂粉是用压榨法制取的饼生产的。根据含脂量要求，采用水压机榨取50%—60%的油分，其可溶性蛋白含量较高。用螺旋榨油机能去除80%—90%的油分，但蛋白质变性率高，不宜用于生产花生粉。全脂花生粉的生产过程包括研磨制浆、加热以及滚筒干燥或喷雾干燥。食用花生粉的理化指标：脱种皮的应为白色或近乎白色；未脱种皮的为浅褐色，但均不能有酸、霉臭、焦灼或不愉快的气味。水分最大含量为9%，蛋白质含量55%以上，脂肪含量小于20%，灰分小于4.5%，不含致病菌，黄曲霉毒素无检出或在允许限度5 μg/kg以内。

（二）生产组织蛋白

花生组织蛋白指以脱脂花生饼粕为原料，经挤压膨化而使蛋白质组织化和结构化的产品。经过单次高压挤压的产品称为肉增补剂；经过二次高压挤压生产的产品称为类肉型组织蛋白。花生组织蛋白具有多种食品用途，经烧、熘、烹、炸、炒，可制成与各种肉类相媲美的美味佳肴，还可加工成各类仿肉罐头等。

（三）在面类食品中的利用

将花生蛋白粉添加到面包、饼干等面类为主的食品中，能使面类食品的蛋白质含量和营养价值大大提高。若同时添加一定数量的赖氨酸和蛋氨酸，则效果更佳。据研究，面类食品以添加10%—30%的花生蛋白为宜。将花生蛋白添加到面条中，既可使蛋白质含量成倍增加，又可提高其耐煮性。

（四）在肉类食品中的利用

将花生蛋白粉加入肉类制品中，既提高了花生蛋白的营养价值，又能降低纯肉制品的胆固醇含量。据试验，将5%—30%的花生蛋白添加到灌肠、香肠、包子馅、肉丸子中，其制品的油质不易流出，蒸煮不变形，食用不油腻，味道更好。

（五）在乳制品中的应用

印度将花生蛋白粉和牛奶以1∶1混合，制成“米尔顿”混合乳，代替母乳，供婴儿饮用，效果良好。郑州粮食学院和山东省枣庄市乳品厂合作研制成功乳香花生蛋白粉，荣获1983年商业部成果一等奖。山东省粮油科学研究所以脱脂花生粉为基质，与脂肪、乳化剂、强化剂、糖分混合，研制出一种类似牛奶炼乳的花生蛋白炼乳，产品指标符合国家标准，可用水稀释4—5倍冲调后饮用，营养价值较高。可用作母乳的替代品。

参考文献

[1]蔡旭.植物遗传育种学[M].北京:科学出版社,1988.
[2]禹山林.中国花生品种及其系谱[M].上海:上海科学技术出版社,2008.
[3]孙大容.花生育种学[M].北京:中国农业出版社,1998.
[4]苏君伟,于洪波.辽宁花生[M].北京:中国农业科学技术出版社,2012.
[5]盖钧镒.作物育种学各论[M].北京:中国农业出版社,2006.
[6]叶常年,戴心维. 种子学[M].北京:农业出版社,1994.
[7]纪俊群,等.作物良种繁育学[M].北京:农业出版社,1993.
[8]翟凤林,等.作物品质育种[M].北京:农业出版社,1991.
[9]王传堂,张建成.花生遗传改良[M].上海:上海科学技术出版社,2013.
[10]万书波.中国花生栽培学[M].上 海:上海科学技术出版社,2003.
[11]周瑞宝,等.花生加工技术[M].北京:化学工业出版社,2012.
[12]王兴军,张新友.花生生物技术研究[M].北京:科学出版社,2015.
[13]周桂元,梁炫强.花生生产全程机械化技术[M].广州:广东科技出版社,2017.
[14]廖伯寿.花生主要病虫害识别手册[M].武汉:湖北科学技术出版社,2012.
[15]沈阿林,寇长林.花生测土配方施肥技术[M].北京:中国农业出版社,2011.
[16]王铭伦,王月福,等.花生标准化生产技术[M].上海:金盾出版社,2009.
[17]牟镜毅.粮油作物优质高产栽培技术[M].成都:四川人民出版社,2001.
[18]李崇辉,等.花生高产栽培新技术与加工利用[M].重庆:科学技术文献出版社重庆分社,1988.
[19]姜宗亮,等.花生中黄曲霉毒素污染和控制[M].北京:中国质检出版社和中国标准出版社,2012.
[20]万书波,等.提高花生品质十大关键技术[M].北京:中国农业科学技术出版社,2013.
[21]万书波,等.花生品质学[M].北京:中国农业科学技术出版社,2007.
[22]颜启传.种子检验的原理与技术[M].北京:农业出版社,1992.
[23]李香菊,梁帝允,袁会珠.除草剂科学使用指南[M].北京:中国农业科学技术出版社,2014.
[24]李扬汉.中国杂草志[M].北京:中国农业出版社,1988.
[25]刘长令.世界农药大全(除草剂卷)[M].北京:化学工业出版社,2002.
[26]强胜.杂草学(第2版)[M].北京:中国农业出版社,2009.
[27]周小刚,张辉.四川农田常见杂草原色图谱[M].成都:四川科学技术出版社,2006.
[28]山东省花生研究所.中国花生栽培学[M].济南:山东科学技术出版社,1982.

[29]万书波.李新国,等.花生抗逆栽培理论与技术[M].北京:中国农业出版社,2017.
[30]王兴军,张新友.花生生物技术研究[M].北京:科学出版社,2015.
[31]王枝荣.中国农田杂草原色图谱[M].北京:中国农业出版社,1990.
[32]夏友霖,廖伯寿,等.四川丘陵紫色土花生品种耐缺铁性鉴定与评价[J].中国油料作物学报,2013,35(3):326—330.
[33]王帮武,肖小余,四川丘陵区花生“四改”丰产栽培技术[J].四川农业科技,1995,(3):6-7.
[34]崔富华,赖明芳.四川丘陵紫色土花生经济施肥研究[J].中国油料,1996,18(3):49-53.
[35]郭洪海,杨萍,等.四川盆地花生生产与品质特征的研究[J].安徽农业科学,2010,38(19):10044-10046,10068.
[36]张佳蕾,郭峰,等.钙肥对旱地花生生育后期生理特性和产量的影响[J].中国油料作物学报,2016,38(3):321-327.
[37]汤松,禹山林,廖伯寿,等.我国花生产业现状、存在问题及发展对策[J].花生学报,2010,39(3):35—38.
[38]崔富华,赖明芳,等,巴蜀地区花生青枯病的分布、防治及抗病育种研究[J].西南农业学报,2004,17(6)741-745.
[39]夏友霖,廖伯寿,等.花生晚斑病抗性AFLP标记[J].中国油料作物学报,2007,29(3):318-321.
[40]赖明芳,崔富华,等.花生亲本材料遗传评价研究[J].花生学报,2007,36(1):7-12.
[41]漆燕,赖明芳,等.花生四个产量性状的不完全双列杂交分析[J].花生学报,2005,34(3):16-20.
[42]崔富华,赖明芳,曾孝平.花生青枯病的分布及防治对策研究[J].花生学报,2003,32(4):17-22.
[43]沈一,刘永惠,陈志德.花生叶斑病研究概述[J].花生学报,2014,43(2):42-46.
[44]薛其勤,万勇善,刘风针.花生褐斑病病菌的分离培养及致病性研究[J].中国农学通报,2007,3.
[45]曾永三,郑奕雄.花生焦斑病的识别与防控关键技术[J].广东农业科学,2010,
[46]王振跃,王守正,李洪连,等.河南省花生网斑病的初步研究[J].河南农业科学,1993,7:23-25.
[47]李绍建,高蒙,王娜,等.花生网斑病不同病斑类型及其病原菌致病力差异[J].植物保护,2018,44(3):150-155.
[48]张明红,张李娜,谭忠.花生疮痂病的发生特点及综合防控对策[J].农业科技通讯,2018,5:260-262.
[49]徐晓东,王华杰.花生冠腐病的发生规律及其防治对策[J].河南农业,2013,6:24.
[50]郭志兰.花生白绢病的发生及防治[J].现代农业科技,2009,17:144.
[51]马金娜.花生茎腐病的发病规律、危害症状及综合防治技术[J].农科科技通讯,2018,10:245-246.

[52]梁林琳,谢娜,张丽娟,等.我国花生蛴螬防治方法研究[J].安徽农业科学,2014,42(7):2006-2008.

[53]秦洪志.花生虫害的发生与防治[J].四川农业科技,1994,5:18.

[54]刘旭.四川省农田蛴螬的发生及防治[J].四川农业科技,1995,4:19.

[55]张金岭.花生主要病虫害防治技术[J].现代农业科技,2013,17:169-170.

[56]肖筠,刘旭、李建荣,等.四川花生蛴螬种类调查及优势种群生物学特性研究[J].西南农业学报,2006,19(2):235-238.

[57]李红梅,胡竹鹃,蒋相国,等.花生田间除草剂的选择应用[J].中国农业信息,2017(24):79-80.

[58]李儒海,褚世海,黄启超,等.湖北省花生主产区花生田杂草种类与群落特征[J].中国油料作物学报,2017,39(01):106-112.

[59]李儒海,褚世海.花生田杂草发生危害状况与防除技术研究进展[J].湖北农业科学,2015,54(10):2305-2308+2313.

[60]曲耀训.花生田杂草危害与化学防除述评[J].农药市场信息,2017(26):25-28.

[61]周小刚,陈庆华,张辉,等.四川省花生田杂草的防除技术[J].四川农业科技,2004(4):33.

[62]陈庆华,周小刚,高菡.几种除草剂防除花生田杂草试验[J].植物医生,2002,15(4):30-31.

[63]宋敏,路兴涛,陈晓枫,等.8种茎叶处理除草剂对花生田杂草的防除效果及安全性[J].农药,2018,57(09):687-689+702.

[64]张俊,刘娟,臧秀旺,等.花生田常见杂草防治措施及展望[J].江苏农业科学,2016,44(01):141-145.

[65]周超,马冲,张勇,等.9种茎叶处理除草剂对花生田杂草的防除效果及安全性评价[J].中国农学通报,2019,35(10):128-132.

[66]周超,张勇,路兴涛,等.8种土壤处理除草剂对花生田杂草的防除效果及安全性评价[J].农药,2019,58(03):226-229.

[67]周萍,刘新浩.淄博市花生田杂草发生种类及群落构成的研究[J].农业科技通讯,2017(08):205-207.

[68]夏友霖,李加纳,等.川渝地区花生品种遗传多样性分析[J].中国油料作物学报,2008,30(3):300-305.

[69]夏友霖,赖明芳,等.花生产量和品质性状的配合力及相对遗传力分析[J].西南农业学报,2006,19(2)260-264

[70]赖明芳,崔富华,等.花生品种多性状综合评价方法探讨[J].中国油料作物学报,2001,23(1):17-21,26.

[71]夏友霖,赖明芳,等.花生品种丰产性、早熟性、耐旱性评价[J].中国油料作物学报,1999,21(2):25-27,32.

[72]赖明芳,曾彦,等.花生主要经济性状遗传特点分析[J].中国油料作物学报,2007,29(2):42-45.

[73]唐荣华,周汉群,蔡骥业.花生栽培种和野生种的种间杂交研究.N.双二倍体的人工合成及其利用前景[J].中国油料,1991(4):7—11.
[74]王雅丽,等.花生子房柄的结构及其伸长[J].植物学报,1983,25(2):136—141.
[75]付家瑞.花生种子活力的生理生化基础[J].花生科技,1990(3):1—4.
[76]张金发.我国良种繁育方法研究进展[J].种子,1990(2):24—26.
[77]罗磲兴,等.花生花芽分化发育的形态解剖学研究[J].作物学报,1981,7(1):1—10.
[78]王丽,王强,等.花生加工特性与品质评价研究进展[J].中国粮油学报,2011,26(10):122-128.
[79]司贤宗,张翔,等.耕作方式与秸秆覆盖对花生产量和品质的影响[J].中国油料作物学报,2016,38(3):350-354.
[80] 张便,吴剑南.花生高产管理中的控旺技术[J].河南农业 2016,(6):36.
[81] 翁伯琦,林代炎.花生高产优质育种与栽培技术研究进展及其对策思考[J].花生学报,2003,32(增刊):185-194.
[82]沙得尔·木沙.花生收获机械发展与应用现状[J].农业开发与装备,2016,(2):48.
[83]张吉鹍,李龙瑞.花生藤、红薯藤与油菜秸秆饲用品质的评定[J].网络出版时间:2016-06-07 15:56:21,网络出版地址:http://www.cnki.net/kcms/detail/36.1028.S.20160607.1556.016.html.
[84]王占伟,蔡春华.夏花生、油菜轮作“双油”高产高效种植模式及栽培技术探讨[J].现代农业科技,2016,(8):58,60
[85]杨富军,赵长星,等.栽培方式对夏直播花生植株生长及产量的影响[J].中国农学通报,2013,29(3):141-146.
[86]鲁清,李少雄,等.我国南方产区花生育种现状、存在问题及育种建议[J].中国油料作物学报,2017,39,(4):556-566.
[87]王传堂,张建成,等.中国高油酸花生育种现状与展望[J].山东农业科学,2018,50(6):171-176.
[88]陈明娜,迟晓元,等.中国花生育种的发展历程与展望[J].中国农学通报,2014,30(9)1-6.
[89]陈静,石运庆,等.花生种子休眠性研究[J].花生学报,2006,35(2):17-20
[90]汤松,禹山林,廖伯寿,等.我国花生产业现状、存在问题及发展对策[J].花生学报,2010,39(3):35—38.
[91]胡志超,禹山林,等.花生机械化生产技术[J].中国农机化导报,2014,3:3
[92]杨伟强,王秀贞,等.我国花生加工产业的现状、问题与对策[J].山东农业科学,2006.(3):105-107.
[93]刘永惠,焦庆清,等.不同地区花生品种主要农艺性状的鉴定与评价[J].金陵科技学院学报,2011,27(1):34-38.
[94]李明姝,姚开,等.四川花生资源及生产效益分析[J].四川食品与发酵,2004,40(2):4-6.
[95]孙海燕,万书波,等.我国花生生产区域比较优势分析[J].中国油脂,2014,39(6):6-11.
[96]吴德芳.我省花生生产存在的问题及发展对策[J].1995,(2):12
[97]中国花生出口现状和发展分析报告.重磅数据网:www.zhongbangshuju.com,2018.

[98]罗瑞.四川省农田土壤养分含量现状及其变化趋势分析(第一部分)[D].博士论文,2009.

[99]崔富华.四川花生发展对策探讨[J].花生科技,2000,(2):31-32,18.

[100]J Oakes, A. J. 1958. Pollen behaviour in the peanut (Arachis hypogαea L.)[J]. Agron. J. , 50 : 387—389.

[101]Rao V R, Murty U R. Botany-morphology and anatomy. 1994:"—,95 In Samrt J (ed). The groundnut crop: a scientific basis for improvement. Chapman & Hall, London.

[102]Halliburton B W, Glasser W G, Byrne J M. An anatomical study of the pericarp of Arachis hypogaea, with special emphasis on the sclereid component. Botanical Gazette. 1975, 219— 223.

[103]Moctezuma E, Feldman L J. Growth rates and auxin effects in graviresponding gynophores of the peanut, Arachis hypogaea (Fabaceae). American Journal of Botany. 1998: 1369—1376.

[104]Rao V R, Murty U R. Botany-morphology and anatomy. 1994: 43-95 In Samrt J (ed). The groundnut crop: a scientific basis for improvement. Chapman & Hall, London.

[105]中华人民共和国种子管理条例,种子世界,1989.

[106]中华人民共和国国家标准(花生). 花生科技,1987(3)

[107]四川省品种审定公告.1985—2016.

[108]四川省统计局.四川统计年鉴(网络版):https://bbs.pinggu.org/thread-7612815-1-1.html, 2006-2019.

[109]国家统计局.中国统计年鉴(网络版):http://www.stats.gov.cn/tjsj/ndsj/2019/indexch.htm,2019.

[110]标准库.网络版:http://www.bzko.com/.

[111]企查查-企业工商信息查询系统:https://www.qcc.com/?utm_source=360&utm_medium=cpc&utm_term=%E5%A4%A9%E7%9C%BC%E6%9F%A51.

[112]四川省志·科学技术志:"农业科学技术"篇,"作物种植科技"章,"经济作物",花生(1986—2005.

图版3-1　1503（蜀花4号，侯睿提供）

图版3-2　1407（蜀花5号，侯睿提供）

图版3-3　1313（蜀花6号，侯睿提供）

图版3-4　1508（蜀花7号，侯睿提供）

图版3-5　1534（蜀花8号，侯睿提供）

图版3-6　1802（蜀花9号，侯睿提供）

图版3-7　1809（蜀花10号，侯睿提供）

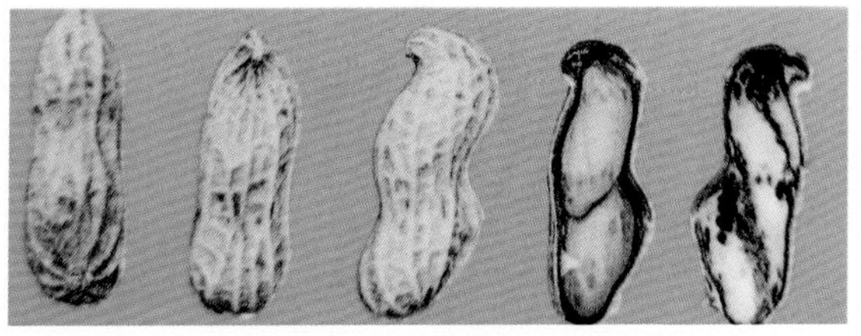

图版5-1　金堂深窝子
（2008年山东省花生研究所）

图版5-2　南充混选1号
（2008年山东省花生研究所）

图版5-3　天府3号
（2008年山东省花生研究所）

图版5-4　山东伏花生
（2008年山东省花生研究所）

图版5-5　天府18号（2008年山东省潍花生研究所）

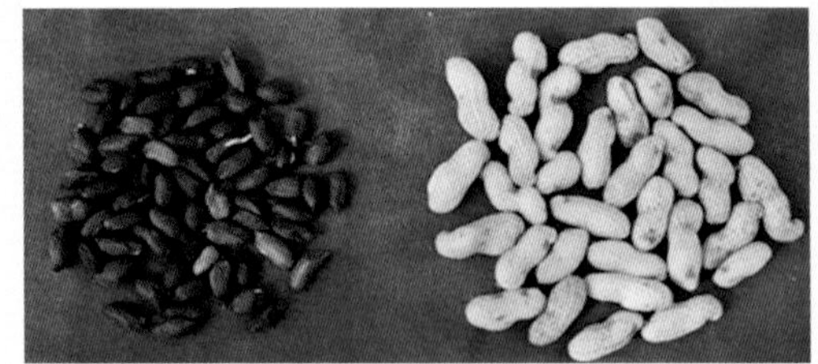

图版5-6　蜀花1号（侯睿提供）

图版5-7　蜀花2号（侯睿提供）

图版5-8　蜀花3号（侯睿提供）

图版8-1　花生青枯病田间表现（左）及褐变的维管束（右）（华丽霞提供）

图版8-2　花生褐斑病（华丽霞提供）

图版8-3　花生黑斑病

图版8-4　花生焦斑病（华丽霞提供）

图版8-5　花生网斑病（曾华兰提供）

图版8-6　花生疮痂病（华丽霞提供）

图版8-7　花生灰斑病（华丽霞提供）

图版8-8　花生冠腐病（华丽霞提供

图版8-9　花生白绢病（华丽霞提供）

图版8-10　花生茎腐病（引自www.zhongdi168.com）

图版8-11　花生黄曲霉（华丽霞 提供）

图版8-12　花生蛴螬（曾华兰提供）

图版8-13　花生蚜虫（华丽霞提供）

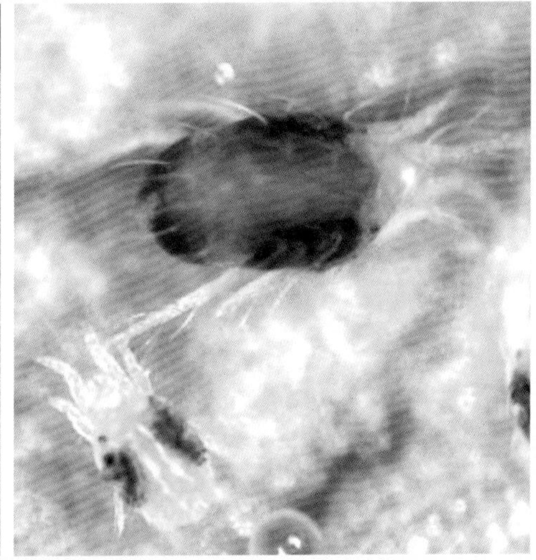

图版8-14　花生叶螨（曾华兰提供）

图版8-15　花生卷叶螟（左：卷叶螟幼虫，右：危害状；曾华兰 徐永菊提供）

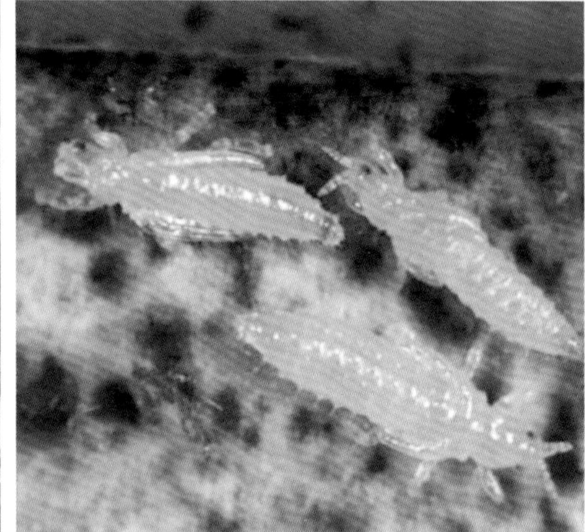

图版8-16　花生蓟马危害症状

图版8-17　马唐幼苗（左）、成株期（右）（周小刚提供）

图版8-18　狗尾草幼苗（左）、成株期（右）（周小刚提供）

图版8-19　牛筋草幼苗（左）、成株期（右）（周小刚提供）

图版8-20　金色狗尾草苗期（左）、花序（右）（周小刚提供）

图版8-21　虮子草苗期（左）、成株期（右）（周小刚提供）

图版8-22　无芒稗苗期（左）、花序（右）（周小刚提供）

图版8-23　光头稗苗期（左）、花序（右）（周小刚提供）

图版 8-24　荩草苗期（左）、花序（右）（周小刚提供

图版8-25　香附子苗期（左）、成株期（右）（周小刚提供）

图版8-26　碎米莎草苗期（左）、花序（右）（周小刚提供）

图版8-27　扁穗莎草整株（左）、局部（右）（周小刚提供）

图版8-28　反枝苋苗期（左）、成株期（右）（周小刚提供）

图版8-29　凹头苋苗期（左）、成株期（右）（周小刚提供）

图版8-30　繁缕苗期（左）、成株期（右）（周小刚提供）

图版8-31　空心莲子草苗期（左）、花序（右）（周小刚提供）

图版8-32　牛膝菊苗期（左）、成株期（右）（周小刚提供）

图版8-33　鳢肠苗期（左）、成株期（右）（周小刚提供

图版8-34　鼠麴草苗期（左）、成株期（右）（周小刚提供）

图版8-35　多茎鼠麴苗期（左）、成株期（右）（周小刚提供）

图版8-36　马齿苋苗期（左）、花（右）（周小刚提供）

图版8-37　龙葵苗期（左）、成株期（右）（周小刚提供）

图版8-38　苦蘵苗期（左）、花序（右）（周小刚提供）

图版8-39　小酸浆成株期（左）、花序（右）（周小刚提供）

图版8-40　铁苋菜苗期（左）、花序（右）（周小刚提供）

图版8-41　叶下珠苗期（左）、花序（右）（周小刚提供）

图版8-42　地锦草苗期（左）、成株期（右）（周小刚提供）

图版8-43　荠苗期（左）、成株期（右）（周小刚提供）

图版8-44　雾水葛苗期（左）、成株期（右）（周小刚提供）

图版8-45　蚤缀苗期（左）、成株期（右）（周小刚提供）

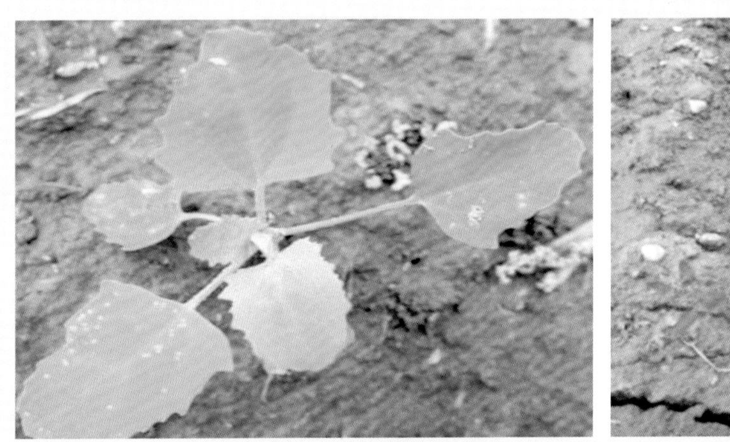

图版8-46　藜苗期（左）、成株期（右）（周小刚提供）

图版8-47　小藜苗期（左）、成株期（右）（周小刚提供）

图版8-48　通泉草苗期（左）、成株期（右）（周小刚提供）

图版8-49　打碗花苗期（左）、成株期（右）（周小刚提供）

图版8-50　酢浆草苗期（左）、成株期（右）（周小刚提供）

图版8-51　青葙苗期（左）、成株期（右）（周小刚提供）